出版说明

　　后期资助项目是国家社科基金设立的一类重要项目，旨在鼓励广大社科研究者潜心治学，支持基础研究多出优秀成果。它是经过严格评审，从接近完成的科研成果中遴选立项的。为扩大后期资助项目的影响，更好地推动学术发展，促进成果转化，全国哲学社会科学工作办公室按照"统一设计、统一标识、统一版式、形成系列"的总体要求，组织出版国家社科基金后期资助项目成果。

全国哲学社会科学工作办公室

国家社科基金
GUOJIA SHEKE JIJIN HOUQI ZIZHU XIANGMU
后期资助项目

WTO "公共道德例外" 条款发展研究

Research on the Development of WTO Public Moral Exception Clause

徐莉 著

中国政法大学出版社

2023·北京

图书在版编目（ＣＩＰ）数据

WTO"公共道德例外"条款发展研究/徐莉著. —北京：中国政法大学出版社，2023.8
ISBN 978-7-5764-1055-6

Ⅰ.①W… Ⅱ.①徐… Ⅲ.①社会公德－研究②世界贸易组织－贸易协定－研究
Ⅳ.①B824②F744

中国国家版本馆 CIP 数据核字(2023)第 150518 号

出 版 者	中国政法大学出版社
地　　址	北京市海淀区西土城路 25 号
邮寄地址	北京 100088 信箱 8034 分箱　邮编 100088
网　　址	http://www.cuplpress.com (网络实名：中国政法大学出版社)
电　　话	010-58908285(总编室) 58908433 （编辑部） 58908334(邮购部)
承　　印	北京京鲁数码快印有限责任公司
开　　本	720mm×960mm　1/16
印　　张	22.5
字　　数	353 千字
版　　次	2023 年 8 月第 1 版
印　　次	2023 年 8 月第 1 次印刷
定　　价	99.00 元

序 言

当前，世界百年未有之大变局加速演进，当今之变、时代之变、历史之变正以前所未有的方式展开，人类社会面临前所未有的挑战。旨在平衡自由贸易与公共道德之关系的 WTO "公共道德例外" 条款，在沉寂了半个多世纪之后成为贸易各方关注的焦点。自 "美国博彩案" 首次援用 WTO "公共道德例外" 条款后，越来越多的贸易争端涉及该条款。DSB 对该条款的解释也开始由严格到逐渐放宽。由于 "公共道德例外" 条款的模糊性加之 DSB 倾向于认同成员方在界定 "公共道德" 方面的自主权，近年来 "公共道德" 内涵被不断扩大，该条款也越来越沦为世界各国推行贸易保护主义的新幌子、新工具，甚至遭到滥用，譬如，2020 年 "中国诉美国'301 关税措施'案"专家组报告中，美国就援用了该条款为自己的贸易保护主义做借口。另外，由于美国的持续阻扰，WTO 上诉机构于 2019 年 12 月 10 日已停止运行，迫使正常的争端解决程序被阻塞和停滞，多边贸易体制处于深度危机之中。面对 WTO "公共道德例外" 条款在发展中暴露出的问题以及当前国际形势的困境，如何在有效抵制贸易保护主义的同时，正确适用 WTO "公共道德例外" 条款来保护国内的公共道德和公共秩序，进而维护国家经济、社会安全，已是摆在中国政府尤其是国际法学界面前一项刻不容缓的使命。基于此，本书结合 WTO "公共道德例外" 条款在理论基础、解释方法、适用条件和范围、适用发展与对策分析等七个方面的新发展对 WTO "公共道德例外" 条款进行研究。

从 WTO "公共道德例外" 条款的发展现状来看，"公共道德" 内涵也被进一步扩大解读，甚至还遭到某些国家的滥用以推行贸易保护主义。当然，DSB 仍致力于平衡公共道德与贸易权利之间的关系，对此还需要回归到对该条款理论基础部分的探讨，从根源上对现实困境提出解决对策。因此，系统勾勒出 WTO "公共道德例外"条款的理论基础，包括对概念和特征、法理基础及制定情况的全面分析，并将该条款与国际投资领域的非排除措施条款进行比较分析即是研究的基础。

考虑到"公共道德"的内涵解读是正确理解和援用 WTO "公共道德例外"条款的关键，必然需要探讨该条款的解释问题。在 WTO 规则体系内，由"模糊条款"导致的争端需要由 DSB 来进行解释澄清。这一行为的法律依据就是《维也纳条约法公约》和实际遵循的 DSB 裁决"先例"。DSB 采用的解释方法经历了由狭义解释方法演化到客观解释方法，进而发展出有效解释方法和动态解释方法等的过程。但问题是，即便存在这些法律依据和解释方法，DSB 也不曾清楚地阐释"公共道德"的内涵。在"美国博彩案""中美出版物市场准入案"等多个案件中，DSB 也未过多阐释"公共道德"的内涵，只是倾向于认同成员方在界定"公共道德"方面的一定自主权。从对成员方关于"公共道德"的立法和司法实践看，尽管可能基于地域、历史、文化或政治等原因对其内涵及概念形成了一些区域性的共识，但他们并未形成一致意见。此外，鉴于 GATS 第 14 条（a）款"公共道德和公共秩序例外"条款中增加了"公共秩序"术语，因而本书对"公共道德"和"公共秩序"稍加论述，并将其描述为"两个不同但有重叠"的概念。

毋庸置疑，法律的生命力在于实施。作为法律规则之一，"公共道德例外"条款的援用必须符合一定条件，即：违背 WTO 其他规则、符合必要性原则、满足 GATT 序言宗旨。WTO "公共道德例外"条款的适用包含了条款的适用条件和适用范围。一方面，针对各项条件之间适用的先后顺序、必要性要件和序言要求，本书考察了它们各自的要素及其形成的历史，结合判例实证分析了各项条件的具体适用情况并归结出其对例外条款适用条件的发展："磋商和谈判"不再是必要性检验的替代措施；必要性检验中替代措施的举证责任由被诉方转移至申诉方；必要性检验中的"贡献度"分析也不要求具有实质性。这些发展对于衡平贸易自由与公共道德之关系显然有益。

另一方面，有鉴于 WTO "公共道德例外"条款并未规定其适用的范围，本书还从横向与纵向两个层面探讨了"公共道德例外"条款的适用范围。在横向层面，探讨了"公共道德例外"条款能否在协定外适用的问题。从"中美出版物市场准入案"来看，GATT 第 20 条的适用范围就已经扩展至 GATT 之外，即适用于入世文件。从遵循先例的角度看，"公共道德例外"条款的适用范围还可能继续扩展至其他 WTO 协议文件上。在纵向层面，针对"公共道德例外"条款能否适用于域外（措施实施国之境外）的问题，传统理论认为，该条款的初衷是旨在保护成员方境内的公共道德，而随着公共道德内涵不断涵摄进人权、劳工标准、动物福利等因素，一些主要 WTO 成员（如美国）为保护他国的公共道德而纷纷制定了贸易限制措施。但无论如何，为防止该条款被滥用，依据国际法关于管辖权原则的一般规定，只有在一国实施了违反国际强行法的行为时，才可能将"公共道德例外"条款适用于该国。

随着时间的不断推移变化，"公共道德"的内涵范畴进一步扩展到人权保护、数字贸易、动物福利等新领域之中，本书结合实践发展的前提下就 WTO "公共道德例外"条款在这三个领域中的适用进行介绍，突出该条款在平衡自由贸易与公共道德价值之间发挥的重要作用，但同时也可能导致"公共道德"内涵被泛化解读的风险，该现象值得深思和谨慎对待。

随着世界贸易的迅猛发展，"公共道德例外"条款将呈现出四大发展趋势：其一，"公共道德"的内涵将继续扩展；其二，"公共道德例外"条款的域外适用效力将进一步增强；其三，在平衡贸易自由与公共道德的努力中，WTO 仍将起主导作用；其四，"公共道德例外"条款被援用可能性不断增大。

截至目前，中国分别以申诉方和被诉方的身份参与了两个涉及

"公共道德例外"条款的 WTO 争端解决案件，即"中美出版物市场准入案"和"中国诉美国'301 关税措施'案"，其所暴露出来的相关问题为中国在未来 WTO 争端解决实践中提供了重要借鉴。面对当今世界大变局，在推进全球治理体系变革和建构更加公平合理的国际新秩序进程中，在习近平法治思想和人类命运共同体思想理念指引下，针对 WTO "公共道德例外"条款发展现状及中国实践，加之对未来发展趋势的研判，在中国视域下探索完善 WTO "公共道德例外"条款的方案，并提出具体的因应之策至关重要。为此，中国应尽快完善相应的法律规范，保持对 WTO 争端解决中举证环节的高度重视，妥善应对上诉机构危机解决中美贸易争端，积极寻求多边合作引导国际规则的重构。在全球经济数字化转型持续推进的大趋势下，努力探求在"公共道德例外"框架下实现自由贸易与非贸易价值保护之间合理平衡的可能性；努力探求联通不同世界文明及弥合其间差异和发掘世界各国人民共通的价值观和公共道德的可行路径。

　　本书作者是我指导的博士研究生，作者在读博之初就将 WTO "公共道德例外"条款研究作为其博士论文选题，并围绕该选题在读博期间发表了数篇高质量学术论文，有关论文被《人大报刊复印资料》等转载，其博士论文也被评为湖南师范大学优秀博士论文。毕业后数年来，作者围绕该领域，持续关注，深入研究，最终完成《WTO "公共道德例外"条款发展研究》一书。作为导师，对于作者数十年来持续耕耘的执着颇为赞赏，也祝愿作者能继续保持读书期间的那份执着与热爱，潜心科研，不忘初心，不断超越自我。

2023 年 6 月 19 日

CONTENTS

目　录

引　论

　　当今之变、时代之变、历史之变正以前所未有的方式展开，人类社会面临前所未有的挑战，世界经济重心正在向太平洋两岸转移，世界政治格局也在由传统 G7 统领向 G20 多元共建转进，全球化进程中频现单边主义、本国优先主义、"毁约退群"、贸易保守主义等逆全球化思潮，给世界贸易自由化进程带来了重大影响。譬如，WTO 争端解决机制面临"停摆"困境，改革呼声不断；国家安全泛化下大兴贸易保护主义；滥用人权保护借口抵制新疆棉花等中国产品出口等。那么，在经济全球化、贸易自由化的大趋向下，如何才能寻求贸易自由与非贸易价值保护之间的合理平衡？在习近平法治思想和人类命运共同体思想理念指引下，能否更好联通不同世界文明及弥合其间差异，又如何发掘世界各国人民共通的价值观和公共道德？在推进全球治理体系变革和建构更加公平合理国际新秩序进程中，尤其是面临新冠肺炎疫情及其他全球重大公共卫生危机等全人类危难情势下，由谁来担负起"平衡器"的责任？诸如此类的疑问，正是接下来本书将集中笔力探究与思索的重要议题。

一、问题的提出

　　"公共道德例外"条款在《关税与贸易总协定》（GATT）/WTO 多边贸易体系中沉睡了近六十年后，于 2003 年"美国博彩案"中首次被援用①，此后的十余年间，该条款的受关注度显著提升，涉及"公共道德例外"条款的贸易争端也更加频繁。②2007 年"中美出版物市场准入案"中，中国援引 GATT 第 20 条（a）款，指出我国实施的贸易限制措施目的在于保护国内的公共道德。2009 年"欧盟海豹产品案"中，欧盟援引该条款禁止在欧盟市场上销售海豹产品，认为捕猎和出售海豹产品的行

---

① See 书稿案号表 1，para. 3. 288.
② See 书稿案号表 4，paras. 7. 708~7. 914.

为违反了其关注动物福利的道德观念。①2013 年 "哥伦比亚纺织品案"
中，哥伦比亚援引了 "公共道德例外" 条款，提出对巴拿马征收更多关
税的目的是防止洗钱活动。②在 2014 年的 "巴西关税措施案" 中，巴西
政府免除了国内企业生产数字电视传输产品及其他有关产品的相关税收
以支持国内企业在此领域内的发展。在欧盟指控这一措施存在歧视后，
巴西指出其税收免除举措旨在平衡巴西不同地区和阶层在利用现代信息
和通讯技术上的巨大差异，以提高社会流动，民主、经济增长和社会融
入，以此支持巴西措施的目的是维护 "公共道德"。③而最近关于援引
WTO "公共道德例外" 条款进行抗辩的案例就是 2018 年 "中国诉美国
'301 关税措施' 案"。美方认为其对华加征的关税受到 GATT 第 20 条（a）
款的保护，其采取的关税措施是 "保护公共道德所必需的"，2020 年 WTO
专家组作出裁决报告，指出美国未能说明对 301 调查报告中的特定进口产
品加征关税如何有助于保护其所呼吁的公共道德目标以及是否有所必要，
最终驳回了美国对该条款的援用抗辩。④实践表明，WTO "公共道德例
外" 条款因表述简洁（允许各国采取 "必要的保护公共道德" 的贸易措
施）而颇具争议性，以致成员方之间和 WTO 争端解决机构（DSB）历任
专家至今未能达成一致解释。这就为后续研究留下了诸多思考探讨的空间。

（一）何为公共道德？其内涵如何界定？

"公共道德" 一词最先在 "美国博彩案" 中被解释，WTO 专家组和
上诉机构认为其 "代表国家或地区维护的对与错行为的标准"，而后一
直沿用该定义，采用了一种较为宽松的解释方法来定义 "公共道德" 内
涵，"公共道德" 不需要得到普遍承认，只需要一国能够有足够证据证
明其采取措施旨在保护 "公共道德" 目标。这样一种具有模糊性的解释
路径，促使 "公共道德" 的内涵随着社会发展不断变化，具备了涵盖着
越来越多的非贸易价值的可能性。

"欧盟海豹产品案" 的出现，进一步扩大了 "公共道德" 所涉及的
范围。欧盟并没有援用 GATT 第 20 条（b）款涉及 "对人类、动物或植

---

① See 书稿案号表 5，para. 7. 3.
② See 书稿案号表 8，para. 5. 67.
③ See 书稿案号表 9，paras. 7. 543~7. 547.
④ See 书稿案号表 17，p. 57.

物的生命或健康保护的例外"条款，而是直接以"公共道德例外"来证明其动物福利保护措施的合法性。这既是动物福利保护史上一件具有里程碑意义的案件，更是"公共道德"内涵被扩大解读的一次新尝试。欧盟认为其所采取的禁止销售海豹产品的措施是在非歧视基础上保护公共道德。这种将保护公共道德与动物福利相联系的方式获得了 DSB 的认可。由此可见，动物福利问题已经涉及国际贸易领域，发达国家更是将它进一步与"公共道德"相挂钩，期望在 WTO 法中纳入动物福利保护内容。WTO 贸易与环境委员会也逐步考虑将与环境有关的动物福利保护和贸易事项结合起来。①在动物福利保护和人道主义的温情背后，实际上是激烈的商业竞争角逐。一方面，发达国家正是在充分保护动物福利的情况下才能够生产出品质安全且优良的产品，从而推动有机畜牧业发展；另一方面，随着全球经济水平的普遍提高，消费者更倾向于关注与产品本身性能无关的动物福利等产品特征。因此，动物福利很可能成为影响国际贸易发展的另一贸易壁垒，而将"公共道德"内涵进一步扩展到动物福利保护领域也将面临一些挑战，同时饱受争议。

在当前的互联网时代，几乎所有的跨境贸易都要通过数据的跨境流动来满足其基本商业需求，数据成为各国相互竞争的重要资本。一国将会基于公共道德和公共秩序、国家安全、隐私保护等方面的考虑对数字贸易采取限制措施，当他们从例外条款中寻找免责理由时，"公共道德例外"是其首要选择。由于数字贸易大多涉及到服务贸易，GATS 第 14 条的一般例外条款可以适用于与数字贸易有关的限制措施，其中最相关的是（a）款的"公共道德例外"。对互联网的审查措施通常会基于保护一国公共道德而提出，在"中国与谷歌搜索引擎争端案"中，中国可能的抗辩便是 GATS 第 14 条（a）款"公共道德例外"，以证明所采取的互联网过滤审查制度是为了保护公共道德而具有合法性。虽然该纠纷并未诉诸 WTO 争端解决机制，但该案作为中国互联网审查模式的典型，许多学者都认为其中涉及的法律问题值得探讨，并将 GATS 第 14 条（a）款的"公共道德例外"作为中国可援引的抗辩依据。②可见"公共道德例外"

① See David B. Wilkins, *Animal Welfare in Europe*: *European Legislation and Concerns*, Kluwer Law International, 1997, pp. 137-141.
② 参见王哲："GATS 下中国互联网过滤审查制度法律问题研究——以谷歌搜索引擎争端为视角"，载《上海对外经贸大学学报》2014 年第 2 期。

条款随着社会的发展演进将适用于非传统贸易领域。当然，由于一般例外条款设立时间相对久远，无法与现代电子和网络技术发展相适应，因此 WTO 法律在适用于数字贸易领域时不免产生滞后性。但"美国博彩案"作为一起涉及利用电子方式提供赌博和投注服务的案件，为将"公共道德例外"条款适用于数字贸易领域提供了启示，至少 DSB 在适用该条款时并未区分线上线下方式。值得注意的是，这一内涵在数字贸易领域的扩张也带来了某些危害，并体现于"巴西关税措施案"中。由于 DSB 对"公共道德"判定的宽松性，使得巴西所主张的弥合数字鸿沟几乎被自动认定为"公共道德"目标，"公共道德"内涵出现严重泛化趋势，这就意味着，被诉方所提出的任何数字鸿沟问题都可能被道德化。① 该案的判定使得在伦理学中存在争议的数字鸿沟问题在 WTO 规则下被道德化，进而威胁数字贸易的自由化发展。

如上所述，对于虽有法律规定，但属于不确定概念的"公共道德"内涵而言，其正在随着时间、空间及社会发展的变化而扩大范围，除了传统的公共道德目标，还牵涉到了动物福利、数字贸易等多重领域。能否将某一非贸易价值继续纳入"公共道德"范围之内，还将由裁判者结合具体的个案事实情况，完成抽象价值概念的补充工作。有学者对此表示了担忧，过于宽泛地定义"公共道德"内涵，将会使得某些并非为国际社会所普遍接受的特定公共道德价值的域外适用合法化，导致贸易限制措施所指向的国家被"道德绑架"。②

（二）以"公共道德"保护之名，行"贸易保护"之实？

WTO "公共道德例外" 条款正是考虑到了各国之间在民俗风情、宗教信仰以及文化方面的差异性才例外排除了 WTO 的承诺义务。WTO 通常在该条款的"公共道德"内涵及范围上并不设限，由此也导致条款适用上的不确定性和极大的弹性，虽然能够更好地保持各国之间的贸易监管自主性特点，但这些标准的不统一性也可能产生各成员方自行决定的"公共道德"不符合世界潮流的后果，越来越多形形色色的且通常不被人们认为属于"公共道德"范畴的政策目标被提出，WTO "公共道德例

---

① 参见李冬冬："数字鸿沟议题在 WTO 法中的道德化：成因、危害与应对"，载《南京大学法律评论》2019 年第 2 期。

② See Du Ming, "Permitting Moral Imperialism? The Public Morals Exception to Free Trade at the Bar of the World Trade Organization", *Journal of World Trade*, Vol. 50, No. 4, 2016, pp. 675-703.

外"条款甚至被滥用成为变相实施贸易保护主义的托辞开始出现,这很大程度上违背了 WTO 的宗旨和原则。①

WTO 的宗旨在于促进各成员方之间的自由贸易,设置过多的例外将可能阻碍 WTO 规则的推行,导致 WTO 体制的瘫痪。各 WTO 成员方在解释"公共道德"内涵时更多地倾向于关注"内国价值"问题,但是在现今经济全球化的趋势下,是否仍应当坚守这样的一个标准?成员方之间的主权主张在"公共道德"的适用及解释上是极为明显的,极易造成国家间的冲突,甚至还助长单边主义和贸易保护主义大行其道的情势。当前国际贸易领域呈现碎片化格局,而美国前总统特朗普政府所实施新贸易政策进一步加剧了 WTO 边缘化的现实风险,对"公共道德"例外的滥用现象也时有发生。此前,在特朗普政府推行"美国至上"的政策之下,保护主义卷土重来,301 条款尤其成为了美国推行单边措施的贸易政策工具,美方借此屡次挑起与中国和其它国家之间的贸易战或贸易摩擦。2019 年 1 月 28 日 DSB 正式成立专家组受理了"中国诉美国'301 关税措施'案",在该案中美方试图援引 WTO "公共道德例外"条款来证明依据 301 条款列出的对中国实施加征关税措施的合法性。当然,美国能够成功援引"公共道德例外"条款进行抗辩的可能性确实是微乎其微,但也应当注意到,除了 301 条款本身在措辞上的模糊性特点外,WTO 规则的封闭性以及演进的缓慢性间接加速了 301 条款的扩张。面对美国的 301 条款和单边主义、保护主义思想,WTO 规则的"内国标准"为其滥用"公共道德例外"条款提供了可能性。因此是否应承认各国标准在国际贸易实务上的适用,还应当审慎权衡。

2020 年 1 月 31 日,中国的疫情被世界卫生组织(WHO)提升至最高级别的"国际关注的突发公共卫生事件",②WHO 强调"不赞成甚至反对对中国采取旅行禁令或者贸易禁令",并呼吁所有国家作出基于事实、前后连贯的决定。但美国随后立即对中国人颁布了入境禁令,到

---

① 参见张建:"WTO 框架下'公共道德例外条款'适用介评",载《法大研究生》2017 年第 1 期。
② 参见"突发公共卫生事件:防范和应对——世卫组织在突发卫生事件领域的工作总干事的报告",载 http://apps. who. int/gb/ebwha/pdf_ files/EB148/B148_ 17-ch. pdf,最后访问日期:2023 年 7 月 7 日。

2020 年 4 月 6 日有 96 个国家颁布了针对中国旅客的旅行限制措施。① 随后中方表示了对 WTO 成员方遵守规则的希望,能够尊重世界卫生组织的权威指导和专业意见,而不是妄意施加不必要的贸易限制。同时,中方作为全球经济产出和增长的重要贡献者,如中国经济受到"过度反应"影响,也将不可避免地产生溢出效应。② 面对这场公共卫生危机,过度反应只会适得其反。上述国家针对新冠肺炎疫情对国际旅行和贸易所采取的非必要干预的措施,实际上正是对 WTO 一般例外条款的滥用,各国除了援用 GATT 第 20 条 (b) 款 "为保护人类、动物或植物的生命或健康所必需的措施" 作为理由之外,其中以公共卫生为由的人权限制措施则可能涉及对 "公共道德例外" 条款的适用,如果该限制不是为了防止对公众健康的严重威胁,则超出了现有国际法规则的认可范围,也不具有合法性和正当性。当今世界多极化与经济全球化并存,各国利益互相交融、命运休戚与共,各自为政显然不利于各国发展,尤其是实施断航、禁运、封关等极端措施既无法实现全球卫生安全的目标,也会造成对例外条款的滥用。

简言之,由于 "公共道德" 内涵的模糊性和不确定性,其极易被引入各种非贸易价值要素,名为保护 "公共道德",实则为推行 "贸易保护" 主义。

(三) 谁才是 "条款" 解释和适用的 "裁判者"?

在 GATT 时期,由于第 20 条的措词宽泛、模糊,缺少具体的适用标准,且专家组片面强调 "贸易自由化优先" 原则,对第 20 条过于严格解释,再加上 GATT 争端解决机制固有的一些缺陷,使得援用第 20 条的成功率几乎为零。进入 WTO 时期,WTO 争端解决机构更注重寻求各成员方善意行使一般例外条款下的权利和尊重其他成员方的权利之间的平衡,为 GATT 第 20 条的适用确立了一系列的标准。譬如,确立了序言和各单项例外之间的适用顺序,解释了 "必要性" 原则,优化了举证责任等,

---

① See Samantha Kiernan, Madeleine DeVita, "Travel Restrictions on China Due to CoVid-19, Apr. 6, 2020", https://www.thinkglobalhealth.org /article /travel-restrictions-china-due-covid-19, Last Visited on Jan. 18, 2021.

② 参见 "中国呼吁 WTO 成员方避免对新冠病毒作出贸易限制", 载 https://baijiahao.baidu. com/s? id=1658300412282934345&wfr=spider&for=pc, 最后访问日期: 2023 年 7 月 8 日。

使得善意援用一般例外的成员方最终能够通过争端解决机构的审查。①同时，也加强了对"新贸易保护主义措施"的监督和制约。

一般例外条款设立的目的是在 WTO 的框架下保护某种合法的国内利益，或者说是寻求自由贸易与非贸易价值的合理平衡。它既是国家主权原则的深刻体现，也是贸易自由化的现实需求；因为只有在充分尊重各国主权基础上的贸易自由化目标才能将更多的国家团结在 WTO 下。但是在 GATT 时期，却忽视了这种法律和现实的要求，因而遭到了不少批评。当然，一般例外条款也可能会被滥用，并有可能沦为贸易保护主义的合法借口；但瑕不掩瑜，不能因为该条款存在被滥用的风险就否定其所包含价值的正当性。与之相反，恰是因为一般例外条款存在被滥用的可能，就更加需要争端解决机构予以合理的监督。在 GATT 时期，专家组偏重贸易自由化，完全忽视其他价值需求的行为显然违背了该条款设立的初衷，也不符合各成员方利益的需要，因而需要改变。近年来，涉及 WTO "公共道德例外"条款的贸易争端越来越多，WTO 成员方开始援引该条款来支持形形色色的公共道德目标的正当性。对该条款实施过于宽松的解释路径将会导致其在 WTO 体系内泛化解读，越来越多的非贸易价涌入 WTO 多边贸易体制大门，对此，包括中国在内的大多数发展中国家都应当谨慎对待。

WTO 争端解决机构虽然始终致力于寻求各成员方善意行使一般例外条款下的权利和尊重其他成员方的权利之间的平衡。然而，由于美国的多方阻拦，当前上诉机构处于"停摆"状态，WTO 上诉机制面临困境，未来走向仍然未知。现今，一些多边投资协定和区域贸易协定中亦包含了类似的"公共道德例外"条款，当这些条款的适用产生冲突或争议时，谁才能成为最终的"裁判者"？这些问题值得深思。

综上，在自由贸易氛围愈发浓烈、贸易争端更加频繁的当下，一国如何在实现自由贸易追求的同时，仍保有其对进口或出口措施的自主决定空间，考验着各国智慧。而对 WTO 而言，不论其如何规制各成员方，各国一旦面临国内公共道德等议题限制时，都会倾向于采取其本国的主

---

① 例如在"欧共体石棉案"和"虾/海龟Ⅱ案"中，专家组和上诉机构就裁定被诉方的有关措施既具备 GATT 第 20 条单项下的合法性，又符合序言的要求，从而可以用 GATT 第 20 条证明其措施正当。

观标准来看待问题,以维护公共道德目标为由正当化其所采取的贸易限制措施。对此,DSB 如何就 WTO"公共道德例外"条款的范围作出限制和认定?在各协定"公共道德例外"条款适用产生争议时,上诉机构仍缺位的 WTO 争端解决机制又能否发挥效能?与此同时,如果为各国主张"公共道德例外"条款留有足够的自主决定权,未就相关的范围进行详细限制和认定,将有可能引发贸易壁垒的再生,全球化自由贸易也将陷入成为一纸空谈的危机。因此,是否应当放宽对 WTO"公共道德例外"条款的认定和解释?构建人类命运共同体理念为 WTO"公共道德例外"条款的未来发展提供了全新视角,在尊重差异的前提下如何更好地加强各成员方间对"公共道德"的共识沟通,坚持以人类共同价值为价值导向,构建一个平等相待、互利共赢的适用秩序,或许是一个可以尝试的视角。

二、条款出台的背景与研究意义

尽管贸易全球化和自由化一直是 WTO 创始者和拥护者们追求的国际贸易目标和理想,然而真理告诉我们:任何自由都不是绝对的,而是有边界和受一定制约的。譬如,道德就是贸易的重要边界之一。即便是法国 19 世纪古典自由主义的代表人物克洛德·弗雷德里克·巴斯夏(Claude-Frédréric Bastiat)也坚持认为:"任何一个生产者都有权选择:将产品留归己用或用以交换所需,除非其行为违反了公共道德或秩序,否则不能仅仅为了方便他人就剥夺其选择权。"[1]由此可见,依据巴斯夏的观点,"公共道德"理应作为国际自由贸易的一个"例外"被接受和获得尊重。WTO"公共道德例外"条款恰恰就是 WTO 规则制定者们为协调自由贸易和公共道德关系而在 WTO 体系内设立的一架利益"平衡器"。但问题是,近年来,这架"平衡器"越来越沦为世界各国推行贸易保护主义的新幌子、新工具。

依据 WTO"公共道德例外"条款之规定,贸易各国为实现保护本国"公共道德"之目的而有权采取贸易限制措施。然而,许多发达国家政府及其学者纷纷著述表示:应该拓展"公共道德"的内涵外延,将人权、(监狱以外)劳工标准、动物福利等价值纳入其中,试图打着"保

---

[1] See Daniel T. Griswold, "Seven Moral Arguments for Free Trade", *Cato Policy Report*, Vol. 23, No. 4, 2001, p. 12.

护公共道德"的幌子，利用 WTO 规则将其正在或企图实施的贸易限制措施"合法化"。此种将经济问题无限政治化的新贸易保护主义必将对广大发展中国家乃至于全球经济和自由贸易造成严重影响。

　　作为 WTO 成员方，中国必须严格按照 WTO 规则协议逐步开放国内的文化、金融、教育、医疗、通信和互联网等重要市场，而这些关键领域莫不与中华民族的传统道德观念息息相关。因此，如何在有效抵制国外贸易保护主义的同时，正确适用 WTO "公共道德例外"条款来保护国内的公共秩序和公共道德，进而维护国家经济社会安全，已是摆在中国政府尤其是国际法学界面前一项刻不容缓的使命。可见，加强对 WTO "公共道德例外"条款的研究，无疑具有极为重要的理论价值与实践意义。

　　基于平衡自由贸易与公共道德之间关系的目的，WTO "公共道德例外"条款特别规定：允许各国采取"必要的保护公共道德"的贸易措施。但因其具有相当的模糊性，在具体适用中难免引发贸易双方乃至专家组的争论，也给各国学者们留下了很多思考和探索的空间。譬如，"公共道德"的内涵究竟是什么？是否包括人权价值、动物福利，数字经济时代所衍生出的新的"公共道德"内涵又能否囊括其中？公共道德与公共利益、公共秩序有何区别？公共道德的标准究竟是由当事国、国际社会还是 DSB 之类的争端解决机构来确定？诸如此类。

　　另外，值得注意的是，这些问题在 1947 年该条款制定以来的近六十年间，无任何后续条约或裁判机构对其进行过阐释，直至 2004 年的"美国博彩案"发生，WTO 专家组才第一次尝试解释"公共道德例外"条款。然而，本案中，DSB 非但没有解决上述关键问题，反而引发了更多的疑问。例如，如何协调自由贸易与国内公共政策目标之间的冲突和矛盾？WTO 规则可以在何种程度上干预传统上属于各国国内管辖的事项？等等。很显然，在国际贸易领域，踏着自由贸易与公共健康关系、自由贸易与环境保护关系的"热"浪，WTO 中的自由贸易与公共道德的关系问题便逐渐吸引众多学者的眼球，牵动着越来越多专家的思绪。

　　自 20 世纪 80 年代以来，GATT 缔约方（主要是发达国家）对第 20 条（一般例外），特别是对（b）款、（d）款和（g）款①的多次援用，

---

①　GATT 第 20 条（b）款、（d）款和（g）款分别为："动植物生命、健康例外"条款、"知识产权例外"条款和"保护可用竭的自然资源例外"条款。

推动了 GATT 体系中两个重大法律成果的形成。一方面，在许多涉及适用 GATT 第 20 条的案件中，DSB 特别澄清了对第 20 条的解释和适用，尤其体现于（b）款、（d）款和（g）款，对诸如"必要性原则""非歧视性原则"及"合理性原则"等创设了许多确定的、更具操作性的"标准"。另一方面，GATT 缔约方（主要是发达国家）对第 20 条（一般例外），特别是（b）款、（d）款和（g）款的多次适用甚至滥用，也迫使各缔约方在 GATT 第 20 条之外制定了新"规则"，以规范和调整形形色色的"贸易保护主义"措施。乌拉圭回合后，新增了许多与 GATT 第 20 条相关或近似的协定或条款，譬如，《实施动植物卫生检疫措施的协议》（SPS 协议）第 2 条、《技术性贸易壁垒协议》（TBT 协议）第 2 条，而《与贸易有关的知识产权协定》（TRIPS（2017））第 27 条第 2 款等，则是对 GATT 第 20 条（a）（d）（g）款的一种补充和发展。在 GATT 这三款可供利用的空间越来越小的前提下，GATT 第 20 条第（a）款的"公共道德例外"就成为了新形式贸易保护主义的"温床"。近年来，频繁出现的与公共道德（特别是人权、动物福利）有关的国际贸易限制措施便是明证，而"美国博彩案"的专家组在"公共道德例外"条款出台了近六十年后也开始探索"公共道德"的概念问题。此后"中美出版物市场准入案""欧盟海豹产品案""巴西关税措施案""中国诉美国'301 关税措施'案"等多个案例都涉及 WTO "公共道德例外"条款的援引，并就相关条款分析适用作了一定程度上的发展。

更值得注意的是，在 2007 年"中美出版物市场准入案"中，中国援引了"公共道德例外"条款来主张我国对美国实施贸易限制措施的合法性。虽然对该款的援引并非出于贸易保护主义的目的，但 2009 年 9 月的 WTO 专家组报告和 12 月的 WTO 上诉机构报告均做出了不利于中国的裁决。而于 2020 年最新作出专家组裁决的"中国诉美国'301 关税措施'案"中也暴露了中国在面临他国援引 WTO "公共道德例外"条款，甚至是滥用情况时存在的不足。该案的专家组裁决因美国的上诉以及 WTO 上诉机构停摆将被无期限搁置。因此，如何在当前上诉机构瘫痪的情况下更好地适用和应对该条款以更好地维护国家利益，是我国必然需要面对的一个新问题。时至今日，不难看出，虽然中国在参与的这两个案例中都存在不足，但中国贸易和法律实务界对该条款的重视和探索还将持续进行。

三、国内外研究述评

从近几年搜集的国内外有关资料来看，国内研究 WTO 一般例外条款的较多，但深入研究"公共道德例外"条款的却不多。

在有限的研究成果中，有以"例外条款"或"公共道德例外"条款作为研究对象，从理论和适用角度对条款进行分析者，其中以学位论文的形式多见。对 WTO 例外条款的研究，最具代表性的有陈卫东博士的《WTO 例外条款解读》①。但它是从更宽泛的角度解读 WTO 例外条款，仅仅阐释了 GATT 第 20 条（一般例外）中的公共健康和环境保护问题，未专门论述"公共道德例外"条款。且其中内容也相对久远，难以适应新时代发展情况。黄安平博士②则以"公共道德例外"条款的人权保障功能为中心，侧重于论证"公共道德例外"条款保护人权的合法性，但论证的方向相对单一。此外，据中国知网最新统计，有一部分硕士论文以"公共道德例外"条款作为研究主题，但研究的理论深度相对不足，且只侧重于梳理该款的产生历史、适用原则以及对相关案例作简要评析。

有一部分期刊论文对"公共道德例外"条款着墨较多，其论证方法大都是"以案析法"。王贵国③评析了"美国博彩案"中 DSB 对"公共道德例外"条款的适用情况；龚柏华④、彭岳⑤对"中美出版物市场准入案"做了一些分析。郭桂环⑥基于"欧盟海豹产品案"对 WTO 体制下的动物福利与自由贸易进行思考，并认可将动物福利归入"公共道德"范畴。刘奕麟⑦结合"巴西关税措施案"基本案情，对 GATT 第 20 条（a）款的适用进行分析，强调要在论证"公共道德例外"措施的必

---

① 参见陈卫东：《WTO 例外条款解读》，对外经济贸易大学出版社 2002 年版。

② 参见黄安平："人权保障视角下的 WTO 公共道德例外条款研究"，上海交通大学 2014 年博士学位论文。

③ 参见王贵国："服务贸易游戏规则是与非"，载《法学家》2005 年第 4 期。

④ 参见龚柏华："'中美出版物市场准入 WTO 案'——援引 GATT 第 20 条'公共道德例外'的法律分析"，载《世界贸易组织动态与研究》2009 年第 10 期。

⑤ 参见彭岳："贸易与道德：中美文化产品争端的法律分析"，载《中国社会科学》2009 年第 2 期。

⑥ 参见郭桂环："WTO 框架下的动物福利与公共道德例外"，载《河北法学》2015 年第 2 期。

⑦ 参见刘奕麟："WTO 巴西关税措施案——GATT 第 20 条（a）公共道德例外的适用"，载《商业经济》2018 年第 6 期。

要性上寻求新的思路和突破方案。陈敏 ①、张军旗 ②都以"中国诉美国'301 关税措施'案"为视角，探讨"公共道德例外"条款的适用，尤其强调了该条款适用的举证要求，以提高成功援引公共道德及其他例外的可能性。杜明 ③则总结了从 2005 年"美国博彩案"到 2017 年"巴西关税措施案"中 DSB 对"公共道德例外"条款的解释方法，认为 DSB 采取的这种过于宽松的解释方法导致了对该条款的泛化解读，由此提出了一种较严谨的新解释路径。

也有部分期刊论文顺应国际贸易新发展，探索了"公共道德例外"条款在新领域的适用情形。在数字贸易发展迅速的背景下，学者们也开始考量 WTO "公共道德例外"条款在该领域的可适性，如谭观福 ④认为"公共道德例外"是与数字贸易规制最相关的情形之一，并援用 WTO 判例来探讨该条款在数字贸易领域的适用。自"欧盟海豹产品案"出现后，WTO "公共道德例外"条款进一步扩展到动物保护领域适用，以平衡自由贸易和动物福利之间的冲突。胡建国 ⑤和赵骏、倪竹 ⑥等都在结合"欧盟海豹产品案"分析的基础上探讨了动物福利政策在 WTO 规则下的拓展空间，胡建国认为在考虑动物福利目标的同时，也不得忽视土著群体利益，即人的利益保护在一定程度上是优先于动物的。这部分文献更多的是针对个案进行条款适用分析，未就宏观层面上的条款发展情况进行综合分析概括，以帮助中国识别国际发展趋势。

就国外研究的现状而言，在 DSB 对"美国博彩案"裁决之前，鲜有学者专门论及过 WTO "公共道德例外"条款的问题；但自此之后，国外学者对"公共道德例外"条款的关注迅速升温。其中，具有代表性的学

---

① 参见陈敏："中国诉美国'301 关税措施'案的争议点及分析——以中美贸易战中的'美国——关税措施案'为视角"，载《对外经贸实务》2021 年第 5 期。

② 参见张军旗："301 条款、301 调查及关税措施在 WTO 下的合法性问题探析"，载《国际法研究》2021 年第 4 期。

③ 参见杜明："WTO 框架下公共道德例外条款的泛化解读及其体系性影响"，载《清华法学》2017 年第 6 期。

④ 参见谭观福："数字贸易规制的免责例外"，载《河北法学》2021 年第 6 期。

⑤ 参见胡建国："多边贸易体制下的动物福利与土著群体生存利益之辩——WTO 上诉机构欧盟海豹案裁决的启示"，载《国际法研究》2015 年第 3 期。

⑥ 参见赵骏、倪竹："动物福利政策在 WTO 规则下的拓展空间——经济、环境、文化间的冲突和协调"，载《吉林大学社会科学学报》2015 年第 5 期。

者包括 Steve Charnovitz ①、Jeremy C. Marwell ②、Mark Wu ③等。这些学者主要结合 "美国博彩案" 的裁决报告分析了 "公共道德例外" 条款的适用现状和发展趋势。Claire Wright ④、Elanor A. Mangin ⑤等从维护美国利益的角度对 "中美出版物市场准入案" 做了一些评述。Pelin Serpin ⑥、Nikolas P Sellheim ⑦等基于对 "欧盟海豹产品案" 的分析，强调 WTO 在维护多元化价值层面的关键作用，并认可动物福利属于 "公共道德" 目标。Katie Sykes ⑧则用全书的篇幅就 "欧盟海豹产品案" 的影响，论述了动物福利与国际贸易之间的关系，并试图推动构造重视动物福利的国际法。Rodd Izadnia ⑨将 "哥伦比亚纺织品案" 与其他前述案例进行比较分析，以得到应对 "公共道德例外" 条款解释和适用的启示。R. Rajesh Babu ⑩、Juan Pablo Fernández ⑪、Kristine Plouffe-Malette ⑫等对近年来发

---

① See Steve Charnovitz, "The Moral Exception in Trade Policy", *Virginia Jonurnal of International Law*, Vol. 38, No. 4, 1998, pp. 689-746. .

② See Jeremy C. Marwell, "Trade and Morality: The WTO Public Morals Exception after Gambling", *New York University Law Review*, Vol. 81, No. 2, 2006, pp. 802-842.

③ See Mark Wu, "Free Trade and the Protection of Public Morals: An Analysis of the Newly Emerging Public Morals Clause Doctrine", *Yale Journal of International Law*, Vol. 33, No. 1, 2008, pp. 215-252.

④ See Claire Wright, "Censoring the Censors in the WTO: Reconciling the Communitarian and Human Rights Theories of International law", *Journal of International Media & Entertainment Law*, Vol. 3, No. 1, 2010, pp. 17-120.

⑤ See Elanor A. Mangin, "Maket Access in China—Publications and Audiovisual Materials: A Moral Victory With a Silver Lining", *Berkeley Technology Law Journal*, Vol. 25, No. 1, 2010, pp. 279-310.

⑥ See Pelin Serpin, "The Public Morals Exception after the WTO Seal Products Dispute: Has the Exception Swallowed", *Columbia Business Law Review*, Vol. 2016, No. 1, 2016, pp. 217-251.

⑦ See Nikolas Sellheim, "The Legal Question of Morality: Seal Hunting and the European Moral Standard", *Social & Legal Studies*, Vol. 25, No. 2, 2016, pp. 141-162.

⑧ See Katie Sykes, *Animal Welfare and International Tarde Law——The Impact of the WTO Seal Case*, Cambridge University Press, 2022, pp. 623-628.

⑨ See Rodd Izadnia, "Colombia—Measures Relating to the Importation of Textiles, Apparel and Footwear (Colombia-Textiles), DS461", *World Trade Review*, Vol. 16, No. 1, 2017, pp. 141-143.

⑩ See R. Rajesh Babu, "WTO and The Protection Of Public Morals", *Asian Journal of WTO and International Health Law and Policy*, Vol. 13, No. 2, 2018, pp. 333-354.

⑪ See Juan Pablo Fernández, "WTO's Public Morals Exception", UNA Rev, Vol. 5, No. 5, 2020, pp. 294-314.

⑫ See Kristine Plouffe-Malette, "Public Morality Exception at the WTO: Much Ado about Nothing?" *Journal of World Trade*, Vol. 55, No. 3, 2021, pp. 453-476.

生的多个涉及 WTO "公共道德例外" 条款的案例进行综合比较分析，总结了与该条款适用最相关的 "必要性" 分析等问题，强调不得将该条款作为贸易保护主义的工具。这些研究在一定程度就 WTO "公共道德例外" 条款的适用进行了详细分析，对我国援引该条款启发极大，但由于是外国学者所提出的观点，还应当结合我国实践进行差异性借鉴。

此外，对于公共道德的内涵是否包含人权、（监狱外）劳工标准、动物福利等价值的问题，国外一些学者和机构纷纷在不同的场合表达了肯定的观点。

例如，最具代表性的观点有：Michael Trebilcock 和 Robert Howse 认为，"随着人权发展成为许多战后社会的公共道德中的核心要素并具有国际性，'公共道德例外'的内容应扩展为包含普遍的人权和劳动权益"。[1] Sarah Cleveland 也认为，公共道德例外条款 "最理所当然的支持人权"。[2] 与之相同，Stephen Powell 声称，第 20 条第（a）款 "可能……将支持国家对其他一些人权问题的行为，这可能会促使 WTO 的成员方采取禁止贸易的措施以抗议其他国家对该国公民实施的不道德行为"。[3]此外还有，Salman Bal [4]、Michael J. Perry [5]也认为，WTO "应考虑将某些人权作为 '道德标准'"。联合国难民署（以下简称 UNHCR）也赞同将公共道德条款解释为包含人权在内的做法。UNHCR 还进一步指出，"公共道德与关注人类人格、尊严以及基本权利能力已经密不可分"。因而可知，UN-HCR 认为，DSB 具有 "强有力的论据" 来 "接受国际公认的人权准则应

---

[1] See Michael J. Trebilcock, Robert Howse, "Trade Policy & Labor Standards", *Minnesota Journal of Global Trade*, Vol. 14, No. 2, 2005, pp. 261-300.

[2] See Sarah H. Cleveland, "Human Rights Sanctions and International Trade: A Theory of Compatibility", *Journal of International Economic Law*, Vol. 5, No. 1, 2002, pp. 133-190.

[3] See Stephen J. Powell, "The Place of Human Rights Law in World Trade Organization Rules", *Commirtments in the Americas: From the Global to the Local Florida Journal of International Law*, Vol. 16, No. 1, 2004, pp. 219-232.

[4] See Salman Bal, "International Free Trade Agreements and Human Rights: Reinterpreting Article XX of the GATT", *Minnesora Journal of Global Trade*, Vol. 10, 2001, pp. 62-108; see also Gabrielle Marceau, "WTO Dispute Settlement and Human Rights", *European Journal of International Law*, Vol. 13, No. 4, 2002, pp. 753-814.

[5] See Michael Perry J., "Two Constitutional Rights, Two Constitutional Controversies", *Connecticut Law Review*, Vol. 52, No. 5, 2021, pp. 1597-1651.

当被包含在公共道德条款范围内"。①Nino Rukhadze ②和 Jana Titievskaia、Ionel Zamfir 及 Cecilia Handeland ③根据判例法和先例发现，WTO 一般例外条款在设置之初就允许基于人权问题采取贸易限制措施，包括"公共道德例外"条款，但 WTO 规则的开放性意味着，成员方在适用时必须仔细制定限制贸易的措施，而解决纠纷时还可能涉及复杂的法律解释，这些问题都有待解决。Rachel Harris 和 Gillian Moon 则认为若要支持人权措施纳入"公共道德例外"范畴，除了专家组和上诉机构在判例中进行条约解释和应用，外部局势的作用也影响重大，通常是政治局势，政治压力的积聚会影响未来 WTO 法律的发展。④

犹如 1996 年新加坡部长宣言所称，WTO 阻止增加"社会条款"来解决劳工问题的做法逐渐变得明显化。⑤学者们也转而愿意将"公共道德例外"条款作为一项工具，以允许 WTO 成员方对其它违反核心劳工标准的成员方实施制裁措施。Howse 也提出，对违反劳工标准的贸易制裁可以纳入"公共道德例外"的范围内，如果"制裁是以基本劳动权利宣言或者其它国际基本人权文书为基础"，"被制裁的行为可能违反普遍的权利内容"。⑥亦有不少学者建议："公共道德例外"条款应该将对雇佣童工的制裁合法化。⑦

---

① See Office of the United Nations High Commissioner for Human Rights, "Human Rights and World Trade Agreements: Using General Exception Clauses to Protect Human Rights", http://www.ohchr.org/sites/default/files/Documents/Publications/WTOen.pdf, Last Visited on Jul. 8, 2023.

② See Nino Rukhadze, "Can Human Rights Violations Constitute Public Morals under the Article XX (a) of the GATT and Article XIV (a) of the GATS?", *Journal of Law*, Vol. 2017, No. 1, 2017, pp. 276-291.

③ See Jana Titievskaia, Ionel Zamfir, Cecilia Handeland, "WTO rules: Compatibility with human and labour rights", *European Parliamentary Research Service*, 2021.

④ See Rachel Harris, Gillian Moon, "GATT Article XX and Human Rights: What do We Know from the First 20 Years?", *Melbourne Journal of International Law*, Vol. 16, 2015, pp. 432-483.

⑤ 在新加坡部长会议中，确认"劳工标准问题"宜由国际劳工组织处理，从而阻止了部分发达国家试图通过增设"社会条款"将"劳工标准"纳入 WTO 的企图。See World Trade Organization, Ministerial Declaration of 13 December 1996, WT/MIN (96) /DEC, 36 I. L. M. 218, 221 (1997).

⑥ See Robert Howse, "The World Trade Organization and the Protection of Workers' Rights", *The Jourinat of Small & Emierging Business Law*, Vol. 3, 1999, pp. 169-171.

⑦ See Anjli Garg, Note, "A Child Labor Social Clause: Analysis and Proposal for Action", *New York University Journal of International Law and Politics*, Vol. 31, 1999, p. 523; Henner Gött, *Labour Standards in International Economic Law*, Springer International Publishing, 2018, pp. 93-111.

　　在人权和劳工标准受到广泛关注的同时，一些学者也开始探讨将其他权利加入"公共道德例外"条款的可能性并逐渐认同之。例如，Jarvis 就明确指出，"公共道德例外"条款应广泛地涵盖"保护外国女职工的贸易措施"，包括那些"反对家庭暴力、切割女性生殖器官、烧死新娘、强迫堕胎或绝育、逼婚、杀害女婴、卖淫以及贩卖妇女"的贸易措施，[1] Ally Brodsky、Jasmine Lim 和 William Reinsch 还将与女性就业有关的性别歧视贸易措施也囊括在"公共道德例外"保护范畴。[2]Edward M. Thomas [3]、Fitzgerald 和 Peter L. 均认为，"公共道德例外"条款应涵摄旨在提高用于肉类生产的动物福利的进口禁令。[4]尔后在"欧盟海豹产品案"中，WTO 上诉机构裁定欧盟禁止海豹产品进口的贸易措施为保护欧盟公共道德所必需，认为保护动物福利符合"公共道德"内涵，Alexia Herwig [5]、Pelin Serpin [6]和 Ben Czapnik [7]等多位学者肯定了上诉机构关于"公共道德例外"条款涵摄动物福利保护措施的结论，但 Ben Czapnik 也提出了上诉机构在本案审理中的不足，其仅对欧盟所提出的保护海豹福利的政策目标进行了模棱两可的描述，并未澄清欧盟禁止海豹产品销售所基于的客观理性层面的考虑。Gareth Davies [8]甚至主张，"公共道德例外"条款

---

① See Liane M. Jarvis, Note, "Women's Rights and the Public Morals Exception of GATT Article 20", *Michigan Journal of International Law*, Vol. 22, 2000, pp. 236-237.

② See Ally Brodsky, Jasmine Lim, William Reinsch, "Woman and Trade", *CSIS Scholl Chair in International Business*, 2021.

③ See Edward M. Thomas, "Playing Chicken at the WTO: Defending an Animal Welfare-Based Trade Restriction Under GATT's Moral Exception", *Boston College Enviromental Affairs Law Review*, Vol. 34, 2007.

④ See Fitzgerald, Peter L., " 'Morality' May Not Be Enough to Justify the EU Seal Products Ban: Animal Welfare Meets International Trade Law", *Journal of International Wildlife Law & Policy*, Vol. 14, 2011, p. 85.

⑤ See Alexia Herwig, "Regulation of Seal Animal Welfare Risk, Public Morals and Inuit Culture under WTO Law: Between Techne, Oikos and Praxis", *European Journal of Risk Regulation*, Vol. 6, No. 3, 2015, pp. 382-387.

⑥ See Pelin Serpin, "The Public Morals Exception after the WTO Seal Products Dispute: Has the Exception Swallowed the Rules", *Columbia Business Law Review*, Vol. 2016, No. 1, 2016, pp. 217-251.

⑦ See Ben Czapnik, " 'Moral' Determinations in WTO Law: Lessons from the Seals Dispute", *Journal of International Economic Law*, Vol. 25. No. 3, 2022, pp. 390-408.

⑧ See Gareth Davies, "Morality Clauses and Decision-Making in Situations of Scientific Uncertainty: The Case of GMOs", *World Trade Review*, Vol. 6, No. 2, 2007, pp. 249-263.

还可以包括对转基因产品的进口禁令。如今数字贸易的发展也促使多名学者将 WTO"公共道德例外"条款运用于数字贸易领域，Andrew D. Mitchell 和 Neha Mishra [1] 等学者认为数字本地化存储等数字贸易规制措施可以依据援引 GATS 第 14 条（a）款规定而获得合法性。而在新近缔结的区域贸易协定中可以发现，其有关电子商务或数字贸易章节都设置了合法公共政策目标例外，其中便涵盖了公共道德目标，因此 ABE Yoshinori [2]、Patrick Leblond [3] 等学者将《全面与进步跨太平洋伙伴关系协定》（以下简称 CPTPP）、《美加墨贸易协定》（以下简称 USMCA）等区域贸易协定中的例外条款与 GATS 例外条款进行对比，认为这种合法公共政策目标例外可以为数据本地化措施提供广泛的免责理由。

四、研究方法的使用

本书主要采取了历史分析、案例分析、实证分析和比较研究等方法，并侧重于案例分析和比较研究方法的运用。

一直以来，关于 WTO"公共道德例外"条款的规定皆存在简单和模糊不清等问题，因此 DSB 必须承担起明晰条款内涵外延的重任。在 WTO 规范体系中，DSB 所作出的条约解释占据了重要地位。即使专家组或上诉机构对个案所作出的法律解释并不具有普遍的约束力，同时也无法构成英美判例法意义上的"先例"。但纵观不同时期的判决实践，专家组尤其上诉机构所作的法律解释常常会被视为"先例"而在后案的判决中被援用，其指导作用不容忽视，从这个层面来说，DSB 所作的法律解释也实际具备了准判例法的功能和作用。

在 DSB 目前受理的案件中，涉及"公共道德例外"条款的包括"美国博彩案""中美出版物市场准入案""欧盟海豹产品案""巴西关税措施案"以及"中国诉美国'301 关税措施'案"等。因此，本书将在接

---

① See Andrew D. Mitchell, Neha Mishra. "Data at the Docks: Modernizing International Trade Law for the Digital Economy", *Modernizing International Trade Law*, Vol. 20, No. 4, 2018, p. 1094.

② See ABE Yoshinori, "Data Localization Measures and International Economic Law: How Do WTO and TPP/CPTPP Disciplines Apply to These Measures?", *Public Policy Review*, Vol. 16, No. 5, pp. 1–29.

③ See Patrick Leblond, *Big Data and Global Trade Law*, Cambridge University Press, 2021, pp. 301–315.

下来的章节论述中将 DSB 专家组和上诉机构对这些案件的解释及理念贯穿始终，从而紧紧围绕 "公共道德例外" 条款的动态发展情况，借此梳理理论演进脉络，追踪前沿热点问题，使其更契合当下社会需求，更具时代特色。除对 WTO "公共道德例外" 条款的理论基础、解释方法和适用等方面进行条款发展动态的分析外，另以 3 章的篇幅（第四章、第五章、第六章）集中在人权保护、动物福利、数字贸易三个领域，契合人类命运共同体构建、生态文明建设、数字经济转型等国家政策背景，探索了 WTO "公共道德例外" 条款的最新发展成果。

此外，比较分析法也被广泛应用于本书的论证中。本书既横向比较了当前不同国家对 "公共道德" 内涵理解的异同，也纵向比较了 "公共道德例外" 条款的适用条件在不同时期的发展和演进情况。

第一章

WTO "公共道德例外" 条款的理论基础

历史反复证明，"自由贸易" 是在最大范围内和在最理想的程度上分配全球资源，进而提升社会生产力、人类生活水平、增加货物和服务产品数量等的重要路径。而引领全球经贸合作进入新纪元的 WTO，正反映了各国为人民的利益和幸福而缔造一个更加自由开放和公平互惠的多边贸易体系的广泛愿望。在 WTO 规则体系中，各国承诺将不会采用违反和有害于谈判成果的措施，并坚决抵制各种形式的贸易保护主义。

然而，这种愿望终归是理想的，其与现实之间终究是存在差异的。在国际贸易实践中，各国时常会为了自身利益，而在 WTO 规则体系之内利用各种形式的例外条款①以实际达到保护本国国内产业的效果。不但是关税减让表，而且 WTO 为实现自由贸易所设置的所有原则和制度几乎都可能在某一缔约方成功援引例外条款时被违反。换言之，WTO 的例外条款赋予了各成员方这样一项权利：在具备例外条款规定之情形时，可以暂时背离其在 WTO 规则下所承诺的义务，而不被认为是违反了 WTO 规则。②这其中，属于 WTO 规则之 "一般例外条款" 范畴的 "公共道德

---

① 所谓 WTO 例外条款是指，在 WTO 协议中准许各成员方政府在特定情况下撤销或者停止履行其协议规定的正常义务，以保护某种更重要的利益。一般包括与反倾销、反补贴、国际收支例外、建立幼稚工业、保障措施、豁免、一般例外、安全例外以及区域经济一体化等有关的例外条款。参见 ［英］ 伯纳德·霍克曼、迈克尔·考斯泰基：《世界贸易体制的政治经济学——从关贸总协定到世界贸易组织》，刘平等译，法律出版社 1999 年版，第 159 页。

② 关于 WTO 例外条款的概念学界有不同理解，存在广义说、狭义说、二元说和 "原则妥协说" 等，但都认为应包含一般例外条款。伯纳德·霍克曼在其《世界贸易体制的政治经济学——从关贸总协定到世界贸易组织》一书中提出的观点通常被视为是广义说；狭义例外条款论者认为，"WTO 例外条款是指在 WTO 协议中的若干规定，在这些规定中，允许各成员政府在条约的正常实施中，当条约规定的特定情形出现时暂时停止施行其根据 WTO 协议所承担的条约义务。在暂停施行期间，各成员履行 WTO 协议的特定义务被暂时解除，但 WTO 协议在此期间仍然有效并处于 '冬眠状态'。一旦特定情形消失或暂停施行期间届满，

例外"条款即属此类①，而且近期也引起了 WTO 各缔约方的高度关注。②

自 20 世纪 80 年代以来，GATT 缔约方（主要是发达国家）多次援用 GATT 第 20 条，尤其是（b）款、（e）款和（g）款，从而使得该三款的可适用性大大增强，与该三款相关的"解释""标准""协议"等纷纷出炉。一方面，专家组在具体案件中对该三款的解释和适用进行了澄清，创设了许多的"标准"。虽然几乎每次专家组的报告都引发了不少的争议，但是专家组毕竟对措词宽泛、模糊的第 20 条的条文赋予了更为确定的、操作性更强的含义。而且，专家组在解释和适用第 20 条时，经常参照甚至引用以前专家组对该条文的观点，这种"事实上的判例法"方式有助于形成一套关于解释和适用第 20 条的规则。另一方面，在 GATT 第 20 条条文措词不明确的前提下，很容易被沦为"贸易保护主义"的"合法外衣"，各缔约方为了维护其在 GATT 下的"合法权利"，积极寻求在 GATT 第 20 条规则之外制定新的"规则"或"标准"。在乌

（接上页）WTO 协议将自动恢复施行。在此意义上，WTO 例外条款包括国际收支例外条款、保障措施条款、一般例外条款和安全例外条款。"参见陈卫东：《WTO 例外条款解读》，对外经济贸易大学出版社 2002 年版，第 3 页。二说论认为"WTO 规则的例外可同时包含狭义的例外和广义的例外，狭义的例外是指一旦援引，可以免除 WTO 全部义务和责任的例外，这类例外只有一般例外 'general exception' 和安全例外 'security exception' 两种；广义的例外是指一旦援引，可以免除 WTO 规则设定的部分义务和责任的例外，即允许 WTO 成员在特定情况下背离 WTO 规则的部分义务的条款均为例外条款。"具体参见周林彬、郑远远：《WTO 规则例外和例外规则》，广东人民出版社 2001 年版，第 3 页。"原则妥协说"认为"例外条款"是相对于"基本原则"而言的，凡是对"基本原则"作出某种"妥协"的条款均可称为"例外条款"。WTO 例外条款是指，在 WTO 协议中，准许各成员方政府在特定情况下不履行或者暂停履行协议规定的正常义务之所有条款。参见姜建明、陈立虎："WTO 例外条款及其法理基础"，载《苏州大学学报（哲学社会科学版）》2007 年第 2 期。

① 对于一般例外条款的理解，有广义和狭义之分。狭义的一般例外条款是指在条文中明确标明"一般例外"（General Exceptions）字眼的条款，从这个角度来理解，WTO 一般例外条款的范围仅包括 GATT 第 20 条和 GATS 第 14 条。从广义历史意义上说，在 GATT 和 WTO 时期，基于 1947 年 GATT 第 20 条，多边贸易体制发展形成了若干的协定、协议或条款，如《实施动植物卫生检疫措施的协议》；《技术性贸易壁垒协议》序言、第 2 条第 1 款、第 2 款、第 4 款和第 10 款；《服务贸易总协定》第 14 条和《与贸易有关的知识产权协定》第 27 条第 2 款、第 3 款等。在学理上，这些规则也可以纳入一般例外条款的研究范畴。参见陈卫东：《WTO 例外条款解读》，对外经济贸易大学出版社 2002 年版，第 195 页。

② 公共道德例外条款的立法渊源是 GATT 第 20 条（a）款：为维护公共道德所必需的措施。参见陈卫东：《WTO 例外条款解读》，对外经济贸易大学出版社 2002 年版，第 197 页。

拉圭回合最后文件中, 出现了很多与 GATT 第 20 条相关的协议或条款: SPS 协议、TBT 协议、GATS 第 14 条、TRIPS (2017) 第 27 条第 2 款等。由此, GATT 第 20 条的某些条款被极大地完善了。虽然 GATT 第 20 条第 (a) 款的 "公共道德例外" 条款至今的发展并不大, 但随着各国对 "公共道德例外" 条款的关注和援引, 更多的学者们也随之将视线投向了该条款。

第一节　WTO "公共道德例外" 条款的概念与发展历史

一、WTO "公共道德例外" 条款的概念与特征

所谓 WTO "公共道德例外" 条款, 是指 WTO 规则允许各缔约方基于保护公共道德的原因, 在符合 "公共道德例外" 条款的条件下, 暂时停止施行其根据 WTO 协议所承担的条约义务。"公共道德例外" 条款也有狭义和广义之分。狭义的 "公共道德例外" 条款, 仅指 GATT 第 20 条 (a) 款和 GATS 第 14 条 (a) 款。广义的 "公共道德例外" 条款, 是指在 WTO 规则体系内所有明确使用 "公共道德" 词语的条款, 除 GATT 和 GATS 的相关条款外, 还包括 TRIPS 协议和《政府采购协议》(GPA) 等有关规定。

(一) WTO "公共道德例外" 条款的概念

具体而言, "公共道德例外" 条款基本内涵主要被以下几项条款所明确:

1. GATT 第 20 条 "一般例外" (a) 款

从条文的表述上看, GATT 第 20 条与 GATT1947 第 20 条的内容完全一致, 规定了成员方在特定情况下可采取贸易限制措施 (例外措施)。这也是 WTO 规则体系赋予缔约国在规则体系之下的贸易自主权之一。其中, 与 "公共道德例外" 有关的条款是第 20 条 (a) 款 ①, 由序言和 "公共道德例外" 子项两部分构成: 其中 "公共道德例外" 子项允许各成员方实施 "为保护公共道德所必需" 的措施; 序言部分要求措施不得

---

① GATT 第 20 条 (a) 款规定: "如果下列措施的实施在相同情况的国家间不构成任意的或不合理的歧视, 或者不会形成对国际贸易的变相的限制, 则不得将本协定的任何规定解释为禁止缔约方采取或实施以下措施: (a) 为保护公共道德所必需……。"

构成"任意的或不合理的歧视"或"变相的限制"。

2. GATS 第 14 条 "一般例外" (a) 款

从条文的性质与结构来看, GATS 第 14 条 (一般例外) 和上文所提到的 GATT 第 20 条基本无异。其中, 与"公共道德例外"有关的条款是 GATS 第 14 条 (a) 款①, 由序言和"公共道德、公共秩序例外"子项两部分构成: 其中, 子项部分规定成员方可以实施"为保护公共道德或维护公共秩序所必需"的措施; 序言部分要求措施不得构成"任意的或不合理的歧视"或"变相的限制"。

就用词而言, GATS 第 14 条 (a) 款与 GATT 第 20 条 (a) 款的规定有所不同, 即在 GATS 第 14 条 (a) 款中除了"公共道德"外, 还多用了一个"公共秩序"术语, 并在脚注 5 中进一步解释——"只有在确实严重威胁社会基本利益时, 才能援用公共秩序例外规定"。但无论如何, 该条试图在国际贸易中实现保护公共道德之主旨, 与 GATT 第 20 条 (a) 款是一致的。

3. TRIPS (2017) 第 27 条 "可授予专利的客体" 第 2 款

TRIPS (2017) 中与"公共道德例外"相关的条款是 TRIPS (2017) 第 27 条第 2 款②。从条文表述上看, TRIPS (2017) 第 27 条第 2 款与 GATT 第 20 条 (a) 款有一些差异: 不仅在结构上欠缺序言部分, 而且将 GATT 第 20 条下的其他例外子项纳入了"公共秩序或道德例外"子项进行规定。TRIPS (2017) 第 27 条第 2 款的"公共秩序或道德例外"子项规定, 成员方可以出于保护"公共秩序或道德"的目的拒绝授予专利。从形式上看, 该条款调整的似乎是"公共秩序或道德"与专利之间的关系。然而, 从实质上看, 拒绝授予专利的作用是可以阻止对发明的商业利用。因为缺少专利的保护, 发明人就不敢轻易公开发明, 也就大大降低甚至阻止了该项发明被商业利用的可能性。

---

① GATS 第 14 条 (a) 规定: "如果下列措施的实施在相同情况的国家间不构成任意的或不合理的歧视, 或者不会形成对国际贸易的变相的限制, 则不得将本协定的任何规定解释为禁止缔约方采取或实施以下措施: (a) 为保护公共道德或维护公共秩序所必需……。"

② TRIPS (2017) 第 27 条第 2 款规定: "各成员可拒绝对某些发明授予专利权, 如在其领土内阻止对这些发明的商业利用是维护公共秩序或道德, 包括保护人类、动物或植物的生命或健康或避免对环境造成严重损害所必需的, 只要此种拒绝授予并非仅因为此种利用为其法律所禁止。"

由此可见，TRIPS（2017）第 27 条第 2 款规范的仍旧是贸易（发明的商业利用）与道德之间的关系，专利只是调节两者关系的桥梁和中介。从这个角度来看，TRIPS（2017）第 27 条第 2 款的立法目的和宗旨与GATT 第 20 条（a）款是完全一致的。

4. GPA（2012）第 3 条 "本协定的例外" 第 2 款

GPA（2012）中与 "公共道德例外" 相关的条款是 GPA（2012）第 3 条第 2 款①。由序言和 "公共道德、秩序例外" 子项两部分构成：其中，子项部分规定成员方可以实施 "为保护公共道德、秩序所必需" 的措施；序言部分要求措施不得构成 "任意的或不合理的歧视" 或 "变相的限制"。从立法目的来看，GPA（2012）第 3 条第 2 款着重于调整贸易（政府采购）与公共道德之间关系，致力于寻求二者之间的平衡；从条文表述来看，除了在用语上增加了 "秩序" 一词之外，其与 GATT 第 20 条（a）款几乎完全相同。因此，无论从形式上还是实质上，GPA（2012）第 3 条第 2 款与 GATT 第 20 条（a）款都具有高度的相似性，前者几乎就是后者的翻版。

综上可知，WTO 体制内各协议对 "公共道德例外" 条款的条文规定高度相似。从时间的先后顺序来看，几乎都是 "照搬" 了 GATT 第 20 条（a）款之规定。本书则是取广义的 WTO "公共道德例外" 条款含义，认为应包括上述四款规定，但为使论述上有一定的侧重点和表述的方便，下文将主要围绕 GATT 第 20 条（a）款和 GATS 第 14 条（a）款来展开行文和论述。

（二）WTO "公共道德例外" 条款的特征

"公共道德例外" 条款与国际收支条款和保障措施等其他 WTO 例外条款有所不同。为便于探讨，下文将以 GATT 第 20 条（a）款为例阐明 "公共道德例外" 条款所具有的特征：

其一，从目的看，"公共道德例外" 条款是基于保护 "公共道德" 这种非经济目的而制定的条款。WTO 创建的多边贸易体制以贸易自由化作为其最高追求，WTO 的创建者和拥护者们试图通过削减或取消贸易壁

---

① GPA（2012）第 3 条第 2 款规定："如果下列措施的实施在相同情况的国家间不构成任意的或不合理的歧视，或者不会形成对国际贸易的变相的限制，则不得将本协定的任何规定解释为禁止成员采取或实施以下措施：为保护公共道德、秩序或安全所必需⋯⋯。"

垄的手段来推动全球贸易的迅速增长。与此同时，该体制的创立者们也意识到：任何自由都不是绝对的，任何对于经济增长的追求不能以损害各国的公共政策目标管理为代价。当某项国际贸易的进行会威胁到国家公共道德时，必须有一种机制能保障各国能够及时、有效地对该种交易行为施以必要的限制，这既是国家主权原则的基本要求，也是 WTO 体制得以消除各国后顾之忧、最大多数地积聚成员的基本保障。因此，为实现自由贸易与公共道德保护之间的平衡，GATT 的起草者们在第一次草拟条约文本的时候，就毫不犹豫地制订了该款。因为"公共道德例外"条款是试图在国际贸易法的框架下来调整经济和公共道德之间的关系，并非为了纯粹的经济目的，所以又被称作"为非经济目的实施的例外条款"。

其二，从监督机制来看，针对"公共道德例外"条款设置的监督机制较为单一。与国际收支条款和保障措施条款不同，"公共道德例外"条款既没有规定通知和协商要求，也没有相关的补偿和审查机制。这意味着迄今为止多边贸易体制对它的监督只限于争端解决机制的监督。① GATT 的争端解决机制是自 1947 年 GATT 建立以来，依据其第 22 条和第 23 条的规定创立起来的，起初只是一种非正式的程序，随后逐步完善。GATT1947 第 22 条规定争端双方可以先选择双边协商，协商未果时可以进行多边协商。GATT1947 第 23 条授予缔约方在利益受损时，有权要求与另一缔约方进行协商。如协商未果，则将争端提交全体缔约方，进行迅速调查并向有关缔约方提出适当建议或作出裁决。若缔约方全体认为"情况足够严重且有理由采取行动"时，可批准守约方通过中止履行条约义务的方式实施报复。1947 年创立的 GATT 争端解决机制存在很多缺陷，其中"最致命的缺陷"②在于 GATT 专家组的组成及其所做报告的通过采用的是"一致同意"（positive consensus）的原则。若要使专家组的报告具有法律效力，必须取得 GATT 理事会（即所有缔约方）的全体同意。因此，败诉方可能阻碍建立专家组，败诉方也可以轻易阻止专家组报告生效，从而使得对一般例外措施的多边监督形同虚设。由于 GATT

---

① 参见陈卫东：《WTO 例外条款解读》，对外经济贸易大学出版社 2002 年版，第 198 页。
② 参见曹建明：《国际经济法学》，中国政法大学出版社 1999 年版，第 198 页。

争端解决机制有着 "先天性" 的不足，引起很多成员方的不满①，间接促成了 WTO 争端解决机制的建立。建立在《关于争端解决的规则和程序的谅解协议》（Understanding on Rules and Procedures Governing the Settlement of Disputes，以下简称 DSU）基础之上的 WTO 争端解决机制，和 GATT 比较而言有了长足的进步。其中最为关键的转变是 WTO 争端解决机制在决策程序上采用了 "反向一致"（Negative Consensus）原则。根据这一原则，某一议案仅在所有成员方协商一致表示不通过时才能被否决，国际经贸领域乃至国际法领域都极少见到此类表决方式。根据 "反向一致" 原则，专家组的建立及其报告的通过、受理上诉机构报告的通过，惩罚或制裁几乎都是自动通过和生效。②这样就从根本上增强了执法力度，从而使得一方或几方就不能有效地阻止争端解决程序的运行。③此外，WTO 争端解决机制还设立了专门的管理机构 DSB；设立了七人执行的上诉机构，为成员方提供了上诉审查机会；引入交叉报复的制裁方式，且加强了对报复措施的管制；④发展中国家和最不发达国家的特殊地位得到充分考虑；⑤增强了对建议和裁决的监督与执行，赋予最终裁判结果强制执行力等。上诉机构一直以来都是 WTO 争端解决机制的重要组成部分和关键环节，但由于美国此前多次阻挠上诉机构法官遴选，导致上诉机构仅有一名法官在任，无法审理案件，最终在 2019 年 12 月 11 日遭遇 "停摆"，对争端解决机制发挥作用产生极大不良影响。⑥值得庆幸的是，

---

① 其中包括美国。有学者分析认为，GATT 争端解决机制的不完善是促使美国绕开 GATT 的多边争端解决机制转而实施单边报复的重要原因之一，亦即是美国使用 "301 条款" 的一个主要理由。参见杨国华：《美国贸易法 "301 条款" 研究》，法律出版社 1998 年版，第 62 页。

② 参见杨国华：《美国贸易法 "301 条款" 研究》，法律出版社 1998 年版，第 16 页。

③ 参见陈立虎：《当代国际贸易法》，法律出版社 2007 年版，第 497 页。

④ DSU 对报复措施规定了严格的限制，主要表现在：（1）禁止单方面报复；（2）报复措施应限定在相同部门（特殊情况下的交叉报复除外），中止减让的幅度应与受侵害的程度相等；（3）成员方实施报复措施须得到争端解决机构的授权。

⑤ DSU 第 24 条是有关最不发达国家的特殊程序。发展中国家的特殊地位在 DSU 中也得到了充分的考虑，分散规定在各有关条款中，例如，第 21 条、第 12 条等的有关规定。参见姜作利："WTO 争端解决机制对发展中国家的特殊规定——兼论我国目前应采取的对策"，载《对外经贸实务》2002 年第 4 期。

⑥ 参见商务部："WTO 上诉机制停摆：后全球治理时代降临前的阵痛？"，载 http://chinawto. mofcom. gov. cn/article/ap/tansuosikao/201912/20191202922544. shtml，最后访问日期：2022 年 12 月 25 日。

2020年4月30日,中国同欧盟等其他成员方正式向WTO提交通知,共同建立了《根据DSU第25条的多方临时上诉仲裁安排》(以下简称《多方临时上诉仲裁安排》,英文简称MPIA),以维护WTO争端解决机制在上诉机构停摆期间的运转。①尽管WTO争端解决机制内部的一些问题——既有制度性的也有程序性的——正在日益显现出来,②但该机制仍旧"是多边贸易体制的主要支柱,是WTO对全球经济稳定做出的最独特的贡献"。③而恢复常设的上诉机构是确保国际争端解决的最佳方案。就"公共道德例外"条款而言,在WTO体制内,争端解决机制对于条款的解释、运用以及执行监督等都起着重要的作用,后文将论及。

其三,从适用的前提来看,"公共道德例外"条款援用的前提是缔约方违反GATT其他条款的规定,援用的过程需符合严格的条件。"公共道德例外"条款不是一条确立权利的积极性规则,而是对GATT一系列义务的"一般例外",只有在确认被诉方有关措施与GATT其他条款不一致后,才需要审查被诉方以"公共道德例外"证明其措施正当性的主张是否成立,若主张成立,则被诉方的措施就消除了"违法性"。所以,该条款的设置是为缔约方在特定情形下违反GATT其他条款的国内措施"免责"。或者更贴切地说,它是"一块合法的辩护盾牌"。④

成功援用"公共道德例外"条款须符合严格的条件。这种"条件"就是要尽可能地善意遵守援用方在GATT下的义务和尊重其他成员方在GATT下的实体性权利,应避免滥用或错误使用。一方面,WTO保护各成员方的公共道德利益,援引"公共道德例外"条款维护各成员方合法权益不能成为真空权利,另一方面,各成员方在行使"公共道德例外"权利时应秉持善意原则,不加限制地滥用只会损害其他成员方在GATT

---

① 参见商务部:"中国与欧盟等成员向世贸组织通报多方临时上诉仲裁安排",载http://www.mofcom.gov.cn/article/ae/ai/202004/20200402961036shtml,最后访问日期:2022年12月25日。

② 譬如,有关裁决能否有效执行问题、报复条款的缺陷问题、程序时效过长问题等,See T. Jennings, "Trade Dispute: Canadian Conference Examines the Role of the WTO Dispute Settlement Mechanism", *International Economic Review*, 1999, p. 12.

③ 何茂春:《对外贸易法比较研究——兼论中国"入世"后外贸体制的全面改革》,中国社会科学出版社2000年版,第69页。

④ 参见曾令良、陈卫东:"论WTO一般例外条款(GATT第20条)与我国应有的对策",载《法学论坛》2001年第4期。

下的实体性权利。为避免滥用，"公共道德例外" 条款设置了两个层次的限制条件：第一层是要符合 GATT 第 20 条（a）款所列明的 "必要性" 要求，第二层是要符合 GATT 第 20 条序言的要求，即援用方的措施 "不构成相同条件下国家间任意的或不合理的歧视，或不会形成对国际贸易的变相的限制"。

二、WTO "公共道德例外" 条款的发展历史

（一）WTO "公共道德例外" 条款的出台背景

"公共道德例外" 条款于 1945 年被纳入 GATT 体系[1]并非偶然，也绝非仅作为一个纯学术理论上的概念被首次引入，因为在 1945 年之前，无论国际条约或国内立法与实践皆可见 "道德例外" 条款的身影。因此，Charnovitz 和 Wright 均认为，这些历史印记恰好构成了 GATT 谈判者们起草 "公共道德例外" 条款的历史背景。[2]

1. 包含 "道德例外" 条款的早期条约

从国际法的层面来看，一国以保护公共道德为目的而限制进出口贸易的例子并不鲜见。早在 GATT 缔结之前，就有不少双边或多边国际贸易条约将道德例外作为其重要组成条款。这其中，较早地将道德与贸易联系在一起的是 1881 年美国和马达加斯加之间签订的双边条约。该条约声明：两国人民之间的贸易 "应该完全自由"，但允许马达加斯加政府禁止进口 "倾向于损害女王陛下臣民的健康或道德……" 的物品。[3]

从国际贸易会议的角度看，最先在全球性的多边贸易规则中考虑道德例外情况的是 1922 年的热那亚会议。这次会议审查了一个呼吁减少进出口禁令的协议草案。该草案指出，必须预先考虑到国际贸易条约中应

---

[1] 1945 年起草 GATT 条款时就包含了 "公共道德例外" 条款。

[2] Wright 认为最初出现于 GATT1947 的 "公共道德例外" 条款，应被视为对国家间先前道德贸易实践的一种延续，而不是作为一个理论概念被首次引入 GATT。See Claire Wright, "Censoring the Censors in the WTO: Reconciling the Communitarian and Human Rights Theories of International Law", *Journal of International Media & Entertainment Law*, Vol. 3, 2010, p. 52. Charnovitz 认为 GATT 的谈判者在起草 "公共道德例外" 条款时是以之前的相关条约条款作为基础的。See Steve Charnovitz, "The Moral Exception in Trade Policy", *Virginia Journal of International Law*, Vol. 38, 1998, p. 705.

[3] See Treaty of Peace, Friendship, and Commerce, May 13, 1881, U. S. -Madag. , art. IV (1), 22 Stat. 952, 955, 956.

保留某些例外，如为"保护公共健康、道德或安全"而采取的必要措施。然而，令人遗憾的是，这次会议并没有审议通过该协议草案。①而据有关资料记载，最先将"公共道德例外"条款正式写入国际贸易多边条约的是 1923 年在日内瓦通过的《关于简化海关程序的国际公约》。该公约明确规定：公约义务并不妨碍缔约方为保护人类或动植物健康、公共道德和国际安全而采取相关措施。②

此后，1927 年开始展开谈判的《关于取消进出口禁令和限制的国际公约》（草案）虽然只包含了十条例外规则，但其中之一就有"只要遵循国民待遇原则，可以因道德或人道原因或为制止不正当交易而施加禁令"的条款。值得注意的是，该公约的起草者特别强调这些例外规则，"正如大量商业条约所记载，已经被历史悠久的国际惯例所认可，是必不可少的，并且与贸易自由原则相协调。"③正当该公约草案在华盛顿进行审议时，美国国务院就宣称："美国国内法允许基于道德、人道原因，包括酒类、鸦片、毒品、彩票、淫秽及不道德的作品、职业拳击赛海报、某些鸟类的羽毛等，施加贸易禁令或限制，"因而制定一个公共道德例外条款是"必需的"。④但令人费解的是，不知基于什么原因，关于道德和人道主义措施例外的条款在后来的谈判草案中却被删除了，而在正式审议通过草案的时候却以更简洁的表述被重新添加进来了。经进一步查证发现，埃及代表团在审议正式草案时提出了一项以加入道德和人道主义例外条款为目的的修正案；英国代表团也提交了一份目的相似的修正案。在审议过程中，爱尔兰代表团也明确表示支持这一修正案，并指出爱尔兰禁止进口淫秽的照片。最终，埃及代表团提出的修正案获得了通过。⑤

① See John Saxon Mills, *The Genoa Conference*, London Hutchinson, 1922, pp. 419–420.

② See International Convention Relating to the Simplification of Customs Formalities, Nov. 3, 1923, 30 L. N. T. S. 373.

③ See Abolition of Import and Export Prohibitions and Restriction, Commentary and Preliminary Draft International Agreement drawn up by the Economic Committee of the League of Nations to serve as a Basis for anInternational Diplomatic Conference, League of Nations Doc. C. E. 1. 22. 1927 II. 13–21 (1927).

④ See Dep't of State, "The Secretary of State to the Minister in Switerland (Wilson)", *Papers Relating to the Foreign Relations of the United States*, Vol. 1, Document 210, 1927, pp. 254–257.

⑤ See International Conference for the Abolition of Import and Export Prohibitions and Restrictions, Proceedings of the Conference, at 95, League of Nations Doc. C. 21. M. 12. 1928 II. 107–108 (1928).

自此之后，纳入道德和人道主义例外条款就逐渐成为了国际商业条约中既定的（但不普遍）惯例，尽管在该种条款的表述上各有不同。例如，大多数条约对这一例外条款的措辞是："基于道德或人道主义理由而施加的禁令或限制。"有的条约则表述为"基于道德或人道主义理由而制定"；或者是"为维护公共道德的例外"；再或是"为保护健康和公共道德的例外"等，诸如此类。还有一些国际条约虽没有明确使用"公共道德"这一术语，但也正如美国国内法所规定的那样，列明了诸如鸦片、毒品、淫秽物品等例外限制。譬如，Charnovitz 在其 "The Moral Exception in Trade Policy" 一文中是这样分类列明的：

（1）对奴隶贸易的限制。《反奴隶制条约》是第一个以道德原因禁止奴隶贸易的全球性多边条约。在《维也纳条约法公约》中，缔约方也声明奴隶贸易"被所有年龄阶段公正和开明的人视为是与人道主义原则和普遍道德相冲突的。"在 1890 年的法案中，承认奴隶制的各缔约国同意禁止进口奴隶，且因为武器在奴隶贸易和土著部落之间的战争中扮演着"致命"的角色。这一法案也禁止了向撒哈拉以南的非洲输入武器。[1]

（2）对毒品贸易的限制。1912 年的《国际鸦片公约》规定，缔约国应尽快实施鸦片成品的进出口贸易限制措施。在一个早期的中美双边条约中，中国和美国政府达成共识：禁止相互输出鸦片。

（3）对酒类贸易的限制。由于对"滥用烈性酒所导致的道德后果"的关注，1980 年法案禁止向撒哈拉以南非洲的某些地区输入酒。1919 年的非洲公约中有相似的条款。1925 年，国际社会签署了一个禁止走私贩运白酒的多边公约。为避免此种走私活动"对公共道德构成危险"，缔约方同意禁止轻于 100 吨的船输出酒类。

（4）对淫秽物品的贸易限制。1924 年缔结了一个关于发行和流通淫秽出版物的国际公约，该公约缔约国同意对进出口"淫秽物品"的行为进行惩罚。物品的范围包括著作、图画、复制品、绘画、印刷品、图片、广告、徽章、照片和电影。[2]

总之，自 1927 年以来，许多国际贸易条约都已经包含了"公共道德

---

[1] See Steve Charnovitz, "The Moral Exception in Trade Policy", *Virginia Journal of International Law*, Vol. 38, 1998, p. 711.

[2] See Steve Charnovitz, "The Moral Exception in Trade Policy", *Virginia Journal of International Law*, Vol. 38, 1998, p. 711.

例外"条款。该例外条款也是对各国政府为公共道德或人道主义原因而禁止进出口贸易这一事实的积极回应。各国政府想确定它们在国际贸易条约中的新义务不会干涉到基于非商业原因而实行的边境管制，所以在国际条约中列入了"为保护公共道德，或在符合公共道德例外的情况下，缔约方可暂时背离其承担的条约义务"的例外规定。为使国际条约最终在国内具有实质上的执行力，许多国家的国内立法和实践中也纷纷出现了"道德例外"条款。

2. 有关"道德例外"的国内立法与实践

事实上，"道德例外"较早地存在于一些国家的国内立法与实践中。譬如，鉴于奴隶贸易有违公共道德，1761年和1807年，葡萄牙政府和英国政府分别宣布禁止进口黑奴。①1842年，美国政府就禁止进口"所有不雅及淫秽的印刷品、绘画、石版画、版画和幻灯片。"1876年，《英国海关统一法》中禁止了进口"下流或淫秽的物品"②。俄国曾颁布一项法令禁止进口"带有反宗教的、不敬的、亵渎或不虔诚文字"。1920年，美国政府开始对出口"任何淫秽、色情、猥亵或不洁的书籍"或者对任何"用于阻止怀孕、导致流产或有其他不道德用途"的药品的行为处以刑事处罚。③1921年，加拿大也出台了法律禁止进口描绘暴力犯罪场面的海报和传单。④1923年，波斯颁布了禁止进口反对穆斯林宗教的图片和著作的法律。苏丹也规定有禁止进口"故意蔑视穆斯林或基督教"的图书。⑤可见，通过禁止进口淫秽印刷品、不雅物品、堕胎药物、鸦片、战斗影片、暴力图片、彩票和反穆斯林等措施，各个政府都在试图保护本国的公共道德。

虽然基于全球经济发展需求的原因，1945年之前的国际贸易主要集

---

① See Slavery-Report of the Advisory Committee of Experts, League of Nations Doc. C. 112. M. 98. 1938. VI, Annex 21, at 125 (1938); An Act for the Abolition of the Slave Trade, Mar. 25, 1807, 47 Geo. 3, ch. 36 (1807) (Eng.); See also Le Louis, 2 Dods. 210 (1817), 165 Eng. Rep. 1464.

② See An Act to consolidate the Customs Laws, July 24, 1876, 39 & 40 Vict., ch. 36, 42 (Eng.).

③ See An Act to provide revenue from imports, and to change and modify existing laws imposing duties on imports, and for other purposes, Aug. 30, 1842, 28, 5 Stat. 548, 566; and An Act To amend the penal laws of the United States, June 5, 1920, 41 Stat. 1060 (repealed).

④ See T. E. G. Gregory, *Tariffs: A Study in Method*, Griffin & Company, 1921.

⑤ See George Mygatt Fisk, *International Commercial Policies, with Special Reference to the United States: A Text-Book*, Ulan Press, 2012.

中在货物贸易领域，但知识产权领域亦存在着一些 "道德例外" 规则。譬如，美国法院曾认为，违反公共道德的发明构成了对社会福祉、良好政策，美好道德的不负责任和破坏。①

（二）WTO "公共道德例外" 条款的制定

前文已述及，"公共道德例外" 条款最初是出现于 GATT1947 中的。此后，虽然 GATT1994 替代了 GATT1947，但 "公共道德例外" 条款却被保留下来了，并被纳入 GATS、TRIPS、GPA 等其他 WTO 协议中。

1. GATT 第 20 条（a）款之 "公共道德例外"

1945 年 11 月，GATT 的谈判者们开始拟定 GATT 协议的草案。鉴于 "公共道德例外" 条款在其他国际贸易条约、国内立法及实践中已经普遍存在，因而，当美国代表提出要为草案增加一款 "公共道德例外" 时，其他谈判国都没有表示异议。显而易见，"不能让边境贸易造成对国内公共政策目标管理的破坏" 是当时各国的普遍共识。然而，令人遗憾的是，虽然起草者认识到了制定这样一种条款的必要性，却没有意识到界定 "公共道德" 概念的重要性，只是笼统的规定允许 "为了维护公共道德而采取必要贸易限制措施"。② 随后，虽然 GATT 草案几经修改，但关于 "公共道德例外" 的讨论似乎没有再被提上议事日程，因此，GATT协议各个时期的草案文本 ③乃至最后的协议 ④中都仅仅只是照搬了最初的规定。

依据《维也纳条约法公约》（简称《公约》）第 32 条之规定，可以将条约起草协商过程中的背景资料作为确定该条约中一些模糊条款含义

---

① Lowell v. Lewis, 15 (a. 1018 No. 8568) (C. D. Mass. 1817), quoted in Chisum and Jacobs, p. 2. 5. I

② See U. S. Dep't of State, Publ'n No. 2411, Proposals for the Expansion of World Trade and Employment (1945).

③ See United Nations Conference on Trade and Employment (Apr. 10, 1947); Report of the Second Session of the Preparatory Committee, U. N. Doc. E/PC/T/186 (Sept. 10, 1947); United Nations Conference on Trade and Employment (Jan. 20–Feb. 25, 1947); Report of the Drafting Committee of the Preparatory Committee, art. 37 (a), U. N. Doc. E/PC/T/34/Rev. 1 (Mar. 5, 1947); United Nations Conference on Trade and Employment (Oct. 15–Nov. 26, 1946); Report of the First Session of the Preparatory Committee, art. 32 (a), U. N. Doc. E/PC/T/33.

④ See United Nations Conference on Trade and Employment, Nov. 21, 1947–Mar. 24, 1948, Final Act and Related Documents, U. N. Doc. E/Conf. /2/78 (Apr. 1948).

的补充方式，①为此，Charnovitz 教授曾对 GATT1947 第 20 条第（a）款的历史进行过详细的研究，试图从中发现一些蛛丝马迹，然而，最终 Charnovitz 教授却只能遗憾地宣布：从 GATT 起草目的及其有关历史资料看，该条款的确切含义很少被关注。Charnovitz 教授在仔细研究美国当时的国内立法后认为，美国关于"公共道德例外"条款的提议旨在将其本国一系列的贸易限制合法化，且在 GATT 谈判时美国与其它国家就已经设定了这些限制。这些限制项目包括"酒类、鸦片、毒品、彩票、淫秽及不道德的作品、职业拳击赛海报、某些鸟类的羽毛等"。由于参与谈判的美方代表担心倘若新条约迫使美国国会修改太多的法律，那么国会很可能会投反对票，因此当时的"公共道德例外"条款基本上是依据其国内现有法律制定的。此后，Charnovitz 教授又进一步查阅了 GATT 谈判时期的各种会议记录，发现条约起草的历史资料中也缺乏关于该条款确切含义的说明。②提及"公共道德例外"条款的记录资料屈指可数，1946年的伦敦筹备会议记录可算其一。然而，该纪录中也只是简单地表明：谈判者们意识到有必要制定一般性的例外来"维护公众健康、道德等等"③，除此之外没有任何关于公共道德内涵或范围的讨论记载。另一份涉及到"公共道德例外"条款的资料是 1947 年的伦敦起草会议记录，该纪录中记载：一位挪威代表在讨论、审议草案时提到，挪威禁止进口、生产以及销售外国酒，目的是为了保护公共道德，该挪威代表希望确认，"公共道德例外"条款可以用来禁止酒类贸易。④但是，除了酒类之外，在整个起草过程会议记录中，基于"公共道德例外"条款可以实施的贸易限制种类或范围的参考资料就难觅踪影了，而且对于条款的原文，在整个起草过程中没有任何起草者提议做进一步的修改或阐述。因而，美国提出的初步建议条款始终保持不变，以致这一条款的内涵直至起草过程的最后仍像最初那样含混不清。

---

① See Vienna Convention on the Law of Treaties, art. 32, 1155 U. N. T. S. 331, 8 I. L. M. 679.

② See Steve Charnovitz, "The Moral Exception in Trade Policy", *Virginia Journal of International Law*, Vol. 38, 1998, p. 704.

③ See United Nations Conference on Trade and Employment, Draft Report of the Technical Sub-Committee, 32, U. N. Doc. E/PC/T/C. II/54 (Nov. 16, 1946).

④ See Report of the Drafting Committee of the Preparatory Committee, art. 37 (a), U. N. Doc. E/PC/T/31/Rev. 1 (Mar. 5, 1947).

2. GATS 第 14 条（a）款之 "公共道德与公共秩序" 例外

由于 GATT 谈判者们没有意识到对 "公共道德" 内涵阐释的必要性，从将其最初拟定入 GATT1947 文本之后，就将它遗忘在了那里。大多数谈判国认为，对该条款的解释可以留待不久的将来在新一轮的贸易谈判中予以解决，然而后续的进程显然比预期的时间要长得多。[1]1949 年，继 GATT 成立之后的首轮全球贸易谈判拉开了序幕，在谈判过程中，谈判者们开始逐步地拾起以前被遗忘或被忽略的一些议题，尝试着加以解决，然而，依旧没有任何谈判方提及 "公共道德例外" 条款。这种遗忘被一再地重复和复制，截止到 1979 年东京回合谈判的结束，谈判国一直没有对 "公共道德例外" 条款做详细的讨论和阐释。[2]正当人们揣测 GATT 的谈判者们是否已经彻底地遗忘之时，"公共道德例外" 条款又奇迹般地重新出现在世人的视线中。

1986 年开始的乌拉圭回合中，谈判者们决定起草一项新的涵盖服务的贸易协定即服务贸易总协定（GATS），该项新协定中就包含了 "公共道德例外" 条款。但令人再次感到遗憾的是，GATS 第 14 条第（a）款似乎只是对 GATT 第 20 条第（a）款的再次翻版，而非对后者的详尽阐述或改进。当然，差别也不是完全没有，主要体现在两点上：其一，在条款中增加了 "公共秩序" 一词；其二，对于 "公共秩序" 一词还添加了一个脚注，强调 "只有当社会的根本利益受到真正且足够严重的威胁时才能援引该例外"。从这两点差别中可以推断出：一方面，谈判者们希望在条约中明确援用 "公共秩序" 概念，这一行为彻底解决了保护公共安全是否属于 "公共道德例外" 的模糊问题。另一方面，谈判者们对 "公共秩序例外" 的援用做了限制，即只有在如 "严重威胁" 等情形下。除了以上两方面的阐述，"公共道德" 的含义，"公共道德" 与 "公共秩序" 的关系等问题，谈判者们都没有做进一步的阐明。

3. TRIPS（2017）第 27 条第 2 款之 "公共秩序与道德例外"

翻开 TRIPS 的制定历史可知，在起草 1990 年 7 月 TRIPS 的第一份草案——阿内尔草案（The Anell Draft）中，亦包含了 "公共道德例外" 条

---

[1] See John H. Jackson, *The World Trading System*: *Law and Policy of International Economic Relations*, the MIT press, 1997, pp. 36-41.

[2] 在这几轮谈判中，谈判方关注的都是有关 GATT1947 的其他主题，如反倾销措施和非关税壁垒等。

款。该条款规定,"各成员可在下述情况下拒绝授予专利:公布或使用某项发明将会有违公共秩序、法律、普遍接受的道德标准、公众健康、人格尊严或人类价值"。同年,布鲁塞尔草案(The Brussels Draft)对阿内尔草案的"公共道德例外"条款作了一些修改,细化了相关规定:"各成员可拒绝对某些发明授予专利权,如在其领土内阻止对这些发明的公布或任何商业利用是用以维护公共道德或秩序,包括确保符合国内法律和规章(只要此类法律和规章不与协定的规定相冲突)、保护人类、动物或植物的生命或健康所必需的。"①

由上可知,布鲁塞尔草案对例外条款的实施做了一些更为严格的限制:一是限制例外措施实施的范围是"在本国领土内";二是实施的对象是"公布或拟作商业利用的发明"。此外,布鲁塞尔草案删除了原先草案中一些较为抽象的概念,如人格尊严、人类价值等,增加了两个操作性相对更强的概念,即"保护人类、动植物生命健康,以及要求遵守不与 TRIPS 协议相冲突的法律"。尔后,TRIPS 最终文本还对"公共道德例外"条款做了进一步的限制,最终形成如下条款:

"各成员可拒绝对某些发明授予专利权,如在其领土内阻止对这些发明的商业利用是维护公共秩序或道德,包括保护人类、动物或植物的生命或健康或避免对环境造成严重损害所必需的,只要此种拒绝授予并非仅因为此种利用为其法律所禁止。"

截至目前,TRIPS 已经修改至 2017 年版本,但对第 27 条第 2 款并无过多修改,因此长期存在一些问题:其一,违反公共道德或公共秩序的发明虽然被拒绝授予专利,但仍可以公开,进入公众领域后就可以为对该发明感兴趣的人所用,仍无法完全避免对社会可能产生的不良影响;其二,TRIPS "公共道德例外"中"公共道德"的范围显然要比 GATT 第 20 条(a)款的要宽,因为 TRIPS 的"公共秩序和道德"条款还包括了保护人类、动植物的生命健康以及避免污染环境②,TRIPS "公共道德例外"条款显然来源于 GATT "公共道德例外"条款③,但对于这两

---

① See UNCTAD-ICTSD. Patents: Ordre Public and Morality. In: Resource Book on TRIPS and Development. Cambridge University Press; 2005: 375-383.

② 这两项内容在 GATT 中是分别由 GATT 第 20 条(b)款和(g)款来保护的。

③ See UNCTAD-ICTSD. Patents: Ordre Public and Morality. In: Resource Book on TRIPS and Development. Cambridge University Press; 2005: 375-383.

项 "公共道德" 之间的差别，TRIPS 并未进一步阐释。

4. GPA（2012）第 3 条第 2 款之 "公共道德与秩序例外" 条款

为限制本国进口、减少或避免贸易逆差的发生，各国采用歧视性政府采购政策的做法愈演愈烈，而 GATT1947 对此却无能为力。在关于 GATT 的东京回合谈判中，由发展中国家缔约方动议，在各缔约方的共同努力下，最终达成了 GPA，并于 1981 年 1 月 1 日生效（1987 年 2 月作了修改并于 1988 年 2 月 14 日生效）。1995 年 1 月 1 日，世界贸易组织（World Trade Organization，WTO）正式成立。随着 WTO 的成立，GPA 于 1996 年 1 月 1 日作为 WTO 框架内的诸边协议之一，其仅对签字的 WTO 成员方生效，因为无论是出于对国家安全，还是对国内产业安全的考虑，政府采购都毕竟不同于普通商业买卖。原先 GPA 第 23 条第 2 款列明了 "公共道德与秩序例外" 条款。该条款的表述几乎与 GATT 第 20 条（a）款完全一致，仅仅在用词上增加了 "秩序或安全"，即将 GATT 的 "为保护公共道德所必需……" 表述为 "为保护公共道德、秩序或安全所必需……"。尔后经过修改，GPA（2012）将 "公共道德与秩序例外" 条款前置于第 3 条第 2 款，但条文表述仍然保持一致。

依上文可知，除了 GATT1994 完全沿袭了 GATT1947 的 "公共道德例外" 条款的措词之外，其他 WTO 协议中的 "公共道德例外" 条款都在 "公共道德" 之外还相应增加了 "秩序" 一词，究竟该款中的 "公共道德" 与 "秩序"（公共秩序）之间有何区别？对此，除了 GATS 第 14 条的一个脚注外，没有任何有关协议详细阐释清楚了这一问题。

总而言之，自 GATT1947 之后，虽然 "公共道德例外" 条款又相继被引入了 WTO 其他协定中，但关于条款的阐释一直是欠缺的。在自 2001 年以来直至目前仍在进行的多哈回合谈判中，此种状态仍在继续，没有议程涉及 "公共道德例外" 条款。因此可知，从 1947 年最初起草这一条款就存在的文义模糊等问题在 WTO 的框架下一直持续了七十余年之久。

（三）WTO "公共道德例外" 条款在 "判例法" 上的发展

虽然 "公共道德例外" 条款在 GATT/WTO 体系内沉睡了近六十年，但近十几年来该条款确实成为了一系列争端解决的争议焦点，多个典型的争端解决案例为该条款的适用提供了判例法上的参考。

1. "美国博彩案" 采纳条款的动态解释方法

1995 年新出现的网络赌博形式极大地刺激了一些国家在线赌博服务

贸易业的发展。安提瓜和巴布达就是其中之一。①目前,安提瓜是世界上提供网络赌博最活跃的国家之一,该行业大约 1/4 的服务是由设在安提瓜的网络公司提供。②但安提瓜在线赌博服务贸易的持续繁荣却遇到了一个大障碍——美国(世界上最大的赌博服务消费市场)。③

美国人构成了二分之一的在线赌博者,估计创造了全世界互联网赌博收入的 65%。④美国市场遭受到境外网络赌博的渗入,使其在传统赌博产业失去了较大一部分的客源和收入,并加剧了美国对洗钱犯罪和有组织犯罪的打击难度。因此,美国对网络赌博持坚决反对和打击的立场。2003 年,美国众议院通过一项《禁止非法赌博交易法》,规定对网络赌博活动加以限制,特别是限制美国网民使用信用卡和通过银行账户向国外赌博网站支付赌金。这一措施对安提瓜的在线赌博服务贸易造成重创。

为此,安提瓜根据 DSU 第 4 条和 GATS 第 23 条,于 2003 年 3 月 13 日请求与美国就其联邦和地方当局采取的影响跨境提供赌博和博彩服务的措施进行磋商。在磋商未果的情况下,应安提瓜的投诉请求,2003 年 7 月 21 日正式成立专家组。

本案中,安提瓜主张:美国采取了一系列禁止跨境提供赌博和博彩服务以及限制与赌博和博彩有关的跨境资金转移和支付的措施,不符合在 GATS 框架内所作的具体承诺减让表,也违反了 GATS 第 16 条 "市场

---

① 安提瓜和巴布达(简称安提瓜)原为位于加勒比海地区的英属西印度群岛中的两个小岛,1981 年 11 月 1 日宣布独立并成为一个联合国家,总面积 170 平方公里、人口约 6.7 万。由于其传统旅游业在 20 世纪 90 年代受到一系列飓风冲击,近 20 年来,安提瓜着力发展多样型经济,并成为全球第一个许可和规制在线博彩并使其合法化的国家。早在 1999 年,提供网络赌博服务带来的产值占安提瓜国内生产总值(7.5 亿美元)的 10%,而该国政府每年 2 亿美元的财政收入中,约 1/6 来自网络赌博行业。

② 参见黄志雄:"WTO 自由贸易与公共道德第一案——安提瓜诉美国网络赌博服务争端评析",载《法学评论》2006 年第 2 期。

③ 根据"美国国家赌博影响评估委员会"这一官方机构的统计,1999 年赌博者仅在美国各州的合法赌博场所投入的赌金就超过了 6300 亿美元,消耗赌金约为 500 亿美元;1998 年,68% 的美国人至少进行过一次赌博,而 86% 的美国人在其一生中进行至少一次赌博。据统计,早在 20 世纪末每年每四个美国人中有一个访问离线赌场,而且美国人在线赌博的人数早在 2005 年就已经翻了一番。"美国典型的在线赌博者是 40 岁以下,受过大学教育,男性,较富裕者。"而且,这个人口统计数字在继续增长——估计"现在四分之一的男性大学生至少每月一次玩在线纸牌游戏"。

④ See "First Submission of Antigua and Barbuda, United States-Measures Affecting the Cross-Border Supply of Gambling and Betting Services", http://www.antigua-barbuda.com/business_ politics/ pdf/ Antigua_ First_ Submission.pdf, Last visited on Oct. 21, 2020.

准入"、第 17 条 "国民待遇" 和第 6 条 "国内法规" 的有关规定。

美国辩称，远程赌博会导致：（1）有组织的犯罪；（2）洗钱；（3）欺诈以及针对消费者的其它罪行；（4）公共健康（即病态赌博）；（5）儿童和青少年（即未成年人赌博）。概括起来，远程赌博将 "严重威胁到公共秩序的维持以及公共道德的保护"。

2004 年 11 月 10 日，专家组驳回了美国关于保护公共道德的辩护，认为其在寻找一个解决办法既满足美国的需求同时允许安提瓜的市场准入方面，没有与安提瓜进行有诚意的协商。

2005 年 1 月，美国和安提瓜分别就专家组报告中的特定的法律问题和法律解释提起上诉。上诉机构在认定美国的措施是否符合 "公共道德例外" 条款方面，推翻了专家组的某些结论，但仍裁定：美国限制安提瓜的服务提供者的禁令，因为违反了 GATS 第 14 条引言的要求，以至于无法援引 "公共道德条款" 来排除其违法性。

"美国博彩案" 被誉为 "WTO 自由贸易与公共道德第一案"①，因为 GATS 第 14 条（a）款，即 "公共道德例外" 条款第一次被成员方在 WTO 援用以证明其措施的正当性。对于许多国际法学者来说，该案最重要的不是它的结果，而是专家组最终在 2004 年第一次阐述了 "公共道德例外" 条款的含义。上诉机构也意识到了该判决的历史性质，认为该案件首次 "要求上诉机构处理有关 '公共道德' 的例外"。②

从理论上讲，WTO 专家组和上诉机构对该案的裁决主要作用在于阐明了 "公共道德例外" 条款适用的三项要求：必要性要求、非歧视要求和动态解释要求。在动态解释方法下，专家组坚定地宣称 "（公共道德）的内容可以随着时间和空间的变化而变化，内容取决于一系列因素，包括当前的社会、文化、种族、道德等"③，但未明确 "公共道德" 的具体内涵。概而言之，"美国博彩案" 作为第一个涉及 "公共道德例外" 条款的案件，其对 "公共道德例外" 条款发展的重要意义不言而喻。然而，令人遗憾的是，DSB 对 "美国博彩案" 的判决太过谨慎。本案裁决只是简单地证实：应将适用于 GATT 第 20 条其它例外条款的解释性原则

---

① 参见黄志雄："WTO 自由贸易与公共道德第一案——安提瓜诉美国网络赌博服务争端评析"，载《法学评论》2006 年第 2 期。

② See 书稿案号表 2，para. 291.

③ See 书稿案号表 1，para. 6. 461.

推广至"公共道德例外"条款上来。对于裁决要求以外的内容很少阐述，甚至没有阐明与"公共道德例外"条款相关的几个关键性理论，如公共道德的内涵，公共道德范围的确定主体，以及"公共道德例外"条款是否包含人权价值等。

此后，纵观 WTO 受理的多个案例，专家组和上诉机构仍然沿袭了动态解释方法，支持欧盟公众对于动物福利的关切和巴西提出的弥补社会不同阶层之间的数字鸿沟以促进社会融入等属于公共道德范畴的政策目标，公共道德的内涵有所拓展。可见，专家组和上诉机构给予了 WTO 成员方一定的空间，使其可以依据自身的价值体系，在各自的领土范围内定义和适用公共道德概念。但是成员方可以在多大程度上独立定义和适用公共道德这一概念，专家组和上诉机构始终没有作出具体阐明。

2. "中美出版物市场准入案"拓展条款的适用范围

中美两国关于文化产品的贸易争端由来已久。在 2007 年 4 月 10 日和 7 月 10 日，美国两次要求与中国政府磋商解决。由于磋商未果，2007 年 10 月 10 日，美国要求成立专家组，经过中国第一次阻却后，专家组在 2007 年 11 月 27 日自动成立。后因双方对专家组成员组成无法达成一致，时任 WTO 总干事的拉米指定了专家组成员。与此同时，澳大利亚、欧盟、加拿大、日本、韩国等保留作为第三方的权利。

就贸易权而言，美国认为，中国违背了中国在《中国加入世贸组织议定书》（以下简称《入世议定书》）第 5.1 条和《中国加入工作组报告书》（以下简称《工作组报告》）第 83（d）、84（a）和 84（b）条中所作的开放贸易权的承诺，也不符合 GATT 第 11.1 条的普遍取消数量限制义务。就分销服务而言，美国认为，中国采取了多种措施禁止或限制外国服务供应商从事出版物、音像制品和录音制品的分销服务，而且没有给予进口出版物、用于电子销售的录音、影院影片国民待遇，进而违反了 GATS 第 16 和第 17 条之规定。

中国辩称：中国管理文化产品的法规建立了保护中国公共道德的内容审查机制和进口单位遴选系统。文化产品的特殊性在于其对社会及个人的道德有潜在的重要影响。中国在此行业内采取高标准的公共道德保护，建立起了积极有效的内容审查机制，禁止含有可能对公共道德产生负面影响的文化产品进口。即使该措施造成了对贸易权的限制，但根据

GATT 第 20 条（a）款之规定是正当的。中国进一步提出，内容审查机制对于维护民族价值观是必要的，并且设立审查门槛也是必需的。

2009 年 8 月 12 日，专家组作出裁决。9 月 20 日，中国提起上诉。12 月 21 日，上诉机构公布裁决报告。2010 年 1 月 19 日，WTO 争端解决机构通过了上诉机构报告和经修改的专家组报告。①

尽管中美双方各有输赢，但专家组总体上偏向于支持美国观点。专家组认为，中国援用 GATT 第 20 条（a）款"公共道德"作为例外的辩护理由不成立。在上诉程序中，中国将重点放在了 GATT 第 20 条（a）款上。通过分析 GATT 第 20 条（a）款适用中的多项法律问题之后，上诉机构最终维持了专家组的裁决。

在"中美出版物市场准入案"中，WTO 争端解决机构第一次直接解释和适用 GATT 第 20 条（a）款的"公共道德例外"条款，且涉及敏感的中国文化产品进口、分销管理措施，因而备受关注。

本案中，美国申诉中国违反了中国《入世议定书》的相关规定，中国援用 GATT 第 20 条（a）款"公共道德例外"条款的规定予以抗辩。由此可知，WTO 争端解决机构在适用该条款时，首先遇到的问题是："GATT 第 20 条一般例外对 GATT 外其他 WTO 协定及成员加入 WTO 的文件是否适用"。对此，专家组采用"假定"的方式回避了对该问题的回答。专家组先假设第 20 条（a）款能够被援用作为违反《入世议定书》的抗辩理由。然后，专家组通过分析认定中国的涉诉争议措施不符合"公共道德例外"条款的必要性要求。继而，专家认为没有必要就争议措施是否符合第 20 条引言要求再做出分析。同时，亦不必再讨论第 20 条可否适用于此案的问题了。

在上诉程序中，上诉机构推翻了专家组的这种"假设论证法"，认为该方法会导致中国在执行过程中的法定范围不确定。因而，上诉机构明确分析了 GATT 第 20 条对 GATT 以外其他 WTO 协定和成员加入 WTO 文件的适用性问题，为争端解决机构和 WTO 成员以后处理类似问题提供了参考。本案上诉机构明确了《入世议定书》和《工作组报告》可以援引 GATT 第 20 条，即援引第 20 条的涉案措施应清晰、本质地与该成员管理货物贸易的目标相联系。具体则通过对措施的性质、设计、结构和

---

① See 书稿案号表 3 和 4.

功能的仔细审查,结合措施所在的管理文件来考察确立。这一决定对中国有着重要意义,它为中国今后在争端解决案件中运用 WTO 一般例外的各项规定提出抗辩打开了一扇门。

3. 从"金枪鱼/海豚案"到"欧盟海豹产品案"均关涉"域外适用"问题

作为美国最密切的贸易伙伴之一,墨西哥在东太平洋海域的船队使用拖网围捕方法导致金枪鱼对美出口深受其害。1990 年 8 月 28 日和 10 月 10 日,美国政府先后两次对墨西哥捕获的金枪鱼实施进口禁令。在双边磋商未能解决争端的情况下,1991 年 2 月 6 日,应墨西哥请求,GATT 缔约国大会成立专家组审查"金枪鱼/海豚 I 案"。同时,作为受美国禁令影响的第三方,澳大利亚、加拿大等 22 个国家和国家集团声明保留作为第三方参与的权利。其中,9 个国家或国家集团针对美国的措施提交了书面意见。1992 年,欧盟以墨西哥当初同样的理由向 GATT 起诉美国,即"金枪鱼/海豚 II 案"。

在"金枪鱼/海豚 I 案"中,专家组报告的结论为:美国的进口禁令不具有 GATT 第 20 条(b)款和(g)款规定的例外措施的正当性。美国针对第三国的金枪鱼实施的进口禁令,同样违背了 GATT 的有关规定,也不具有 GATT 第 20 条第(b)款和(g)款规定的例外措施的正当性。

在"金枪鱼/海豚 II 案"中,专家组认定:无论是"初级禁运"还是"第三方禁运",都不属于 GATT 第 3 条规定的国内法规措施,也不属于 GATT 第 20 条第(b)和(g)两款规定的例外措施。

虽然很多学者认为金枪鱼/海豚 I 案和 II 案揭示的主要是贸易和环境之间的冲突和平衡问题,但也有一些成员和学者认为"残忍地对待动物实质上是一种道德暴行"①。此外,该两案对"公共道德例外"条款的重大贡献还在于,其第一次涉及了 GATT 第 20 条一般例外条款的"域外适用(extraterritoriality)"问题。

在实践中,很多基于保护公共道德而实施的贸易措施保护的并非是国内的公共道德,如禁止进口雇佣童工制造的产品,或是禁止进口用残

---

① 譬如,"金枪鱼/海豚 I 案"中作为第三方参与案件的澳大利亚就认为该案还可援用"公共道德例外"条款。另有学者如 Miguel A. Gonzalez 等也阐述了类似的观点。See 书稿案号表 28,para. 4. 4;Miguel A. Gonzalez,"Trade and Morality:Preserving Public Morals Without Sacrificing the Global economy",*Vanderbilt Journal International Law*,Vol. 39. No. 3,2006,p. 940.

忍方法捕获的动物的皮毛等。"域外适用"问题是目前学界尚存争议的问题。早在"金枪鱼/海豚Ⅰ案"中，由于墨西哥的捕鱼行为发生在美国管辖水域之外的公海，因而墨西哥主张美国不能对其境外的自然资源实施贸易限制。对此，专家组的裁决支持了墨西哥的主张，从而初步否定了一般例外条款的"域外适用"效力。

随后"欧盟海豹产品案"的出现再次将大众视野引至"域外适用"问题上。欧盟就其禁止在欧盟市场上销售海豹产品的内部法令，援引了GATT第20条（a）款进行抗辩，认为捕猎和销售海豹产品的行为违背了欧洲公众保护动物福利的公共道德观念。值得注意的是，本案所涉及的争议措施既适用于欧盟境内，也涉及到在欧盟境外对海豹产品实施捕猎和销售行为。

倘若欧盟援引GATT第20条（b）款"保护人类或动植物生命健康例外"，宣称其实施措施的目的是保护海豹的生命和健康，那么将会直接面对管辖权难题，其对欧盟境外的海豹是否具有管辖权问题还有待考量。而欧盟可能是在权衡某些诉讼策略后，没有援引GATT第20条（b）款。但是，欧盟所援引的GATT第20条（a）款"公共道德例外"却使得管辖权问题愈加复杂。

对于欧盟所提出的公众对猎杀海豹行为的道德愤怒，以及消费海豹产品相当于间接鼓励猎杀海豹行为的道德担忧，都确实发生于欧盟境内，[1]然而欧盟所实施的海豹产品禁令却是针对欧盟境外的对象。对此，上诉机构也注意到了本案中的域外管辖可能带来的体系性影响，便提出了GATT第20条是否隐含了管辖权限制问题，如果存在，那么管辖权限制的性质和范围又是什么。[2]但是由于原告并没有就欧盟是否有权管辖欧盟境外的海豹捕猎行为提出质疑，所以上诉机构认为没有必要在本案中就该问题进行更深入的分析，上诉机构也一直没有明确回答关于"公共道德例外"条款的域外适用问题。

那么，援引"公共道德例外"条款是否就可规避域外适用问题？学界对此问题存在争议，实际上，从保护欧盟境外的海豹到保护欧盟境内

---

① See Philip I. Levy, Donald H. Regan, "EC-Seal Products: Seals and Sensibilities (TBT Aspects of the Paneland Appellate Body Reports)", *World Trade Review*, Vol. 14, No. 2, 2015, p. 372.

② See 书稿案号表6, para. 5. 173.

公众对海豹健康和安全的关切，最大的区别就在于观察视角的不同。关于援引 GATT 第 20 条 （a） 款 "公共道德例外" 条款就无需考虑管辖权问题的观点必须谨慎对待。①从案件裁决结果来看，专家组和上诉机构都支持了欧盟援引 "公共道德例外" 条款来保护海豹福利的立场，所以关于该条款的域外适用并不完全是否定性结论。

由上可知，虽然近年来的多个案件针对 "公共道德例外" 条款的不同方面均做了相应发展，但仍旧没有解决最重要的几个问题，譬如，"公共道德" 的内涵究竟包括什么？如何对这一概念提供明确的解释以防止 "公共道德例外" 条款的滥用？以及如何平衡公共道德与自由贸易的关系等。

第二节　WTO "公共道德例外" 条款的法理基础

当今世界，各国间贸易秩序的维系与贸易争端的妥善解决主要是建立在 WTO 法律规则基础之上的，而 WTO 法律规则又是建立在人类社会共通的法理原则基础之上的。WTO 法律中 "例外" 条款的出现，反映出国际社会的道德关注已经从国际贸易结果向国际贸易过程上移转，以使公平互利的实现更合法律理性、更富道德意义。②

WTO 法律规则体系中秉承的主要法律规则与原则，均承载着国际社会共通的伦理价值和普遍的道德观念。从一定程度上看，公平正义、平等互利就是 WTO 法律规则与原则的价值基础和精神内核。WTO "公共道德例外" 条款正是 WTO 公平互利理性的特殊反映。这也正是 WTO 缔约方推进国际贸易公平互利的实效条款，是破除统一规则所导致的 "形式公平而实质不公平" 的弊端而采取的有力措施，更是 WTO 法律规则具有道德觉悟和道德理性的有力证明。从法理的角度看，这种 "公共道德例外" 实质上也反映出了 "例外理性"。

---

① See Philip I. Levy, Donald H. Regan, "EC-Seal Products: Seals and Sensibilities (TBT Aspects of the Paneland Appellate Body Reports)", *World Trade Review*, Vol. 14 , No. 2, 2015, p. 372.

② See Claire Wright, "Censoring the Censors in the WTO: Reconciling the Communitarian and Human Rights Theories of International Law", *Journal of International Media & Entertainment Law*, Vol. 3, No. 1, pp. 60-76.

一、有关 WTO "公共道德例外" 条款的法理学说

国内外学者关于 WTO 法中 "公共道德例外" 条款的法理基础研究，观点和主张不尽一致，但主要可归纳为以下三类：

（一）国际法上的 "安全阀说"

一般认为，"安全阀说" 是以国际条约法上的 "情事变更" 制度为理论支撑的，其主要是从政治经济学的角度来考察该种例外条款，较为合理地阐释了该例外条款的目的和功能。

众所周知，过于 "刚性" 的国际条约会大大削弱适用的普遍性和稳定性，也将会导致其本身难以被国际社会普遍认同。尽管依循国际法上公认的 "约定必须信守" 原则，任何缔约方均应遵守自己所订立或参与的国际条约，但作为法律规范中较具代表性的 "软法" 规范，从法律效力层面上看，国际法自然比不上国内法，成员方的违约行为难受实质制约。其真正原因就在于，国际社会缺乏凌驾于主权国家之上的具有强制执行力的国际机构。有鉴于此，国际条约法上便衍生出了 "情事变更" 制度。这一制度有利于合法地免除特殊情形下的条约义务和吸引更多成员加入国际条约。

作为多边贸易协定，在承担贸易自由化义务的同时，各成员方也合法保留了采取一些例外措施的权利，即在某情形下合理违背贸易自由化义务的权利。据有关资料记载，有学者主张，包括 "公共道德例外" 在内的 WTO 例外条款就是 "安全阀"，保障了多边贸易体制的稳定运行。这一作用对于 WTO 的运行而言尤为重要，该种条款为成员方在必要时背反贸易自由化承诺提供了可能，但同时又设置了一定限制条件。①

作为特别条款，WTO "公共道德例外" 条款发挥一定的 "保护" 作用，在 WTO 协议中被明文规定后才能为成员方所适用，而且只能在合理时间范围内针对特定产品采取相应的补救措施，但不能完全消除 WTO 协议义务。WTO 对该种例外条款所涵摄的权利义务解释不够清晰，既未标明成员方实施例外措施的权利属性，也未澄清例外措施实施条件的法律性质，更没有理顺两者之间的关系。故此，在本质上讲，援用 WTO "公

---

① 参见［英］伯纳德·霍克曼、迈克尔·考斯泰基：《世界贸易体制的政治经济学——从关贸总协定到世界贸易组织》，法律出版社 1999 年版，第 159 页。

共道德例外"条款只是暂停执行国际条约法上的部分义务。

由此可见，借用国际条约法中的"安全阀说"理论来阐释 WTO 公共道德例外条款的法理基础，既具有其形式逻辑上的合理性，也存在理论上的某些不足。

（二）国际法上的"法律漏洞说"

有学者主张，WTO 例外条款的概念措词较为抽象、用语含混不清，致使该种例外条款常常被宽松地解释与适用，进而导致 WTO 法律规则漏洞的产生，甚至侵蚀损害 WTO 法律规则的稳定性与适用的可预见性。① "法律漏洞说"虽然注意到成员方可能借"公共道德例外"条款之名行"贸易保护主义"之实，违背 WTO 自由贸易义务的行为可能性，但却放大了成员方恶意援用"例外条款"以合法逃避条约义务的可能性，缩小了该种条款的实质正义和例外理性。理由是，"公共道德例外"条款一定程度上去除了 WTO 成员方的事实担忧：在履行多边贸易体制义务时，倘若国内公共道德和公共政策目标因此受挫，却无法得到及时有效的补救，则很可能不愿签署 WTO 协议。可见，WTO "公共道德例外"条款的存在有其必要性与合理性。

事实上，无论是 GATT 还是 WTO，都一直不断地依据国际贸易实践中出现的问题制定或完善包括保护"公共道德"在内的"例外条款"规则。成员方对该条的恶意援引行为仅限个案，并未真正冲击 WTO 规则体系的法律效力。包括公共道德例外在内的各种例外条款，较好地缓解了 WTO 体系中一揽子义务的"刚性"要求，使 WTO 体系得以稳步发展。WTO 争端解决机构在解释和适用例外条款过程中，也常常因时因地采用合理的解释方法，对援引例外条款的条件加以严格限定。这在一定程度上平衡了国际贸易自由的义务与本国例外的利益，使得成员方在执行例外条款时不致完全偏离 WTO 既定规则。可见，作为 WTO 体系内的重要条款，"公共道德例外"条款不仅合理而且必要。有学者认为，WTO 规则要在各主权国家之间成功适用，就必须在 WTO 法律框架内制定若干例外规则，以顺利绕开极为敏感的"主权"暗礁。②

---

① See Anne O. Krueger（ed），*The WTO as an International Organization*，The University of Chicago Press，1998，pp. 214-215.

② 参见赵维田：《世贸组织（WTO）的法律制度》，吉林人民出版社 2000 年版，第 325 页。

（三）WTO 成员方间的 "利益协调说"

针对 WTO "公共道德例外" 条款，有学者指出，这从法律上承认了成员方实施例外措施的权利，是对成员方在特定情形下实施例外措施权利的 "事先协调同意"，尊重了其他成员方在 WTO 实体性规则下的权利之间的协调与平衡。①由此可见，虽然在援用该例外条款时，成员方应保持客观的善意，尊重 WTO 其他成员方的正当权利 ②，但无论是对各成员方还是对 WTO 多边贸易体制而言，"公共道德例外" 条款的存在与发展都具有正当性和合理性。

从 GATT 到 WTO，为了实现成员方之间权利义务的平衡，"协调与平衡" 贯穿于其中。毋庸置疑，"利益平衡" 是 WTO 框架协议最终达成的基础，"协调" 就是这一平衡过程中的 "立法手段"。因此，只将 "利益协调" 看作 WTO "公共道德例外" 条款的法理基础，有些不妥。

另外，国外也有学者，如托马斯杰斐逊法学院副教授克莱尔·莱特（Claire Wright）等，着重从社会经济学的角度对 "WTO 公共道德例外" 条款作了颇有见地的论述。③

二、WTO "公共道德例外" 条款的社会基础与法理正当性

若要厘清 WTO "公共道德例外" 条款的法理基础，就必须明白该例外条款在 WTO 框架体系中的功能。作为 WTO 框架体系内的重要条款，该例外条款的适用有严格的限定。可见，该种条款不但未被视作 WTO 法律体系内的 "法律漏洞"，而且其对于整个 WTO 体系的建立和稳定十分重要。王贵国先生曾深刻指出："如果每个成员对前述义务都必须要毫无修订地加以执行，各成员的管辖权势必受到很大限制，从而货物贸易制度甚至世界贸易组织是否能够建立、存在便会成为问题。正因为如此，

---

① 参见陈卫东：《WTO 例外条款解读》，对外经济贸易大学出版社 2002 年版，第 7 页。

② 还有学者从条约的条文、条约条文的上下文语境及其实施的法律后果的角度出发，认为 "WTO 例外条款" 的法理基础是 "协调说"，即例外条款体现了对各成员方在特定情形下实施例外措施的权利的 "事先的协调同意"，也同时体现了承认各成员方实施例外措施的权利与要求及尊重其他成员在 WTO 实体性规则下的权利之间的协调与平衡。参见陈卫东：《WTO 例外条款解读》，对外经济贸易大学出版社 2002 年版，第 7 页。

③ See Claire Wright, "Censoring the Censors in the WTO: Reconciling the Communication and Human Rights Theories of International Law", *Journal International Media & Entertainment Law*, Vol. 3, No. 1, pp. 76-92.

关贸总协定自签订之初便对各成员遵守其规则作了许多例外。"①从WTO成员方的主权角度出发,赵维田先生也阐释了WTO "公共道德例外" 条款的必要性。

正是由于包括"公共道德例外"条款在内的一系列例外条款的存在,世界各国或地区才愿意加入WTO协议并履行义务,如大幅削减本国关税和非关税贸易壁垒等,超强度推进了世界贸易自由化的进程。

其一,"公共道德例外"条款衍生出广泛的法律认同,在相当大的程度上稳定发展了WTO体系,推进了世界贸易自由化。面对WTO一揽子刚性规则,成员方必须对本国经济社会结构和法律制度进行可能造成严重损害的重大调整和改革,特定情形的出现甚至威胁一国经济社会安全。因此,倘若不设例外条款,在特定情形尤其是一国经济社会受到严重危害的情形下,WTO成员方若不能在一定期限内免除或减轻WTO协议义务,则世界上绝大多数国家或地区尤其是弱小国家或地区将不会加入WTO,甚至退出WTO机制。②

由此可知,国际社会的法律认同才是WTO规则体系稳定的社会基础。包括"公共道德例外"条款在内的例外条款使得WTO法律规则被国际社会成员广泛认同,确保了WTO体系的国际性和稳定发展。

其二,严格限定成员方援用例外条款的特定情形与专门条件,并规定成员方援引例外条款的程序与实体条件,既具有合法性也具有确定性。③较之GATT关于例外条款的规定,WTO对例外条款制度的设计更为严密。譬如,取消某些例外条款,整合例外条款体系,增设定期审查机制,补充强化某些例外的实施规则等,都在很大程度上防止了成员方滥用"例外条款",降低了成员方逃避WTO义务的情形。

从这一点看,适用WTO例外条款的确定性依赖于WTO法律规则规定的严格程序与实体条件,而其适用的合法性与合理性则来自于WTO规

---

① 王贵国:《世界贸易组织法》,法律出版社2003年版,第136页。

② 对此,周永坤先生也曾指出:民众的广泛认同是法安定的社会基础,如果法律远离民众,甚或与民众处于对立状态仅凭强制力推行,则不管强制力多么强大,法律也是不安定的。参见周永坤:《法理学——全球视野》,法律出版社2000年版,第438页。

③ 周永坤先生也认为,法的安定不仅要求法体系本身是健康的而且要求它成为社会现实,即法适用过程高度的合法性与确定性。参见周永坤:《法理学——全球视野》,法律出版社2000年版,第438页。

则本身的原始约定。

总而言之，WTO "公共道德例外" 条款的法理基础既来源于国际社会普遍的法律信仰和规则认同，也来源于 WTO 成员方确保本国利益与安全的价值诉求，更来源于成员方之间的利益协调与平衡。

第三节　WTO "公共道德例外" 条款与非排除措施条款的比较

在国际投资领域，"非排除措施条款" 越来越频繁地出现于投资条约中，针对缔约方为保护如公共道德、国家安全等特定价值与目的，而采取特别的行政措施，可以免除其承担相应的条约义务。早期的非排除措施条款并未做太多具体规定，除可适用事项外，其他有关适用规定并未明确。而该条款作为最有力的抗辩依据在国际投资争端中备受青睐，在具体案件中国际仲裁机构经常会援引 WTO 规则，抑或是国际法委员会（以下简称 ILC）起草并在联合国国际法委员会第 53 届会议通过的《国家对国际不法行为的责任的条款草案》（以下简称《ILC 草案》），也可能借助国际习惯中关于例外条款的规定来进行解释或裁定。仲裁庭就曾经在 Continental 案中进行非排除措施条款解释时，首次借鉴了 GATT 第 20 条一般例外条款的 "必要性" 分析方法。[1]而该案的首席仲裁员恰好正是 WTO 上诉机构的前主席，其认为，相较于国际习惯法而言，WTO 规则更适合用于分析经济领域的国家政策的有关必要性标准问题。[2]根据 WTO 上诉机构在 "韩国牛肉案" 中的解释方法，仲裁庭应当审查阿根廷在当时情境下是否可以选择争议措施以外的可替代性措施。仲裁庭最终认为投资者所提出的可替代性措施不具有可行性。由此可见，国际组织在对国际法进行解释时具有相互借鉴的倾向。但本案仲裁庭在论证过程中存在较大缺陷，Alvarez 和 Brink 认为仲裁庭忽视了《公约》的条约解释规则，没有注意到 WTO 协定与国际投资条约之间的差异，过于狭隘地

---

[1]　21 世纪初，阿根廷遭遇其史上最为严重的经济危机，并采取了一系列干预措施以应对经济危机，而这些干预措施在一定程度上损害了投资者们的利益。对此，投资者们纷纷根据其母国与阿根廷之间的双边投资条约向 ICISD 提请仲裁，要求阿根廷政府予以赔偿，Continental 案正是这系列案件中的其中一起。

[2]　Continental Casualty v. Argentine Republic, ICSID Case No. ARB/03/9, Award, p. 195（Sept. 5, 2008），p. 85.

关注 GATT 第 20 条的规定。①虽然仲裁庭借助 WTO 法来解释非排除措施条款具有里程碑意义，有助于统一非排除措施条款的解释路径，但 WTO 一般例外条款与非排除措施条款在众多方面仍存在明显区别。

纵观不同的国际投资协定，非排除措施条款虽没有统一的模式，但大部分协定都在政策目标中纳入了"公共道德"。将公共道德列为非排除措施条款的例外允许事项，目的在于赋予东道国在保护公共道德价值方面宽泛的自由，但可能因此也会引发各方对公共道德定义的分歧，原因就在于各国具有不同的历史背景和文化价值观念。即便是在相对单一的欧盟内部，对"公共道德"的理解也存在较大分歧。例如在一些双边投资条约中，如果两个缔约国对"公共道德"存在不同的理解，将某一个国家对"公共道德"的理解强加于另一个国家，结果只会导致不对称的条约义务。国际投资协定对"公共道德"的解释较为模糊，但大部分的非排除措施条款实际上是以 GATT 第 20 条为蓝本制定的，因此还可以借助 WTO 判例法进行解释。但在理论上必须明确的是，WTO "公共道德例外" 条款属于国际贸易法的范畴，而非排除措施条款属于国际投资法的范畴，二者自然是有所不同的，当然也不能认为直接援引 WTO 判例来解释非排除措施条款是毫无问题的。

一、条款面临"利益平衡"的共同难题

为了更好地维护公共道德等公共政策目标，WTO 协定和国际投资条约都明确规定在某些情况下公共政策优先于贸易价值或投资保护标准，由此确立了 WTO 中的例外条款和投资条约中的非排除措施条款。这些条款有助于在各国所需要承担的必要义务与行使相当程度的国家主权之间发挥关键的衔接和平衡作用。②非排除措施条款，实际上也被称为一般例外条款，同样也发挥了类似于 WTO "公共道德例外" 条款的"利益平衡器"作用。国际投资条约中的非排除措施条款通常采用与 GATT 第 20 条相似的措辞。在合法性目标选取上，虽然 GATT 第 20 条的范围明显大于

①　See Andrew D. Mitchell, Caroline Henckels, "Variations on a Theme: Comparing the Concept of 'Necessity' in International Investment Law and WTO Law", *Chicago Journal of International Law*, Vol. 14, 2013, p. 158.

②　参见银红武："论国际投资仲裁中非排除措施'必要性'的审查"，载《现代法学》2016 年第 4 期。

非排除措施条款，但它们都将 "公共道德" 目标纳入其中，即使一国的监管措施被认定为违反了自由贸易义务或投资条约义务，但只要该监管措施是基于维护一国公共道德利益的，东道国也会被免除违约义务。WTO 在做出该类判定时通常是运用利益比较与平衡法，权衡为维护公共道德利益所采取的规制措施与贸易自由化之间的关系。在国际投资争端解决中亦是如此，仲裁庭在适用非排除措施条款时也必须在东道国主张的公共道德利益保护与遵守投资保护义务两者之间进行谨慎的权衡。由此可见，无论是 WTO "公共道德例外" 条款还是国际投资条约中的非排除措施条款都面临着贸易投资自由化与公共道德利益保护两者关系的利益平衡难题。①

　　国际投资条约中的非排除措施条款在平衡公共利益和私人利益以及投资问题和非投资问题上也起到了关键性作用，承担着对投资双方执行风险的重新分配任务。如果出现东道国必须采取措施保护其公共道德利益的情况时，投资者必须承担此类措施可能损害其投资的风险，而东道国不对此类损害承担经济责任。一些国际投资条约往往是直接把 GATT 第 20 条（a）款的 "公共道德例外" 条款直接纳入其中，使其成为非排除措施条款的一部分，同时也会借鉴 WTO 专家组对一般例外条款的解释路径。②但是国际投资条约并未如 WTO 法那般体系化，且各个案件所依据的仲裁条约有所不同，国际投资争端解决中心（以下简称 ICSID）案例难以相互协调甚至会出现抵触情况。早期的仲裁庭更倾向于强调东道国对投资者利益保护的义务，防止对外国投资利益的侵害。由于从严解释的方式可能会在一定程度上阻碍东道国援引非排除措施条款进行抗辩，所以非排除措施条款在仲裁庭实践中逐渐从严厉的解释方式转变为较宽松的解释方式。对外国投资的保护并不是投资条约的唯一目的，这也是仲裁庭在 Saluka 公司诉捷克案中提出的观点。在该观点之下，仲裁庭在对保护投资条约中的实质性条款进行解释时就应当采用更具平衡性的方法，对东道国的规制权也要给予考虑。在解释中过分夸大对外国投资保护反而会造成适得其反的效果，导致东道国对外国投资的拒绝，还可能

① 参见梁丹妮："国际投资协定一般例外条款研究——与 WTO 共同但有区别的司法经验"，载《法学评论》2014 年第 1 期。

② 参见杨福学："国际能源投资相关条约中的 '非排除措施' 条款研究"，南京大学 2014 年博士学位论文。

进一步影响到缔约双方相互促进与增强经济合作的整体目标。①同样地，仲裁庭在 Plama 公司诉保加利亚案中也对 "唯目的论" 解释方法的局限性进行了重申。②

当一国以公共道德保护为目的的规制措施损害了利害关系人的利益时，在国际投资和国际贸易两个不同领域中都可能招致相应的诉讼或仲裁。保护公共道德与国际贸易、国际投资发展在很多时候是相互促进的，但任何一方利益若产生过度倾斜，也会引发激烈冲突。WTO "公共道德例外条款" 与非排除措施条款都应当以平衡各方利益的原则来解释条约。③对此，非排除措施条款和 WTO 公共道德例外条款在发挥 "平衡器" 作用时，必须对相应的适用条件予以明晰，建立一个规范性的框架体系，更好地引导一国在采取规制措施遵循正当程序，符合国际公认的比例原则和非歧视原则，防止对例外条款的滥用情况出现。

二、条款适用的差异性分析

WTO 的宗旨在于维护各国之间的公平竞争，同时还要通过规范贸易政策的方式以调和各成员方之间的贸易争端。而国际投资条约出于保护投资的目的，更加关注的是国家和私人投资者之间的利益平衡。GATT 第 20 条与非排除措施条款彼此是分属于不同领域的，二者在利益平衡的

① Saluka 投资公司于 1998 年 2 月 3 日在荷兰成立，是为持有捷克投资与邮政银行（IPB）股份所专门设立的公司，属于诺姆拉（Nomura）集团的一家子公司。1998 年 3 月 8 日，诺姆拉集团下属的诺姆拉公司与捷克国有资产基金（NPF）签订股权购买协议，购买捷克投资与邮政银行大约 36% 的股份，而后将此股份转移到萨路卡公司。通过前述国有股份出售行为，捷克政府得以将其自共产主义时期形成的集中性银行体系进行重整与私有化。本案中，Saluka 公司主张由于捷克政府干涉，其捷克投资与邮政银行股权价值被剥夺，并最终导致捷克投资与邮政银行被强制运营管理的情况。

② 原告 Plama 公司是一家在塞浦路斯成立的公司，而 Nova Plama 公司是其旗下一家子公司，在保加利亚有一家炼油厂，同时还有一家发电厂。在 Nova Plama 公司未向 Plama 公司转让股权之前就因债务问题一直处于亏损状态。Plama 公司收购 Nova Plam 公司后进行了重整，该重整得到了债权人及保加利亚政府的同意，但后面在 2005 年 Nova Plama 公司最终清算破产。原告 Plama 公司主张，保加利亚政府、国家立法、司法以及其他公共部门机构故意给 Nova Plama 公司制造障碍，拒绝且无理由拖延有效的补救措施，才导致 Nova Plama 公司无法重整成功，对 Plama 公司造成了负面影响。同时还主张保加利亚方违反了《能源宪章条约》和保加利亚—塞浦路斯之间的双边投资协定。

③ 项目组已做了相关研究。参见梁开银："论投资条约非排除措施条款的性质归属"，载《法学》2021 年第 8 期；梁开银："公平公正待遇条款的法方法困境及出路"，载《中国法学》2015 年第 6 期。

关注点上也存在显著不同，因此可以说这两套体制之间既有联系更有区别，在"公共道德"这一合法性目标的适用分析上亦是如此。

（一）"必要性"分析

WTO 体制具有共同条约、制度结构、带有上诉机制的多边争端解决体系等统一规则，而国际投资法制度不具备任何此类制度特征，而是将其相关制度分散于 3000 多个孤立的且具有差异性的投资条约中，临时仲裁庭一般是就个别 BIT 争议作出裁决，这些各不相同的投资条约规定在很大程度上加大了仲裁庭的裁决难度。[①]

大多数情况下投资法庭在对基于"公共道德"利益保护而采取的限制措施进行"必要性"分析时，并未单独考虑东道国的"公共道德"目标的重要性或采取措施的有效性。而对于某些属于自我判断性的非排除措施条款而言，东道国享有充分自主权来决定其采取的限制措施，但仲裁庭却无权评判其中的实体性问题，仅仅只能判断东道国在援引该条款时是否善意的问题。从理论上来说，国家应当有自主权来确定某一事项是否属于"公共道德"时，WTO 正是在很大程度上也赋予了国家在这方面事项上的自主权，实践中也较好地履行了这一原则，DSB 对国家自主判断的做法基本认可。但是不得不引起注意的是，当这样的自主判断范围过于宽泛时，例外条款被滥用的可能性必然会显著提高。相比之下，WTO 在必要性分析方面发展了相对复杂的判例分析实行从严解释。WTO 在一般例外情况下分析"必要性"的方式需要审查措施目标的重要性，考虑措施的有效性及对自由贸易的限制性影响，还包括替代性措施的可用性也要被考虑在内。[②]"最少限制"是 WTO 在司法实践中通常会采用的解释方法。以"泰国香烟案"为例，专家组认为要使得泰国禁止香烟进口的措施符合"必要性"，所实施的措施应当能够实现保护人民健康的目标，并且不违反 GATT 规则。当然这种解释方式的严格性是不容否认的，要求采取措施是对自由贸易限制最少，但也能够在较大程度上约

---

① See Prabhash Ranjan. "'Necessary' in Non-Precluded Measures Provisions in Bilateral Investment Treaties: The Indian Contribution", *Netherlands International Law Review*, Vol. 67, 2020, p. 493.

② See Andrew D. Mitchell, "Caroline Henckels. Variations on a Theme: Comparing the Concept of Necessity in International Investment Law and WTO Law", *Chicago Journal of International Law*, Vol. 14, 2013, p. 160.

束缚约方行为，防止缔约方寻找托词滥用合法性政策目标来规避条约义务。国际投资领域却不必然包含这样的"必要性"审查过程。①必须看到的是，非排除措施条款与 WTO 一般例外条款并不相同，具体来说后者只是前者的组成部分，如果直接将部分的解释方法适用于整体解释，产生逻辑上的错误不可避免。将 WTO 的"必要性"分析方式适用于仲裁庭审查东道国采取的规制措施在一定程度上具有不可适用性，权衡东道国的"公共道德"等监管目标的重要性与采取措施的投资限制性可能会引发仲裁庭过分干预的争论。非排除措施条款的重要性就在于它们在极端情况下给予东道国足够的监管自由，以实现其非投资政策目标，同时它也是确保东道国有足够监管空间的最有效手段。②因此，这两者能否同样适用，或者在多大程度上适用，仍需要确定的法律依据作为支撑。

在经过这一系列"必要性"测试分析后，根据 WTO 的一般例外条款解释方法，涉诉争议措施还必须符合 GATT 第 20 条的序言要求，也就是说争议措施不得在情况相同的国家之间构成"任意或不合理的歧视"，或者构成"对国际贸易进行变相限制"。但非排除措施条款中并不存在类似于 GATT 第 20 条序言部分的内容。GATT 第 20 条是一个有机的整体，判断成员方是否违反第 20 条（a）款的"公共道德例外"条款时需要综合考虑各种因素，最终需要根据第 20 条的序言部分进行评估，在一定程度上阻止了具有歧视性或保护主义的规制措施的应用，非排除措施条款中恰好缺少了这方面的规定，可能会使利益平衡向某一个方向倾斜，导致对该条款的滥用。③GATT 第 20 条序言中提及的"相同情形"是判断是否构成"任意或不合理的歧视"的重要因素，在国际投资领域中也曾对"相同情形"一词作出了解释。美国贸易代表在《多边投资谈判协定》中明确指出，即使是完全符合最惠国待遇和国民待遇的措施中也可能会产生差别待遇的情况，就比如说因为地理位置的不同，湿地投资者将会根据环保法的规定而受到与其它同类型投资有所差异的待遇。当然国际贸易中的"相同情形"可能会比国际投资领域的"相同情形"更容

---

① See 书稿案号表 34, paras. 74—76.

② See Amit Kumar SINHA, "Non-Precluded Measures Provisions in Bilateral Investment Treaties of South Asian Countries", *Asian Journal of International Law*, Vol. 7, No. 2, 2017, p. 262.

③ See Dilini Pathirana, Mark McLaughlin, "Non-precluded Measures Clauses: Regime, Trends, and Practice", *Handbook of International Investment Law and Policy*, Vol. 10, 2020, p. 26.

易区分一些。仲裁庭在 Myers 案中也对衡量是否"相同情形"的问题提出了自己的考虑，政府在采取保护公共利益的措施而产生差别待遇的情况下，也不得违反法律标准。①同时可能还需要考虑缔约方所承担的其它国际条约义务。因此，对国际投资而言，以"最少限制"要求来衡量政府措施的"必要性"难以成为唯一的决定性因素，仲裁庭在进行必要性审查时还需要考虑到国际仲裁与国际贸易的不同之处，兼顾成员方在条约中所承担的其它义务与公共道德例外保护之间的关系，从而避免不当化的审查。

（二）救济方式

当成员方因援引"公共道德例外"条款失败时，DSB 有权利要求该成员方将涉诉争议措施修改到符合条约义务的程度。但是如果该成员方拒绝修改，争端双方还可以通过磋商的方式来洽谈补偿事项。即便是磋商无果，胜诉方还是可以通过对另一成员方采取贸易制裁措施的方式来维护自身权益。但对于国际投资仲裁庭来说，其并没有权利能够要求缔约国对相关措施进行修改，只能对相关金钱损害赔偿事项进行仲裁。WTO 法下的救济方式涵盖面更广泛，而国际投资协定的救济措施相对狭窄，集中于私人投资者的金钱损害赔偿事项。②WTO "公共道德例外"条款具有一定的体系维护性，通过赋予成员方一定程度上的自主权以保障其不因自由贸易政策而受到过多限制。成员方为达到"公共道德"等非贸易目标一般都会采用对自由贸易限制最小的规制措施。国际投资领域的非排除措施条款似乎与其相反，可能会成为缔约国不履行某些条约义务的保护伞，具有体系破坏性特点。违反条约义务的方式是成员方在用尽其它方式之后都无济于国家根本利益的情况下才获得正当性。

---

① S. D. Myers v. Canada, UNCITRAL, First Partial Award (Nov. 13, 2000), 250, available at http://www.italaw.com/sites/default/files/case-documents/ita0747.pdf, Last Visited on Jul. 9, 2003.

② See Kathleen Claussen, "the Casualty of Investor Protection in Times of Economic Crisis", *the Yale Law Journal*, Vol. 118, 2009, p.1551.

第二章

WTO "公共道德例外" 条款的解释方法

对"公共道德例外"条款的解释很大程度上依赖于对"公共道德"术语的解释。①然而古往今来，尤其是当代，对"道德"概念每一次卓有成效的探讨也基本上只是为道德增加一个含义而已。柏拉图认为，茫茫天地间存在一种宇宙秩序，这一秩序规定着人类生活整体系统中每一等级层次的人的德性。道德领域的真理就在于道德判断与这个系统秩序的一致性；亚里士多德认为，人的道德性，源自人们对人类本性——善和幸福——的认知与实践；狄德罗认为道德可以诉诸欲望和感情；康德转而主张道德可以诉诸实践理性，认为检验人们所持准则道德与否的标准为：我的标准是否可以普遍化，从而成为人人愿意遵守的准则；而休谟则坚持同情心的产物即为道德。当然，公共道德与私人道德不同，法学上的"公共道德"与哲学上的"公共道德"亦具有一定的差异性。那么，WTO"公共道德例外"条款中的"公共道德"究竟应作何解释？

第一节　WTO "公共道德例外" 条款解释的法律依据

众所周知，无论是在各国法律内，还是在国际社会中，"公共道德例外"条款的措词存在宽泛与模糊等问题。譬如，"公共道德"包括哪些内涵？有权对"公共道德"进行权威界定的主体是谁？GATT 第 20 条（a）款中的"公共道德"与 GATS 第 14 条（a）款中的"公共道德和公共秩序"有何差别？等等，诸如此类的问题，GATT、GATS 以及其他

---

① See Christoph T. Feddersen, "Focusing on Substantive Law in International Economic Relations: The Public Morals of GATT's Article XX (a) and 'Conventional' Rules of Interpretation", *Minnesote Journal of Global Trade*, Vol. 7, 1998, p. 105.

WTO 协定均未做出明确规定。在 WTO 框架内，这当然需要 GATT/WTO 争端解决机构对此进行澄清，以妥善处理成员方之间的争端。

然而，这一前提在于：GATT/WTO 争端解决机制究竟应依据什么法律来进行解释？GATT 争端解决机制未就解释条款作出规定，所以 GATT 专家组曾尝试从条约的起草历史来解释条款含义。①GATT 争端解决机制的缺陷可以解释专家组选择起草历史作为解释参考要素的理由。原因在于，专家报告的通过需其成员一致同意，而条约起草历史（特别是条约的准备工作）可视为一种近乎权威和广泛接受的解释规则，但此种情况在 WTO 成立之后发生了实质性的变化。DSU 第 3.2 条规定，DSB 应依照解释国际公法的习惯规则澄清这些协定的条款。尽管 DSU 没有明确指明何为"解释国际公法的习惯规则"，然而专家组和上诉机构普遍认为，《维也纳条约法公约》第 31 条"解释通则"和第 32 条"补充的解释资料"②可以被视为解释 WTO 协定的习惯规则。③此外，即使 DSU 并未明文规定专家组或上诉机构的报告对后续案件的拘束力，但专家组在解决争端时总会借鉴或直接引用 DSB 先例中的一些观点和结论，从而在 DSU 内部又形成了一种"事实上的判例法"。

综上所述，《公约》规定的习惯解释规则和 DSB 事实上遵循的"先例"均应是"公共道德例外"条款解释的最重要的法律依据。

---

① 例如，在"虾/海龟Ⅰ案"中，专家组在考察美国对从墨西哥进口的海龟产品实施贸易限制在第 20 条（b）款下的正当性时，发现该条款的上下文没有清楚的说明这个问题，于是专家组立即、排他的借助了第 20 条（b）款的起草历史。

② 《公约》第 31 条被称为"解释之通则"具体规定如下：1. 条约应依其用语按其上下文并参照条约之目的及宗旨所具有之通常意义，善意解释之。2. 就解释条约而言，上下文除指连同前言及附件在内之约文外，并应包括：（1）全体当事国间因缔结条约所订与条约有关之任何协定；（2）一个以上当事国因缔结条约所订并经其他当事国接受为条约有关之任何文书。3. 应与上下文一并考虑者尚有：（1）当事国嗣后所订关于条约之解释或其规定之适用之任何协定；（2）嗣后在条约适用方面确定各当事国对条约解释之协定之任何惯例。（3）适用于当事国间关系之任何有关国际法规则。4. 倘经确定当事国有此原意，条约用语应使其具有特殊意义。第 32 条"解释之补充资料"具体规定为：为证实由适用第 31 条所得之意义起见，或遇依第 31 条作解释而：（1）意义仍属不明或难解；或（2）所获结果显属荒谬或不合理时，为确定其意义起见，得使用解释之补充资料，包括条约之准备工作及缔约之情况在内。依据公约该两条的规定，DSB 一般都是将第 31 条分成"通用用语""上下文"和"目的和宗旨"等要素，逐步分析。有时还辅之以第 32 条项下关于缔约的"补充资料"以证明根据第 31 条所得意义之合理性。

③ 参见彭岳："条约的解释——以 DSB 上诉机构的裁决为例"，载《南京大学法律评论》2004 年第 2 期。

一、作为国际习惯解释规则的《维也纳条约法公约》

DSU 第 3.2 条规定，DSB 应当依照解释国际公法的习惯规则澄清这些协定的现有规定，而 DSU 并未进一步规定 "解释国际公法的习惯规则" 的具体内容。因此，DSB 上诉机构在首次履行其职责时，就将该问题阐述置于头等重要地位。

"美国汽油案" 是 DSB 受理的第一个案件。该案中，上诉机构认为专家组的报告忽视了 "条约解释的基本规则"，而这种规则在《公约》第 31 条中得到了最权威的、简洁的表述。在 WTO 成立以前，更多的是依赖于《公约》第 31 条来解决国际争端，由此条约解释通则获得了相当于习惯或基本国际法的地位。①在确立了《公约》第 31 条对 WTO 争端解决的一般指导作用之后，上诉机构又进一步肯定了公约适用的广泛性。

上诉机构在 "印度专利保护案" 中再次强调《公约》第 31 条的作用："美国汽油案" 确立了根据《公约》第 31 条规则解释 WTO 协定的适当方法，因此应当尊重这些规则，并适用于解释 TRIPS 协定或任何其他涵盖（即 "一揽子"）协定。②

依循相同的理念，在 "日本酒精饮料税案" 中，上诉机构认为《公约》第 32 条也取得了同第 31 条相同的地位。③虽然上诉机构的这番行为有 "越权" ④之嫌，但 WTO 所有成员方，无论是否加入《公约》，从一开始就都接受了这一共识。

由此可知，回顾 WTO 成立以来的争端解决实践，上诉机构从国际公法视角强调了《公约》第 31 条和第 32 条在 WTO 解决国际争端中发挥的普遍性指导作用，具有重大意义。

二、DSB 实际遵循的 "判例法"

在 WTO 争端解决过程中，专家组或上诉机构的报告就类似于英美法

---

① See 书稿案号表 12，p. 17.

② See 书稿案号表 19，para. 46.

③ See 书稿案号表 21，p. 10.

④ 上诉机构的行为 "不仅已超出个案审查范围，具有一般意义，而且超越先前争端解决实践解释并界定了《维也纳条约法公约》第 31 条的意义及其国际法地位。" 参见张乃根："论 WTO 争端解决的条约解释"，载《复旦学报（社会科学版）》2006 年第 1 期。

上的"判例"①，对后案具有权威指导作用。上诉机构虽从未公开承认过这些"先例"具有"判例法"的效力，且明确指出争端解决报告"应该在嗣后任何相关争端中加以考虑，除了对解决争端方间特定争端外，并无其他拘束力"。②但事实上，由于WTO在嗣后的争端解决中越来越受先前"判例"的各种影响，因而这些报告业已习惯地被称作"判例法"（case laws），并在争端解决实践中成为仅次于WTO协定的司法渊源。③

专家组和上诉机构的报告（尤其是后者），其关键就是对有关WTO规则进行解释并将其适用于有关案件的具体事实中，因而这些所谓"判例法"的本质就是对WTO协定的条约解释。尽管DSU明确要求专家组和上诉机构应依照解释国际公法的习惯规则（《公约》第31条和32条）的解释规则来解释WTO协定，但均因上述解释规则较为抽象，而且大都需依个案而定。因此，专家组或上诉机构在具体运用《公约》解释条约的过程中具有一定程度的灵活性或斟酌空间。

历经多年的实践，DSB逐渐发展出一些新的解释方法，如从轻解释方法、有效解释方法、无抵触的假定方法、客观解释方法及动态解释方法等。从法理上讲，《公约》未明确提及的条约解释方法依然可在其条文中找到"并入"的连结点。譬如，可以将之视为第31条第1款的"善意"解释之表现，亦可以将之视为第31条第3款（c）项的"任何国际法规则"，或者将之视为第32条项下的"补充的解释资料"。

由此可见，由于DSB的频繁引证，"判例法"获得了事实上的法律地位，虽然没有任何正式文件确认这一点，却并不妨碍WTO成员方对此予以默认及形成共识。④

---

① 考虑到WTO争端解决中条约解释的重要性，DSB已将所有专家组和上诉机构报告所涉条约解释，分门别类地建立了一个数据库，按"协定或条文"与"主题词"（如"反倾销""鞋类""相同产品"）两种检索法查找相关条约解释内容。该数据库的说明使用了"法理学"（jurisprudence）一词。See WTO Analytical Index, available at http://www.wto.org, Last Visited on Jul. 8, 2023.

② See 书稿案号表21, p. 14.

③ 参见张乃根："论WTO争端解决的条约解释"，载《复旦学报（社会科学版）》2006年第1期。

④ 参见彭岳："条约的解释——以DSB上诉机构的裁决为例"，载《南京大学法律评论》2004年第2期。

第二节　DSB 解释方法的发展演进

与 "公共道德例外" 条款解释结合较为密切的解释方法，经历了从客观解释，到有效解释，再到动态解释的方法演进的过程。

一、客观解释方法

客观解释方法虽与狭义解释方法相对立，但却是从后者演化而来的。赵维田教授曾指出："在 GATT1947 时期，'例外' 应当从严解释的法律格言流行很广。"①从 GATT 的实践来看，似乎也的确如此。在 "美国糖类案" 中，GATT 专家组认为，涉案豁免仅仅在 "例外情形下" 根据第 24 条第 5 款被授予，并且它们豁免了总协定基本规则中的义务，因此对豁免的用语和条件必须 "狭义解释"。时至 WTO 初期，"例外" 应作狭义解释的方法继续在实践中得到应用。譬如，在 "巴西椰果案" 中，菲律宾（投诉方）在上诉中指出，由于巴西的抗辩取决于一般规则（GATT 第 1 条和第 11 条）之例外（GATT 第 6 条）的例外（SCM 协议第 32.3 条），专家组本应狭义解释 SCM 协议第 32.3 条。②

从一般例外的设计来看，应当维持成员方自由贸易权利与其他成员方实现一般例外条款所列各项国内政策目标的权利之间的平衡。例外规定狭义解释的方法虽然保护了成员方贸易自由的权利，但却忽视了其他成员方的国内管理自主权，因而其本质上反映的是对贸易自由化或国内管理自主权的不同价值偏好，目的在于在狭义解释方法的掩饰下将先验的价值偏好融合进解释过程。希尔夫就曾深刻指出："就 GATT 第 20 条而言，专家组有时适用 '例外应当狭义解释' 的解释方法。这表明自由贸易利益被置于更为有利的地位。"③但无论如何，该方法的产生与当时的国际贸易背景关系密切。从历史的角度来看，GATT 时期更多关注的是贸易自由化，强调 "贸易优先方法"。因此，"例外应当狭义解释" 的观点很自然地被专家组所接受。

---

① 赵维田："举证责任——WTO 司法机制的证据规则"，载《国际贸易》2003 年第 7 期。
② 参见胡建国："论 WTO 法中的狭义解释原则"，载《理论月刊》2007 年第 9 期。
③ Meinhard Hilf. Power, "Rules and Principles—Which Orientation for WTO/GATT Law?" *Journal of International Economic Law*, vol. 4, No. 1, 2001, pp. 111–130.

然而，随着经济全球化的发展和深化，各国境内的非贸易问题（环境、健康等）大量出现，WTO 成员方强烈呼吁，WTO 应合理注意保护非贸易价值，积极寻求贸易与非贸易价值之间的平衡。在这种背景下，"例外应当狭义解释"的片面性及其弊端逐渐为人们所关注。

在"欧共体荷尔蒙案"中，上诉机构首次正式否定了"例外应当狭义解释"的主张。上诉机构在该案中指出，仅仅将条约条款定性为"例外"这一事实本身并不会证明"更严"或"更窄"解释那一条款的正当性。相反，结合上下文，并通过考虑条约的目的和宗旨来审查条约实际用语的通常含义才是正当的。①上诉机构的这一观点被嗣后的 WTO 争端解决实践所遵循。WTO 前任总干事帕斯卡·拉米（Pascal Lamy）亦在一次讲话中指出："提及这些非贸易关注的例外不应狭义解释，例外应当根据援引的非贸易政策的通常含义进行解释。我们的上诉机构坚持认为，例外不能如此狭义地解释和适用，以致它们没有任何相关性或者不能有效适用。WTO 市场准入义务与政府支持非贸易政策的权利之间必须经常维持平衡。"②

由此可见，狭义解释方法虽是伴随着专家组对例外条款的解释而产生，但现已为 DSB 所放弃。事实上，如果仅仅运用狭义解释方法来解释"公共道德例外"条款，难免会产生不公正的结果。譬如，"公共道德例外"条款中"公共道德"一词的含义非常模糊，广义的解释会导致该条款的滥用，而狭义的解释又会使成员方试图维护公共道德价值的目标落空。所以，无论狭义解释还是广义解释都会有失偏颇，客观解释例外条款（包括"公共道德例外"条款）才是可取之道。

二、有效解释方法

在"美国汽油案"中，上诉机构首次阐述了有效解释方法，并将其视为《公约》"一般解释规则的自然推断之一"。该案中，上诉机构发现专家组错误地对 GATT 第 3 条第 4 款（国民待遇）和第 20 条序言（一般例外）中的"歧视"一词适用了相同的标准。上诉机构裁决认为，如此

---

① See 书稿案号表 35，para. 104.

② Pascal Lamy，*The WTO in the Archipelago of Global Governance*，Speeches at Institute of International Studies，2006.

做将最终剥夺第 20 条序言的意义，并且这一解释方法违反了 "给予条约所有用语以意义和效果" 的原则。上诉机构强调 "《公约》的解释通则是指解释必须给出含义，并对该条约所有用语均有效。因此，解释者不可任意采纳某一解读，导致某条约的整个条款或段落成为多余或无用"①。

在随后的 "日本酒精饮料税案" 中，上诉机构还进一步指出：从该第 31 条确定之通则中引申出的条约解释基本方法是有效方法。亦即，当某一条约存在两种解释时，其中之一能够使该条约产生合适效果，另一则不能，那么善意以及条约的目的宗旨要求采纳前者。在 "阿根廷对进口鞋类采取的保障措施案" 中，上诉机构作出了类似裁定，即在解读条约所有可适用条款时应当以一种和谐、赋予所有条文以含义的方式来进行。因此，对这个 "权利与纪律不可分割的整体" 所进行的适当的解读必须是赋予这两个具有同等效力的协定（此处的两协定指 GATT 与 WTO 《保障措施协定》）的所有相关条款以含义。②

可见，该有效方法要求对涉案的某 WTO 协定条款做出有效的解释。事实上，WTO 解释规则中的 "有效方法" 是有据可循的，即来源于各国契约法。在各国契约法（尤其是英美契约法）中，它早已是被普遍遵循的方法。

三、动态解释方法

所谓动态解释方法，是指对于一般性的术语，这些术语的含义会随着时间的变化而变化。③上诉机构最先在 "虾/海龟案" 中确立了该种解释方法，嗣后又将其应用于与 "公共道德例外" 条款直接相关的多个案件之中，譬如 "美国博彩案" "中美出版物市场准入案" "哥伦比亚纺织品案" 等。

在 "虾/海龟案" 中，上诉机构指出，GATT 第 20 条（g）款中 "可

---

① See 书稿案号表 12，p. 23.

② See 书稿案号表 22，para. 81.

③ 曾令良教授将其称之为 "演变解释或当代意义解释法"，并认为该方法并非 WTO 专家组或上诉机构所独有，而似乎是当今国际司法（或准司法）机构解释条约术语的一种新的趋势。参见曾令良："从 '中美出版物市场准入案' 上诉机构裁决看条约解释的新趋势"，载《法学》2010 年第 8 期。

枯竭自然资源"措辞在五十多年前就已形成了，必须通过条约解释者根据国际社会对环境保护和维护的当代关切来解读。同时，上诉机构还援引《建立世界贸易组织协定》序言中"可持续发展目标"的措辞来佐证环境保护作为当代国家和国际政策目标的重要性和合法性。上诉机构由此得出结论：GATT 第 20 条（g）款中的"自然资源"是一般性术语，其内容或范围不是"静止的"，而是"动态"的。它既指生物资源，又包括非生物资源。[①]在"美国博彩案"中，专家组采用动态解释方法解释了"公共道德"的含义，强调公共道德的内涵是随着时代发展而变化的。

在"中美出版物市场准入案"中，上诉机构更进一步详细阐明了该方法。譬如，上诉机构认为，中国在 GATS 承诺表中使用的术语，即"录音产品"和"分销"具有充分的一般性，这些术语使用的情形会随着时间的变化而变化。虽然中国作出承诺时电子商务还没有发展起来，但时至今日，电子商务已经是一种常见的国际贸易形式，所以中国在 GATS 中就"录音产品分销服务"所作出的承诺不仅适用于物质产品，还适用于电子方式分销的产品。该案上诉机构还进一步解释道：基于条约术语通常意义的概念来解释 GATS 具体承诺的术语，其唯一的意思只能是承诺表缔结当时所具有的含义，这样的解释意味着极为相似或类似措辞的承诺取决于这些承诺通过之时或一个成员方加入条约的日期而被赋予不同的含义、内容和范围。依上诉机构的推定，这种解释会损抑经过后续回合谈判达成的 GATS 各项具体承诺的可预见性、安全性和清晰性，这些承诺必须依照国际公法解释的习惯规则来解释。[②]

"欧盟海豹产品案"中，专家组和上诉机构同样在动态解释方法框架内支持欧盟将保护海豹福利视为公共道德的主张。2016 年的"哥伦比亚纺织品案"让我们再次看到了 DSB 对"公共道德例外"内涵的包容性。本案中，巴拿马指控哥伦比亚对进口服装与鞋类产品征收的关税已经超出了其提交至 WTO 的关税减让表中规定的标准。哥伦比亚对此援用了"公共道德例外"条款进行抗辩，其认为争议措施旨在防止洗钱活动

---

① See 书稿案号表 14，paras. 129-130.

② 参见曾令良："从'中美出版物市场准入案'上诉机构裁决看条约解释的新趋势"，载《法学》2010 年第 8 期。

的发生。上诉机构针对本案第一次确立，只要争议措施是用来保护特定公共道德内容的，除非该措施根本不可能达到这一目的，否则就应当继续确认该措施和公共道德之间关联性的法律标准。①与此同时，本案在沿用"美国博彩案"所适用的动态解释方法基础上，提出了非侵入式标准（a non-intrusive stand），用于审查对公共道德具体内容的评估，相较于国际仲裁机构而言，国内法院应对本国的价值观等级以及与事实有关的专业知识具备更为熟悉。②这样的一种审查标准，可以理解为国际法院对成员方境内立法者的尊重或给予其相应的自由裁量权，在道德相关领域也更为尊重成员方的意愿。③

即便是在充满争议的"巴西关税措施案"中，专家组还是再次引用了"美国博彩案"中的专家组论断，同时回顾了以往被承认属于公共道德范畴的所有政策目标，在重申WTO成员方具有一定的自由裁量权依据本国价值体系定义公共道德内涵后，最终支持了巴西将实现全国范围内普及信息交流技术、促进社会融合纳入公共道德范畴的立场。④

第三节　WTO例外条款中"公共道德"内涵的界定与发展

在国际贸易实践中，虽然许多国家宣称为了保护"公共道德"而制定了贸易限制措施，⑤使该条款在实践中得到了广泛的应用，但至今没有

---

① See 书稿案号表11，para. 5. 68.

② 参见马冉：《贸易自由化背景下我国文化产业政策法规的发展与改革》，法律出版社2021年版，第49页。

③ See Silvia Nuzzo, "Tackling Diversity inside WTO: GATT Moral Clause after Colombia Textiles", *European Journal of Legal Study*, Vol. 10, No. 1, 2017, pp. 267-293.

④ See 书稿案号表9，paras. 7. 564-7. 565.

⑤ 例如，美国、加拿大、韩国、洪都拉斯、以色列、尼日利亚、冈比亚以及其他以道德为由禁止进口色情物品的国家。有些国家还颁布了禁止毒品的法令。See 19 U. S. C. § 1305 (a) (2000); WTO Secretariat, Trade Policy Review: Canada, at 46, WT/TPR/S/53 (Nov. 19, 1998); WTO Secretariat, Trade Policy Review: The Gambia, at 37, WT/TPR/S/127 (Jan. 5, 2004); WTO Secretariat, Trade Policy Review: Honduras, at 47, WT/TPR/S/120 (Aug. 29, 2003); WTO Secretariat, Trade Policy Review: Israel, 44 tbl. III. 8, WT/TPR/S/58 (Aug. 13, 1999); WTO Secretariat, Trade Policy Review: Korea, at 54, WT/TPR/S/137 (Aug. 18, 2004); Nigeria, Report by the Secretariat: Nigeria Trade Policy Review, at 49, WT/TPR/S/39 (May 27, 1998). WTO Secretariat, Trade Policy Review: Honduras, at 46, WT/TPR/S/120 (Aug. 29, 2003).

任何协定或机构明确解释了 "公共道德" 的具体含义和范围。过于模糊的规定与概念内涵难免引发条款适用上的困难和尴尬。例如，公共道德是否包含宗教因素？以色列决定禁止进口所有非犹太肉类产品 ①以及印度尼西亚特别限制进口所有酒类 ②——这些国家所采取以公共道德为由的行为都与宗教有关，但并非在任何情况下这些限制都是合法的，因为最早制定的公共道德并没有涉及宗教。

再如，公共道德的范围由谁决定？是某成员方还是 DSB？在 2004 年 "美国博彩案" 中，专家组和上诉机构第一次尝试解释 "公共道德"，专家组似乎认为美国有决定公共道德范围的权利，但同时又参照了其他国家的实践。

毋庸置疑，争端解决适用例外条款中出现的问题迫切需要对 "公共道德例外" 条款做出较为明确的释义。

一、依《维也纳条约法公约》对 "公共道德" 内涵之释义

（一）"通常意义" 上的含义

依据《公约》第 31 条之规定，在确定何谓 "公共道德" 时，首先应确定的是 "公共道德" 的通常含义。作为条约用语文本分析的起点和最重要一步，专家组和上诉机构常常通过查询条约用语的字典定义来确定。因为第 20 条第 （a） 款是由美国政府提议并在 1945 年起草的，所以似乎要审查这一时期的英语词典来确定 "道德" 这一术语的 "通常含义" 才适当。《通用英语语言词典》将 "道德" 定义为 "关于、关注行为问题的正确与错误之间的差异"。③《韦氏新国际词典》将 "道德" 定义为 "判断行为好坏与对错的标准 ［程度］ ……"④但问题是，这些字典的定义往往是开放的和模糊的，可以包含非常广泛的范围和丰富的意义。

由此可见，建立在 "公共道德" 术语通常含义基础上的解释方法无法将公共道德的内涵具体化，无法准确解答公共道德究竟包含什么以及由哪些主体来确定的问题。

---

① See WTO Secretariat, Trade Policy Review: Israel, at 43, WT/TPR/S/58 （Aug. 13, 1999）.

② See WTO Secretariat, Trade Policy Review: Indonesia, at 46, WT/TPR/S/184 （May 23, 2007）.

③ See Henry Cecil Wyld, *The Universal Dictionary of the English Language*, Herbert Joseph Ltd, 1936.

④ See S. Stephenson Smith, *The New International Webster's Dictionary of the English Language*, Trident Reference Pub, 2003.

（二） 由"上下文"语境推定的含义

依据《公约》第 31 条第 1 款进行解释的第二个要素是"上下文"语境，但其对于解释"公共道德"含义的帮助似乎并不大。依据《公约》第 31 条第 2 款之规定，除了正文的各项条款之外，"上下文"语境还包括了前言和附件。就 GATS 而言，我们可以借助 GATS 的前言来理解GATS 第 14 条 （a） 款的"公共道德例外"条款。GATS 前言强调了成员方在 GATS 下承担的自由贸易义务，并承诺各会员有权为达成国家政策目标而对其境内服务之供给，予以管制并采用新法规。就"公共道德例外"而言，前言的上述规定可以被理解为：暗示着旨在保护国内定义的道德价值而实施的贸易限制措施必然属于 GATS 第 14 条 （a） 款的范围。然而有趣的是，GATT 和 TRIPS 的前言都没有类似的规定，因而这样的上下文解释似乎显得有些牵强。①

Feddersen 认为 GATT 第 20 条的其他例外条款本身也属于"上下文"语境。从理论上来说，第 20 条分别列出了 10 项例外，这就证明了第 20条的每项例外都有各自的定义和独立的含义。与之相对应，如果一项例外的范围不受其他各项的范围限制，则完全没必要分别列出。因此，可以认为"公共道德"术语排除了列举在第 20 条其他款项下的措施。否则，第 （a） 款或者某一款就变得多余，或者至少就它们重叠的部分来说是多余的。②然而，就实践情况而言，往往应诉方可以同时援用 GATT下的几款例外来证明某一争议措施的正当性。例如，"巴西翻新轮胎案"就同时援用了 GATT 第 20 条的 （b） 款和 （d） 款、"美国博彩案"也同时涉及到了 GATS 第 14 条 （a） 款和 （c） 款。

此外，《公约》第 31 条第 2 款和第 3 款还将"上下文"的范围扩展至了 GATT 和 GATS 协议之外其他相关协议中。然而，即便是查寻这种扩展后的"上下文"语境，仍旧起不了多大的作用。例如，依据《公约》第 31 条第 2 款 （a） 项之规定，除了条约正文之外，条约的上下文也包

---

① See Nicolas F. Diebold, "The Morals and Order Exceptions in WTO Law: Balancing the Toothless Tiger and the Undermining Mole", *Journal of International Economic Law*, Vol. 11, No. 1, 2008, p. 55.

② See Christoph T. Feddersen, "Focusing on Substantive Law in International Economic Relations: The Public Morals of GATT's Article XX （a） and 'Conventional' Rules of Interpretation", *Minnesota Journal of Global Trade*, Vol. 7, p. 75.

含了 "缔约方之间的与条约相关的协议和文书"。起初的 GATT 是没有这样的协议和文书的。①在 1994 年的乌拉圭回合中有一些与 GATT 重新制定有关的协议，但是似乎没有一个是与第 20 条第（a）款的解释特别相关的。②《公约》第 31 条第 3 款（a）项声明应与上下文一并考虑的还有 "嗣后双方之间签订的关于条约解释的任何协议。" 然而，没有此种解释第 20 条第（a）款的协议。最后，公约第 31 条第 3 款（b）项说明应该考虑到 "嗣后与条约解释协定相关的实践。" 但是，同样缺乏关于第 20 条第（a）款的这种实践。

因此可知，依赖 "上下文" 语境，亦无法清晰地界定 "公共道德" 之含义。

（三）依据 "目标或宗旨" 推导的含义

依据《公约》第 31 条第 1 款之规定，对条约术语的理解还可以通过第三个要素，即条约的 "目的和宗旨" 来加以了解。譬如，GATT 的目的和宗旨是 "期望通过达成互惠互利安排，实质性削减关税和其他贸易壁垒，消除国际贸易中的歧视待遇，从而为实现这些目标做出贡献"；而 GATT 第 20 条的目的和宗旨是规定 GATT 义务的 "一般例外"。很显然，在减少贸易壁垒的全局目标和为第 20 条所列的 10 款公共政策目的而开创的例外之间的确存在着一种紧张关系。GATT 第 20 条使成员方能为了保护国内公共政策而背离其在 GATT 下的义务。适用第 20 条的结果就是使成员方的国家主权优先于其在 GATT 下所承担的贸易自由化义务。③正如 John Jackson 所言："第 20 条承认主权国家的重要性，可以采取行动来促进列表上目标的实现，即使这一行动在其他方面会与国际贸易的各种义务相冲突。" ④与之相反的是，作为一个普遍性的国际条约，正如其名

---

① See generally Kenneth W. Dam, "The GATT: Law and the International Economic Organization", *American Journal of International Law*, Vol. 65, No. 5, 1971, pp. 853-856.

② See generally The Law of the WTO (Philip Raworth & Linda C. Reif eds., 1995).

③ See Ernst-Ulrich Petersmann, *International and European Trade and Environmental Law after the Uruguay Round*, Kluwer Law International, 1995.

④ See John H. Jackson, *The World Trading System: Law and Policy of International Economic Relations*, The Massachusetts Institute of Technology Press, 1989; see also G. D. A. Mac Dougall, "The United States and the Restoration of World Trade: An Analysis and Appraisal of the ITO Charter and the General Agreement on Tariffs and Trade", *The Economic Journal*, Vol. 60, No. 240, 1950, pp. 806-808.

称所暗示的那样，要求在成员方中达成某种程度的合意和统一解释。如果某一成员方仅用其国内的标准来解释第 20 条，并援用第 20 条来轻易地违反自己的义务，那么 GATT 的贸易体系将会受到严重的破坏。同时，GATT 作为一个整体也将变得十分荒谬。从方法上看，当一个国际性的使用多种语言的条约自身缺乏解释时，仅仅在解释某国国内法律秩序的基础上来解释该条约是错误的。①因此，考虑 GATT 的"目标和宗旨"也不能阐明第 20 条第（a）款的含义。

（四）依据"辅助资料"得出的含义

《公约》第 32 条为"解释的补充性方法"提供了指导。它指出，为了证实适用第 31 条所得出的含义，或者在根据第 31 条的解释会使意思"模棱两可或含糊不清"或会导致"明显荒谬或不合理"的结果的时候来决定含义，都可能不得不求助于辅助性方法。诚如上文所分析的，借助《公约》第 31 条的解释方法无法阐明"公共道德"的含义。因此可适用辅助性解释方法。《公约》第 32 条规定的辅助性方法是"该条约的准备工作和缔约的详细情节"。

然而，从 GATT 起草的历史资料看，很少有人关注该条款的确切含义。②只有有限的资料显示，在该条款的起草之初，作为条款倡导者美国的国内已存在与公共道德相关的贸易限制，这些限制项目包括"醉酒、吸食鸦片和麻醉药品、彩票、淫秽和不道德的文章、假冒绘制反动图案或者某些鸟类的羽毛"。两年后，在伦敦召开的起草会议上，挪威代表强调其国内限制进口、生产以及销售外国酒，是为了保护"公共道德"。③除此之外，GATT 的起草历史中，没有更多有关"公共道德例外"阐释的记录。

此后，直到 1986 年的乌拉圭回合中，贸易谈判国才重新论及"公共道德例外"条款。谈判国决定将"公共道德例外"条款加入新起草的服务贸易总协定（GATS）中。但令人遗憾的是，GATS 第 14 条（a）款与 GATT 第 20 条（a）款的"公共道德例外"条款内容极其相似，并不是

---

① See Meinhard Hilf, *Die Auslegung mehrsprachiger Verträge*, Springer-Verlag, 1973.

② See Steve Charnovitz, "The Moral Exception in Trade Policy", *Virginia Journal of International Law*, Vol. 38, 1998, p. 704.

③ See Report of the Drafting Committee of the Preparatory Committee, art. 37 (a), U. N. Doc. E/PC/T/31/Rev. 1 (Mar. 5, 1947).

对后者的详尽阐述或改进。根据 GATS 该条款的规定，那些会形成国家间任意或不适当歧视的措施不能被采用，如优势条件，或对服务贸易的变相限制。该条款不能被解释为阻止选择或执行任何必要措施来保护公共道德或维护公共秩序。

由上可知，GATS 规定的公共道德例外，针对原来 1947 年的文义只有两条相对次要的阐释。首先，谈判国希望在条款中明确援引 "公共秩序" 这一概念，这一行为彻底解决了保护公共安全是否属于 "公共道德例外" 的模糊问题。其次，谈判国增加了一个脚注来解释 "只有当社会的根本利益受到真正且足够严重的威胁时才能援引例外"①。这一脚注将该条款的范围限制在如 "严重威胁" 等情形下。除了以上两种阐述，谈判者没有通过修改原文对该条款的含义做进一步的阐明。在 2001 年开始的多哈回合谈判中，关于 "公共道德例外" 条款的讨论也从来没有被提上过议事日程。因此，从 1947 年最初起草这一条款起就一直存在文义的模糊问题，并持续了六十余年。

二、依 DSB "判例法" 对 "公共道德" 内涵之释义

依据 DSU 第 3.2 条之规定，模糊条款可由争端解决机构作进一步解释。②正是通过这一机制，DSB 阐释了大量的国际贸易法律规约，并开创了一些裁决 "先例"。

从 1948 年到 1994 年，GATT 专家组至少解决了两百起纠纷。③进入 WTO 时期后，国际贸易争端诉讼量大大增加。仅在 1995 年至 2004 年期间，WTO 成员方就为其带来了三百多起贸易争端案。然而，在这些争端

---

① See General Agreement on Trade in Services art (GATS). XIV, Apr. 15, 1994, Marrakesh Agreement Establishing the World Trade Organization, Annex 1B, Legal Instruments−Results of the Uruguay Round, 33 I. L. M. 1177.

② 此处所指的争端解决机构，包括 1994 年之前的 GATT 专家组和 1994 年至今的 WTO 专家组及上诉机构。

③ 也有些学者估计高达五百起，因为 GATT 并不要求所有争端的专家小组报告都公开发表，所以造成学者们对案件数量统计差异，Hudec 认为 GATT 解决了大概 207 件争端，而 Jackson 则统计为超过 500 件。See Robert E. Hudec, *Enforcing International Trade Law: The Evolution of the Modern GATT Legal System*, NH: Butterworth, 1993; See John H. Jackson, *The World Trading System: Law and Policy of International Economic Relations*, The Massachusetts Institute of Technology Press, 1989.

中，DSB 并没有在这些案件讨论过"公共道德例外"条款问题。①由此可见，在 2004 年底之前，虽然众多的贸易协定中已经包含"公共道德例外"条款，但却没有形成任何确切含义的先例。

以"美国博彩案"为标志，WTO 受理了第一个涉及"公共道德"例外的争端案。该案首次向专家组提出了阐明"公共道德"概念的要求。起初，专家组仍是从《公约》第 31 条规定的通常含义出发进行解释。援引通用字典之定义，专家组认为，"公共道德"是"社会或国家所维持的正确和错误的行为标准"②。尔后，专家组没有再依据《公约》规定的其他解释方法来界定"公共道德"的明确含义和具体范围，只是依先前在"虾/海龟案"中所采用过的"动态解释原则"宣称："（公共道德的）内容可以随着时间和空间的变化而变化，内容取决于一系列因素，包括当前的社会、文化、伦理和宗教价值等。"③该案上诉机构也支持了这一观点。事实上，本案引用这一表述毫无必要，案件本不必动用对原条款的动态解释就可以得到解决，因为专家小组认识到：赌博显然属于公共道德条款的原始范围。但专家小组和上诉机构却明确强调了"公共道德"概念的动态性质。

至于公共道德应由谁（国家还是国际社会）界定的问题，在"美国博彩案"中，专家组的观点有点模棱两可。一方面专家组宣称，WTO 的成员方"应该被给予一定的自己确定'公共道德'范围的权利"④。这似乎是在支持："公共道德"应由各国自行确定；另一方面，在考虑对赌博的限制是否构成公共道德保护时，专家组又认真检查了 WTO 其他成员方的实践⑤，而后裁定禁止网络赌博的三部联邦法律属于 GATS 第 14 条意义上的公共道德保护措施。专家组的调查显示，如果仅有美国将赌

---

① See "Chronological List of Disputes", available at http://www. wto. org/english/tratop_ e/dispu_ e/dispu _ status_ e. htm, Last Visited on Nov. 15, 2007.

② See 书稿案号表 1, para. 6. 465.

③ See 书稿案号表 1, para. 6. 461.

④ See 书稿案号表 1, para. 6. 461.

⑤ 评议组发现以色列和菲律宾已经基于对道德的保护禁止或限制与赌博相关的服务与产品。另有 16 个成员方都已经或者正意欲限制或禁止国际赌博。如，爱沙尼亚、冰岛、挪威、乌拉圭和我国香港地区已经禁止或者严格限制在线赌博。澳大利亚、瑞士和英国已经或者正在对在线赌博进行法律限制。基于这一证据，专家小组认为这项美国禁令可以归于"公共道德例外"条款。

博定义为一种公共道德问题，其结果可能会不同。同案上诉机构虽只简单地认可了这一结论，但一再强调：专家组认定争议措施的目的在于确认公共道德保护的依据，即美国国会有关立法的报告以及听证记录。①言下之意，美国国内法或国内立法程序中的相关证据（而不是什么国际通行的公共道德概念）构成了专家组和上诉机构认定 "公共道德" 的关键。上诉机构同样没有对公共道德的实质性含义作统一的国际性解释。依据上诉机构的理解，成员方可以自行界定公共道德，只要证明相关措施意图保护公共道德即可，而无需说明该措施具有国际通用性。②

这一观点在 "中美出版物市场准入案" 中进一步得到确认。该案中，中国主张通过限制贸易权来限制进口文化产品，目的在于保护公共道德，包括对社会特征、价值观念、社会伦理、生活方式、行为模式以及未成年人等的保护。鉴于美方没有质疑该措施的目的就在于保护公共道德，在简单地审查了相关法律条文后专家组也初步认为这些措施有助于（make contribution to）保护公共道德。③

相比 "美国博彩案" 和 "中美出版物市场准入案" 涉及的 "公共道德" 而言，"欧盟海豹产品案" 因涉及动物福利保护领域的 "公共道德" 而引发较大争议，可能在稍有不慎的情况就会使得 "公共道德" 内涵过于宽泛化，涌现出保护其它动物福利、劳工权利等更多的公共道德问题，因此专家组在本案中进行 "公共道德" 内涵认定时采取了较为谨慎的方法。本案中加拿大和挪威就欧盟海豹禁令是否属于 "公共道德" 范畴这一问题持有不同观点。加拿大提出的观点是，构成 "公共道德" 的行为标准应当是为社会所广泛接受和普遍适用，但欧盟没有清晰明确这样的道德行为标准。加拿大承认欧盟公众存在对海豹福利的关注，但还不涉及公共道德问题，而海豹禁令错将商业性捕猎海豹行为视为不人道的。④挪威则认为欧盟只是没有足够证据证明公共道德问题的存在和具体内容，但并不否认海豹福利属于 "公共道德"。专家组最终裁定海豹福利属于

①　See 书稿案号表 2，paras. 296-299.

②　参见彭岳："贸易与道德：中美文化产品争端的法律分析"，载《中国社会科学》2009 年第 2 期。

③　参见刘勇："论 WTO 体制内公共道德例外规则——兼评中美文化产品市场准入案相关争议"，载《国际贸易问题》2010 年第 5 期。

④　See 书稿案号表 5，para. 7. 627.

GATT 第 20 条（a）款的公共道德范围，其认可了上诉机构在"美国丁香烟案"中的意见，依据 TBT 协议第 2 条来讨论海豹产品贸易制度的政策目标的合法性。①专家组在论证海豹福利是否属于公共道德范畴的问题主要分为两步：

1. 欧盟公众对海豹福利的关注是否存在

对该问题的论证专家组主要借助了欧盟海豹产品贸易制度的文本及立法历史资料进行分析。虽然欧盟海豹产品贸易制度文本没有直接阐明其公共道德保护目的，但仍然可以从字里行间体现该考虑。表现于协调欧盟内部市场的海豹产品管理、关注海豹福利以及保护土著居民经济和社会利益等细节。对海豹福利的关注在《欧洲议会关于在欧盟范围禁止海豹产品的宣言》及后来的《欧洲理事会建议》都明确有所提及，2008年《欧洲委员会建议》的文本中还出现了"道德原因"和"道德考虑"的措辞。②最后 DSB 认定欧盟公众存在对海豹福利的关注。

2. 如果存在该关注，是否与公共道德存在联系

上述历史资料足以证明欧盟公众对海豹福利的关注与公共道德存在紧密联系。而根据欧盟提供的其它证据来看，同样能够得到相应的验证。欧盟根据《里斯本条约》（The Treaty of Lisbon）保护动物福利的要求制定了农场动物福利制度，而对于野生动物和宠物的福利保护，欧盟仅在必要时才采取保护措施，赋予了各成员自主立法权限。③此外，欧盟提出了相关证据表明，关于动物福利保护立法在 20 世纪 60 年代以来欧洲理事会所通过的国际条约就已经出现了，且都是以保护公共道德为目标所构建的动物福利立法，海豹福利保护同样也包含了公共道德目标。具体的证据如英联邦 2006 年颁布的《动物福利法案》，明显是关于动物福利保护的条款；比利时和荷兰在动物福利法中也使用了"公共道德"有关的措辞。④除此之外，欧盟还列举了其它 WTO 成员方为促进海豹福利所采取的公共道德保护限制措施。专家组在对这些证据进行详细审查之后，最终认定欧盟所主张的海豹福利与公共道德确实存在联系。

---

① See 书稿案号表 5，para. 7. 382.
② See 书稿案号表 5，paras. 7. 391–7. 397.
③ 《里斯本条约》第十三条规定：由于动物是有感觉的生命，成员国应当充分重视动物的福利要求。
④ See 书稿案号表 5，para. 7. 407.

虽然专家组和上诉机构都已经认定动物福利属于公共道德的范畴，但是仍然受到部分学者的质疑，他们认为动物福利不能纳入公共道德范畴。而产生这些争议的主要原因就在于其对公共道德的主观认知各异。由于各国受到不同文化、宗教等因素的影响，他们对动物福利保护的态度就不可能完全相同，动物福利保护水平也会有所差异。因此如果单纯利用 WTO 争端解决机制中的功利性逻辑思维来考察基于公共道德目标所采取的限制性措施，那么对各国而言是不公平的，用客观标准来衡量主观感受，本身就不存在合理性。就海豹福利保护而言，Perisin 提出了批评，他怀疑单独选择对海豹福利进行保护，却容忍残杀其它动物的行为的可取性，其认为这样的行为具有道德上的 "任意性"。①实际上道德本身就具有主观性，人类专门对某一种动物的保护行为除了考虑动物本身可能承受的痛苦程度之外，还取决人与这类动物之间的关系。比如印度教视牛而不是羊为圣物的行为遭到指责就过于荒谬，这种指责行为同时也反映出对宗教文化的不尊重。WTO 尊重价值多元化，因此 "公共道德例外" 条款所要保护的社会价值之间实际上是没有先后顺序，理应受到平等对待。同时，WTO 一再强调各成员方的自主权，欧盟选择对海豹福利的保护是其自主权行使的结果，不应受到过分的干预。过分苛求欧盟在短时间内就实现对所有动物福利的保护显然是不可能的，立法并非能够一蹴而就。

从 "欧盟海豹产品案" 来看，专家组和上诉机构显然已经对各成员方给出了相当大的回旋余地，让他们各自去决定其所欲认定的 "公共道德" 的范围，DSB 对欧盟各成员方所保护的有争议的非贸易价值实际上是持肯定态度的，以达到促进社会价值多元化发展的目的，本案还有一大借鉴意义就在于，DSB 在较大程度上赋予了成员方解释公共道德内涵的自由裁量权。Howse 等人也提出过类似观点，其认为涉及道德、伦理和哲学的相关理由都应当被视为足以证明贸易限制措施的合理性。承认价值的多元主义可以更有效地履行 WTO 自身的机构职责，不会在不必要的情况下侵犯成员方的监管自主权。②综合以上判例，可以得出如下结

---

① See Perišin, Tamara, "Beyond the (Cute) Face of the Matter: Aims, Coherence and Necessity of the EU Seal Products Regulations", *Yale Journal of International Law*, Vol. 37, No. 2, 2012.

② See Howse, Langille, "Pluralism in Practice: Moral Legislation and the Law of the WITO after Seal Products", *The George Washington International Law Review*, Vol. 81, 2015, p. 430.

论：首先，WTO 各成员方几乎拥有单方面的权利，可以根据自己的制度和价值尺度来定义公共道德。其次，对于其所提出的这种"公共道德"的存在和价值，不需要广泛的国际共识来承认。第三，专家组通常会借助有关涉案争议措施的文本、结构、设计和应用，乃至关于该措施的立法历史等内容作为证据，以此来审查 WTO 成员方内部是否确实存在特定类型的公共道德。第四，对于特定社会是否存在公共道德，既不需要确定这种公共道德是否存在风险，也不需要确定所涉公共道德标准的规范内容。在"哥伦比亚纺织品案"中，上诉机构在此基础上进一步要求专家组对争议措施设计的证据进行审查，包括内容、结构和预期运作，通过这一系列步骤的审查来确定涉诉争议措施是否"旨在"保护公共道德。[1]对条约的目标和宗旨进行考察实质上是为了确认某一项解释，倘若这项解释不吻合条约和宗旨，那么极有可能就会被认为是错误的。由此可见，通过对条约目标和宗旨的判断并不能推导出公共道德的具体内容，只有在公共道德的具体内容已经确定的情况下才能审查争议措施的正当性与否。

在"巴西关税措施案"发布的专家组报告中曾提到，虽然在"哥伦比亚纺织品案"中，被诉方没有就其主张的某一特定目标是否属于"公共道德"提出上诉，但该案总结了过往判例对"公共道德"内涵的解读，依据这些"公共道德"内涵释义的结论，巴西提出了弥合数字鸿沟和促进社会包容的目标属于"公共道德"的范围。巴西认为其所主张的数字鸿沟确实存在于本国境内的不同地区和阶层之间，他们在利用现代信息和通讯技术上差异较大，对此巴西选择通过普及数字电视的方式来弥补该数字鸿沟。基于这些情况，巴西对国内生产数字电视的企业应当缴纳的部分税款进行豁免，目的就在于能够给予这些国内企业更大的生产动力，保障国内市场上数字电视的充足供应。专家组认真审查了巴西提供的一系列有关证据，肯定巴西提出的数字鸿沟在本国境内存在的观点，也认为这些数字鸿沟的存在确实影响到了巴西国民的生活水平。根据 WTO 协定的序言，致力于提高本国生活水平也应当是 WTO 成员方在处理贸易和经济领域关系所需要考虑到的目标。弥合数字鸿沟在巴西境内具有一定的教育成分，因此专家组最终支持了巴西的主张。[2]值得注意

---

[1] See 书稿案号表 8，para. 5. 68.

[2] See 书稿案号表 9，paras. 7. 562~7. 568.

的是，公共道德涵义的模糊性再次体现于本案之中，专家组的判定实际上完全消除了公众关注、公共政策和公共道德之间的界限。上诉机构在"欧盟海豹产品案"中就曾经引用欧盟立法提案中的"道德考虑"和"公共道德辩论"等措辞作为证据来证明公众对海豹福利的关注。①但专家组在该案中却没有进一步地核实和推理，只是仅仅因为欧盟声称海豹福利属于欧盟公共道德就进行认定。反观"巴西关税措施案"，巴西所声称的获取信息、弥合数字鸿沟和促进社会包容等目标，虽然的确是值得政府追求的合法的社会经济发展目标，但通常不能就被理解为公共道德目标。专家组所引用的关于巴西立法和联合国的研究报告中也只能证明这些目标属于公共政策目标，并未涉及到这些公共政策目标与公共道德之间的联系。因此本案中专家组还应当根据更多的证据来解释这些公共政策如何属于"公共道德"的范围。任何公共政策目标所追求的目标都可能是合法的，但并不是所有合法目标都可以被纳入公共道德的范畴之内。②本案专家组的裁决正是模糊了公共政策与公共道德之间的范围。与此同时，专家组和上诉机构在审理本案时为识别公共道德也设定了一个较低的门槛，将可能导致越来越多的 WTO 成员方更加频繁地援引"公共道德例外"条款。专家组对巴西实施的关税措施的合理性判断完全是基于假设的产业场景，其认为在国内生产商太弱而无法与国外生产商相竞争的情况下，政府通过免除关税的方式可以帮助国内生产商提高竞争力，也能够降低商品价格，而这一假设没有任何证据支持。③

当前关于"公共道德"内涵的释义问题有两个主要立场。第一种是限制性解释，捍卫这一立场的学者主要基于以下三个理由。一是对这一概念的宽泛解释可能导致保护主义措施的适用，并且会破坏 WTO 扩大贸易自由化的目标并使之无效。因此，它违反了有效解释原则，会使条款变得无用。第二种便是广义解释，认为"公共道德"包括人权、劳工权利、妇女权利和环境保护等。法律的解释不能不受时间推移的后续发展的影响。因此，持该观点的学者建议必须根据我们社会的实际关切来解释"公共道德"一词。而从 WTO 所发生的判例来看，DSB 似乎更倾向

---

① See 书稿案号表 5，para. 7. 396.
② See Ming Du, "How to Define 'Public Morals' in WTO Law? A Critique of Brazil-Taxation and Charges Panel Report", *Global Trade and Customs Journal*, Vol. 13, 2018, p. 70.
③ See 书稿案号表 9，para. 7. 582.

于第二种立场。即使是在 2020 年最新作出的 "中国诉美国'301 关税措施'案" 裁决中，专家组也再次重申了 "公共道德" 的内涵和范围会随着主体、时间和空间的变化而变化的观点，并明确了 GATT 第 20 条的一般例外规定也包括经济利益和关注，因此一项措施即使涉及经济方面，仍然可以被认定为是为了实现公共道德目标。[①] 很明显，对公共道德内涵的灵活解释能够赋予 WTO 成员方在追求合法性目标上的更宽泛的空间，但是也存在一定的风险性。尤其是对公共道德概念的模糊性发展肯定会引起对裁决合法性及 WTO 争端解决机制的质疑。目前尚不存在有关 WTO 判例来明确说明公共政策与公共道德之间的区别，但过低的公共道德标准门槛将有可能对 WTO 裁决带来严重的滑坡风险。"欧盟海豹产品案" 是有史以来第一次将 "公共道德例外" 条款适用于动物福利领域。如果我们认为人权和社会发展价值优先于动物福利，那么国际公认的人权规范和发展目标是否也应当纳入公共道德范畴，而这些公共道德目标的陆续加入相当于为公共道德内涵的解释打开了一个真正的潘多拉盒子，会带来相应的公共道德内涵泛化解释风险。通过这些判例不难看出，WTO 争端解决机构更多的还是处于消极被动的状态，当然不能否认 DSB 确实一直面对着众多难以统一的 "公共道德例外" 条款适用问题，对这些问题进行逐一解析或提出明确详尽的统一指引存在相当大的难度。

综合来看，由于公共道德或公共秩序关涉一国或社会的根本观念、价值或利益，WTO 专家组和上诉机构似乎都无意于给 "公共道德" 概念界定一个明确、详细与统一的定义。"美国博彩案" 上诉机构只是在其裁决报告中表明，各成员方有权自主决定在特定情况下实施其认为适当的公共道德保护水平。至于各成员方能在多大程度上享有这种自主权，以及公共道德内涵究竟包括什么等具体问题，上诉机构并未明确。近几年来，涉及 WTO "公共道德例外" 条款的贸易争端愈发频繁，DSB 对 "公共道德例外" 条款宽松的解释路径让越来越多的形形色色的社会政策目标被纳入了公共道德的范畴，但 DSB 始终遵循着 "美国博彩案" 的立场，给予成员方足够的自由依据本国情况定义何为公共道德。对此，

---

① 龚柏华等："中国诉美国对来自中国某些货物的关税措施（301 条款）案评析"，载《国际商务研究》2021 年第 1 期。

国内外学者产生了不同的观点。①

因此，为了探究国际社会是否存在普遍认同的 "公共道德" 内涵，考察较有代表性的成员方关于 "公共道德" 概念的理解及规定，就显得尤为必要。

三、各国（地区）法律对 "公共道德" 的规定及理解

翻开各国法治历史，我们就会发现，"公共道德" 术语均有广泛的使用，其立法和司法机构在涉及 "保护公共道德、公共利益、公共安全等传统价值" 的法令中都会大量使用这一术语。下文就有针对性地选择一些有代表性的国家、国际组织或地区（中国香港地区）就该术语的理解及使用情况作进一步阐述。

（一）美国法的规定与理解

据美国相关法律的调查显示，《美国法典》及 36 个州和地区的法律均提到了 "公共道德"。美国联邦最高法院判决的几个案件中也提及了 "公共道德"。②除传统的公共道德保护内容外，美国也逐步将公共道德范围拓展到了人权、动物福利等方面。

依据《美国法典》，"公共道德" 术语与外国人偷渡、赌博、淫秽物品、吸毒囚犯、一般毒品使用、酒精运输以及遵守国家卫生法律相关。而州法律③则倾向于在反叛、性犯罪、色情、毒品、卖淫、酒、不雅广告、环境污染、违反和平、妨碍治安行为、赌博、宗教、虐待动物、堕胎、贩卖武器、残酷行为、殴打和剥削病人和贿赂等情形下使用该词。

---

① 就笔者看到的资料而言，国内绝大多数学者都认为公共道德的内涵由各国自由确定，但国外许多学者表达了不同的观点，如 Mark Wu、Marwell 等都认为 "美国博彩案" 中专家组和上诉机构并没有确定公共道德应该由谁界定。See Jeremy C. Marwell, "Trade and Morality: The WTO Public Morals Exception after Gambling", *New York University Law Review*, Vol. 81, No. 2, 2006, p. 806; Mark Wu, "Free Trade and the Protection of Public Morals: An Analysis of the Newly Emerging Public Morals Clause Doctrine", *The Yale Journal of International Law*, Vol. 33, No. 1, 2008, p. 216.

② See Miguel A. Gonzale, "NOTE: Trade and Morality: Preserving 'Public Morals' Without Sacrificing the Global Economy", *Vanderbilt Journal of Transnational Law*, Vol. 39, 2006, p. 960.

③ 包括阿拉巴马、亚利桑那、密西西比、佛罗里达、堪萨斯、康涅狄格、路易斯安那、内布拉斯加、印第安纳、田纳西等各州的相关法律规定。See Miguel A. Gonzale, "NOTE: Trade and Morality: Preserving 'Public Morals' Without Sacrificing the Global Economy", *Vanderbilt Journal of Transnational Law*, Vol. 39, 2006, p. 961.

对于"公共道德"问题，美国联邦最高院的若干判例亦有涉及。在
"Mo., Kan. & Tex. Ry. v. Haber"①案中，美国联邦最高院强调：虽然国会
有权调整各州之间的贸易，但各州仍拥有"通过任何适当的法律来保护
公共健康、公共道德和公共安全的权利。"在"Champion v. Ames"案中，
美国联邦最高法院要审查规范州际彩票运输法律的合宪性问题。在涉及
彩票的部分，Harlan 法官指出："宪法不允许公民将明显违反公共道德的
事物引入州际贸易，该行为并不属于个人的自由权利。"而"国会的立
法只是对这些州（或许是所有州）的行为进行补充规定——为了保护公
共道德，禁止运输彩票。"②在"Liquormart, Inc. v. Rhode Island"案中，
法院将酒精饮料、彩票和扑克牌列为被宪法第一修正案中"公共道德"
例外所取缔的少数项目。③在"Church of the Lukumi Babalu Aye, Inc. v.
City of Hialeah"案件中，海厄利亚城立法禁止用动物祭祀以保护"公共
道德"。④在"Barnes v. Glen"案中，斯卡利亚大法官指出，道德理由有
时与其他因素结合在一起，"像人类历史上存在过的其他社会一样，我们
社会禁止某些行为，不是因为它们伤害了别人，而是因为从传统的角度
看来它们是不道德的。在美国社会中，这些被禁止的行为包括：虐待狂、
斗鸡、兽奸、自杀、吸毒、卖淫和鸡奸"⑤。从美国联邦最高院的审判历
史来看，为保护"公共道德"而对彩票、酒类、赌博、动物祭祀、虐待、
斗鸡、兽奸、自杀、吸毒、卖淫和鸡奸等活动进行规范，通常是合法的。

除了上述传统内容外，美国还试图将"公共道德"与"人权"和
"动物福利"等联系起来。譬如，2003 年 7 月 28 日，美国总统布什签署
了《2003 年缅甸自由与民主法案》及一份行政令，对缅甸军政府实施更
加严厉的经济制裁措施，以表示对缅甸军政府严重侵犯人权行为的制裁
以及对缅甸民盟领袖昂山素季的支持。该法案制裁包括在三年内禁止从
缅甸进口任何货物，冻结缅甸军政府在美国的资产，禁止向缅甸政府官
员发放赴美国的签证，禁止在缅甸投资和反对向缅甸提供贷款和技术援

---

① Mo., Kan. & Tex. Ry. v. Haber, 169 U.S. 613, 625-626 (1898).

② Champion v. Ames, 188 U.S. 321, 322、357 (1903).

③ See 44 Liquormart, Inc. v. Rhode Island, 517 U.S. 484, 514 (1996).

④ 最高法院因为该条例阻碍了特定的宗教活动而宣布该法违宪。See Church of the Lukumi
Babalu Aye, Inc. v. City of Hialeah, 508 U.S. 520, 535 (1993).

⑤ Barnes v. Glen Theatre, 501 U.S. 560, 575 (1991).

助，以及资助缅甸的民运人士等。①在 2000 年，美国还专门制定法律，禁止进口猫和狗的皮毛，并指出"关于猫和狗等动物皮毛的贸易无论是道德上还是审美学上都是对美国民众的一种玷污"②。

此外，在"中国诉美国'301 关税措施'案"中，美国在解释其本国公共道德内容时，提到了美国法律所规定的"禁止盗窃、敲诈、网络盗窃和网络黑客、经济间谍和盗用商业秘密、反竞争行为，以及对政府征用财产的监管"，这些是基于"国家是非观念"的行为限制，涉及本国公共道德保护。

（二）英国法的规定与理解

在英国，涉及"公共道德"并引发广泛讨论的案件是"Shaw v. Director of Public Prosecutions"案。此案中，被告出版了一本杂志来为伦敦妓女作广告宣传。在判决中，英格兰法既没有禁止卖淫和私通，也没有禁止通奸，但被告却被裁定犯有"阴谋败坏公共道德罪"。上议院也肯定了法院具有自由裁量权利，以"将任何有损公共道德的行为宣布为犯罪。"在围绕该案判决进行讨论时，Devlin 明确指出："法律中嵌入了基督式道德。"英国一些判例法还表明，某些性行为也可能会触犯公共道德，因而也应受到合理管制。③

在成文法中，1822 年英国出台了世界上第一个关于动物福利的法律《马丁法案》。在 1911 年，英国还通过了动物保护法。之后，又陆续出台了很多专项法律，如宠物法案、斗鸡法、动物保护法案（麻醉）、动物遗弃法、动物寄宿法、野生动植物及乡村法案、野生动物保护法、家畜运输法等。2006 年英国出台了专门的《动物福利法案》，保护动物免受

---

① See Burmese Freedom and Democracy Act of 2003, Public Law 108-61-July 28, 2003. 缅甸对美国出口的主要商品是纺织品。目前，缅甸约有 400 多家制衣厂，从业工人约有 35-40 万人，其中 90% 为女工，其生产的成衣 75% 出口到美国。据缅甸商务部统计，2003 年 1-5 月，缅甸的成衣出口达到了 2.2 亿美元。该法案的实施将对缅纺织业造成巨大的冲击，严重影响缅甸的外汇收入。信息来源：中华人民共和国驻缅甸大使馆经济商务参赞处站，http://www. dh. gov. cn/Web/_ F0_ 028D0791P483W5E0ZSKBUOSG59MLWPUT. htm，最后访问日期：2023 年 7 月 9 日。

② See WTO rules and animal welfare, RSPCA Australia information paper, 06 (2014), pp. 6-7, available at http://kb. rspca. org. au/WP-content/up/oads/2019/03/World-Trade-Organisation-RSPCA-Information-Paper-June-2014. pdf, Last Visited on Jul. 8, 2023.

③ See Miguel A. Gonzale, "NOTE: Trade and Morality: Preserving 'Public Morals' Without Sacrificing the Global Economy", *Vanderbilt Journal of Transnational Law*, Vol. 39, 2006.

痛苦、伤害和疾病等。2015 年出台了《屠宰动物福利（英格兰）条例》，2019 年还修订了多个有关动物福利的条例。

1857 年英国《淫秽出版物法》（1959 年修订）对认定及惩罚淫秽的出版物均作了明确规定。另外，1985 年《代孕协议法》和 1990 年《人类受精与胚胎学法》都严禁商业性代孕和代孕中介的存在，尔后英国在 2008 年、2018 年对《人类受精与胚胎学法》进行了修订，其中也保留了相关规定。

由上可见，英国的"公共道德"包括"色情、淫秽物品、性行为、动物福利及人类基因技术"等方面内容。

（三）欧盟法律的规定与理解

《欧洲人权公约》的第 6 条、第 8 条、第 9 条、第 10 条和第 11 条都涉及到了对公共道德的保护规定，其中第 6 条表述为"民主社会中的道德"，第 8 至 11 条均直接表述为"道德"。①基于对民主社会中的道德考

---

① 《欧洲人权公约》第 6 条第 1 款：在决定某人的公民权利和义务或者在决定对某人确定任何刑事罪名时，任何人有理由在合理的时间内受到依法设立的独立而公正的法院的公平且公开的审讯。判决应当公开宣布。但是，基于对民主社会中的道德、公共秩序或者国家安全的利益，以及对民主社会中的少年的利益或者是保护当事人的私生活权利的考虑，或者是法院认为，在特殊情况下，如果公开审讯将损害公平利益的话，可以拒绝记者和公众参与旁听全部或者部分审讯。
第 8 条：1. 人人有权享有使私人和家庭生活、家庭和通信得到尊重的权利。2. 公共机构不得干预上述权利的行使，但是，依照法律规定的干预以及基于在民主社会中为了国家安全、公共安全或者国家的经济福利的利益考虑，为了防止混乱或者犯罪，为了保护健康或者道德，为了保护他人的权利与自由而有必要进行干预的，不受此限。
第 9 条第 2 款：表示个人对宗教或者信仰的自由仅仅受到法律规定的限制，以及基于在民主社会中为了公共安全的利益考虑，为了保护公共秩序、健康或者道德，为了保护他人的权利与自由而施以的必需的限制。
第 10 条：1. 人人享有表达自由的权利。此项权利应当包括持有主张的自由，以及在不受公共机构干预和不分国界的情况下，接受和传播信息和思想的自由。本条不得阻止各国对广播、电视、电影等企业规定许可证制度。2. 行使上述各项自由，因为负有义务和责任，必须接受法律所规定的和民主社会所必需的程式、条件、限制或者是惩罚的约束。这些约束是基于对国家安全、领土完整或者公共安全的利益，为了防止混乱或者犯罪，保护健康或者道德，为了保护他人的名誉或者权利，为了防止秘密收到的情报的泄漏，或者为了维护司法官员的权威与公正的因素的考虑。
第 11 条：1. 人人享有和平集会与结社自由的权利，包括为保护自身的利益而组织和参加工会的权利。2. 除了法律所规定的限制以及在民主社会中为了国家安全或者公共安全的利益，为了防止混乱或者犯罪，为了保护健康或者道德或者保护他人的权利与自由而必需的限制之外，不得对上述权利的行使施以任何限制。本条并不阻止国家武装部队、警察或者行政当局的成员对上述权利的行使施以合法的限制。

虑，公民可拒绝公开审讯；而为了保护道德，可以限制公民的隐私权、思想、信仰及宗教自由、表现自由权以及集会及结社自由。

《西班牙宪法》第 16 条第 1 款则仅规定了"公共秩序例外"，①事实上，在欧盟基本法中，公共道德、公共政策以及公共秩序的概念经常交织在一起。这是因为道德概念通常是呼吁保护公共政策或公共秩序的基础，并且有人认为这些概念通常可以互换使用。但是，对于究竟什么是"公共道德"，欧盟基本法并没有给出一个明确的定义，因此各国司法机构、欧盟人权委员会、欧洲法院（ECJ）往往是在判例法下对于什么是"公共道德"进行界定。同时，无论是欧洲人权法院还是欧洲法院，通过观察其判例可以发现，法官在判决中并不试图寻找成员方之间普遍适用的公共道德标准，而是提出使缔约国能够在特定情况下实现特定目标（或利益）的准则，将解决办法与道德依据分开，并避免在此基础上作出任何概括。

在"欧盟海豹产品案"中，欧盟辩称其所实施的禁止海豹产品进入欧盟市场以及销售的限制措施完全符合 WTO 规则，政策目的是对以海豹福利为内容的公共道德关注。欧盟明确将动物福利与公共道德相联系，对此专家组分析了欧盟海豹管理制度的文本。欧盟海豹管理制度虽然没有特定条款明示其政策目的，但是从 1007/2009 号指令序言的多处描述看，该法包含了对海豹福利事项的关注和保护，在实施细则上能够进一步反映了公共道德目标。②其次，专家组还考查了欧盟海豹管理制度的立法史，包括 2006 年《欧洲议会关于在欧盟范围禁止海豹产品的宣言》（Declaration of the European Parliament on banning seal products in the European Union），《欧洲理事会建议》也提出了对海豹福利的关注以及关于海豹捕猎的"公共道德大辩论"，还有 2008 年的《欧洲委员会建议》明确提及"道德原因"（ethical reasons）和"道德考虑"（ethical considerations）等。③此外，欧盟还提交其它证据，包括欧盟及其成员国动物保护立法、欧盟及其他国家（包括挪威和加拿大在内）加入的公约和其他国际法文件，以论证动物福利与公共道德之间存在紧密关系。④欧盟成员国

---

① 《西班牙宪法》第 16 条第 1 款：保障个人和团体的意识形态、宗教信仰的自由，在其游行活动中，除为维护受法律保护的公共秩序所必须的限制外，无更多限制。
② See 书稿案号表 5, paras. 7.386~7.388.
③ See 书稿案号表 5, paras. 7.391~7.397.
④ See 书稿案号表 5, para. 7.405.

国内的多项动物保护立法都体现了其出于公共道德考虑的政策目标，可以认为各国为促进海豹福利采取的措施包含道德目标。例如，一项奥地利联邦法案明确声明其政策目标是"人类对动物负有的特别责任，故人类应保护动物的生命和福利（well being）"；比利时和荷兰的动物福利立法使用了包括"以公共道德的名义"（au nom de la morale publique）、"愤慨"（outrage）和"对公序良俗的冒犯"（an offense to public order and decency）等词。①最终，专家组根据欧盟提交的证据裁定欧盟对所主张的海豹福利属于公共道德范畴。②本案也是"公共道德例外"条款首次应用于动物福利保护领域的重大进展，将公共道德内涵进一步拓展至动物福利。

（四）加拿大法的规定与理解

加拿大最高法院的司法判例表明，政府有权为保护"公共道德"而调控性行为。在"Regina v. Sharpe"案中，法院赞成法律禁止持有儿童色情物品。法院认为："议会作了合理的政策决定，确定了应该禁止持有儿童色情物品"，因为这样的物品增加了开发和被用来开发其他儿童类似行为的危险。③在"Regina v. Smith"案中，安大略省最高法院表示，支持禁止卖淫的法律适用。法院认为，自由并非绝对的，可能会因为"礼仪、公共秩序和国家安全"等原因而受到限制。④

另外，在"Regina v. Big M Drug Mart"案中，与库雷西法院的观点相反，加拿大最高法院认为，宗教并非保护"公共道德"的合理依据。基于此，加拿大表示，对个人对宗教或者信仰自由的限制主要来自于法律的规定，抑或是考虑到民主社会中的公共安全利益，包括为了保护公共秩序、健康或者道德，以及他人的权利与自由，而实施的必要限制。最高法院否定了禁止在星期日进行"工作和商业活动"的《主日法》。同样，加拿大法律也严格禁止商业代孕行为。可见，加拿大法律认为，"公共道德"主要包括性行为和人类基因技术等，但不包含宗教因素。

加拿大否认动物福利属于公共道德范畴。在"欧盟海豹产品案"中加拿大表达了这一观点。加拿大作为"欧盟海豹产品案"的申诉方，其反对欧盟认为海豹禁令属于公共道德保护范围的立场。原因是根据 GATT

① See 书稿案号表 5，para. 7. 407.
② See 书稿案号表 5，para. 7. 409.
③ See Regina v. Sharpe，[2001] S. C. R. 45，para. 231.
④ See Regina v. Smith，44 CCC (3d) 385 (Ontario Sup. Ct. 1988).

第 20 条 (a) 款的规定,构成行为标准的道德规范必须普遍适用于特定社会,并且被该社会所广泛认可,而欧盟并没有确立清晰明确的道德行为准则,对"商业"和"非商业"的捕猎行为划分尤为如此。欧盟提出的"公共关注"也并没有上升到公共道德的层面,且欧盟所提出的海豹禁令是在基于其认为捕猎海豹行为必然为不人道行为的前提之下。[1]加拿大否认了欧盟将保护动物福利纳入公共道德范畴的结论,但显然这一主张并没有被专家组所认同。

(五) 澳大利亚法的规定与理解

澳大利亚是《公民权利和政治权利公约》《残疾人权利公约》《消除一切形式种族歧视国际公约》等七项核心国际公约的成员国,而依照《公民权利和政治权利公约》第 19 条第 3 款、第 20 条的规定,国家可以基于维护国家安全、公共秩序以及公共卫生和道德的需要对于第二款规定的公民言论自由进行一定限制。澳大利亚早期法律中,"公共道德"主要关注彩票、性行为等传统因素方面,澳大利亚政府官方认为对某些色情材料的限制,例如描绘未成年人的色情材料,将是基于公共道德采取限制措施的重要例子。澳大利亚专设分类分级委员会专门向消费者提供有关出版物、电影和计算机游戏的信息,使他们能够基于公共道德等原因选择适合自己和子女的娱乐产品。而后期的法律也开始将动物福利和人类基因技术等纳入"公共道德"范畴。

澳大利亚不乏涉及"公共道德"的判例,甚至澳大利亚法院在某些个案中的观点与美国联邦最高院在"Champion v. Ames"案中的态度近乎相同。譬如,在澳大利亚的"King v. Connare"案中,被告 Connare 因在悉尼售卖塔斯马尼亚的彩票,被控违反了《彩票与艺术工会法》 (the Lottery and Art Unions Act)。[2]Connare 提起上诉,法院受理该上诉后首先要解决的问题是:《彩票与艺术工会法》是否违反了澳大利亚《宪法》第 92 条?因为该法涉嫌构成对各州之间贸易、商业和交往自由的限制。最终,法院驳回了 Connare 的上诉,理由之一便是"州立法机构应当能够在合理、必要时行使权力制定法律来保护公共道德以对付邪恶的彩票。"[3]

---

[1] See 书稿案号表 5, paras. 7. 363-7. 366.

[2] See King v. Connare (1939) 61 C. L. R. 596, (Austl.).

[3] See King v. Connare (1939) 61 C. L. R. 596 (Austl.).

可见，在澳大利亚，可以基于对"公共道德"的保护而规范赌博行为。

"Gollan v. Nugent"案也显示：如果某人持有与恋童癖有关的物品，那么他可能会被法院判定为危害公共道德罪。①当然，罪名成立与否取决于被告能否进行有效的抗辩，但从该案中，我们至少可以推断出：澳大利亚的"公共道德"包含了与儿童性行为相关的一些方面，且破坏公共道德是可以构罪的。

在成文法中，澳大利亚于2004年修改了1956年《关税法》（Customs Regulations 1956），禁止进口猫狗等动物皮毛。对此，澳大利亚官方解释："出于国际人道主义的考虑，并征得澳大利亚国内民众的广泛支持，在猫、狗等动物皮毛的交易方面，澳大利亚决定对猫狗等动物皮毛产品的进出口进行管制……大多数澳大利亚民众都赞同猫狗等动物皮毛的交易是不可接受的。"②另外，澳大利亚的专利法案规定："人类及其基因的生物技术不能申请专利。"与此同时，澳大利亚也禁止商业代孕，规定代孕母亲在法律上被视为孩子的亲生母亲，任何将孩子的监护权转给他人的代孕合同都属无效。澳大利亚新州政府新法规定，从2011年3月1日开始，禁止向海外女性支付报酬的商业性代孕，但凡前往海外代孕合法国向其代孕机构求子的新州居民，将面临最高2年有期徒刑和11万澳元罚款的严厉处罚；通过代孕产子的父母也将无法享有相关权益的法律保护。对此，新州律政厅长哈志德高（John Hatzistergos）表示，类似法律早先在昆州和首都领地都已得到实施。根据新州早先的法律，在新州本土进行商业代孕的行为就已被视为违法，而这一新条款令该法更加完整。他宣称，"女性不应成为被剥削的对象，而孩子也有权知道自己的出身，以及和生母建立起联系"。新州社区服务厅长Linda Burney也强调，这一法规旨在阻止民众停止间接剥削贫穷的国外女性。③

（六）中国的规定与理解

作为十分重视公共道德保护的国家，我国法律自然肩负起了这一重要使命。总体来看，我国立法对公共道德的保护，主要集中在传统道德领域：包含"淫秽物品、色情物品、暴力、赌博、迷信"等若干内容，

---

① Gollan v. Nugent (1988) 166 C. L. R. 21 (Austl.).

② See Regulation 4W, Customs (Prohibited Imports) Regulations 1956.

③ 资料来源：中国新闻网，载 https://www.chinanews.com/hr/2011/03-07/2887406.shtml，最后访问日期：2012年3月21日。

《中华人民共和国民法典》（以下简称《民法典》）第1009条还将法律对 "公共道德" 保护延伸到了人类基因技术领域。①就条款的表述形式而言，大致可以概括为以下几类：

1. "公共道德" 保护的总括式规定

《中华人民共和国宪法》（2018年修正，以下简称《宪法》）第24条、第53条是两条典型的对 "公共道德" 进行保护和确认的条款。②在很大程度上，此类条款总括性地对公共道德问题进行了保护，条款中仅使用了 "社会公德" "社会道德" 等术语，并没有列举 "社会公德" 或 "社会道德" 的具体内容。违背此类条款便是侵犯公共道德，便是违背宪法精神。

作为调整对外贸易的基础性法律，《中华人民共和国对外贸易法》（以下简称《对外贸易法》）（2016年修正）第16条规定："国家基于下列原因，可以限制或者禁止有关货物、技术的进口或者出口：（一）为维护国家安全、社会公共利益或者公共道德，需要限制或者禁止进口或者出口的；……"③；第26条同样将违反公共道德作为禁止服务贸易的依据，该条规定："国家基于下列原因，可以限制或者禁止有关的国际服务贸易：（一）为维护国家安全、社会公共利益或者公共道德，需要限

---

① 《民法典》第1009条：从事与人体基因、人体胚胎等有关的医学和科研活动，应当遵守法律、行政法规和国家有关规定，不得危害人体健康，不得违背伦理道德，不得损害公共利益。

② 其中，第24条明确规定：国家通过普及理想教育、道德教育、文化教育、纪律和法制教育，通过在城乡不同范围的群众中制定和执行各种守则、公约，加强社会主义精神文明的建设。国家倡导社会主义核心价值观，提倡爱祖国、爱人民、爱劳动、爱科学、爱社会主义的公德，在人民中进行爱国主义、集体主义和国际主义、共产主义的教育，进行辩证唯物主义和历史唯物主义的教育，反对资本主义的、封建主义的和其他的腐朽思想。第53条规定为：中华人民共和国公民必须遵守宪法和法律，保守国家秘密，爱护公共财产，遵守劳动纪律，遵守公共秩序，尊重社会公德。

③ 《对外贸易法》（2016年修正）第16条：国家基于下列原因，可以限制或者禁止有关货物、技术的进口或者出口：（一）为维护国家安全、社会公共利益或者公共道德，需要限制或者禁止进口或者出口的；（二）为保护人的健康或者安全，保护动物、植物的生命或者健康，保护环境，需要限制或者禁止进口或者出口的；（三）为实施与黄金或者白银进出口有关的措施，需要限制或者禁止进口或者出口的；（四）国内供应短缺或者为有效保护可能用竭的自然资源，需要限制或者禁止出口的；（五）输往国家或者地区的市场容量有限，需要限制出口的；（六）出口经营秩序出现严重混乱，需要限制出口的；（七）为建立或者加快建立国内特定产业，需要限制进口的；（八）对任何形式的农业、牧业、渔业产品有必要限制进口的；（九）为保障国家国际金融地位和国际收支平衡，需要限制进口的；（十）依照法律、行政法规的规定，其他需要限制或者禁止进口或者出口的；（十一）根据我国缔结或者参加的国际条约、协定的规定，其他需要限制或者禁止进口或者出口的。

制或者禁止的；……"①

当然，除了《宪法》和《对外贸易法》外，《民法典》第8条②、第10条③、第132条④、第143条⑤、第185条⑥等；《中华人民共和国专利法》（2020年修正）第5条⑦都属于此类条款。

2. "公共道德"保护的混合式规定

为明确"公共道德"保护规范，这类条款采用总括式与列举式相结合的方法。譬如，《中华人民共和国电信条例》（2016年修正）先在第4条第2款和第6条总括性地规定："电信业务经营者应当依法经营，遵守商业道德，接受依法实施的监督检查。"⑧然后，其第56条第5项和第7项又分别列举了包括"封建迷信、淫秽、色情、赌博、暴力、凶杀、恐怖或者教唆犯罪"等有违公共道德的行为，并在第66条规定了违反此类公共道德的法律责任。⑨《中华人民共和国电影产业促进法》与此相类似，

① 《对外贸易法》（2016年修正）第26条：国家基于下列原因，可以限制或者禁止有关的国际服务贸易：（一）为维护国家安全、社会公共利益或者公共道德，需要限制或者禁止的；（二）为保护人的健康或者安全，保护动物、植物的生命或者健康，保护环境，需要限制或者禁止的；（三）为建立或者加快建立国内特定服务产业，需要限制的；（四）为保障国家外汇收支平衡，需要限制的；（五）依照法律、行政法规的规定，其他需要限制或者禁止的；（六）根据我国缔结或者参加的国际条约、协定的规定，其他需要限制或者禁止的。

② 《民法典》第8条：民事主体从事民事活动，不得违反法律，不得违背公序良俗。

③ 《民法典》第10条：处理民事纠纷，应当依照法律；法律没有规定的，可以适用习惯，但是不得违背公序良俗。

④ 《民法典》第132条：民事主体不得滥用民事权利损害国家利益、社会公共利益或者他人合法权益。

⑤ 《民法典》第143条：具备下列条件的民事法律行为有效：（一）行为人具有相应的民事为能力；（二）意思表示真实；（三）不违反法律、行政法规的强制性规定，不违背公序良俗。

⑥ 《民法典》第185条：侵害英雄烈士等的姓名、肖像、名誉、荣誉，损害社会公共利益的，应当承担民事责任。

⑦ 《中华人民共和国专利法》（2020年修正）第5条：对违反法律、社会公德或者妨害公共利益的发明创造，不授予专利权。对违反法律、行政法规的规定获取或者利用遗传资源，并依赖该遗传资源完成的发明创造，不授予专利权。

⑧ 《中华人民共和国电信条例》（2016年修正）第4条：……电信业务经营者应当依法经营，遵守商业道德，接受依法实施的监督检查。第6条：电信网络和信息的安全受法律保护。任何组织或者个人不得利用电信网络从事危害国家安全、社会公共利益或者他人合法权益的活动。

⑨ 《中华人民共和国电信条例》（2016年修正）第56条：任何组织或者个人不得利用电信网络制作、复制、发布、传播含有下列内容的信息：……（五）破坏国家宗教政策，宣扬邪教和封建迷信的；……（七）散布淫秽、色情、赌博、暴力、凶杀、恐怖或者教唆犯罪的；……。第66条：违反本条例第五十六条、第五十七条的规定，构成犯罪的，依法追究刑事责任；尚不构成犯罪的，由公安机关、国家安全机关依照有关法律、行政法规的规定予以处罚。

先在第 9 条作出了 "演员、导演等电影从业人员应当坚持德艺双馨，遵守法律法规，尊重社会公德，恪守职业道德，加强自律，树立良好社会形象"。的总括式规定，紧接着在第 16 条第 5 项中明确列举了电影不得含有的违反公共道德的内容，即 "危害社会公德，扰乱社会秩序，破坏社会稳定，宣扬淫秽、赌博、吸毒，渲染暴力、恐怖，教唆犯罪或者传授犯罪方法"。①

3. "公共道德" 保护的列举式规定

在此类条款中，虽未明确使用 "公共道德" 词语，但所列明的事项皆属我国传统的公共道德范畴。譬如，《中华人民共和国未成年人保护法》（2020 年修正）第 50 条②；《中华人民共和国预防未成年人犯罪法》（2020 年修正）第 28 条第 7 项、第 8 项，第 38 条③；《中华人民共和国治安管理处罚法》（2012 年修正）第 27 条、第 68 条、第 69 条、第 70

---

① 《中华人民共和国电影产业促进法》第 9 条：电影行业组织依法制定行业自律规范，开展业务交流，加强职业道德教育，维护其成员的合法权益。演员、导演等电影从业人员应当坚持德艺双馨，遵守法律法规，尊重社会公德，恪守职业道德，加强自律，树立良好社会形象。第 16 条：电影不得含有下列内容：……（五）危害社会公德，扰乱社会秩序，破坏社会稳定，宣扬淫秽、赌博、吸毒，渲染暴力、恐怖，教唆犯罪或者传授犯罪方法；……

② 《中华人民共和国未成年人保护法》（2020 年修正）第 50 条：禁止制作、复制、出版、发布、传播含有宣扬淫秽、色情、暴力、邪教、迷信、赌博、引诱自杀、恐怖主义、分裂主义、极端主义等危害未成年人身心健康内容的图书、报刊、电影、广播电视节目、舞台艺术作品、音像制品、电子出版物和网络信息等。

③ 《中华人民共和国预防未成年人犯罪法》（2020 年修正）第 28 条：本法所称不良行为，是指未成年人实施的不利于其健康成长的下列行为：（一）吸烟、饮酒；（二）多次旷课、逃学；（三）无故夜不归宿、离家出走；（四）沉迷网络；（五）与社会上具有不良习性的人交往，组织或者参加实施不良行为的团伙；（六）进入法律法规规定未成年人不宜进入的场所；（七）参与赌博、变相赌博，或者参加封建迷信、邪教等活动；（八）阅览、观看或者收听宣扬淫秽、色情、暴力、恐怖、极端等内容的读物、音像制品或者网络信息等；（九）其他不利于未成年人身心健康成长的不良行为。第 38 条：本法所称严重不良行为，是指未成年人实施的有刑法规定、因不满法定刑事责任年龄不予刑事处罚的行为，以及严重危害社会的下列行为：（一）结伙斗殴，追逐、拦截他人，强拿硬要或者任意损毁、占用公私财物等寻衅滋事行为；（二）非法携带枪支、弹药或者弩、匕首等国家规定的管制器具；（三）殴打、辱骂、恐吓，或者故意伤害他人身体；（四）盗窃、哄抢、抢夺或者故意损毁公私财物；（五）传播淫秽的读物、音像制品或者信息等；（六）卖淫、嫖娼，或者进行淫秽表演；（七）吸食、注射毒品，或者向他人提供毒品；（八）参与赌博赌资较大；（九）其他严重危害社会的行为。

条、第 71 条 ①；《计算机信息网络国际联网安全保护管理办法》（2011 年修正）第 5 条第 6 项、第 20 条 ②等，都对涉及"封建迷信、淫秽、色情、赌博、暴力、凶杀、恐怖、毒品"等违背公共道德的行为进行了严格限制。

另外，有些行政法令和部门规章也对有违"公共道德"行为进行了专门规范。例如，国务院于 1985 年和 1987 年分别出台了《关于严禁淫秽物品的规定》和《关于严厉打击非法出版活动的通知》；新闻出版署于 1988 年颁布了《关于重申严禁淫秽出版物的规定》《关于出版物封面、插图和出版物广告管理的暂行规定》和《关于认定淫秽及色情出版物的暂行规定》，1989 年又出台了《关于部分应取缔出版物认定标准的暂行规定》；2012 年 2 月 9 日，广电总局下发了《关于进一步加强和改进境外影视剧引进和播出管理的通知》，规定"不得引进涉

---

① 《中华人民共和国治安管理处罚法》（2012 年修正）第 27 条：有下列行为之一的，处十日以上十五日以下拘留，可以并处一千元以下罚款；情节较轻的，处五日以上十日以下拘留，可以并处五百元以下罚款：（一）组织、教唆、胁迫、诱骗、煽动他人从事邪教、会道门活动或者利用邪教、会道门、迷信活动，扰乱社会秩序、损害他人身体健康的；（二）冒用宗教、气功名义进行扰乱社会秩序、损害他人身体健康活动的。第 68 条：制作、运输、复制、出售、出租淫秽的书刊、图片、影片、音像制品等淫秽物品或者利用计算机信息网络、电话以及其他通讯工具传播淫秽信息的，处十日以上十五日以下拘留，可以并处三千元以下罚款；情节较轻的，处五日以下拘留或者五百元以下罚款。第 69 条：有下列行为之一的，处十日以上十五日以下拘留，并处五百元以上一千元以下罚款：（一）组织播放淫秽音像的；（二）组织或者进行淫秽表演的；（三）参与聚众淫乱活动的。明知他人从事前款活动，为其提供条件的，依照前款的规定处罚。第 70 条：以营利为目的，为赌博提供条件的，或者参与赌博赌资较大的，处五日以下拘留或者五百元以下罚款；情节严重的，处十日以上十五日以下拘留，并处五百元以上三千元以下罚款。第 71 条：有下列行为之一的，处十日以上十五日以下拘留，可以并处三千元以下罚款；情节较轻的，处五日以下拘留或者五百元以下罚款：（一）非法种植罂粟不满五百株或者其他少量毒品原植物的；（二）非法买卖、运输、携带、持有少量未经灭活的罂粟等毒品原植物种子或者幼苗的；（三）非法运输、买卖、储存、使用少量罂粟壳的。有前款第一项行为，在成熟前自行铲除的，不予处罚。

② 《计算机信息网络国际联网安全保护管理办法》（2011 年修订）第 5 条：任何单位和个人不得利用国际联网制作、复制、查阅和传播下列信息：……（六）宣扬封建迷信、淫秽、色情、赌博、暴力、凶杀、恐怖，教唆犯罪的；……。第 20 条：违反法律、行政法规，有本办法第五条、第六条所列行为之一的，由公安机关给予警告，有违法所得的，没收违法所得，对个人可以并处 5000 元以下的罚款，对单位可以并处 1.5 万元以下的罚款；情节严重的，并可以给予 6 个月以内停止联网、停机整顿的处罚，必要时可以建议原发证、审批机构吊销经营许可证或者取消联网资格；构成违反治安管理行为的，依照治安管理处罚法的规定处罚；构成犯罪的，依法追究刑事责任。

案题材和含有暴力低俗内容的境外影视剧。"2021 年教育部公布了《未成年人学校保护规定》，明确要求学校应当采取必要措施预防并制止教职工以及其他进入校园的人员向学生展示传播包含色情、淫秽内容的信息、书刊、影片、音像、图片或者其他淫秽物品，持有包含淫秽、色情内容的视听、图文资料；①上述"规定"或"通知"进一步加强了对"淫秽、色情、暴力、迷信"等公共道德事项的严格规制。

　　在我国香港地区，《中华人民共和国香港特别行政区基本法》（简称《基本法》）第 39 条第 1 款规定，《公民权利和政治权利国际公约》《经济、社会与文化权利的国际公约》和国际劳工公约适用于香港的有关规定继续有效，通过香港特别行政区的法律予以实施。对此我们将目光转向上述公约，《公民权利和政治权利国际公约》第 19 条第 3 款则规定了"公共道德例外"，其表述为"保障国家安全或公共秩序，或公共卫生或道德"。②可见香港在《基本法》规定中直接融入了《公约》的规定，包括"公共道德例外"。此外，香港在知识产权法律也设置了"公共道德例外"规定。譬如，《注册外观设计条例》第 7 条规定，违反公共秩序或道德的外观设计不属可予注册；③《专利（一般）规则》第 49 条规定了处长以公共秩序或道德为理由撤销专利的权力，可见，在专利制度框架内有关"公共秩序或道德"的认定是由知识产权署政府官员进

---

① 《未成年人学校保护规定》第 24 条：学校应当建立健全教职工与学生交往行为准则、学生宿舍安全管理规定、视频监控管理规定等制度，建立预防、报告、处置性侵害、性骚扰工作机制。学校应当采取必要措施预防并制止教职工以及其他进入校园的人员实施以下行为：……（四）向学生展示传播包含色情、淫秽内容的信息、书刊、影片、音像、图片或者其他淫秽物品；（五）持有包含淫秽、色情内容的视听、图文资料；……

② 《公民权利和政治权利国际公约》第 19 条：……二、人人有自由发表意见的权利；此项权利包括寻求、接受和传递各种消息和思想的自由，而不论国界，也不论口头的、书写的、印刷的、采取艺术形式的、或通过他所选择的任何其他媒介。三、本条第二款所规定的权利的行使带有特殊的义务和责任，因此得受某些限制，但这些限制只应由法律规定并为下列条件所必需：（甲）尊重他人的权利或名誉；（乙）保障国家安全或公共秩序，或公共卫生或道德。

③ 《注册外观设计条例》第 7 条：违反公共秩序或道德的外观设计不属可予注册，（1）在不抵触第（2）款的条文下，凡任何外观设计的发表或使用是会违反公共秩序或道德的，则该项外观设计不属可予注册。（2）任何外观设计的发表或使用不得只因其被在香港施行的任何法律所禁止而视作违反公共秩序。

行。①

有关"公共道德"的具体内涵在香港判例法中也有所体现。因历史原因，香港的传统判例法表明，香港法院支持对酒精、暴力、色情内容和赌博进行调控以保护"公共道德"。在"Wong Kam Kuen v. Comm'r for Television and Entm't Licensing"案中，香港上诉法院认为，影视及娱乐事务管理处的专员有权审查视频游戏，以防止其含有暴力、色情和赌博等内容。对此，法院设立的唯一限制就是：负责颁发许可证的专员必须在法律中找到禁止某一视频游戏的理由，而不能以他们个人的道德价值观来判断。②在"Tsang Ching Chiu"案中，法院指出，对酒类的管理属于社会普遍关注的问题。因此，那些从申领酒类许可证中获取利益的商人的行为就必须受到规制。该案也同时支持：为保护公共道德可以规范卖淫行为。③在"HKSAR v. Wong Man Tat"案中，法院处罚了一名藏有淫秽物品的男子。该案的法官明确指出：将被告依法定罪的目的是为了"防止公共道德被破坏"。

除了酒类、色情物品外，一些细小行为有时也会"破坏公共道德"。在"HKSAR v. Tsui Ping Wing"案④中，一名出租车司机就因为辱骂乘客而被起诉。法庭指出，没有人能够令人信服地辩驳：针对他人、甚或在青少年面前，使用淫秽或亵渎的语言不会影响到公共道德。依据常理，负责任的成年人会尽量避免青少年儿童受到此类语言的影响。本案中，作为一位提供公共服务的司机，被告居然无视这种公共道德，使用非文

---

① 《专利（一般）规则》第49条：处长以公共秩序或道德为理由撤销专利的权力：（1）在某专利根据本条例就一项发明而批予后，任何人可于任何时间将在顾及第9A（5）条所指明的任何事宜后，该项发明是否一项可享专利的发明的问题转介处长。（2）凡任何问题经如此转介，则（a）除（b）段另有规定外，处长须对该问题作出裁定；（b）处长如认为合适，可将该问题转介法院裁定，而在不损害法院除根据本段外对任何该等问题作出裁定的司法管辖权的原则下，法院须具有司法管辖权对经如此转介的问题作出裁定。（3）如处长或法院因第9A（5）条所指明的任何事宜而裁定该项发明并非一项可享专利的发明，则处长或法院须命撤销该专利，而一经作出该项命令，该专利即视为从未具有效力。（4）任何人均可反对根据第（1）款作出的转介。第9A（5）条规定，（5）凡某发明的公布或实施，是会违反公共秩序或道德的，该发明即不属一项可享专利发明。然而，任何发明的实施，不得只因其被在香港施行的任何法律所禁止，而视作违反公共秩序或道德。

② Wong Kam Kuen v. Comm'r for Television and Entm't Licensing, [2003] 3 H. K. L. R. D. 596, 617 (C. A.).

③ HKSAR v. Tsang Ching Chiu, [2002] 3 H. K. L. R. D. 172, 175, 176 (C. F. I.).

④ HKSAR v. Tsui Ping Wing, [2000] H. K. E. C. 437 (C. F. I.).

明、不礼貌的语言，显然损害了青少年心目中家长和老师所教导的道德标准。由此可见，香港法律中的"公共道德"概念已超越了"性、毒品、赌博和酒"等范畴。

综上所述，虽然至今尚无一个国际性法律文件对公共道德的具体含义或适用范围作出明确细致的规定，也没有一个为WTO所有成员方公认的"公共道德"界定标准。但值得肯定的是，从WTO成员方的有关理解和法律规定来看，各方基本认为：公共道德所涉及的事项应包括酒类、色情、淫秽物品、毒品、性、重婚、赌博、对动物与自然界的保护等传统内容。另外，知名学者Mark Wu也指出，通过检视WTO各成员方公布的贸易政策评审报告中有关的"贸易限制措施"，亦可推断出各国在国际贸易实践中意图保护的"公共道德"范围。①具体参见附录表一。

此外，据现有资料表明，一些在地缘、历史、政治、经济等方面存在密切联系的国家，对公共道德的理解有相似之处。譬如，欧盟各国历来重视在"公共道德"的语境下关注动物福利。②尔后，又借鉴美国的做法，倾向于将人权③、人类基因技术④及转基因产品⑤等纳入"公共道

---

① See Mark Wu，"Free Trade and the Protection of Public Morals：An Analysis of the Newly Emerging Public Morals Clause Doctrine"，*The Yale Journal of International Law*，Vol. 33，No. 1，2008，pp. 215-251.

② 自1974年首次为屠宰过程中的动物福利立法后，欧盟又陆续出台了大量动物福利保护法规和指令，并且还缔结或参加了一系列的动物福利条约。如，1976年《保护农畜动物的欧洲公约》、1986年《用于实验和其他科学价值理念的脊椎动物保护欧洲公约》、1997年《人道诱捕标准国际协定》等。到20世纪80年代，欧盟各国基本完成了动物福利方面的立法工作。2006年1月，欧盟通过了"动物保护和福利制度改善的具体行动计划"，该行动计划进一步提高了欧盟动物福利标准，并将过去的相关动物福利标准进行了整合，形成了一个完整的制度体系，要求各成员国实施。See Edward M. Thomas，"Playing Chicken at the WTO：Defending an Animal Welfare-Based Trade Restriction Under GATT's Moral Exception"，*Boston College Environmental Affairs Law Review*，Vol. 34，2007，p. 605.

③ 譬如，继美国之后，2007年11月欧盟也加大了对缅甸军政府的制裁力度，颁布了针对纺织品、木材、宝石和稀有金属的贸易禁令。

④ TRIPS第27条第2款规定，各成员可基于维护公共秩序或道德的目的而拒绝对某些发明授予专利权。现今，欧洲各国专利法规的一些最新发展显示：其更专注于从伦理道德的角度来考虑一些专利授予的例外，包括与人类组织、器官相关的一些发明或者适用于人类的一些科技。除法国、澳大利亚等国家专利法的相关规定外，有关生物发明的欧洲指令中也规定："与人体及其器官相关的发明不能申请专利。"See Patents：Ordre Public and Morality，CY564-Unctad-v1 382（2004）。

⑤ 欧盟认为，由于目前相关研究都没有得出转基因食品对人类不构成危险的结论，因此欧盟有权采取"预防在先"的谨慎原则。欧盟先后对转基因食品的安全和标签问题、新型食品

德"的范畴。伊斯兰会议组织成员方更强调保护宗教,以维护"公共道德"。[①]以中国为代表的发展中国家,注重保护传统的"公共道德";而以美国为代表的发达国家,则致力于拓展"公共道德"范畴。当然,即使是存在广泛共识的最核心的公共道德内容,事实上在不同国家之间能否依据"公共道德例外"施加限制还是存在分歧,例如色情物品。亚洲和中东部的一些国家(如中国、沙特阿拉伯、伊朗、马来西亚和印度等)都是禁止此类色情物品,而北美和欧洲国家(如日本、澳大利亚等)并不禁止面向成人的色情物品。[②]

据此,本书认为对公共道德的范围和界定主体不能一概而论,可以区分为两类分别进行。由于各国对传统公共道德的内涵较为容易达成共识,争议不大,因而可以由各国自主决定,只需提供相应的国内证据予以证明即可;而对于扩展后的公共道德内涵,各国差异很大,因而需要获得国际性认同,并能划归于公共道德国际保护之列,而不是仅由各国单方决定。与此相关的具体论证将在第五章中展开。

(接上页)管理规章问题、含有转基因成分的添加剂和调味料问题等作了规定。欧盟自1998年起就不再批准销售新品种转基因食品。并停止从美国进口转基因农产品。美国在加拿大、阿根廷的支持下于2003年5月向世贸组织提出申诉,指责欧盟的决定毫无科学根据,是为了保护欧洲农业设立的贸易保护壁垒。美国农民抱怨,欧盟国家的限制措施让他们每年损失大约3亿美元。See Gareth Davies, Morality Clauses and Decision-Making in Situations of Scientific Uncertainty: The Case of GMOs, Presented at a Roundtable on "GMOs and International Trade", held at the Hebrew University of Jerusalem (2006), available at www. ssrn. com/abstractid=920754, Last Visited on Jul. 8, 2023.

① 伊斯兰会议组织的成员信奉伊斯兰教,对于肉类产品的进口都有着严格的限制,禁止进口不适合穆斯林食用的非清真肉类。且所有的穆斯林人皆认为自己的宗教信仰神圣不可侵犯。2005年,丹麦等欧洲国家媒体相继刊登了亵渎先知穆罕默德的讽刺漫画,遭到伊斯兰世界的强烈谴责。2006年2月16日,拥有57个成员国的伊斯兰会议组织在第60届联合国大会上正式向联大各成员国散发一项修正案,要求联大在设立人权理事会的决议案中加入禁止亵渎宗教信仰和先知的内容。修正案指出:各国政府及新闻界有责任促进对所有宗教和文化价值的容忍与尊重。不容忍、歧视、煽动仇恨以及因针对宗教信仰和先知而引发的暴力行为。上述信息来源于新华网:"伊斯兰会议组织要求联大加入禁亵渎宗教内容",载http://news. qq. com/a/20060217/000409. htm,最后访问日期:2023年3月21日。

② See Seong Choul Hong, "Copyright Protection v. Public Morality: The Copyright Protection Dilemma of Pornography in a Global Context", *Asian Journal of WTO & International Health Law & Policy*, Vol. 8, No. 1, 2013, pp. 301-342.

四、"公共道德" 与 "公共秩序" 内涵之辨析

（一）条约文本的用语不一致

GATT 第 20 条（a）款、GATS 第 14 条（a）款及 TRIPS 协议第 27 条第 2 款中均规定了 "公共道德例外" 条款。后二者基本借鉴了 GATT 第 20 条（a）款的规定，内容非常相似。WTO 专家组和上诉机构也承认了这种相似性，认为这三个条款在适用时可以相互作为参照。①但是这三款规定又并非完全相同，关键不同之处在于 GATS 第 14 条（a）款与 TRIPS 协议第 27 条第 2 款中多用了 "公共秩序" 一词。除了 GATS 文本中脚注 5 对 "公共秩序" 做了一些限制外，GATT、GATS 和 TRIPS 中再无任何有关 "公共道德" 和 "公共秩序" 的解释。那么，公共道德和公共秩序究竟有何区别？

在研究了不同语种的条约文本之后，Diebold 发现了一个有趣的现象。亦即，一方面，TRIPS 协议第 27 条第 2 款（"公共道德例外" 条款）的内容与 GATS 第 14 条（a）款相似，都包含了 "公共秩序" 一词，但 TRIPS 协议第 27 条第 2 款的英文文本中保留了法语 "公共秩序"（ordre public）的原文，②而在 GATS 第 14 条（a）款的英文文本中使用的是 "公共秩序"（public order）。事实上，这两个词语的含义和范围并不相同。法文公共秩序（ordre public）含义与 "公共政策" 类似，通常指涉及到 "不能贬损的基本原理，除非是危及到某一特定社会制度"，而英文公共秩序（public order）一般倾向于涉及公共安全的维护问题。因此可知，英文的公共秩序（public order）含义和范围更为广泛。

然而，GATS 第 14 条（a）款要受脚注 5 的限制。GATS 脚注 5 规定，"只有在社会的某一根本利益受到真正的和足够的严重的威胁时，方可援引公共秩序例外"。这就将 GATS "公共秩序" 的范围限定于社会根本利益。因此，似乎正是由于脚注 5 中所规定的限制，所以公共秩序这一概念符合或至少接近更狭义的公共秩序概念。这种解释有一个好处，

---

① 譬如在 "中美出版物市场准入案" 中，专家组就认为可以参考美国博彩案中对 GATS 第 14 条（a）的解释来适用 GATT 第 20 条（a）。

② See Daniel Gervais, *The TRIPS Agreement : Drafting History and Analysis*, Sweet & Maxwell, 2003, p. 222, "The reference to public order was inappropriate as a translation of the French concept of ' ordre public ', whose meaning is closer to public policy" (footnote omitted).

即使得 GATS 第 14 条（a）款的英语和法语文本在意义上趋向于一致。①借助于对条约文本的研究，Diebold 对 GATS "公共秩序"的含义在一定程度做了澄清，但对"公共秩序"的确定含义和范围，尤其是对澄清"公共秩序"与"公共道德"的区别，并无太大贡献。

（二）"判例法"上的简要诠释

对于欠缺文本释义的条款的解释，习惯做法仍是依赖于 DSB 的阐释。但迄今为止，只有一例涉及 GATS 第 14 条（a）款的案件，即"美国博彩案"。而其他涉及"公共道德例外"条款的 WTO 争端解决案例则是援引 GATT 第 20 条（a）款进行抗辩，其中不乏需要对"公共道德"概念进行阐释。但目前并没有关于直接解释 GATT 第 20 条（a）款中的"公共道德"内涵的 WTO 判例先例，所以专家组在解释"公共道德"时采用的是类推的方式，引用了专家组和上诉机构在"美国博彩案"中所作出的关于 GATS 第 14 条"公共道德和公共秩序例外"的分析，而对"公共秩序"的解读更是几乎没有。通常情况下，专家组一般会尊重被诉 WTO 成员方自己所宣称的与公共道德有关的管制目标。因此，对与"公共道德"与"公共秩序"内涵的阐释，我们更多地聚焦于"美国博彩案"之中。

专家组在"美国博彩案"中尝试解释了"公共道德"和"公共秩序"。借助《牛津英语字典》并依据《公约》的规定，专家组首先从通常含义出发得出："道德"（morals）一词是指"有关行为对与错的生活习惯"；"秩序（order）"是指"由法律调整社会成员维持和遵守的公共行为的一种状态"②。基于此，专家组认为，"公共道德"这一术语指的是"社会或国家所维持的正确和错误的行为标准"，而"公共秩序"概念还需要根据脚注 5 来解释。结合"秩序"一词的字典含义与脚注 5 的规定，专家组认为，公共秩序"正如公共政策和法律中所反映出的一样，是指保护社会的基本利益。尤其是这些基本利益可能与法律、安全以及道德标准相联系"③。该定义与 Hersh Lauterpacht 对国际法院"荷兰诉瑞

---

① See Nicolas F. Diebold, "The Morals and Order Exceptions in WTO Law: Balancing the Toothless Tiger and the Undermining Mole", *Journal of International Economic Law*, Vol. 11, No. 1, 2008, pp. 64-65.

② See 书稿案号表 1，para. 6. 466.

③ See 书稿案号表 1，para. 6. 467.

典案"发布的独立意见观点类似①。欧盟法院在汤普森案件中也对"公共政策"例外在相似的观点基础上作出相关规定和裁决。②

在审查美国所采取的措施是否属于保护"公共道德或公共秩序"的范畴时，专家组进一步发现"试图在第 14 条（a）款之下取得正当性的措施必须是旨在保护某一社会或国家内人民的整体利益"③。这一要求同时适用于公共道德与公共秩序，因为这两个概念都包含了"公共的（public）"这一术语。但是，专家组并未参照脚注 5 去分析美国政府的各种政策目标是否属于"公共秩序"范围，而是笼统地得出结论——美国争议措施旨在保护 GATS 第 14 条（a）款的"公共道德和公共秩序"。本案中，尽管安提瓜对专家组这种不区分"公共道德"和"公共秩序"简单处理的方式表示了异议，但上诉机构却支持专家组的观点。上诉机构认为，专家组在结合词典的含义及脚注 5 的基础上解释"公共秩序"，并不需要另行单独地、明示地认定"已满足脚注 5 的标准"。④

此外，专家组还提及了"公共道德"和"公共秩序"的关系问题。专家组认为，根据字典含义和脚注 5 之规定，GATS 第 14 条（a）款中的"公共道德"和"公共秩序"应当有所区分。但这两个概念都是寻求保护大多数人相同的利益，必然会存在一些交叠之处，截然区分开这两个概念的做法是完全行不通的。

（三）学理上的探讨与争鸣

针对 DSB 的解释，各国学者纷纷就公共道德与公共秩序的关系展开了探讨，并形成了诸多观点。

有学者认为，公共秩序应包含公共道德。这完全可以从专家组对公共秩序的定义和这两个概念的目标解释得出。因此，所有旨在保护公共道德的措施都同时与公共秩序有关。反之则不必然，因为有些利益可能只涉及公共秩序，但却与公共道德无关，如安全标准、与暴乱或获得必需品有关的安全问题等。因此，某种政策目标可能同时涉及到公共道德和公共秩序；或者仅涉及公共秩序。

---

① See 书稿案号表 1，para. 6. 470.

② See Stefan Zleptnig, *Non-Economic Objectives in WTO Law: Justification Provisions of GATT, GATS, SPS and TBT Agreement*, MartinusNijhoff Publishers, 2010, pp. 145–149.

③ See 书稿案号表 1，para. 6. 463.

④ See 书稿案号表 2，paras. 77, 298.

与此相对应，在审查争议措施是否属于 GATS 第 14 条（a）款的范围时，可以分两步进行。首先审查该措施声称保护的政策目标是否属于公共道德的范围，如果答案是肯定的，那么就可以初步判断该措施具备了 GATS 第 14 条（a）款下的正当性；反之，就得进入第二步的审查——该措施所保护的政策目标是否属于公共秩序的范畴，在进行此步分析时，要注意脚注 5 的限制，必须受到了"真实的且足够严重的威胁"。①

另外，有学者强调，公共道德和公共秩序属于两个不同的概念。从实用主义的角度看，不区分公共道德和公共秩序的分析方法可能非常实用，但是从教条主义的观点看就需要思考为什么 GATT 的起草者只规定了"公共道德"例外，而 GATS、TRIPS 则同时使用公共道德和公共秩序两个术语？②这至少暗示了公共道德和公共秩序是两个完全不同的概念。因此，在分析争议措施所保护的政策目标是否属于 GATS 第 14 条（a）款的范围时，区分公共道德和公共秩序非常重要，其原因主要有以下几点：其一，GATS 第 14 条（a）款的"公共道德和公共秩序例外"条款应该比 GATT 第 20 条（a）款的"公共道德例外"条款适用范围更广泛。在服务贸易总协定（GATS）中，增加了公共秩序例外的理由主要在于：服务贸易提供的是动态的行为，它相较于静态的货物而言，更有可能危及公共秩序。例如，在货物存在危险性的情况下，管制好货物就能维护公共秩序；另一方面，对于提供服务来说，要维护公共秩序就必须严格认证服务提供者的资质（如对律师或教师），管理好配套基础设施（如电话和电视线路或火车轨道等），以及规范公共服务场所和必需品获得渠道等。其二，脚注 5 中就威胁的严重性作出了限制性要求，而这种威胁只适用于公共秩序，不适用于公共道德；而"公众（public）"的要求在适用于公共道德时比适用于公共秩序更加严格。③

与之相反，也有学者指出，没有必要区分公共道德和公共秩序，因

---

① See Nicolas F. Diebold, "The Morals and Order Exceptions in WTO Law: Balancing the Toothless Tiger and the Undermining Mole", *Journal of International Economic Law*, Vol. 11, No. 1, 2008, pp. 73-74.

② See UNCTAD/ICTSD, *Resource Book on TRIPS and Development*, Cambridge University Press, 2005, p. 379.

③ See Nicolas F. Diebold, "The Morals and Order Exceptions in WTO Law: Balancing the Toothless Tiger and the Undermining Mole", *Journal of International Economic Law*, Vol. 11, No. 1, 2008, pp. 73-74.

为这两个概念被同时规定在 GATS 第 14 条（a）款中，所以为了解决与 GATS 有关的争端，就要将公共道德与公共秩序放在一起来考虑。没有必要去具体区分成员方所要保护的公共政策目标究竟属于第 14 条（a）款中的公共道德还是公共秩序。①这与专家组在"美国博彩案"中审查争议措施所保护的政策目标是否属于"公共道德和公共秩序"时的观点近似。专家组没有试图在公共道德和公共秩序两个概念之间划清界限。在"美国博彩案"中，专家组认为："没有必要判断美国所依赖的各种政策问题是涉及到'公共道德'或'公共秩序'。"②

综上可知，虽然目前"公共道德"和"公共秩序"的具体界限并不明朗，但是从整体上将两者的关系界定为"是两个不同但有重叠的概念"则应该更为恰当。理由如下：

第一，根据 GATS 第 14 条，倘若公共秩序与公共道德之间关系是包含与被包含，那么就不需要同时列出二者，仅需列出维护公共秩序这一点。

第二，GATS 通过脚注 5 限制了"公共秩序"，却没有限制"公共道德"。脚注 5 中诸如"根本利益""真正的及足够严重的威胁"等限定词表明"公共秩序"的范围似乎更窄，而援用难度相对来说更高。既然存在这种区别，那么在分析措施的正当性时就理应区别。

第三，"公共道德"和"公共秩序"共同包含"公共"这个定语，其强调保护的都是集体利益而非个人利益，③依各国对该两个概念的理解而言，难免会产生一些交集。譬如，防止未成年人赌博和病态赌博涉及公共道德，打击有组织犯罪事关公共秩序，而防止洗钱、欺诈则与公共道德以及公共秩序都相关。

---

① See Michael Park, "Note and Comment: Market Access and Exceptions under the GATS and Online Gambling Services", *Southwestern Journal of Law & Trade in the Americas*, Vol. 12, 2006, p. 510.

② See 书稿案号表 1, para. 6. 469.

③ Diebold 认为公共道德和公共秩序虽然都要求是保护"公众"的利益，但公共秩序的情况稍微有些不同，因为秩序相对而言对"合意"的依赖更少，即使不是损及大多数人的利益仍有可能符合"公众"的要求。例如，如果某一与 WTO 相矛盾的措施能确保一小部分居住在遥远地区的人达到必要性要求或者能保护一小部分潜在消费者免受无资格服务提供商的侵害，那么它就应该是正当的。因此，由专家组发展出来的"大多数人"的要求在公共秩序例外方面应该作广泛解释，特别是因为 GATS 第 14 条第 1 款的脚注 5 已经用更适当的方式对后者作出了限制。See Nicolas F. Diebold, "The Morals and Order Exception in WTO Law: Balancing the Toothless Tiger and the Undermining Mole", *Journal of International Economic Law*, Vol. 11, No. 1, 2008, pp. 61-62.

第三章

WTO "公共道德例外" 条款的适用

第一节　WTO "公共道德例外" 条款的适用条件
检测标准之变化

GATT "公共道德例外" 条款的结构是 "序言+公共道德例外"，序言部分规定 "不能在情形相同的国家间构成任意或不合理的歧视，或构成对国际贸易的变相限制"，该规定适用于第 20 条下所有的 10 款例外情况。其中第 (a) 款例外规定 "可以实施为保护公共道德所必需的措施"，属 "公共道德例外" 条款所独有。要正确援用 "公共道德例外" 条款，依该条款的规定必须符合以下三大条件：

其一，作为一种 "例外" 条款，该条款适用的前提条件是 WTO 成员方违背了其在 WTO 下的自由贸易承诺，违反了 WTO 的其他具体规则，此时才能援用 "公共道德例外" 条款作为抗辩事由。

其二，得符合公共道德例外子项中的 "必要性" 要件，即要证明是为保护公共道德 "所必需的"。

其三，满足序言中的 "非歧视" 要求。

DSB 在解决与 GATT 第 20 条相关的贸易争端过程中，逐步积累起了对 "必要性" 和 "非歧视性" 的一系列检测标准，并认为 GATT 第 20 条 (a) 款和 GATS 第 14 条 (a) 款基本类似，可以相互参照。由于 DSB 的裁决报告具有实质 "判例法" 的作用，所以，其审理的后续案件基本都会遵循先例。从 "美国博彩案" 到 "中国诉美国 '301 关税措施' 案"，无疑在案件裁决中也需满足 "必要性" 和 "非歧视" 的要求。在这些案件中，DSB 不但运用先例中确立的 "必要性" 和 "非歧视性" 原则的检测标准对争议措施进行了具体审查，而且还对该两大原则进行了一定程度的改变和发展。了解涉及"公共道德"贸易限制措施在满足援用条件时所呈现出来的一些特征，以及总结 DSB 在公共道德两案中这些新的"发展"，对于所有 WTO 成员方来说，无疑都具有重要意义。

一、适用前提之违反"本协定"扩展为违反"WTO 规则"

GATT "公共道德例外"条款作为 GATT 第 20 条一般例外之一，其中的"例外"一词就暗示了该条款是对 GATT 其他规则的一种悖反或者除外。因此，援用"公共道德例外"以免责的前提就是该种措施与GATT 其他条款的要求不符，对他国利益造成实质性损害。在"中美出版物市场准入案"中，美国主张中国的系列措施分别违反了《入世议定书》、GATT 和 GATS 的相关规定。起初，通过审核，DSB 认定中国实施的争议措施的确违反了《入世议定书》《工作组报告》、GATT 和 GATS 的相关规定。尔后，DSB 再进一步审查了中国的这些争议措施是否符合GATT 第 20 条之规定，以确定是否具有免责事由或者说是否符合例外规则。值得注意的是，依据 GATT 第 20 条序言之规定，GATT 第 20 条的适用范围是"本协定"，即 GATT 协定本身。然而，上诉机构已经在"中美出版物市场准入案"中做出了创造性的解释，将违反《入世议定书》和《工作组报告》的情况纳入 GATT 第 20 条的范围之内，从而将 GATT 第 20 条的适用范围扩展到了 GATT 之外。

此外，在该案中，美国一方面指控中国 2001 年《出版管理条例》和2001 年《音像制品管理条例》等法规在贸易权方面违背 GATT 义务；另一方面又指控相同的法规在分销服务方面违反 GATS 规定。然而，中国只是援用了 GATT 第 20 条（a）款，以主张措施的正当性。专家组和上诉机构都未能明确是否能够仅援用 GATT 第 20 条（a）款对违反 GATT和 GATS 的行为同时进行抗辩，还是需要援用 GATT 第 20 条（a）款和GATS 第 14 条（a）款分别对违反 GATT 和 GATS 的行为进行抗辩。虽然DSB 已在多个案件中声称"GATT 的法理同样可用于 GATS 中的类似条款的解释"，或"GATT 第 20 条和 GATS 第 14 条"在适用时可以互为参照，①但是否可以直接援用 GATT 第 20 条来为违反 GATT 和 GATS 的行为同

---

① 上诉机构在"欧共体香蕉案"及"中美出版物市场准入案"等争端解决中都表达了此观点。

时进行辩护,仍需要 DSB 的进一步明示,毕竟 GATS 有其自身的一般例外条款。但无论如何,GATT 第 20 条的适用范围至少已经成功扩展到了 GATT 之外的其他协议,所以在提及适用 GATT 第 20 条(a)款的前提条件时,只能表述为对 WTO(而不仅仅是 GATT)其他规则的违反。

另外,值得一提的是,如果成员方所违反的条款本身即带有免责条款的话,也不能援用 GATT 第 20 条。譬如,因缔约方粮食短缺而采取临时禁止出口禁令或限制违反了 GATT 第 11 条"普遍取消数量限制"的规定,但却可以根据 GATT 第 11 条第 2 款(a)项主张免责。因为该成员可以在 GATT 第 11 条第 2 款(a)项下证明其措施的正当性,因而不需要再援用第 20 条。换言之,GATT 第 20 条不能和其他例外条款同时重叠适用。

在符合了前提条件之后,DSB 接下来就会要审查争议措施是否满足"公共道德例外"条款和 GATT 第 20 条序言的条件,即"必要性"和"非歧视性"要求。一般而言,对这两个条件的审查有先后次序之分,而且不得颠倒。譬如,在"美国汽油案"中,上诉机构确定了对 GATT 第 20 条一般例外的分析顺序:先分析争议措施是否符合第 20 条(a)款的要求,若符合,再分析争议措施是否符合第 20 条序言之规定。但有趣的是,在"虾/海龟Ⅱ案"中,专家组同时又认为,这一分析顺序并非不能改变,因为先分析措施是否符合序言也同样能达到目的。于是,专家组采用了从上至下的方式来适用第 20 条,也即先审查美国争议措施是否符合第 20 条序言的要求,再适用其下各项具体内容。不过,这种颠倒顺序的审查方法最终被同案上诉机构所推翻。上诉机构认为:专家组没有遵循《公约》所确立的步骤,即《公约》要求的根据词语通常含义、上下文以及条约相关的目的与宗旨等顺序依次来对条约进行解释;然而,该案中专家组却忽视了依次从这三个方面来审视条款的解释问题。与此同时,上诉机构还认为,从第 20 条用语的通常意义来看,序言部分应属于对争议措施"实施方式"的一种限制。正如"美国汽油案"的上诉机构曾言明的,"第 20 条序言,依据其所表述用语,重点关注某一措施的适用方式,而不是聚焦于争议措施或相关具体内容"。而就第 20 条的上下文而言,上诉机构认为,各项例外规定均专注于对争议措施的"目的"的限制。最后,从 GATT 第 20 条目的和宗旨的角度可以探及第 20

条序言要求之目的在于"防止对第 20 条（一般例外）的滥用"。[1]

因而，上诉机构认为，应该维持"美国汽油案"中所阐明的适用 GATT 第 20 条的方式，即为使一项措施能够依第 20 条获得正当性保护，所争议措施必须不仅能够可归为第 20 条所列第（a）款至第（j）款等款项中一项或多项，其还必须满足第 20 条序言的要求。上诉机构强调此分析步骤的先后顺序并不是一种漫不经心或随意的选择，而是第 20 条基本结构与逻辑过程的必然要求。"虾/海龟 II 案"中的上诉机构所重新确立的这种对 GATT 第 20 条的分析顺序，自此之后再也没有受到过质疑。此后的 DSB 都延续了这种分析步骤。当然，DSB 对"公共道德例外"条款是否正确适用的审查也得遵循这样的审查模式，也就是双重审查的方式：

其一，论证措施能够通过第 20 条（a）款取得临时正当性；

其二，依据第 20 条序言对同项措施进行进一步的评价。

二、构成要件之"必要性"要求的检测由"极端严格"到"适度放松"

（一）"必要性"构成要件的形成

GATT 第 20 条（a）款要求，争议措施必须是为保护公共道德所"必需的"。除了第 20 条（a）款，第 20 条下的（b）款和（d）款都含有类似要求。这被统称为"必要性"要件。"美国博彩案"是 DSB 受理的第一个涉及"公共道德例外"条款的案件，且是第一个涉及 GATS 第 14 条（a）款的案件。该案专家组认为，可以参考 GATT 第 20 条的相关先例。就"必要性"要件而言，GATT 第 20 条第（b）款和第（d）款在 GATT 末期和 WTO 时期都得到了多次援用，并逐步确立了"必要性"要件的一系列检测标准。

GATT 时期，专家组对"必要性"做出经典阐释的案件当属"泰国香烟案"。在此案中，泰国政府禁止从国外进口香烟及烟草制品，但是却允许国内烟草的销售，同时对烟草征收一系列税费。1989 年美国以该项"进口限制"违反了 GATT 第 11 条第 1 款为由向 GATT 争端解决机构提出了申诉。泰国则援用 GATT 第 20 条（b）款予以抗辩。在审查泰国实

---

[1]　See Christoph T. Feddersen, "Focusing on Substantive Law in International Economic Relations: The Public Morals of GATT's Article XX (a) and 'Conventional' Rules of Interpretation", *Minnesota Journal of Global*, Vol. 7, 1998, pp. 91-93.

施的限制措施是否符合 "必要性" 要求时，专家组声称，争议措施要满足 "必要性" 条件，必须不存在可替代措施。即不存在可被泰国合理期待采取的、既能实现其健康政策目标，又与 GATT 相符或更少不一致的替代措施。专家组的这一观点被此后各案相继借鉴，逐渐形成了 GATT 时期对第 20 条 "必要性" 要件的统一审查标准，即争议措施要满足 "必要性" 要求，需 "不存在可合理获得的、既能实现其政策目标，又与 GATT 相符或更少不一致的替代措施"。这一标准通常被简称为 "最小程度的不一致"。

值得注意的是，虽然该审查标准中使用了 "可合理获得" 这一限定词，但该词在实践中所起的作用不大。"泰国香烟案" 专家组在对 "必要性" 要求进行阐释时，使用了 "可合理获得" 这一限定词，但并没有对其进行进一步的阐述，在争端解决实践中，专家组也不注重对这一点的考察。事实上，专家组似乎并不注重分析有关的替代措施是否 "可合理获得"，就倾向于做一个肯定的答复。例如，在 "金枪鱼/海豚案" 中，专家组就认为，为保护海豚的目的，建立一个国际组织是美国可以采用的、与 GATT 相符的替代措施，而没有考虑进行国际谈判所需要花费的时间与难度，亦没有讨论这种方法在保护海豚方面，是否会如进口禁令那般有效的问题。因此，在 GATT 时期，要判断一项措施是否符合 GATT 第 20 条中的 "必要性" 要件，关键在于该措施与 GATT 基本义务的相符程度。当成员方存在两个或两个以上的方案可供选择时，选择对贸易造成更多限制的方案就不是 "必需的"。[1] 由此可见，在此时期专家组强调的仍是 "贸易优先理论"，没有考虑到合理保护成员方非贸易价值的需要，设定的 "必要性" 要件过于严苛，因而受到了不少成员方的强烈反对。

进入 WTO 时期后，为了合理地平衡自由贸易与非贸易价值之间的关系，DSB 对 GATT 第 20 条 "必要性" 的解释呈逐渐放宽态势。"韩国牛肉案" 就是可被视为转折点的标志性案件。该案的有关结论被认为是第一个对 "必要性" 审查标准引入了一定宽松因素的 WTO 裁决。[2] 在该案

---

[1] 参见 [美] 约翰·H. 杰克逊：《GATT/WTO 法理与实践》，张玉卿等译，新华出版社 2002 年版，第 480 页。

[2] See 书稿案号表 16，paras. 161–164.

中，上诉机构提出了衡量"必要性"的权衡及平衡原则："必需"的含意并不限于"不可或缺"或"绝对需要"或"不可避免"。不可或缺、绝对需要或不可避免的措施当然能够满足第 20 条（d）款的要求，但其它措施同样能符合该例外条款的规定。我们认为，第 20 条（d）款的"必需"包括不同程度的"必需"。在这个不同程度的"必需"连续体的一端是"不可或缺"，而另一端则是"有所作用"。我们认为在本案中，"必需"的措施应偏重于"不可或缺"的一端而非"有所作用"的一端。①上诉机构还指出，决定某一措施是否为"必需"者时，应权衡及平衡一系列因素：

一是，争议措施所要保护的"利益或价值"的重要程度。对于越重要的利益或价值，为实现该价值目标的争议措施就越容易被认为是"必需的"；

二是，争议措施对于所保护目标得到实现的贡献度。一般来说，贡献度越高越容易被接受为"必需的"；

三是，争议措施对进口产品的限制作用。限制作用越低越容易被认为是"必需的"，包括是否存在一项合理可用的限制更小的替代措施。

（二）"美国博彩案"对"必要性"的认定

在"美国博彩案"中，专家组初步确认美国相关法律违反了其关于开放赌博服务业的承诺。于是，该案问题的核心转为：美国政府是否可以援引 GATS 第 14 条"一般例外"之（a）款中有关保护"公共道德"或"公共秩序"的规定②，以证明其采取禁止跨境提供赌博和博彩服务措施的合法性。

美国政府认为，禁止远程赌博是必要的。因为该服务可能会导致：有组织的犯罪、洗钱、欺诈以及针对消费者的其它罪行、公共健康问题（即病态赌博）、儿童和青少年（即未成年人）赌博等。概括起来，安提瓜所提供的远程赌博服务将"严重威胁到公共秩序的维持以及公共道德的保护。"但该案投诉国安提瓜对此提出质疑，它认为美国没有提出"安提瓜赌博业有组织犯罪的证据，也没有提出任何证据证明安提瓜将不

---

① 王贵国："服务贸易游戏规则是与非"，载《法学家》2005 年第 4 期。

② 事实上，在第一次书面意见中，美国从未提到要保护公共道德。仅在第一次口头辩论之后美国才提出了这一抗辩。

会协助美国进行犯罪调查和起诉"。此外，安提瓜解释其管理办法足以解决美国的担忧，而美国却已拒绝对该计划进行磋商。再者，安提瓜指出运用年龄核查以及其它技术来防止未成年人赌博"应该能放宽国际贸易中的限制而不是彻底禁止"。因此，安提瓜争辩说美国未能证明其措施根据 GATS 构成一项"必要的"例外。①

针对争端双方的意见，借鉴以往上诉机构适用 GATT 第 20 条一般例外的经验②，该案专家组认为：援引 GATS 第 14 条（a）款"公共道德"例外需满足两个条件：其一，争议措施必须意在保护"公共道德"或维护"公共秩序"；其二，争议措施应该是保护"公共道德"或维持"公共秩序"所"必需"（necessary）的。对于前项条件，专家组在综合考察了美国国内立法、其他国家的相关立法、欧洲法院的若干判例、乃至国际联盟经济委员会 1927 年关于道德的辩论等诸多因素后，专家组得出结论认为，从理论上说，对赌博的限制可以纳入公共道德例外的范围内。③而对于后一要求，专家组认为，应当依据以往案例所形成的"必要性"检测标准，从三个方面④进行评估。

基于此，专家组首先分析了争议措施（即美国《电信法》《旅游法》《禁止非法赌博交易法》）的法律文本、立法历史以及政府声明，认定这些措施旨在保护社会免受有组织犯罪、洗钱、欺诈、病态赌博及未成年人赌博等社会问题的威胁。继而肯定了美国有关措施所保护的利益和价值具有非常重要的社会意义，是"必不可少和至关重要"的⑤；接着，专家组承认美国相关措施通过禁止远程提供赌博和博彩服务，至少在一定程度上，对其所追求的目标会有所贡献。同时，美国争议措施对安提瓜贸易的限制性影响也是显而易见的。那么，余下最关键的检测因素便是：美国是否寻求并穷尽了合理可得的限制更小的替代措施。具体而言，由于美国对于跨境提供在线赌博和博彩服务做出了具体的市场准入承诺，

---

① See 书稿案号表 1，paras. 3. 288-3. 291.

② See 书稿案号表 12，p. 22；书稿案号表 14，paras. 115-119；书稿案号表 16，para. 156.

③ See 书稿案号表 1，paras. 3. 472-3. 474.

④ 即上文所述及的包括（1）争议措施所要保护的"利益或价值"的重要性程度；（2）争议措施对于所保护目标的贡献度；（3）争议措施对国际贸易产生的消极影响，即该措施对进口产品的限制作用。包括是否存在一项合理可用的限制更小的替代措施。

⑤ See 书稿案号表 1，para. 6. 492.

因而它在禁止安提瓜提供有关服务之前和之后，无论如何都有义务考虑是否存在其他与 WTO 法相符且对国际贸易限制更小的替代措施，包括安提瓜可能提出的此类替代措施；专家组认为美国与安提瓜之间存在的一项双边法律协助条约，为双方进行磋商创造了契机。然而，美国却拒绝了安提瓜提出的进行双边或多边磋商及谈判的邀请，为此，美国并没有基于善意原则采取本可以采取的行为，最终也未能找到一项合理可替代的措施。①最终，专家组裁定，尽管争议措施意在 "保护公共道德" 或 "维持公共秩序"，但其未能通过 GATS 第 14 条（a）款下的 "必要性" 检测，因而美国不能援用该条款来证明争议措施的正当性。②

对专家组的此项裁定，2005 年 1 月，美国和安提瓜分别提起了上诉。2005 年 4 月 7 日，WTO 上诉机构就上诉双方提出的主要问题作出了裁决报告。

美国在上诉中辩称：专家组错误的检测了一项它曾经考虑过的替代措施，且专家组在进行 "必要性" 检测时，对美国附加了一项程序性要求——即要求美国在采取保护其 "公共道德" 或 "公共秩序" 的措施前必须与安提瓜进行磋商和谈判。美国认为，第 14 条（a）款下所要求的 "必需性" 是一项措施本身的固有属性，且 "必需性" 不能由成员方之间进行的对替代措施的协商而决定。上诉机构支持了美国的观点，部分否定了专家组对 "必要性" 的分析，裁定 "与安提瓜进行磋商和谈判并非专家组所应考虑的合理的可替代措施"，原因在于协商的结果具有不确定性，更多体现的是过程性的作用，因此不能作为一项替代措施。③

安提瓜在上诉中指称：专家组只考虑了其明确提出的替代措施，而没有考虑其他替代措施，从而引发了关于替代措施举证责任问题的讨论。根据 WTO 先前判例④中业已确立的举证责任规则，被投诉方在援引一项例外规定进行 "肯定性抗辩"（affirmative defense）时，有义务证明其所采取的违反 WTO 规定的措施符合所援引之抗辩的要求。在 GATS 第 14 条（a）款下，这意味着被投诉方必须证明其措施是实现保护 "公共道德" 或 "公共秩序" 这一目标所 "必需的"。然而，该案的上诉机构认

---

① See 书稿案号表 1，paras. 6. 529-6. 531.
② See 书稿案号表 1，paras. 6. 488-6. 535.
③ See 书稿案号表 2，para. 317.
④ See 书稿案号表 12，pp. 22-23；书稿案号表 23，pp. 15-16；书稿案号表 24，para. 133.

为，被投诉方并无义务也不可能证明"不存在与 WTO 规则相符的合理可得的替代措施"。总之，被投诉方仅需对其措施的"必要性"提供表面证据，使得专家组能在特定案件中根据需要权衡的各种因素对争议措施加以评估。是否存在"与 WTO 规则相符的限制更小的替代措施"应由投诉方提出，如果投诉方一旦提出相关替代措施后，被投诉方则应证明基于其所追求的利益或价值以及所希望达到的保护水平，所提出的替代措施事实上并非"合理可得"。如此，被投诉的措施仍然是 GATS 第 14 条（a）款下的"必需"的措施。①上诉机构认为，美国作为被投诉方已经就争议措施的"必要性"提供了表面证据，是否存在一项"与 WTO 相符的合理可得的替代措施"则需要由投诉方即安提瓜来举证；由于安提瓜没有做到此点，就必须认可美国关于其措施是保护"公共道德"或维持"公共秩序"所"必需"的表面证据。

综上可知，上诉机构推翻了专家组的这一结论：某项措施若要符合 GATS 第 14 条（a）款的"必要性"要求，被投诉方在实施该项措施前，必须先"穷尽"所有合理可得的且与 WTO 相符的替代措施。此外，上诉机构还特别强调：与安提瓜举行磋商和谈判并意图达成一项解决方案，并不是专家组应当考虑的适当替代措施，因为磋商本身是一个结果不确定的过程，因而不能与本案所涉的措施相提并论。

（三）"中美出版物市场准入案"对"必要性"的审查

"中美出版物市场准入案"既是第一个涉及 GATT "公共道德例外"条款的案件，也是中国第一次援用"公共道德例外"条款主张免责的案件。无论是对于中国还是 WTO 其他成员来说，该案都意义重大。该案中，中美双方均认同出版物、音像制品等文化产品与公共道德密切相关，对文化产品的内容审查，以及禁止含有一定内容的文化产品进口本身是符合 WTO 规则的。双方争议的焦点在于：限制贸易权是否为保护公共道德所"必需"的措施。对于"必要性"要件的认定，"中美出版物市场准入案"专家组与"美国博彩案"专家组观点一致，即对"必需"一词的解释和适用须考虑以下几个方面的因素：

1. 涉诉争议措施所保护价值的重要性

在"中美出版物市场准入案"中，中国认为文化产品具有独特性，

---

① See 书稿案号表 2，paras. 309-311.

对社会和个体的道德观具有重要的影响力。而进口的文化产品因为承载着各种不同的文化价值，可能有异于中国所确立的是非对错判断标准，从而损害了中国的公共道德。为此，中国建立了一个有效且高效的内容审查机制，以禁止进口其内容会对公共道德产生负面影响的文化产品。审查的内容覆盖了从暴力、色情到其他重要价值的广泛领域。因而，中国主张其审查机制中的各项法律法规旨在保护公共道德，尽管会对贸易权有所限制，但机制本身是符合中国《入世议定书》第 5.1 段以及GATT 第 20 条（a）款规定的。①对此，美国没有提出质疑，专家组仅通过中国的主张即认定公共道德对于中国来说具有非常重要的价值。此外，专家组还进一步声明：保护公共道德具有高度的价值或利益重要性，WTO 成员方皆有权决定各自适当的保护水平，专家组应该尊重中国对其领域内公共道德的高保护水平。在专家组看来，将 "公共道德" 放在GATT 第 20 条 10 款例外之首并非巧合。保护公共道德无疑是成员方用公共政策所保护的最重要的价值或利益。②

由此可见，公共道德的具体内涵和保护要求呈多样化。然而，无论是确定公共道德的具体内涵，还是公共道德的保护水平，WTO 成员方都拥有较大的自由权。

2. 涉诉争议措施对公共道德保护的贡献度

相较于 "美国博彩案" 而言，"中美出版物市场准入案" 对争议措施贡献度的分析要详尽得多。为了考察中国限制文化产品贸易权的相关规定在多大程度上有助于保护公共道德。专家组将中国的涉诉争议措施分为标准（criteria）规定、自由裁量权（discretion）规定和排除性规定三类。

（1）标准规定

标准规定主要指 2001 年《出版管理条例》第 42 条，规定了出版物进口商的资格条件：一是，具有 "与出版物进口业务相适应的组织机构和符合国家规定的资格条件的专业人员"（合适的组织和合格的人员）；二是，符合 "国家关于出版物进口经营单位总量、结构、布局的规划"（国家计划）。在该案中，中国指出，对进口出版物进行内容审查是中国

---

① See 书稿案号表 3，paras. 7. 712-7. 714.

② See 书稿案号表 3，paras. 7. 815-7. 818.

的一项公共政策职能，其目的是为了禁止含有"有损公共道德"内容产品进口。而合适的组织和合格的人员是保障内容审查得以迅速有效完成的必要条件，国家计划则在限制进口经营单位数量的同时保证了合理的内部结构和广泛的布局，二者都是减少进口延误和不必要成本所必需的，特别是对报纸等每天出版的出版物。①专家组表示，赞成将内容审查视为一项公共政策职能；也同意为了确保这一目标的实现，中国政府在将内容审查的责任赋予相关产品的进口商之前，需要确保进口商具备相应的内容审查能力。专家组在对"合适的组织和合格的人员"及"国家计划"这两个条件所包含的各项要素进行分析后，确定其有助于最大程度地避免审查错误和潜在的利益冲突。考虑到上述两个条件没有先验地排除特定种类企业的进口经营权，又能便利进口和提高进口效率，专家组认定标准规定对保护公共道德有实质"贡献"。②然而，在上诉审阶段，由于中国方面没有提供"国家计划"要求对保护公共道德有实质贡献的有效证据和论证，最终，专家组作出的关于"国家计划"要求对公共道德保护具有实质性贡献的结论被上诉机构推翻了。

（2）自由裁量权规定

自由裁量权规定体现于 2001 年《出版管理条例》第 41 条③、2002年《音像制品进口管理办法》第 8 条④，以及 2001 年《音像制品管理条例》第 27 条⑤，在上述规定中，中国对报纸、期刊、音像制品进口经营单位实行指定制。中国强调，实行指定制是为了更高效地对报纸和期刊等出版物进行内容审查，以避免不必要的迟延。相较于图书和电子出版物而言，对报纸和期刊的内容审查需要更高素质的人员和更严密的组织以保证更高的效率，对音像制品成品内容审查则需要更多的技术和设备

---

① 参见刘瑛："GATT 第 20 条（a）项公共道德例外条款之研究——以'中美出版物和视听产品案'为视角"，载《法商研究》2010 年第 4 期。

② See 书稿案号表 3，paras. 7.822~7.825.

③ 2001 年《出版管理条例》第 41 条：出版物进口业务，由依照本条例设立的出版物进口经营单位经营；……未经批准，任何单位和个人不得从事出版物进口业务；……。

④ 2002 年《音像制品进口管理办法》第 8 条：音像制品成品进口业务由文化部指定的音像制品经营单位经营；未经文化部指定，任何单位或者个人不得从事音像制品成品进口业务。

⑤ 2001 年《音像制品管理条例》第 27 条：音像制品成品进口业务由国务院文化行政部门指定音像制品成品进口经营单位经营；未经指定，任何单位或者个人不得经营音像制品成品进口业务。

支持，因而不宜采用类似于"图书和电子出版物"的批准制。但是专家组并不认同这种高效性与保护中国的公共道德有直接关系①。在将批准制和指定制进行对比之下，专家组发现两者对于进口经营单位的挑选标准基本无异。因此，相较于批准制而言，专家组认为指定制并未对"公共道德"的保护产生独立的"贡献"。②

（3）排除性规定

排除性规定，包括2001年《出版管理条例》第42条第1款第2项、2004年《中外合作音像制品分销企业管理办法》第21条、2002年《指导外商投资方向规定》第3条和第4条、2005年《关于文化领域引进外资的若干意见》第4条，以及2004年《外商投资产业指导目录》第8.2条和第8.3条。中国要求出版物进口经营单位必须是国有独资企业并有符合国务院出版行政管理部门认定的主办单位及其主管机关。中国主张的理由为：由出版物进口经营单位进行内容审查成本很高，中国不能要求私有企业承担如此高昂的成本。同时，也只有国有独资企业能满足中国法律③所规定的技术和组织要求。对于中国的解释，专家组不予认同。专家组认为，从中国提交的证据中可以估算出：享有出版物进口经营权的企业，其进行内容审查的成本较之于进口盈利是微不足道的，④且中国私有企业和国有独资企业都是营利性企业，亦皆需承担出于公共政策原因的其他管理成本⑤。因此，没有理由认为私有企业会因为内容审查的成本高昂而放弃更高额的进口利润，也没有证据显示国有独资企业会比私有企业更认真地对待内容审查。此外，私有企业可以依照中国法律规定，通过聘请适格人员和引进组织化专有技术等方式来满足法定条件。于是，专家组最终认定，中国提交的证据和论证不足以说明排除性规定对公共道德的保护有实质"贡献"。中国认为专家组过分倚重于成本分析，而忽略了内容审查的公共政策职能性质，提起了上诉。然而，上诉

① 专家组认为，即便指定制对于保护公共道德能够产生影响，这种影响也只是间接的。
② See 书稿案号表3，para. 7. 842.
③ 譬如《出版管理条例》第42条的要求。
④ 从中国提交的证据来看，专家组只能估算中国图书进出口总公司2006年因内容审查而增加的成本约合400万元人民币，但2006年中国图书进出口总公司进口总值却达到了1. 27亿美元。
⑤ 譬如，环境保护、消防安全等。

机构认为专家组虽然侧重于分析成本要素，却并未忽略公共政策部分，之所以会有所偏重是受制于中国提交的有限证据这一事实。最终，上诉机构维持了专家组的裁决。

3. 涉诉争议措施对贸易的限制性影响

在"中美出版物市场准入案"中，关于涉诉争议措施对贸易的限制性影响问题亦是双方争议的焦点。专家组也同样区分三类不同的措施分别进行了分析。

（1）标准规定

中国主张，要求出版物进口经营单位具备"合适的组织结构和合格的人员"，才能保证进口经营单位能够高效地进行内容审查，以避免不必要的迟延，其对贸易不会产生消极的影响。而关于"国家计划"要求可以防止入关时拥堵和远距离运输所导致的不必要迟延，并不会对进口产生限制性影响。专家组经过分析后，对中国的上述主张表示认同，认定标准规定不会对贸易产生限制性影响，在没有合理可得的替代措施的情况下，标准规定符合 GATT 第 20 条（a）款的"必要性"要求。[1]

（2）自由裁量权规定

专家组认为，自由裁量权规定所适用的指定制，欠缺必要的制度性申请程序，使企业不能自主地申请参与出版物的进口活动，显然限制了某些外资和私有企业的贸易权利。由于自由裁量权规定本身并没有对公共道德的保护产生独立的"贡献"，且对进口贸易权又存在较严重的限制性影响，遂专家组做出结论：自由裁量权规定并非为保护中国的公共道德所"必需"。[2]

（3）排除性规定

中国认为，虽然法律将出版物进口经营单位设定为国有独资企业，但 2002 年至 2006 年间中国的报纸和出版物进口数量呈增长趋势，足以证明该项规定并没有对贸易产生限制性影响。然而，在专家组看来，这种增长并不表明该项要求没有对贸易产生限制性影响。基于此，专家组认为，"国有独资企业"要求对保护中国道德没有实质"贡献"，且明显限制了进口经营单位的贸易权，因而排除性规定也不是保护公共道德所

---

① See 书稿案号表 3，paras. 7. 826–7. 828.

② See 书稿案号表 3，paras. 7. 838–7. 849.

"必需"的。

4. 是否存在合理可得的替代措施

虽然中方的论证并没有被整体接受，但专家组仍然认可了争议措施所构成的内容审查制度与保护公共道德的足够联系。而根据 WTO 的判例实践来看，在适用 GATT 第 20 条时，即使一方已经证明了争议措施的"必要性"，另一方也可继续提出"合理可得的替代措施"来进行反驳。对此，专家组需要通过比较争议措施与可能的替代措施来判断争议措施是否为保护"公共道德"所"必需"，一项有效的替代措施必须对所追求目标有同等的"贡献度"且对贸易的限制影响更小，此外，还必须"合理可得"。①

依据"美国博彩案"中所确立的举证原则，美国提出了若干符合 WTO 规定的替代措施。譬如，仿效中国对国内生产商所使用的"内部"内容审查机制；由外资或私有企业自己培训、雇佣内容审查专家来进行进口产品的内容审查；由中国政府对外资或私有企业进口的产品进行内容审查；或者由中国的外资和私有进口商雇佣具有审查资质的中国国内企业来进行内容审查等。美国指出所有上述方法在保护公共道德的同时，又不会限制贸易权。②

在美国提出若干替代措施的建议中，专家组选取了美国提出的由中国政府进行内容审查的提议来做比较。专家组首先考虑了美国提议对实现中国所追求目标的贡献。专家组认为，中国政府通过对所有进口出版物的审查，可以全面有效地控制"有违公共道德"的产品进入国内市场，显然有助于实现中国所追求的保护公共道德的目标。因而，专家组认定该提议对实现中国保护公共道德的目标有所"贡献"。继而，专家组又考虑了美国这一提议对贸易的限制性影响。中国认为，由于进口至中国的阅读材料数量庞大，报纸和期刊对时间的要求紧迫，以及中国入境海关的数量众多，若让政府独立承担内容审查责任，则会严重影响内容审查的效率和贸易的顺畅度。对此，专家组不予认同。专家组认为，中国政府可以在靠近关口处的海关区域设置办公室，并配备合格的审查人员，以匹配当前进口商的地理覆盖；对报纸等时间敏感程度强的出版

① See 书稿案号表 3，para. 7. 869.

② See 书稿案号表 3，paras. 7. 872-7. 875.

物，则可以预先向中国政府提交电子版进行审查。专家组表示，美国的建议在确保内容审查的同时又不会限制进口权，是真正的替代措施。

关于美国的提议"是否合理可用"，专家组分析认为，根据2001年《出版管理条例》第44条规定，中国政府可以自行对图书、报纸和期刊的内容进行审查，抑或根据出版物进口经营单位的要求开展审查，且中国政府目前对电子出版物、视听产品和电影仍保有最终的内容审查权。此外，对国有独资企业进行的内容审查活动，中国政府也给予了财政支持。虽然执行美国的建议需要政府部门对人员、机构等进行资源重组，但鉴于原有体制下政府也需要向国有独资企业提供财政资助，且政府可以依据相关法律对企业征收审查费用，①故执行美国建议不会导致成本不合理地提高。由于中国没能提供有效证据来说明执行美国提议会造成成本不合理地增加，因而，专家组认定美国提出的由中国政府进行内容审查的替代措施是"合理可用"的。中国针对专家组的这一结论提出了上诉，中国辩称：美国所提议的替代措施要求中国进行大量的人员、机构重组及技术升级，如此将造成内容审查成本不合理地增加；由政府进行的单一审查制无法实现目前由政府和企业进行双重审查的优势。然而，由于中国没能提供充分证据证明上述主张，上诉机构最终维持了专家组的结论，裁定中国的争议措施不符合 GATT 第20条的"必要性"要求。②

（四）"中国诉美国'301关税措施'案"对"必要性"的分析

专家组于2020年9月15日对"中国诉美国'301关税措施'案"作出裁决，认定美国对中国某些产品的加征关税行为违背了 WTO 义务，并驳回美国根据 GATT 第20条（a）款进行公共道德例外的抗辩，其认为尽管各国在定义"公共道德"内涵方面受到了实质性尊重，但是美国未能证明实施关税措施是实现公共道德目标所"必需的"。③尽管 WTO 上诉机制于2019年底彻底停摆，美国仍于2020年10月26日提起了上诉。虽然专家组的裁决因上诉机制的停摆无法执行，但这是美国援引"公共道德例外"条款进行抗辩的最新案例，本案的象征意义大于实质

---

① 《出版管理条例》第44条第2款已经授权适格政府部门就内容审查按照价格主管部门批准的标准收取费用。

② See 书稿案号表4，paras. 336–337.

③ See 书稿案号表17，para. 7.238.

意义。

　　针对美国的"301 调查报告"确定对中国产品加征关税措施，美方认为中国政府的行为、政策，乃至某些做法违反了美国法律，包括"禁止盗窃、勒索、网络盗窃、网络黑客、经济间谍和盗用商业机密行为，反竞争行为"，已经威胁到美国的政治和社会制度。美方辩称，禁止不公平贸易行为的立法是基于"国家是非观念"所作出的，中国的行为、政策和做法正是违反了这些观念。对于美国所提出的论点，本案专家组再次阐明了援引"公共道德例外"条款的三个步骤，一是认定所主张的政策措施是否属于公共道德目标，二是该措施是否以保护公共道德为目标，三是该措施对于保护公共道德是否"必要"。①专家组同样引用"美国博彩案"中对"公共道德"的定义，认为美国所描述的"是非标准"至少从概念层面上可以为 GATT 第 20 条（a）款中的"公共道德"一词所涵盖，而这些措施的设计是否为保护"公共道德"目标，专家组的态度则模棱两可，但是专家组明确拒绝接受美国的"必要性"要求立场。②专家组采取了整体方法来确定本案的争议措施是否为保护公共道德所"必需的"。依照该方法，专家组对 GATT 第 20 条（a）款各要素的解释以及条款对涉诉争议事实的适用进行总体评估，在做出完整分析之前，没有得出任何中间结论。③专家组在确定"必要性"时主要考虑了三个因素，一是涉诉争议措施所保护价值的重要性，二是涉诉争议措施对公共道德保护的贡献度，三是涉诉争议措施对贸易所产生的限制性影响。专家组承认美国采取的关税措施对保护公共道德目标的重要性，但考虑到美国对中国产品征收额外税的广泛性，其认为这些关税措施对国际贸易产生了重大影响。而关于贡献度因素，专家组表示，"当追求的目标与涉诉争议措施之间存在真正的目的和手段关系时，贡献就存在"④。美国宣称，关税措施因造成了额外的成本，将削弱中国继续这些行为的动机，同时该措施等于向美国公民传达了"中国的行为不被市场所接受"的信号，因此也会减少美国参与者从事类似行为的动机，对保护公共道德目标具有

---

① See 书稿案号表 17，para. 7. 115.
② See 书稿案号表 17，paras. 7. 154~7. 235.
③ 参见杨博："WTO 关于我国诉美 301 关税措施案裁决的启示及影响"，载《中国物价》2021 年第 3 期。
④ See 书稿案号表 17，para. 7. 175.

实质性贡献。

根据"谁主张，谁举证"的一般原则，举证责任应由提出肯定诉求或者抗辩的一方承担，也就是说美国应当证明其采取的关税措施是为实现与保护公共道德所"必需"的。专家组认为美国必须要表明其征收额外关税的措施是如何倾向于对公共道德做出贡献。因此专家组主要对美国采取的两项措施对其所追求的公共道德目标做出的贡献进行分析。①美国在301调查报告中强调了加征关税的产品与中国的行动之间存在"明确而直接的关系"，专家组审查了美国发布的加征关税涵盖产品的清单，但发现所列清单本身和301调查报告都不支持美国提出的实质性贡献结论。②首先，关于对清单一的产品征收的附加关税，专家组认为美国没有充分解释301调查报告中所表明的对中国产品加征关税的措施与公共道德目标之间真正的关系，也没有证据能够表明这些产品是违背了美国价值观，更无法证明美方对其挑选的这些产品加征额外关税是如何对公共道德目标做出贡献的。③尽管美国辩称加征关税措施增加了中国改变其做法的经济压力，但专家组观察到清单一上涵盖的产品已经超出了301调查报告的范围。④尔后美国在清单二中对涵盖产品进行削减，而专家组认为这样的削减行为并不是建立在对美国公共道德目标潜在危害的评估上，只是在预估了破坏美国经济风险和损害美国经济的产品进口价值后做出的结论。同时也反映出美国未能充分证明对清单一产品加征关税措施与公共道德目标之间存在目的和手段上的关系。此外，美国也无力说明为什么清单二中排除了清单一中被认定为受益于中国行为和政策的产品，同时也无法证明这种排除行为不会造成对美国公共道德目标的损害。总而言之，美国也没能解释清楚对清单二中的产品加征关税与美国公共道德目标之间的关系。此外，由于本案中美国并未在加征额外关税之前对比其他可行性措施，中国也没有建议其他任何替代性措施。且美方未能充分说明加征关税措施对公共道德目标的实质性贡献，因此专家组认为

---

① See 书稿案号表17，paras. 7. 186—7. 192.

② See 书稿案号表17，para. 7. 227.

③ See 书稿案号表17，para. 7. 217.

④ 参见陈敏："中国诉美国'301关税措施'案的争议点及分析"，载《对外经贸实务》2021年第5期。

并无必要对可替代性措施进行比较。①

　　综上，专家组结论中的关键之处还是在于美国未能说明对清单一和清单二中所列产品加征关税措施是否为保护 "公共道德" 目标所 "必需的" 以及如何有助于促进 "公共道德目标" 的实现。对此专家组不认为美国的加征关税措施符合 GATT 第 20 条（a）款下 "暂时且合理" 关税措施的界定。专家组还建议美国使用一种程序来排除最初包含在清单一中的其声称对这些措施加征关税有助于实现公共道德目标的特定产品。②专家组最后裁定美国的加征关税措施不符合 GATT 第 20 条的（a）款的 "公共道德例外"，并建议美国恢复履行其义务。而美国贸易代表 Robert Lighthizer 则批评了专家组裁决，称这份专家组报告证实了特朗普政府四年来一直在说的话，WTO 完全不足以阻止中国的有害技术实践。③相比之下，中国外交部发言人王文斌则称赞 WTO，指出 "中方始终坚定支持和维护以 WTO 为核心的多边贸易体制，尊重 WTO 的规则和裁决"，并补充说中方 "希望美方充分尊重 WTO 专家组的裁决"④。本案专家组裁决在认定美国所采取的加征关税不符合 "公共道德例外" 条款的同时，也在某种程度上默许了中方为维护自身经济利益可以基于国际习惯法采取合理的对等加征关税措施，本案正是体现了中国运用法律武器维护自身合法权利以及捍卫多边主义的做法，对于如何深入理解并运用 WTO "公共道德例外" 条款具有借鉴意义。尽管本案专家组的裁决因美国的上诉和上诉机构停摆的事实将可能被无限期搁置，但从长远来看，中国作为负责任的大国还必须继续努力推进上诉机构改革并尽快恢复 DSB 功能，保持贸易争端解决机制的严肃性和统一性，同时还应更加熟练地探求国际法解决手段来尽善尽美地维护国家合法权益。

---

① See 书稿案号表 17，para. 7. 212.

② See 书稿案号表 17，paras. 8. 1~8. 2，8. 4.

③ See Office of the U. S. Trade Rep. Press Release, WTO Report on US Action Against China Shows Necessity for Reform（Sept. 15, 2020），available at https://ustr. gov/about-us/policy-offices/press-office/press-releases/2020/september/wto-report-us-action-against-china-shows-necessity-reform［https://perma. cc/WM3L-4JM4］, Last Visited on Jul. 8, 2022.

④ See Ministry of Foreign Affairs of the People's Republic of China Press Release, Foreign Ministry Spokesperson Wang Wenbin's Remarks, Press Conference（Sept. 17, 2020），available at https://www. fmprc. gov. cn/mfa_ eng/xwfw_ 665 399/s251 0_ 665401/t1815499. shtml, available at https://perma. cc/N2WH-S8XZ, Last Visited on Jun. 6, 2022.

（五）DSB 对"必要性"要件的发展

由上不难发现，对"必需"一词的考察是决定能否成功援引"公共道德例外"条款的关键，是各方争议的焦点，亦是专家组、上诉机构分析的重点。出于对贸易自由化的尊重，DSB 对一般例外条款"必要性"的检测历来是持谨慎态度的。随着 DSB 对一般例外条款中"必要性"检测要件的不断量化和细化，同时也基于对平衡自由贸易与公共政策管理目标之间关系的考虑，发展到对"公共道德例外"条款进行"必要性"检测的时期，DSB 的态度已由过去的"极端严格"逐渐转变为"适度放松"。

1. "磋商和谈判"不是必要性检验中的替代措施

在"美国博彩案"中，尽管美国涉诉争议措施满足了"公共道德例外"条款"必要性"检验中的其他要求，但美国并未同意安提瓜的"磋商和谈判"邀请，为此专家组裁定认为美国在实施贸易限制措施之前没有探寻与 WTO 相符的、合理可用的替代措施，无法满足"必要性"要求。上诉机构对此提出了质疑，其认为"磋商和谈判"只是一种过程，其结果具有不确定性。GATS 第 14 条（a）款中的要求（措施应该是"必需的"）表明"必要性是措施本身的一种特性"，而不能在确定"必要性"时仅参考成员方谈判替代措施所作出的努力。因而，专家组不应当将"磋商和谈判"视为一种适当的替代措施，将其与涉诉争议措施相比较。最终，上诉机构推翻了专家组的裁定，转而裁决美国的限制措施满足了 GATS 第 14 条（a）款的"必要性"要求。①

上诉机构的这一裁决，不再将"磋商与谈判"视作被投诉方实施限制措施的一个前置程序，否定了其作为替代措施存在的"合理性"，为被投诉方争议措施顺利通过"必要性"检测减少了一个障碍。这对 WTO 成员方正当援引"公共道德例外"条款是有益的。

2. "必要性"检验中由投诉方承担替代措施的举证责任

在对"必要性"检测要件做出关键阐述的"韩国牛肉案"中，上诉机构裁定，韩国需承担其在 GATT 第 20 条（d）款下的有关"必要性"的举证责任，包括证明不能"合理获得"与 WTO 一致或"更小不一致"的替代措施，由于韩国无法提供此项证据，因此其实施的双重零售体制

---

① See 书稿案号表 2，paras. 317-318.

违反了 WTO 规则，且不能根据 GATT 第 20 条（d）款获得正当性。①该案的上诉机构倾向于将证明是否存在替代措施这一任务交予被投诉方。然而，这一观点在"美国博彩案"中得以改变。依据"美国博彩案"专家组和上诉机构的裁决报告，可分析出：

首先，专家组没有义务指明替代措施。"美国博彩案"中，安提瓜质疑专家组对"替代措施"的分析，认为专家组不应该仅仅审查安提瓜指明的那些措施。对此，上诉机构明确表示，对于安提瓜没有提出的替代措施，不能要求专家组主动地去探寻并加以分析。②这意味着，专家组仅会分析、评估和判断争端双方所提交的事实和请求，而不用承担探寻替代措施的义务，更不用承担任何的举证责任。

其次，被投诉方无需承担替代措施的证明义务。"美国博彩案"中，上诉机构认为，要求被投诉方提供所有与 WTO 规则一致或较少不一致的替代措施，并证明该替代措施并非"合理可用"的做法是不切实际的，会给被投诉方造成不可能的负担。③因此，被投诉方无需承担替代措施的举证责任。

最后，投诉方有义务探寻并指明替代措施。"美国博彩案"上诉机构明确指出，应由投诉方探寻并提出可能的替代措施，并因安提瓜未能履行该举证责任而宣布美国涉诉争议措施符合"必要性"要求。"中美出版物市场准入案"和"中国诉美国'301 关税措施'案"的专家组和上诉机构亦沿用了这一举证方法，将替代措施的举证责任由"被投诉方"转移到"投诉方"，这样的设置更为科学。因为我们有充分的理由相信，作为"受害者"的投诉方，会比"被投诉方"有更充足的动力，且更积极地去探寻与 WTO 规则一致的替代措施。"美国博彩案"中安提瓜在替代措施举证环节上的失利，主要是源于先前判例对举证责任的一种"错置"，及其本身在举证技巧上的疏漏。安提瓜的失利并不能否定替代措施举证责任重置后的科学性与合理性。应该说，"必要性"检测要件举证责任的发展对于平衡自由贸易与公共政策（包括公共道德）之间的关系是有益的。

---

① See 书稿案号表 16，para. 182.

② See 书稿案号表 2，paras. 319-320.

③ See 书稿案号表 2，para. 309.

3. "必要性"检验无需遵循"实质性贡献"门槛标准

在"巴西翻新轮胎案"中，上诉机构表示一项争议措施所需的贡献程度取决于该措施的贸易限制，措施越严格，其要证明的贡献程度也就越高。并认为专家组应当对争议措施所声称的"实质性贡献"进行评估。那么在贡献分析中是否存在一个预先确定的门槛，即在哪些情况下的贡献必须是"实质性的"？该争议进一步发展到"欧盟海豹产品案"中，在 GATT 第 20 条（a）款解释涉诉争议措施的贡献时，究竟是否存在"实质性贡献"门槛限制？

加拿大和挪威在本案中均认为存在"实质性贡献"门槛，而欧盟对此持反对观点。理由在于，首先欧盟认为加拿大和挪威实际上已经误解了"巴西翻新轮胎案"中的上诉机构报告，因为上诉机构在报告中称，一项措施即使不具有实质性贡献，也有可能被认为是"必需的"。①其次，根据加拿大和挪威的解释方法来看，存在"实质性贡献"门槛的结论不正与"美国 COOL 案"中上诉机构对 COOL 措施有必要满足某些最低程度的要求做法的批评产生矛盾了吗？②专家组认为，鉴于贸易限制性的程度，争议措施对目标做出的贡献应当至少具备实质性；如果一项措施对贸易产生的限制性影响已经与一项禁令产生的影响不相上下，在这种情形下专家组也难以认定这项措施是必要的，除非被诉方能够证明该措施做出了实质性贡献；最后要使一项措施达到"必要性"要求，其做出的贡献程度必须达到某一特定标准，比如实质性的。③上诉机构在本案中对此进行了重要澄清，明确在对贡献度进行分析时不应当预先确定"实质性贡献"程度的门槛，即使涉案争议措施是具有高度贸易限制性的。"必要性"检验的权衡与平衡过程就已经证明了该观点，原因就在于对涉案争议措施的贡献度分析仅仅只是"必要性"检验中的一个组成部分，除了贡献程度外还要考虑其它因素进行"必要性"检验，而这一切更多的是取决于双方提交证据的性质和数量，以及专家组采用定量或定性的方式进行分析。④这种具有灵活性的检验方式并不允许预先对特定要求设置相应的门槛限制，换句话说要求"必要性"检验中的贡献度具有

① See 书稿案号表 6，para. 5. 208.
② See 书稿案号表 6，para. 5. 208.
③ See 书稿案号表 6，paras. 7. 635~7. 636.
④ See 书稿案号表 5，paras. 5. 210~5. 216.

"实质性" 根本没有必要。所以上诉机构专家组依靠 "实质性" 贡献标准所做出的分析并不正确，并推翻了该分析。但是上诉机构对专家组对涉诉争议措施贡献程度的审查方式还是给予了认可，专家组能够依据欧盟海豹产品贸易制度的设计和预期运作进行定性分析是具有借鉴意义的。由此可以看出，"实质性贡献门槛" 并不是 "必要性" 检验中所必须遵循的标准，更多的还应当依据现有提交的证据进行详细的定量或定性分析贡献度。

三、对 "序言" 之 "非歧视" 要求的检测标准逐步清晰

（一）设置 "序言" 之目的

据 Jackson 教授考证，为了防止一般例外措施被滥用和误用，英国在 1945 年起草 GATT 一般例外条款时，率先倡议在条款中加入 "序言" 部分。①GATT 第 20 条作为一般例外，允许各成员方为保护国内的公共政策目标而暂时背离其所承担的贸易自由化责任。然而，这种背离显然不应以侵害其他成员方在 GATT 规则下享有的法律权利为代价。这就意味着，在 GATT 第 20 条下，援用方和其他成员方的利益需要实现平衡。这种微妙的平衡是脆弱的，需要相关的规定来设立限制，以保障该条款不被滥用或错误使用，于是，GATT 第 20 条的 "序言" 就应运而生了。②

实践中，DSB 的裁决报告也进一步证明了此点。上诉机构在其受理的第一个 WTO 争端——"美国汽油案" 中即指出：在 GATT 第 20 条中设立 "序言" 的目的就是为了防止 "一般例外" 条款被滥用。在 1998 年 "虾/海龟案" 中，上诉机构对此问题更进行了深化："解释和适用第 20 条序言的任务本质上就是在一成员方援引第 20 条下某项例外的权利和其他成员方在 GATT 各实体条款（比如，第 n 条）项下的权利之间设置和标明一道平衡线，以便相对抗的权利不会相互抵消，不会破坏各成员方在总协定中所设定的权利义务平衡。如前所述，平衡线的位置是不固定的、变动的，会因争议措施种类和形式的变化以及个案事实的不同

---

① See John H. Jackson, *World Trade and the Law of GATT*, The Bobbs Merrill Company, Inc., 1969, p. 743.

② See 书稿案号表 12, pp. 21-24.

而变动。"①上诉机构明确指出，GATT1947 缔结者们对实现第 20 条下权利与义务平衡的基本要求是，任何要援用例外条款的措施都必须同时满足序言的要求。②该案上诉机构曾精辟地指出，GATT 第 20 条（a）款到（j）款，都是 1994 年 GATT 其他条款所包含的实体法的有限度的和有条件的例外。

为了确保这种平衡，序言部分涵摄了 WTO 多边贸易体制下最惠国待遇和国民待遇这两项基本原则。③此两项原则要求 WTO 成员不得对其他贸易伙伴实施歧视性待遇，包括不得在来自不同国家的货物、服务以及知识产权等生产要素上实施差别待遇。上述两项原则对于多边贸易体制的重要性毋庸置疑，它们通过提供均等的贸易机会、营造公平的竞争环境，来促进全球经济资源的自由流动和优化配置，以维系世界自由贸易体制的正常运转。援用"公共道德例外"条款同样不能违背这两项原则。援用方在实施贸易限制措施时，必须保证同等的对待来自不同国家（包括本国）的同类货物、服务和知识产权等生产要素，否则就可能违背"序言"的要求。

（二）"序言"检测标准之历史演进

GATT 第 20 条"序言"由两部分构成，一是"不能在相同情况的国家间构成任意的或不合理的歧视"；二是"不能构成对国际贸易的变相限制"。第一部分简称为"非歧视"要求。在该要求之前有三个定语，即"同样条件下"（where the same conditions prevail）"任意的"（arbitrary）及"不合理的"（unjustifiable）。对于此三个术语的内涵，GATT 第 20 条没有进一步解释，GATT 时期的专家组也只是根据个案情况来自由裁量，并未予以精确界定。第二部分，即"不能构成对国际贸易的变相限制"。在 GATT 时期的"金枪鱼/海豚案"及"美国汽车弹簧部件案"中，专家组认为，成员方在采取限制措施后应尽快通知总干事，通知方式包括电话通知和书面通知，在第一时间内用电话通知后，旋即就应提交书面通知，并将书面通知向各成员方散发。但是，这种以"措

---

① See 书稿案号表 14，para. 159.

② See 书稿案号表 14，para. 157.

③ See John H. Jackson, *World Trade and the Law of GATT*, The Bobbs Merrill Company, Inc., 1969, p. 743.

施的公布" 作为检测标准的方法遭到了诸多成员方和法学专业人士的批评。①

　　进入 WTO 时期后，在 "美国汽油案" 中，上诉机构对 GATT 第 20 条 "序言" 的解释做了发展。上诉机构认为 "任意的歧视" "不合理的歧视" 以及对国际贸易 "变相的限制" 三者之间可以互为参照进行解释。在国际贸易中，变相的 "限制" 显然包含了变相的 "歧视"，而 "变相" 一词倾向于表达为 "隐蔽的（concealed）" 或 "未宣布的（un-announced）" 的意思。因此，同一事实既可能构成 "任意的不合理的歧视"，又可能构成 "变相的限制"，尤其是伪装的 "歧视" 措施可视为 "变相的限制" 措施。②此外，该案的上诉机构还强调，为了不使序言形同虚设，亦为了不使 GATT 第 20 条（a）款至（j）款中的各项例外失去意义，"序言" 与各子项的 "检测标准" 在逻辑上不能相同。

　　此后，在 "虾/海龟 I 案" 中，DSB 也进一步对 "序言" 之具体要求做了详细分析。就歧视而言，事实上，凡是符合 GATT 第 20 条下任意一款规定的具体措施都将构成歧视，因为合法地援引第 20 条将会排除依 GATT 其他条款所规定的义务（如国民待遇、最惠国待遇等），该条的适用将在被制裁国与其他国家之间形成歧视。所以专家组认为，序言部分的 "非歧视" 要求强调的是，对于 "情形相同的国家之间"，不能实施 "任意" 的或 "不合理" 的歧视。"情形相同的国家之间" 既包含投诉国与第三国之间，也包括投诉国与被投诉国之间的比较。该规定的目的是禁止有选择性的歧视。例如，在 "虾/海龟 I 案" 中，上诉机构就认为，美国颁布的禁令不符合 GATT 第 20 条 "序言" 的要求，理由是：美国只与一部分而不是所有的被制裁国签订了多边环境条约；美国也只对某些被制裁国而非所有的被制裁国给予过渡期安排，从而构成在情形相同的国家之间的任意的和不合理的歧视。③

　　就变相的限制来说，上诉机构认为包含 "要求做出决策的过程必须透明才能满足正当程序的要求"。在 "虾/海龟 I 案" 中，美国因采用单

---

① 参见曾令良、陈卫东："论 WTO 一般例外条款（GATT 第 20 条）与我国应有的对策"，载《法学论坛》2001 年第 4 期。
② 参见曾令良、陈卫东："论 WTO 一般例外条款（GATT 第 20 条）与我国应有的对策"，载《法学论坛》2001 年第 4 期。
③ See 书稿案号表 14, paras. 173-176.

方面的调查或核实程序以确定美国的贸易伙伴是否采用了保护海龟的安全方法而受到谴责。美国国内法对凡是来自于不强调使用 TED 捕虾方法的国家的所有虾及虾制品一律禁止进口——即使某些来自于这些国家的虾事实上是使用了 TED 的捕捞方法，也是如此。譬如，墨西哥没有规定在捕虾时必须使用 TED 捕捞方法，那么，一艘法国籍的捕虾船在墨西哥水域从事捕虾作业，所捕获的虾及虾制品就不得出口到美国市场。即使法国要求该捕捞船使用 TED 捕捞方法、法国捕捞船在捕虾作业过程中也确实遵守了方法上的要求，结果也是如此。因此，某些产品即使没有构成环境退化的破坏因素，也可能被美国一概拒之国门之外。上诉机构认为，美国没能给予拟制裁国正式通知，没有给予正式陈述意见的机会，也没有提供美国决策的书面调查结果，甚至没有给予申诉权，而是片面强调一种未经深思熟虑的"单独的、严格的"标准，显然不去考虑其他出口国可能采取的保护海龟的政策，或者其他国家的不同条件。[①]因此，上诉机构推断说，通过全面禁止所有来自未强调采用 TED 捕捞方法的国家的虾及虾制品，美国对于指令外国应该采取怎样的政策比仅仅防止环境退化更有兴趣。[②]言下之意，美国通过单方面的设立一套严格的环境标准来禁止虾及虾制品的进口贸易，表面上是为了防止环境退化、保护环境，而其实质是通过对其他国家施以更严格的环境标准来增加他国的贸易成本，从而保护本国贸易。这显然构成了一种变相的贸易限制。因此，透明度要求将给制裁国实施制裁措施增设阻碍，以进一步保证制裁措施在程序上的正当性。

此外，在"美国汽油案"和"虾/海龟案"中，上诉机构都认为，GATT 第 20 条"序言"中暗含了多边主义的要求。在"虾/海龟 I 案"中，上诉机构发现被投诉措施虽然根据第 20 条（g）款是合理的，但却不符合第 20 条"序言"部分的要求，主要的原因就在于美国没有优先尝试多边途径。[③]例如，美国没有与非拉丁美洲的被制裁国进行认真的、全面的谈判从而签订一份类似公约的意图；没有将海龟保护的问题递交给《濒危野生动植物种国际贸易公约》常设委员会；且未能批准与海龟保

---

① See 书稿案号表 14，para. 185.
② See 书稿案号表 14，p. 65.
③ See 书稿案号表 12，pp. 22-29；书稿案号表 14，paras. 166-171.

护有关的各种环境协议等。①但是，对于一国究竟应在多大程度上优先采取多边措施的问题，上诉机构的要求前后并不一致。譬如，在"美国汽油案"中确立了一种相当高程度的多边用尽要求，但在"虾/海龟Ⅰ案"中却仅仅只是批评美国没有采取任何补救措施或者没有与相关国家展开多边谈判，它没有表明是否必须缔结国际协定或用尽多边机制。②在"虾/海龟Ⅱ案"中，上诉机构驳回了马来西亚的论点，即美国有义务与亚洲国家签订一项类似于美洲公约的国际协议。为了满足序言部分的要求，上诉机构得出结论，美国只是需要为达成国际协议做出认真的、真诚的努力即可。

由此可见，WTO 对多边主义的要求是逐渐放宽的，即由最初严格的"多边用尽"放宽到如今的"多边努力"。

（三）"美国博彩案"对序言"任意或不合理歧视"标准的审查

虽然在认定美国的相关国内立法不符合 GATS 第 14 条（a）款的"必要性"要求之后，专家组本可以对该案件做出最终裁断，但专家组还是进一步考察了"序言"的要求。安提瓜在上诉审中对专家组的这一做法表示了异议。安提瓜引证了"韩国牛肉案"专家组的做法③以说明：在认定涉诉争议措施不符合"必要性"要求后，专家组再去分析"序言"要求并不恰当。上诉机构否定了安提瓜的说法，上诉机构认为，专家组为了更好地履行其职责——客观公正地解决争议，可以自由地决定所应解决的法律问题。上诉机构没有在任何案例中强调过，一旦涉诉争议措施不符合"必要性"要求，专家组就必须停止审查"序言"要求。"韩国牛肉案"恰好说明了专家组享有此种"裁量权"，即继续或停止皆由专家组自行决定。事实上，专家组对一些看似非必要问题的分析也是具有价值的，不仅有助于争端双方更好地解决争议，且有利于上诉机构进行后续分析④。因此，专家组的后续分析并无不妥。

---

① See 书稿案号表 14，paras. 166，171，174.

② See 书稿案号表 14，paras. 121，166.

③ 在"韩国牛肉案"中，专家组在认定了双重零售体系不符合（d）款的要求后，决定不再继续进行双层测试分析该措施是否符合第 20 条"序言"。See 书稿案号表 16，para. 156.

④ 譬如，在"美国博彩案"中，上诉机构推翻了专家组的结论，认定美国的争议措施符合了"必要性"要求，因而，对"序言"要求的进一步分析就变得必要了。此时，专家组的分析至少能为上诉机构的分析提供资料准备。

在"美国博彩案"中,就对"序言"要求的具体分析而言,专家组在审查了美国的相关立法后认为,美国禁止安提瓜提供远程博彩服务,却未禁止境内的州际远程赛马服务。美国采取了不一致的方式来对待国内外的服务商,在存在相同情形的国家之间构成了"任意和不合理的歧视",因而,不符合 GATS 第 14 条"序言"的要求。上诉机构在按照"序言"的要求对美国措施进行审查时,部分纠正了专家组的做法。上诉机构认为,专家组忽略了对美国相关法律条文的审查,而作为争议措施的三部美国法律本身并未对国内和国外的远程博彩服务商形成歧视。然而,上诉机构也承认,美国未能证明其相关法律是否仅允许国内服务提供者为赛马提供跨州远程下注服务。最终,上诉机构维持了专家组的结论,裁定美国争议措施不符合 GATS 第 14 条(a)款"序言"部分的要求,因而不能在该条款下获得正当性。

印度尼西亚也曾援引 WTO"公共道德例外"条款来证明其实施的禁止跨境赌博服务的正当性,与美国允许本地供应商提供在线赌博服务同时禁止外国供应商提供在线赌博服务不同的是,印度尼西亚所实施的禁令同样适用于印度尼西亚跨境赌博服务的外国和本地供应商。① 这种平等适用的可能性十分明显,因为印度尼西亚已经在国内禁止在线赌博,其所提交的证据反映了国内关于金融交易报告和交易中心为阻止四家银行持有的几个与在线赌博网站资金有关的账户所做出的不懈努力,信息和技术部门也试图禁止这些在线赌博网站,印度尼西亚警方曾经也逮捕了一些涉嫌洗钱的跨境赌博代理商。因此,印度尼西亚所实施的禁令不会达到"任意的或不合理的歧视"。

(四)"欧盟海豹产品案"对多重目标与"序言"一致性的审查

从 WTO 判例发展的角度来看,上诉机构打破了"巴西翻新轮胎案"中所认定的例外必须与措施目标存在合理联系的局限,等同于间接地允许各成员方在一项措施中设置多重政策目标,对这些目标之间的先后顺序确定 WTO 成员方也有权自行决定。但是也要注意,当涉诉争议措施本身包含着多重目标时,应当建立合理的解释分析路径以厘清各目标之间

---

① See Gusti Ngurah Parikesit Widiatedja, "Can Indonesia Invoke Public Morals Exception Under The World Trade Organization(WTO)For Prohibiting CrossBorder Gambling", *Yustisia*, Vol. 7, 2018, p. 275.

的关系架构。就"欧盟海豹产品案"而言，动物福利是涉诉争议措施的主要目标，但欧盟成员国颁布的海豹禁令也可能对一国造成负面影响，为降低这样的负面影响程度还设置了 IC 例外、MRM 例外以及旅行者例外。①虽然 DSB 并未否决这些例外规定的设置，但同时也提出了其需与主要目标一致，且必须符合 GATT 第 20 条的规定。对此上诉机构主要就 IC 例外和 MRM 例外是否与"序言"要求达成一致性做出了相应的裁决。

"巴西翻新轮胎案"中，巴西对翻新轮胎进口禁令也设置了例外，原产于南方共同市场的轮胎产品受到纳税义务的豁免，上诉机构对此认为巴西的豁免行为并非是"任意的"，但这项禁令明显已经造成了歧视性，原因在于豁免行为的依据与 GATT 第 20 条所允许的目标之间并无关系。②"欧盟海豹产品案"亦是如此，海豹产品进口禁令是依据动物福利保护目标作出的，而 IC 例外和 MRM 例外则是为其它群体的利益保护目标而作出的。这些例外规定与动物福利保护之间并无联系，甚至还会进一步削减动物福利保护目标。除此之外，专家组还认为这些例外缺乏正当性基础，在适用上也会造成不公平，并采用了与 TBT 第 2.1 条相同的分析方式，得出这些例外不满足 GATT 第 20 条"序言"要求。

上诉机构认为专家组没有在第 20 条"序言"下进行独立分析的做法是错误的，并推翻专家组的裁决，做出了关于这些多重目标与"序言"一致性的审查分析。上诉机构首先借鉴了"巴西翻新轮胎案"中关于"序言"要求的分析。Howse、Langille 和 Sykes 认为"欧盟海豹产品案"中的 IC 例外与"巴西翻新轮胎案"是有区别的。③"巴西翻新轮胎案"导致了措施的歧视性适用，GATT 第 20 条的"序言"恰是针对措施的应用，而不是措施本身。而"欧盟海豹产品案"中的例外规定在适用中并未有歧视性。专家组与上诉机构用不同的方法处理了"巴西翻新轮胎案"在本案适用中的难题。专家组认为这些例外规定尽管与海豹福利保

---

① 欧盟海豹产品贸易制度主要内容可概括为"一条禁令"和"三项例外"。一条禁令是指禁止将海豹产品投放欧盟市场，包括将海豹产品进口欧盟境内进销售。三项例外分别是：因纽特或土著群体例外（简称 IC 例外），适于从因纽特或者土著群体猎杀的海豹中获取的海豹产品；海洋资源管理例外（简称 MRM 例外），适于从为了海洋资源管理猎杀的海豹中获取的海豹产品；旅行者例外，适于旅行者在有限情形下将海豹产品带入欧盟。

② See 书稿案号表 10, paras. 85-92.

③ See Paola Conconi, Tania Voon, "EC-Seal Products: The Tension between Public Morals and International Trade Agreements", *World Trade Review*, Vol. 7, 2015, p. 9.

护之间有脱节，但这是合理的，因为它们建立在因纽特人和土著居民的利益之上，这些利益也得到了广泛的承认。上诉机构则指出，评估"任意的或不合理的歧视"的最重要的因素在于该歧视能否与政策目标相协调，或是与合理政策目标相关的，能够根据第 20 条的任意一款证明其合理性。①欧盟并未表明海豹产品贸易制度适用于来自因纽特人或土著居民狩猎的海豹产品，以及来自商业狩猎的海豹产品时，是否可以针对不同来源的海豹产品解决欧盟公众对海豹福利的公共道德目标相协调的问题。上诉机构借助"巴西翻新轮胎案"裁决结果在本案中确立了较大的灵活性，欧盟不需要将其保护因纽特利益等愿望压缩到海豹福利的公共道德目标之中，只需要对该例外进行修改能够更加吻合欧盟海豹产品贸易制度。

上诉机构最终认定欧盟海豹产品贸易制度的结构设计特点可能会导致以任意的或不合理的方式在情形相同的国家之间进行适用，因而违背了"序言"要求。②主要理由就在于欧盟主张的 IC 例外中仍未明晰某些概念，具体表现为 IC 例外中规定的"部分自用"标准和"维持生存"标准的模糊性。③如果仅是一些相对固定的使用海豹产品方式或者针对单次狩猎行为而言，该标准的适用才具有可行性。倘若在捕获量较大的场合中，很有可能导致不符合"部分自用"标准的海豹产品流入市场。欧盟对"维持生存"标准的含义和范围界定也存在模糊性。许多因纽特人是基于生存为目的而捕猎海豹，但他们会对这些海豹产品或副产品进行直接使用或消费，那么就一定避免不了与商业捕猎方式的交集，二者在一定程度上是存在相似性的，从因纽特人出售海豹副产品的利润来看也是可以得出该结论的。这两个概念所存在的模糊性将有可能为欧盟成员滥用 IC 例外提供机会。MRM 例外和旅行者例外都有设置反规避条款，它们不存在 IC 例外的此类缺陷。④

---

① See 书稿案号表 5，para. 5. 318.

② See 书稿案号表 5，para. 5. 328.

③ 欧盟海豹禁令的《实施条例》第 3（1）款规定，原居民例外必需满足三个条件：第一，该产品必须是因纽特人或者其他有着在特定地域捕猎海豹历史传统的原居民所生产；第二，该产品必须根据传统习惯部分自己使用、消费和加工；第三，捕猎海豹仅限于维持民族社区的生存。其中第二个条件"部分自用"（partly use）标准和第三个条件"维持生存"（subsistence）标准都存在含义模糊不清的问题。

④ See 书稿案号表 5，para. 5. 327.

"欧盟海豹产品案" 中的 "相同要素" 分析是上诉机构首次引入的，对加拿大、欧盟和格陵兰之间是否构成 "序言" 所论及的 "相同情形" 国家进行审查。但是还存在几点缺陷。首先，欧盟缺少对各国之间存在的 "不同情形" 进行举证证明，而对于挪威提出的 "相同情形" 观点也没有进行反驳，即动物福利问题存在于所有狩猎海豹国家之中。其次，欧盟认为导致各国之间的 "情形不同" 源于土著居民捕猎海豹行为和商业捕猎行为之间的差异，上诉机构对此表示不认同。但欧盟也没有具体解释其所提出的挪威和加拿大在海豹产品市场上的市场结构不同的观点。

综上，上诉机构在 "欧盟海豹产品案" 中对 "序言" 要求的审查遵循以下三个步骤。第一个步骤是分析各国之间是否存在 "相同情形"；第二个步骤则是分析 "歧视性" 现象；最后一个步骤对该歧视性现象的 "任意的或不合理" 特点进行判断。

第二节　WTO "公共道德例外" 条款的适用范围扩展

GATT "公共道德例外" 条款可以作为成员违反 GATT 其他条款义务时的 "免责理由"，GATS "公共道德例外" 条款可以赋予成员背离 GATS 下义务的权利，这些都毫无疑义。但颇具争议的问题是，GATT 和 GATS 一般例外条款（包括 "公共道德例外"）是否还可以扩展适用于其他 WTO 贸易协定，抑或是 WTO 成员方在加入 WTO 时所作的相关承诺，如各国的《入世议定书》和《工作组报告》等？换言之，成员方在违反其他 WTO 协议或相关入世文件时，因为这些协议和承诺书中不包含一般例外条款，那么成员方可否援用 GATT 和 GATS 的一般例外条款为自己的行为辩护。此外，传统认为 "公共道德例外" 条款可以允许成员方为了保护国内的公共道德实施贸易限制措施，但是越来越多的国家已开始保护国外的公共道德。譬如，1991 年，欧共体委员会颁布了一条法令禁止进口一切在没有杜绝使用非法手段的国家所获取的动物毛皮；①1997

---

① See Council Decision 97/602, 1997 O. J. （L 242）（EC）；Commission Regulation 3254/91, art. 3, 1991 O. J. （L 308）（EC）. 更多关于进口禁令的背景可参见 Gillian Dale, Comment, "The European Union's Steel Leghold Trap Ban: Animal Cruelty Legislation in Conflict with International Trade", *Colarado Journal of International Enviromental Law and Policy*, Vol. 7, 1996, p. 441.

年，美国国会禁止进口童工制造的产品；①2009 年，欧洲议会和欧洲理事会通过了一项全面禁止海豹产品在欧盟国家销售的 1007/2009 号规则。②这些禁令保护的都是国外的公共道德。那么，"公共道德例外" 条款可否适用于保护措施实施国域外的公共道德呢（此处我们称之为域外适用问题）？下文将围绕上述两个问题，即协定外适用及域外适用问题分别加以论述。

一、WTO "公共道德例外" 条款的协定外适用

（一）由 "中美出版物市场准入案" 引发的适用范围问题

在 2007 年 "中美出版物市场准入案" 中，美国提出，中国针对涉案文化产品所采取的一系列措施与中国《入世议定书》和《工作组报告》的相关条款不符，中国则主张那些与《入世议定书》和《工作组报告》相关条款有关的措施属于 GATT 第 20 条（a）款规定的例外，因而不违反上述协议的规定。在专家组裁决中国的有关措施违反了《入世议定书》第 5.1 条和《工作组报告》第 83（d）、84（a）和 84（b）条的规定后，本案的关键问题转化为能不能成功援用 GATT "公共道德例外" 条款的问题。然而，在援用 "公共道德例外" 条款之前还有一个问题需要先行解决，即 GATT 第 20 条（a）款能否适用于《入世议定书》和《工作组报告》。

从 GATT "公共道德例外" 条款的规定看，其要求："在遵守关于此类措施的实施不在情形相同的国家间构成任意或不合理歧视的手段或构成对国际贸易的变相限制的要求前提下，本协定的任何规定不得解释为阻止任何缔约方采取或实施以下措施：a. 为保护公共道德所必需的措施……"。就 GATT "序言" 部分的规定而言，"本协定" 应该指的是 GATT，并不包括议定书等其他协议，因而就产生了 GATT 第 20 条（a）款能否适用

① See Treasury and General Government Appropriations Act, 1998, Pub. L. No. 105-61, SEC. 634, 111 Stat. 1272, 1316 (1997).

② See Regulation (EC) No. 1007/2009 of the European Parliament and of the Council of 16 September 2009 on trade in seal products, available at http://trade. ec. Europa. eu /doclib /docs/2009 /november/tradoc_ 145264. pdf; Regulation (EU) No. 737/2010 of 10 August 2010 laying down detailed rules for the implementation of Regulation (EC) No. 1007/2009 of the European Parliament and of the Council on trade in seal products, available at https://eur-lex. europa. eu /LexUriServ / LexUriServ. do? uri = CELEX：32010R0737：EN：NOT, Last Visited on Jul. 8, 2023.

于 GATT 协定之外的争议。

中国认为《入世议定书》第 5.1 条的承诺针对的是进出口货物的权利，所以应当根据适用于进出口货物的协定，包括 GATT 的规定来判断中国是否违反义务，中国有权利采取符合 GTTT 第 20 条（a）款规定的措施来实现本国的政策目标。

作为本案第三方的澳大利亚和欧盟则认为，中国《入世议定书》是 WTO 协定的一部分，但不是 GATT 协定的一部分。GATT 第 20 条只是针对 GATT 其他条款规定的例外。中国不能援用 GATT 第 20 条（a）款作为其违反《入世议定书》的抗辩理由。

GATT 第 20 条（a）款究竟能否适用于 GATT 协定之外，需要 DSB 的进一步解释。其实，这并不是 DSB 第一次遇到这种问题。在"美国保税指令案"中，上诉机构就曾面临类似问题，即美国是否可援用 GATT 第 20 条（d）款作为其违反《反倾销协定》下义务的辩护理由。然而，上诉机构采用假设的方法绕过了对该问题的回答，所以 GATT 第 20 条的协定外适用问题被遗留了下来。当然，这也不会是 DSB 最后一次被要求解决这个问题，事实上，在"中国原材料出口限制措施案"中，中国就援引了 GATT 第 20 条（g）款作为违反《入世议定书》和《工作组报告》承诺的抗辩事由。①因此，GATT 第 20 条"公共道德例外"条款，乃至于整个第 20 条对 GATT 外其他 WTO 协定的可适用性问题具有越来越普遍的理论和实践意义。

（二）DSB 裁决对条款适用范围的认定

在"中美出版物市场准入案"中，专家组没有直接回答 GATT 第 20 条（a）款的适用范围问题，而是采用了"美国保税指令案"中上诉机构的做法，先假设第 20 条（a）款能够适用于中国《入世议定书》。在

---

① 2009 年 6 月 23 日，美国、欧盟正式在 WTO 框架内向中国提出贸易争端请求，称中国对 9 种原材料，采取出口限制，违反了中国 2001 年加入 WTO 时的承诺，造成世界其他国家在钢材、铝材及其他化学制品的生产和出口中处于劣势地位。墨西哥于 8 月 21 日也以类似的理由，提出了贸易争端请求。2011 年 7 月 5 日专家组报告公布，2012 年 1 月 30 日上诉机构报告公布。上诉机构的最终裁决报告认定，中国政府对涉案的 9 种原材料制定的出口管理措施大部分与 WTO 协定和中国政府的承诺不符，并维持专家组关于《关税与贸易总协定》（GATT）第 20 条不能适用于出口关税抗辩等部分裁决。在该案中，上诉机构就参考了"中美出版物市场准入案"中有关 GATT 第 20 条协定外适用效力的分析。See 书稿案号表 36，paras. 46-47.

这一假设基础上，先审查涉案措施是否符合GATT第20条的规定，如果认定涉案措施不符合GATT第20条的规定，那就无需就适用性问题作出结论。该案中，由于专家组裁定中国的相关措施不符合GATT第20条（a）款的"必要性"要求，所以没有再回答GATT第20条（a）款的适用性问题。

虽然专家组回避了对该问题的回答，但却在裁决报告中花了不少的篇幅来说明《入世议定书》《工作组报告》与GATT第20条的联系。这也间接地为后来上诉机构最终解决问题铺垫了基础。在本案中，专家组首先审查了《入世议定书》第5.1条。①专家组承认"不损害中国以符合WTO协定的方式管理贸易的权利"是中国履行第5.1条下承诺的前提，并采用"协调解释"的方法，将该前提扩展至《工作组报告》第83（d）、84（a）和84（b）条，继而认为《入世议定书》第5.1条和《工作组报告》第83（d）、84（a）和84（b）条都应被解释为"不得损害中国以符合WTO协定的方式管理贸易的权利"。

对于这个至关重要的前提条件，专家组分三步进行了专门分析：

第一，专家组认为"不损害"代表着一种优先权。在第5.1条下，中国既享有权利，又承担义务。中国享有"以符合WTO协定的方式管理贸易的权利"，同时又负有"放宽贸易权的义务"。当中国所享有的权利和义务之间发生冲突的时候，权利具有优先的地位，因为义务"不能损害"权利。为了说明此点，专家组还特意举了个例子：假设中国为了"管理麻醉药品贸易"，防范与麻醉药品非法贸易和使用相关的社会问题，规定普遍禁止进口麻醉药品。但国内法规例外的授予为药物研究或治疗疾病目的而适用麻醉药品的单位进口许可证。众所周知，中国的这一举措毫无疑问是合理的。但是禁止那些位于中国的无权使用麻醉药品的外资企业和个人进口麻醉药品却又违反了中国所承担的"放宽贸易权"的义务。反之，如果中国履行"放宽贸易权"的义务，允许所有的外资企业可以进口麻醉药品，则将在很大程度上"损害"中国管理贸易的权利，因为将不能保证进口到中国的麻醉药品实际被应用于法定目的。所以为

---

① 中国《入世议定书》第5.1条：在不损害中国以符合WTO协定的方式管理贸易的权利的情况下，中国应逐步放宽贸易权的获得及其范围，……此种贸易权应为进口或出口货物的权利……

了"不损害"中国管理贸易的权利,可以保持对麻醉药品的限制措施。[①]

第二,专家组承认,"管理贸易的权利"是指中国有权利对国际贸易活动实施监管,这是每个成员的固有权利。

第三,专家组强调,这种"管理贸易的权利"得以"符合 WTO 协定的方式"来行使。WTO 协定包含 WTO 协定及其所有附件,显然也包括了 GATT,而后者包含了第 20 条(a)款。然而,专家组注意到 GATT 第 20 条序言用了这样的措词:"本协定任何规定不得……","本协定"从文本意义上来说指的是 GATT 并不包括其他 WTO 协定。于是就转入了对"本协定"的解释问题,对该问题的回答决定了 GATT 第 20 条(a)款的协定外适用效力问题,或者说适用范围问题。然而,专家组分析到这一步后就戛然而止,最终没能解决这个核心问题。

但出乎意料的是,上诉机构在上诉分析中,并没有回避这一问题。上诉机构推翻了专家组的这种假设分析法,并认为专家组的这种方法虽然可以快速、有效的处理问题,但无法为彻底解决问题提供坚实基础。专家组的假设论证会导致中国在执行过程中的法定范围不确定。由于 GATT 第 20 条(a)款是否适用于本案的问题是法律问题,上诉机构决定补充完成专家组的分析。

对于专家组上述分析的前两步,上诉机构都予以认可。就专家组分析到的最后一点,即"管理贸易的权利"得以"符合 WTO 协定的方式"来行使,上述机构进行了补充。该案上诉机构认为,"符合 WTO 协定的方式"包括以下两种:

一是,不违反 WTO 协定的任何义务;

二是,虽然违反 WTO 协定的某项义务,但可通过援引例外条款获得正当性。

此处所指的"WTO 协议"应包括所有的 WTO 协定及其附件[②],当

---

① 参见朱榄叶编著:《世界贸易组织国际贸易纠纷案例评析(2007-2009)》,法律出版社 2010 年版,第 327 页。

② 《入世议定书》和《工作组报告》中关于中国贸易权的承诺是根据所有 WTO 协定及其附件所作出的,所以此处的"WTO 协议"应该包括 WTO 协定及其附件。这点从中国入世的《工作组报告》中也可以得到佐证,譬如《工作组报告》第 84(b)段就特别列举了符合 WTO 规则的 WTO 成员政府贸易管理措施包括与 WTO 相一致的有关进出口的要求,如与进口许可、贸易技术壁垒和《实施动植物卫生检疫措施的协议》相关的要求等。充分证明了《工作组报告》与 WTO 所有协定的相关性。

然也包括 GATT 第 20 条（a）款在内。上诉机构强调，"对第 5.1 条序言的解释不能出现这样的后果：由于这种解释，申诉方可以通过援引第 5.1 条而不是与货物贸易相关的其他涵盖协定的条款提出诉请，就堵塞中国援引这一抗辩（GATT 第 20 条）的路径，而这些条款适用于相同或密切关联的措施，而且这些协定所规定的义务与中国的贸易权承诺密切相关。在（申诉方）没有提出违反 GATT 诉请的情况下，中国是否可以援用 GATT 第 20 条作为其实施措施的抗辩，必须根据个案中被确认不符合中国贸易权承诺的措施与中国对贸易的管理之间的关系来决定。"① 亦即，虽然 GATT 第 20 条 "序言" 中用了 "本协定" 一词，但因为《入世议定书》和《工作组报告》中的贸易权承诺是根据 GATT 等协议作出的，所以与 GATT 有着必然的联系。依据《入世议定书》第 5.1 条的规定，成员若能证明是 "以符合 GATT（包括 GATT 第 20 条）的方式行使管理贸易的权利" 就可以为自己违反贸易权承诺的行为辩护。因而，在援用 GATT 第 20 条时，成员得证明争议措施确实与管理货物贸易有着客观联系。对这一客观联系的考察一般包括审查措施的本质、设计、结构、功能以及背景等。

综上所述，在 "中美出版物市场准入案" 中，上诉机构首次阐释了有关 GATT 第 20 条的适用范围问题，并明确表明 GATT 第 20 条 "公共道德例外" 条款可以适用于《入世议定书》和《工作组报告》。这样就将 GATT "公共道德例外" 条款乃至于 GATT 第 20 条的适用范围扩展到了 GATT 协定之外。虽然，上诉机构并没有说明 GATT 第 20 条（包括 "公共道德例外"）除了适用于 WTO 成员入世文件之外，是否还可适用于 GATT 之外的其他 WTO 协议，但从上诉机构的分析思路来看，可能性很大。上诉机构依据中国入世文件中贸易权承诺内容与 GATT 之间的密切联系 ②（很大程度上是依据 GATT 等货物贸易协定作出的），裁定中国在

---

① 参见朱榄叶编著：《世界贸易组织国际贸易纠纷案例评析（2007–2009）》，法律出版社 2010 年版，第 369 页。

② 中国《入世议定书》第 5.1 条中涉及贸易权的承诺，即 "在不损害中国以符合 WTO 协定的方式管理贸易的权利的情况下"，具有较大意义，这句话是将《入世议定书》和 GATT 之间建立联系的关键。反之，在 2009 年 "中国原材料出口限制措施案" 中，上诉机构就认为中国签署的《入世议定书》第 11.3 条承诺 "不包括任何明确援引 GATT1994 第 20 条或 GATT1994 一般条款的内容"。故认定中国无权援引 GATT1994 第 20 条作为豁免《入世议定书》第 11.3 条的抗辩依据。

入世文件中可以援用 GATT 第 20 条。由于 WTO 各协定之间存在着千丝万缕的联系，后协定经常参照前协定相关内容制订，因而再依据协议之间的密切联系，将 GATT 第 20 条扩展到其他 WTO 协议也并非不可能的。况且，GATT 第 20 条 "序言" 中 "本协定" 一词对 GATT 第 20 条的限制已经被上诉机构突破，依据判例法原则，要将 GATT 第 20 条的适用范围再继续拓展到其他 WTO 协议的法律障碍已经小了很多。对中国而言，上诉机构明确成员可以在其入世文件中援用 GATT 第 20 条的决定意义重大。中国目前俨然已成为 DSB 的应诉 "大户"，考虑到中国入世文件中包含大量承诺，这样的解释是对中国有利的。至少为中国在今后被投诉违反入世承诺时，多提供了一条抗辩的路径。

二、WTO "公共道德例外" 条款的域外适用

所谓域外适用，是相对于措施实施国而言的，即 "公共道德例外" 条款是只能用于保护措施实施国境内的公共道德，还是也可以保护其境外的公共道德。如果 "公共道德例外" 条款可以适用于保护措施实施国境外的公共道德，那么 "公共道德例外" 条款就具有域外适用的效力，反之，则没有。其实，关于这个问题的争议由来已久，最早可以追溯到 GATT 时期的 "金枪鱼/海豚案"，尔后 "欧盟海豹产品案" 中再次涉及到了该问题。

（一）"金枪鱼/海豚案" 引发的条款适用问题

1991 年墨西哥诉美国的 "金枪鱼/海豚 I 案" 就涉及了这一问题。当在海洋中使用现代化拖网捕鱼技术捕捞金枪鱼时，可能会因此误杀了其它喜欢与金枪鱼群结伴而行的海豚。1991 年美国依据《保护海生哺乳动物法》，下令禁止从墨西哥进口金枪鱼及其制品。墨西哥不服，将争端递交到 WTO，墨西哥指控美国违反了 GATT 第 11 条普遍取消数量限制的规定。美国在其辩护中援引第 20 条（b）款和（g）款主张免责。该案专家小组在裁决中讨论的主要法律问题之一便是：第 20 条（b）和（g）两款适用的地域范围（geographic scope）问题。墨西哥认为，根据 GATT 第 20 条所列举的各种例外情形只能适用于成员境内，并指明如果美国能够针对其他国家的资源而实施贸易限制措施，那么就会将一个违反 GATT 原则的新概念引入 GATT 内部，即 "域外管辖权"（extraterritoriality）。美国则不同意这种论断，主张其是依据 GATT 第 20 条（b）款的规定，为

了"保护人类和动植物生命和健康的目的"而禁止进口来自境外的产品，这种贸易限制措施必须能在本国境外生效，但美国1972年的《海洋哺乳动物保护法》本身并不具有域外效力。①

在"金枪鱼/海豚Ⅱ案"中，美国进一步提出，GATT第20条是具有域外适用效力的，因为该条其他款项也隐含了这一意旨。特别是GATT第20条（e）款规定的监狱劳工例外条款，允许对由监狱劳工生产的产品实施进口禁令。美国声称：因为监狱劳工例外条款明确允许管辖成员境外的产品，那么与之相似的人类、动植物生命、健康例外条款也应能适用于域外的客体。②

在上述两个"金枪鱼/海豚案"中，针对相同的事实（美国禁止进口墨西哥在东太平洋捕捞的金枪鱼），却产生了两个不同的术语——"域外适用"和"域外管辖"。这是从不同视角审视美国争议措施所导致的结果。一方面，从条约的适用范围来看，该案涉及的是GATT第20条的适用有无地域限制，能否用于保护措施实施国境外的利益；另一方面，从涉案主体的角度而言，该案牵涉到一成员方能不能享有域外管辖权，能否管辖位于其境外的保护对象。但是，此类案件最终要解决的关键问题还是GATT第20条的适用范围问题，即该条款能否适用于措施实施国境外。因为，WTO成员方并非必然不享有"域外管辖权"，关键还在于GATT第20条是否赋予其这种权利。依据"条约必须遵守"原则，如果GATT第20条的适用范围没有地域限制，则WTO的成员方就享有了"域外管辖权"，反之则不享有。GATT只要经过缔约方签字和批准之后就能在其境内生效，缔约方不能声称为了维护"主权原则"而不适用国际法的规定。正如GATT第20条（e）款允许可以限制进口由监狱劳工生产的产品，所以依据第20条（e）款，各国就享有"域外管辖权"。因而，所谓对"域外管辖权"的争议只是案件的表象，更深层次的问题是——GATT第20条的适用范围是否存在地域限制。当然，由于GATT第20条下有10款例外，因而对于该问题，每款例外的答案可能会有所不同。本书主要研究GATT第20条（a）款的适用范围问题，但是作为GATT第20条（a）款的"上下文"，第20条其他各项例外的适用情形

---

① See 书稿案号表22，paras. 3. 31，3. 36，3. 49.

② See 书稿案号表25，para. 3. 16.

显然也具有参考价值，而且在实践中，它们往往又是交织在一起的。

譬如，在两个"金枪鱼/海豚案"中，虽然美国就争议措施提出的抗辩条款是 GATT 第 20 条（b）款和（e）款，但本案的第三方中却有成员方认为还可以援用 GATT 第 20 条（a）款。在"金枪鱼/海豚 I 案"中，澳大利亚代表就提出，为了保护境外的动物免受残忍的对待，可以依据 GATT 第 20 条（a）款采取贸易限制措施，只要这种措施是平等适用于国内和国外动物产品的情况下，就应该能在 GATT 第 20 条（a）款下获得正当性；在"金枪鱼/海豚 II 案"中，欧洲委员会和荷兰的代表们则强调 GATT 第 20 条（a）款只允许一国为保护其境内的公共道德而实施贸易限制措施。于是，澳大利亚政府坚称第 20 条（a）款可以适用于成员方域外，而欧洲委员会却持否定意见。①

由此可见，在两个"金枪鱼/海豚案"中，就已有成员方对 GATT 第 20 条（a）款的适用范围持不同意见了。然而，这还仅仅只是问题的开端，因为"金枪鱼/海豚案"毕竟已经是发生在 20 世纪末 GATT 时期的争端了，通过审视该问题在当前实践中的现状，就益发会发现解决该问题的必要性和价值所在。

（二）"欧盟海豹产品案"首次涉及"公共道德例外"条款域外适用问题

在"欧盟海豹产品案"中，欧盟对海豹产品在欧盟市场上进行销售和进口颁布了禁止令，是出于保护本国"公共道德"的目的，理由在于欧盟所采取的海豹禁令能够有效减少市场对海豹的需求，从而阻止非人道原因猎杀海豹行为的发生，避免海豹因此遭遇不必要的痛苦。从表面上，欧盟所实施的海豹禁令符合本国公共道德的目标，专家组和上诉机构也支持了欧盟的立场。但事实上欧盟海豹禁令保护的是处于境外的海豹，这是 DSB 所遗漏的一个重要细节。由此便需要考虑 GATT 第 20 条（a）款"公共道德例外"是否具有域外效力，该条款是否允许 WTO 成员方采取相关贸易限制措施来保护其领域外的公共道德。当然，上诉机构也注意到了这一问题，并且主动提出了该问题，但鉴于申诉方没有对该问题提出上诉请求，所以上诉机构并未就该问题进行深入分析。

从上述"金枪鱼/海豚案"来看，也没有明确 GATT 第 20 条（b）

---

① See 书稿案号表 28，paras. 4.1–4.6；书稿案号表 25，paras. 5.32–5.51，5.97–5.111.

款是否具有域外效力，但成员方应证明其所保护的域内利益与域外利益之间存在某种有效联系。这也是我们在解释 GATT 第 20 条（a）款域外效力问题时可以借鉴的。根据《维也纳条约法公约》第 31 条的规定，条约的解释应当考察条约用语的通常含义，并参考上下文、目的宗旨，进行善意地解释。显而易见，GATT 第 20 条（a）款条约文本并未明确指出成员方援引该条款时所保护的是域内利益还是域外利益，也没有具体的条款进行解释。但是，在参照上下文解释时，可以发现 GATT 第 20 条 "一般例外" 条款中的其他子项中存在对域外效力问题的阐释，即第 20 条（e）款，成员方可以禁止进口域外监狱劳工产品，该条款承认了域外效力。当然，这并不能等同于 GATT 第 20 条（a）款也具有域外效力。此外，我们还应当将 GATT 第 20 条作为一般例外的情况考虑其中，该条款允许成员方为了保护某一特定政策目标而采取违反 GATT 一般义务的贸易限制措施。若这一特定政策目标还包括成员方的域外利益，则可能致使成员方大量援引一般例外条款来规避其本应承担的条约义务。因此，从条约解释的角度来看，GATT 第 20 条（a）款则不具备域外效力。

回归到 "欧盟海豹产品案" 来看，欧盟为保护域外的海豹颁布了海豹禁令以禁止进口海豹产品，则成员方至少需证明其所保护的域外利益与域内利益之间存在某种有效联系。譬如，在 "虾/海龟Ⅰ案" 中，由于海龟的游动性，美国所管辖领域外的海龟数量的减少将可能影响到美国海域内海龟种群，这就为美国保护其域外的海龟和域内的海龟之间找到了有效的连结。[1]但在本案中则需要另外看待，显然海龟所具有的游动特性对海豹而言并不存在，而欧盟域外的海豹福利状况并不会影响到其域内的海豹福利现状，表明欧盟难以在保护域外海豹福利与维护域内利益之间建立起有效的连结。然而再从 WTO 争端解决实践来看，专家组和上诉机构都认可了欧盟实施海豹禁令是为保护公共道德目的的立场，规避了有关域外效力的适用问题，是否也可以看作是 DSB 所传递出的一个信号，对本案而言域外适用并不是一个不可逾越的鸿沟。[2]

尽管 DSB 并没有对 "公共道德例外" 条款的域外适用问题给出明确

---

① See 书稿案号表 14，para. 133.

② 参见杜明："WTO 框架下公共道德例外条款的泛化解读及其体系性影响"，载《清华法学》2017 年第 6 期。

的答案，但对于该问题的解决在未来仍是一个不可规避的议题。

(三) "域外导向" 措施的广泛应用

1. "域外导向" 措施的定义

根据公共道德所处地理位置的不同，可以将贸易限制措施分为域内 (inwardly-directed) 导向和域外 (outwardly-directed) 导向的措施，①所谓 "域外导向" 措施，是指成员方实施的用以保护其境外公共道德的贸易限制措施。与之相反，"域内导向" 措施则指成员方实施的用于保护其境内公共道德的贸易限制措施。此外，根据受限制产品或服务流向的不同，还可以将贸易限制措施分为出口禁令和进口禁令，如果是为了阻止产品流出境内的，我们称之为出口禁令。反之，倘若是为了阻止产品流入境内的为进口禁令。

在实践中，出口禁令和进口禁令很好区分，但域外导向的措施和域内导向的措施有时却没那么容易判断。一般来说，一国对雇佣儿童生产产品的进口禁令属于域外导向的措施，因为该措施显然是为了保护域外的公共道德；一国对色情作品的进口禁令被视为是域内导向的，因为该措施是为了保护域内的公共道德。但在有些情况下，则不太好区分。譬如，美国法律禁止各州相互之间，及州与外国之间为器官移植而进行人体器官的交易。②如果没有这样的法律，需要肾脏和肝脏的美国人也许就可以从国外（尤其贫穷国家）购买。该法律防止了在美国国内形成一个不道德的器官市场，因此是域内导向的。然而，这项法律同时也保护了外国人的身体不被损害，从这个角度来看，它又是域外导向的。或许也有人会认为，那些禁止进口色情作品的措施除了可以保护国内的公共道德外，也可间接地优化国外的公共道德，因为没有需求就没有市场；而禁止进口儿童生产产品的措施除了保护国外的公共道德外，也可以防止国内消费者因为为这样的产品提供市场而忍受道德上的污点。但这种理解都相当牵强，难免给人 "强词夺理" 之嫌。

---

① 此种分类方法借鉴了 Charnovitz、Hudec 等国外学者的观点，具体参见 Steve Charnovitz, "The Moral Exception in Trade Policy", *Virginia Journal of International Law*, Vol. 38, 1998, pp. 689 –746; and Robert E. Hudec, GATT Legal Restraints on the Use of Trade Measures against Foreign Environmental Practices, in 2 Fair Trade and Harmonization, at 116.

② 42U. S. C. A. 274e (a) (1991); 21 U. S. C. A. 321 (b) (1972).

2. "域外导向" 措施的广泛应用

Charnovitz 曾对各国尤其是美国的基于公共道德原因而实施的贸易限制措施做了比较详细的分析。基于他的分析，可以看出：公共道德的域内和域外导向措施都既包括进口禁令，又包括出口禁令，而且随着美国、欧盟成员国等发达西方国家将 "人权" "动物福利" 等价值纳入 "公共道德例外" 条款之中，"域外导向" 措施在实践中的应用比率呈逐渐上升之势。

在 20 世纪初的时候，"域内导向" 措施占了大多数，具体表现形式既包括进口禁令又包括出口禁令。譬如，1930 年美国霍利斯穆特关税法案第 305 条列举了许多基于道德原因可以实施的进口禁令，包括禁止进口淫秽照片等。①泰国政府为了维护其公民的道德和宗教感情防止佛像流落异国，法律规定禁止出口佛像 ②等。

自 20 世纪末期起，由于美国等发达国家更注重将人权、劳工权益、动物福利等价值纳入到公共道德范畴，"域外导向" 措施的使用开始大大地增加。具体可以从以下几个方面来看：

首先，保护劳工权益方面。美国法律一直禁止进口由强迫劳工、契约劳工和监狱劳工所生产的产品。1997 年美国国会将这一禁令扩展适用于童工，宣布禁止边防官员允许输入强迫或雇佣童工生产的产品。

其次，人权保护方面。1974 年，美国国会决定赋予非市场国家最惠国地位的资格取决于这个国家是否剥夺了其公民移民的权利，或者是否比正常的移民多征收了税款。1978 年，为回应乌干达谋杀 10 万至 30 万平民的暴行，美国取消了所有与乌干达之间的进出口贸易。1982 年，因为波兰对团结工会的镇压，美国总统罗纳德里根撤销了波兰的最惠国地位。1985 年，里根总统指出 "种族隔离制度的政策和实践对民主和自由社会的道德和政治价值来说是令人厌恶的"，一个月后，他禁止了南非金币的进口。1987 年，美国国会禁止从巴拿马输入 "糖、糖浆和糖蜜"，直到总统确认 "新闻自由、公正的法律程序等一些宪法权利已经被归还给了巴拿马人民" 时才停止。1996 年，美国国会对古巴和美国之间的贸

---

① Tariff Act of 1930, June 17, 1930, 305 (a), 46 Stat. 590, 688, codified at 19 U. S. C. 1305 (a) (1994).

② See Jennifer Merin, Customs Prevail: Know rules when bringing foreign treasures home, *Chicago Tribune*, Apr. 14, 1996, at Travel-4.

易强加了法定禁运令，只有在 "古巴的掌权政府是由民主选举产生" 时这一禁令才会终止。2001 年秋天，美国国会众议院通过立法，授权总统可以拒绝进口用来资助暴力冲突的钻石。2007 年 11 月欧盟也加大了对缅甸军政府的制裁力度，颁布了针对纺织品、木材、宝石和稀有金属的贸易禁令。①

最后，动物保护方面。基于公共道德原因而实施的措施适用于对动物使用残忍或不人道的方法进行捕杀、加工、运输等方面。例如，1983 年，因为加拿大宰杀小海豹引起了公愤，欧洲委员会限制了某些海豹毛皮的进口。此外，除非原产国禁止绊足陷阱或者用于某一物种的诱捕方法符合 "国际商定的人道诱捕标准"，否则欧洲委员会就会禁止动物皮毛的进口。1972 年，美国法律规定，除非牲畜在生产国的屠宰方式与美国的法定要求一致，否则禁止进口此类肉产品，美国的法定要求中包括了一点，即屠宰方式是 "人道的"。1985 年，美国《海洋哺乳动物保护法》禁止输入任何商务部部长认为是以不人道的方法捕获的海洋哺乳动物。从 1949 年开始，美国法律就禁止进口 "在不人道或不健康条件下" 运输的任何野生动物。②欧洲议会和欧洲理事会于 2009 年颁布了一项全面禁止海豹产品在欧盟国家销售的禁令，禁止包含有海豹成分的产品在欧盟国家销售。③

足见，如此广泛应用的域外措施迫切需要 DSB 澄清 GATT 第 20 条 (a) 款的适用范围，但事实是：自 "金枪鱼/海豚案" 起，DSB 对该问题的回应极其贫乏，即便在 "欧盟海豹产品案" 中，上诉机构已主动提及了 "公共道德例外" 条款是否涉及域外适用限制的问题，但却因为申诉方没有对此提出上诉请求而规避了对该问题的分析。

---

① 参见李先波、徐莉："贸易制裁与国际人权保护——兼析 GATT 的有关规定"，载李双元主编：《国际法与比较法论丛》（第十九辑），中国检察出版社 2010 年版，第 4 页。

② See Steve Charnovitz, "The Moral Exception in Trade Policy", *Virginia Journal of International Law*, Vol. 38, 1998, pp. 689-746.

③ See Regulation (EC) No. 1007/2009 of the European Parliament and of the Council of 16 September 2009 on trade in seal products, available at https://eur-lex. europa. eu/legal-content/EN/TXT/? uri = CELEX%3A32009R1007, Last Visited on Aug. 2, 2024; Commission Regulation (EU) No 737/2010 of 10 August 2010 laying down detailed rules for the implementation of Regulation (EC) No. 1007/2009 of the European Parliament and of the Council on trade in seal products, available at https://eur-lex. europa. eu/LexUriServ/LexUriServ. do? uri = CELEX：32010R0737：EN：NOT, Last Visited on Jul. 8, 2023.

（四）DSB 对"域外适用"的有限回应

在"金枪鱼/海豚 I 案"中，专家组首先肯定，GATT 第 20 条的上下文没有明确回答第 20 条（b）款是否能够被援用来保护措施实施国域外的利益，它一般性地只想保护生命和健康，但没有明确限制所涉缔约方所保护的管辖范围。因此，专家组决定通过对起草该条款的历史、目的以及如果采纳缔约方所建议的解释对整个协定运作所带来的后果进行全面地分析问题。在考察了第 20 条（b）款的起草历史后，专家组推断第 20 条（b）款只适用于保护成员方境内利益。同时，专家组担心如果接受了美国政府的广义解释，那么在 GATT 下，每个缔约方都将可以单方面地将本国有关生命和健康方面的保护政策强加于其他缔约方，那么多边贸易体系就可能成为那些具有国内法规的缔约方之间的贸易体系，就会危及现存的多边贸易体系。因而，专家组否定了美国的抗辩。本案中，专家组没有明确第 20 条（b）款的适用范围与成员的域外管辖权之间的"本末"关系，而且由于美国和墨西哥争辩的出发点都是针对域外管辖而做出的，所以专家组偏重于从域外管辖权的角度进行审查，并明确指出：美国国内法没有域外效力，美国法院没有域外管辖权（extraterritorial jurisdiction），不能管辖外国在其本国领海或公海的捕捞行为。由此看来，专家组认为，如果进口国能够单方面在域外实施即在出口国境内实施有关保护政策，就会损害到出口国的权利，因此在"金枪鱼/海豚 I 案"中，专家组是明确反对具有域外性质的贸易限制措施。

在"金枪鱼/海豚 II 案"中，欧共体和荷兰认为根据第 20 条（g）款保护的可用尽的自然资源不能是处于采取这个措施的国家的领土管辖权之外。美国则认为在该条款中并没有文字或其它基础能够说明该条款存在这一要求。此时，专家组采取的分析方法较上一案件稍微有些不同。在发现美国的贸易禁令与 GATT 第 14 条相矛盾后，专家组考虑了美国政府对第 20 条（g）款所主张的辩护。欧洲委员会和荷兰的辩护律师认为该条款规定的资源必须是属于采取措施的国家的地域管辖范围之内。专家组第一次注意到了第 20 条（g）款中的用语对所保护的资源的地理位置没有作出任何规定。随后，专家组指出：为保护国外资源而采取的措施原则上应该纳入第 20 条其他单项和 GATT 其他条款来考虑，因为这些单项和条款对标的物位于或行为发生于措施实施国境外的情形有明确规定。第20条（e）款中关于监狱劳动产品的规定就是一个例子。①总之，专家组认为 GATT 并没有绝对禁止缔约方采取在其管辖权外生效的政策，而是将范围限制在缔约方管辖在其境外的本国国民的行为之内。根据国际法原则，一个国家对其国民享有属人管辖权，即使该国民在境外，国家也可以具有管辖权。但是，专家组的解释并没有解决如下问题：如果一个缔约方采取的政策是在其管辖权范围以外管辖他国国民的行为，那么该措施是否属于 GATT 第20条例外条款所适用的范围，专家组并未给出正面回答。

综上，尽管理由不同，但两个案件专家组反对美国的措施的主要原因都是源于美国相关措施的域外性，即相关措施是被设计来强迫其它国家根据美国的政策要求修改这些国家特定的环境政策。但在两个 "金枪鱼/海豚案"，专家组只是初步推断出 GATT 第20条（b）款不具有域外适用效力，只能适用于保护成员方境内利益。对于 GATT 第20条（g）款的适用范围问题没有明确结论。对于由第三方澳大利亚提及的 GATT 第20条（a）款的适用范围问题，专家组更是没有直接回答。更重要的是，由于当时 GATT 的争端解决机制是采取协商一致的原则，所以这两份专家组报告都没有获得理事会的通过，因此即便对争端当事国来说都不具备法律效力。

进入 WTO 时期后，在与美国有关的 "虾/海龟案" 中，DSB 被要求回答上述类似的问题。这一次，DSB 对 GATT 第20条（g）款做了部分阐释。在 "虾/海龟 I 案" 中，案情与几年前的 "金枪鱼/海豚案" 十分相似：采取大拖网捕鱼的现代技术，在捕捞海虾时，把与之结伴而行的珍奇稀有动物海龟也给捕杀了。为了保护海龟，美国法律规定，除非这类渔船装有美式 "放生海龟设备（Turtle Excluser Devices，简称 TED）"，并取得相应证书，否则禁止进口其所捕捞的海虾及其制品。印度、泰国等不服，将争端递交到 WTO。

然而，此案和 "金枪鱼/海豚案" 不同的是：本案中，美国引用的法律依据不再是 GATT 第20条（b）款规定的 "人类、动植物生命例外" 条款，而是第20条（g）款 "可消耗自然资源例外" 条款。因为对于第20条（g）款的适用范围有无地域限制的争论较多，上诉机构绕开

①　See 书稿案号表25, pp. 123–293.

正面回答,撇开第20条(g)款是否允许美国法院作"域外管辖"不论,仅就事论事。首先认定:海龟是濒危的珍稀物种,属于第20条(g)款下"可耗竭的自然资源"范围。接着认定:因海龟游动的特性,从而使游动着并受到危害的海洋种群和美国之间存在着足够的连结(nexus)。换言之,美国可以管辖。①上诉机构的这种阐释对于问题的回答并没有起到实质性的帮助。上诉机构并没有指明 GATT 第20条(g)款的适用范围,而只是就本案所针对的特定对象,指明如果领土之外的政策目标与被告国领土有足够的联系,那么也许就可以证明这一措施的正当性。而事实上,在公共道德领域,除了难民的跨国移动与海龟的游动有某种类似外,其他情况下都很难借助"虾/海龟案"中所使用的这种方法来证明"公共道德例外"条款的适用范围是否存在地域限制。

尔后,在"欧盟海豹产品案"中,"公共道德例外"条款的"域外适用"问题被再次提及,并且成为该案的核心争点之一,但仍然悬而未决。上诉机构在美国"虾/海龟案"中提到过关于 GATT 第20条(g)款是否存在默示的管辖权限制的问题,上诉机构对此也明确表达了立场,当默示存在时,就不会针对该管辖权限制的性质或范围等问题进行审查。具体就本案来说,上诉机构认为"涉案迁徙性濒危海洋种群与美国之间存在足够联系",所以也没有必要对"公共道德例外"条款的"域外适用"问题进行处理和认定。②而欧盟海豹产品贸易制度主要是致力于解决发生在欧盟内部及外部的海豹捕猎问题,涉及欧盟成员国内的公民和消费者对海豹福利的关注问题。但欧盟是否有权管辖发生在欧盟外部的海豹捕猎问题,上诉机构并没有回答该问题。尽管其已经注意到该问题的制度性意义,但加拿大和挪威并未在上诉中提到该问题,因此上诉机构也没有进行相应的审查。③如果是这样的话,那么上诉机构可以说是没有真正理解其作为国际贸易的"最高法院"的角色,上诉机构的存在不仅是为了解决当事人之间的争端,更重要的还在于要"澄清法律"。④因

---

① See 书稿案号表 12, para. 133.

② See 书稿案号表 12, para. 133.

③ See 书稿案号表 6, footnote. 1191.

④ See Understanding on Rules and Procedures Governing the Settlement of Disputes, art. 3. 2, Apr. 15, 1994; Marrakesh Agreement Establishing the World Trade Organization, Annex 2, 1869 U. N. T. S. 401, 33 I. L. M. 1226 (1994).

此很难想象上诉机构会仅仅因为当事人没有提及"域外适用"问题而认定该措施适用范围的合理性。Robert Howse 教授从"欧盟海豹产品案"中得出结论,根据上诉机构就本案提到的欧盟成员国的公民和消费者对海豹福利的关注,从而认定涉诉争议措施与欧盟管辖范围内的利益存在足够的联系,所以就不再进一步考虑"域外适用"问题的做法来看,当一项涉诉争议措施能够回应 WTO 成员方在其管辖范围内的公民和消费者对某一公共道德的真实关注,即使这样的关注已经涉及成员方的管辖范围外,也无需考虑"域外适用"问题。①但此种观点值得商榷。

事实上,有许多国家都禁止海豹制品,即使在其境内没有海豹捕猎活动。他们之所以这样做很大程度上是因为其本国公民对其它地方狩猎海豹行为的残酷性引发了道德上的担忧。WTO 处理公共道德问题的方法可能会与国际法(例如人权法和国际刑法)的许多原则发生冲突,公民真正存在的道德关切是为该国行为进行辩护的先决条件。无论是本国境内还是境外都应当满足禁令要求,因为监管国的行为是基于其公民和消费者的道德关切。正如上诉机构所说,欧盟海豹产品贸易制度旨在保护欧盟"公民和消费者"的海豹福利关注。也许上诉机构试图传达的是,如果有关活动发生在成员国的境内和境外,但该争议措施仅涉及对在境外发生的活动的公共道德关注,则根据 GATT 第 20 条(a)款证明其合理性将引发有关问题,很可能会出现第 20 条"序言"部分的"任意或不合理的歧视"。

从上述案例的发展可以看出,抛开案件的具体情况讨论域外管辖权是没有任何实际意义的。当 WTO 成员方的公民和消费者将其真实关注拓展到域外发生的行为或事件上时,能否落入 GATT 第 20 条(a)款的"公共道德例外"范围进行分析,还需要针对个案不同情况来看。WTO 作为调整各国贸易关系的法律规则体系,始终以自由贸易为核心原则,与此同时也考虑到了各成员方除了自由贸易以外的公共道德等重要的非贸易价值,而这些价值目标是高于自由贸易价值的。WTO"公共道德例

---

① See Robert Howse, Joanna Langille, "Permitting Pluralism: The Seal Products Dispute and Why the WTO Should Accept Trade Restrictions Justified by Non instrumental Moral Values", *The Yale Journal of International Law*, Vol. 37, 2011, pp. 367-432.

外"条款作为一般例外条款来处理公共道德与自由贸易两者之间的关系，倘若进口国所实施的贸易限制措施在任何情况下都不具备域外效力，那么一般例外条款也没有存在的必要了。理由很简单，如果进口国为保护公共道德所采取的措施仅在国内有效，并不会对其它国家造成影响，那么也就不需要适用 WTO "公共道德例外"条款来证明其措施的合理性。①因此，DSB 还是采取了相对明智的做法来对待域外管辖权，做到具体案件具体分析。DSB 对上述案件所作出的裁决，肯定了进口国可以基于保护公共道德等非贸易目标为由，采取贸易限制措施的做法，实际上相当于间接承认了各成员方具有域外管辖权。

可以明确的是，成员方国内的消费者对发生在域外的事件存在的真实关注与其干预域外问题的权利行使之间并无必要联系，换言之，WTO 成员方不能因为本国公民的公共道德关注就干预域外问题。当然不排除已就某一问题达成国际共识的特定情况，那么此时一国公民对他国行为或事件的关注自然可以落入 GATT 第 20 条（a）款"公共道德例外"条款的范围之内。实际上，非贸易限制措施的域外性是令发展中国家以及自由贸易群体如此反对这类措施的最重要原因之一，他们认为，如果 WTO 成员方能够采用此类措施，那么极易导致发达国家对这类措施的滥用，其后果影响难以想象。

（五）基于《维也纳条约法公约》对"域外适用"的解析

GATT 第 20 条没有明确规定该条在地域上的适用范围。依据《公约》的规定，可以依据条款的"上下文""目的、宗旨"及起草历史等来进行分析。首先，从上下文来看，在 GATT 第 20 条下的 10 款例外中，第 20 条（e）款的监狱劳工条款明确赋予成员方对于域外监狱劳工所生产的产品可以禁止进口。仅从这一项来看，GATT 应该是允许域外管辖的。然而，从其他各项的文字表达中却看不出 GATT 有相同的意图。第 20 条（f）款包括"为保护国家有艺术、历史或考古价值的国宝所采取的措施"。"国家（national）"这一术语是模糊的。它意味着政府只可以防止其国内的财宝的输出吗？如果是这样，那么在第 20 条（a）款中不使用"国家"这一术语可能会有很大的意义。又或者第 20 条（f）款将

---

① 参见郭桂环：《WTO 体制下的动物福利与贸易自由》，中国政法大学出版社 2014 年版，第 92 页。

会允许各国政府禁止其他国家的财宝进口以帮助那一国家保留其文化遗产吗？果真如此，第 20 条（f）款就可能允许域外导向的措施。至于第 20 条（b）款，在“金枪鱼/海豚案”中，专家小组依据《公约》的规定决定参考 GATT 第 20 条（b）款的起草历史、起草目的来对其做出解释。①专家小组在研究了该款的起草历史后发现，在 1974 年《纽约草案》中，第 20 条（b）款的条文是：“为了保护人类及动植物的生命或健康，凡进口国对相同条件下设有相应国内保障者。”其中的后半句话是为了防止滥用而写上的，到了日内瓦会议定稿才将其删掉。专家组据此认为：“谈判记录显示，第 20 条（b）款起草人关注的重点是如何使用卫生措施，以保障进口国管辖范围内的动物或植物的生命或健康。”②此外，SPS 协议也可证明 GATT 第 20 条（b）款并不支持对域外的动植物生命、健康进行保护。作为乌拉圭回合谈判重要成果之一的 SPS 协议，在其序言中声称：该协议的目的是“期望因此对如何实施 1994 年关贸总协定中与动植物卫生检疫措施有关的条款，特别是第 20 条（b）款的实施制定具体规则。”该协议第 2 条第 4 款指出：“符合本协议有关条款规定的动植物卫生检疫措施，应被认为符合各成员在 1994 年关贸总协定有关采用动植物卫生检疫措施的义务，特别是第 20 条（b）款的规定。”③因此，SPS 协议可以作为解释 GATT 第 20 条（b）款的重要依据。而 SPS 协议附件 1 中明确规定“动植物检疫措施仅用于保护成员国境内的动植物生命健康”。④据此，GATT 第 20 条（b）款关于人类、动植物生命的例外条款显然不能用于保护域外的与动植物生命健康相关的问题。从这些“上下文”的分析中我们可以推断出，第 20 条（b）款可能只适用于域内导向措施；第 20 条（e）款是适用于域外的；第 20 条（f）款则既可能是域内的又可能是域外的。然而，这些分析除了说明 GATT 第 20 条各款的适用范围各不相同之外，对 GATT 第 20 条（a）款的适用范围的确定没有太大帮助。此外，无论是从第 20 条（a）款之目的、宗旨还是起

① 《公约》第 31、32 条。

② See 书稿案号表 28，para. 5. 26.

③ 《实施动植物卫生检疫措施的协议》（Agreement on the Application of Sanitary and Phytosanitary Measures）的序言及第 2 条第 4 款，载 http://www. wto. org/english/docs-e/ legal-e/final-e. htm，最后访问日期：2020 年 4 月 29 日。

④ 同上，参见该协议的附件 1。

草历史来看都无法明确得知其是否支持域外适用，而"美国博彩案""欧盟海豹产品案"中亦没有回答这个问题。既然以上的解释方法都无法澄清 GATT 第 20 条（a）款的域外适用问题，我们还得从《公约》中来找寻也许不是最恰当但可能是比较合理的答案。

《公约》第 31 条（c）项规定，条约的解释必须考虑适用于当事方的国际条约的相关规定。同时，《公约》第 53 条要求条约不能违背国际法体系中的强行法。这意味着对 GATT 的解释既要符合国际习惯法，又不能违背国际强行法的规定。GATT 第 20 条（a）款的适用范围如果没有地域限制，则一定可以适用于域外导向的措施。换言之，各成员方在 GATT 第 20 条（a）款下就会享有域外管辖权，域外管辖权毕竟事关他国主权，因而不可能轻易发生。根据国际习惯法，国家行使管辖权主要应依据如下四项原则，即：属地、属人、保护性和普遍性原则。其中，属地管辖是指国家对其领土内的一切人和物（享有豁免权的除外）有管辖的权利，显然不支持域外管辖。属人管辖一般指国家对于具有本国国籍的人的管辖，不论有关行为发生在何处，包含一些域外管辖情形，如对本国人在外国的违法行为进行管辖。但是，本书所说的"域外管辖"中，国外有违公共道德的行为往往并非本国人所为，因而该属人管辖原则对于我们要讨论的问题意义不大。保护性管辖原则则是指国家为了保护本国的安全、独立和利益，包括本国公民的生命、财产和利益，而对外国人在本国领域之外，对本国或其公民的犯罪行为实行的管辖。保护性原则强调的是保护本国利益，亦不支持域外管辖。最后，所谓普遍管辖原则意指所有国家均有权对国际法上规定的严重危害国际社会普遍利益的国际犯罪行为实行管辖。①那么，什么是"国际法上规定的严重危害国际社会普遍利益的国际犯罪行为"呢？实际上，对于这种国际犯罪行为的具体种类，国际社会至今并没有达成共识。但是，国际社会公认违反国际强行法的行为属于这种犯罪行为，如战争、反人道、灭绝种族、种族隔离等。因此，国际强行法保护一些基本人权，对于侵犯这些基本人权的行为即是有违公共道德的行为，各国可以行使域外管辖权。这样的法律制度设置和解析可以剔除一些以公共道德为借口的伪装的贸易保护

---

① 参见邵津主编：《国际法》，北京大学出版社、高等教育出版社 2005 年版，第 44 页。

措施。①譬如，以环境问题、动植物保护问题等为借口，将自己的标准强加于他国，造成他国贸易成本的急剧增加从而增强自己的贸易优势等措施。这亦印证了 Thomas 教授所言："如果允许每一个国家对其他国家实施其本国的环境标准，其结果不仅不会促进对环境的保护，反而会导致混乱和无政府状态的出现。"②

（六）阻断外国法不当域外适用的重要机制——阻断法

作为对美国国内法超越地域边界对其管辖领域外发生的行为进行规制的域外效力现象的回应，20 世纪以来，各国便陆续出台了阻断法。③具体而言，阻断法是指禁止外国特定法律以及依据这些特定法律做出的包含实体行为和程序行为在内的行为，在一国境内产生效力的法律统称。可见，各国对域外效力问题始终都持相对谨慎的态度，甚至出台了相关法律来维护自身的合法权益，因此也才会出现上述 WTO 争端解决实践中的域外效力问题分歧。

随着美国单边制裁的不断扩大，阻断法从 20 世纪对美国司法程序的阻断逐渐拓展至对美国特定法律效力的阻断，而相对于阻断程序型而言，阻断实体型则成为当今世界各国立法的潮流。④1996 年，欧盟制定《阻断条例》以阻止美国《赫尔姆斯—伯顿法》《达马多—肯尼迪法》等法律的域外制裁效力，2018 年美国推出伊朗协议并重启对伊朗的制裁后，欧盟又更新了《欧盟阻断条例》来对抗美国的次级制裁。⑤欧盟与此同时还公布了一份关于阻断法适用的《指导文件》。⑥该条例通过规定禁止承认或执行、禁止遵守、豁免、追偿等具体阻断制度，为欧盟公民和企业

---

① 参见李先波、徐莉："贸易制裁与国际人权保护——兼析 GATT 的有关规定"，载李双元主编：《国际法与比较法论丛》（第十九辑），中国检察出版社 2010 年版，第 3~33 页。

② See Thomas J. Schoenbaum, "Free International Trade and Protection of the Environment: Irreconcilable Conflict?", *American Journal of International Law*, Vol. 86, 1992, p. 700.

③ 参见霍政欣："国内法的域外效力：美国机制、学理解构与中国路径"，载《政法论坛》2020 年第 2 期。

④ 参见黄文旭、邹璞韬："反制国内法域外适用的工具：阻断法的经验及启示"，载《时代法学》2021 年第 4 期。

⑤ 参见陈若鸿："阻断法实施的严格进路"，载《国际经济法学刊》2022 年第 2 期。

⑥ See Publications Office of the European Union, European Commission. (2018). *Guidance Note Questions and Answers: Adoption of Update of the Blocking Statute* (2018/C 277 I/03). Retrieved from https://eur-lex.europa.eu/legal-content/EN/TXT/PDF/? uri = CELEX: 52018XC0807 (01), Last Visited on Jul. 12, 2023.

提供了有力的法律保护。而所谓次级制裁，便是美国法域外适用的一种情形，将其经济制裁的法律法规适用于与其无关的第三国企业和个人，以此破坏第三国的经济秩序，影响第三国的社会稳定。①制定阻断法便成为当前应对此类域外管辖和经济制裁的措施。

在中美贸易摩擦不断升级的背景之下，美国的司法"长臂"不断深入中国主权范围，阻断法逐渐成为我国应对美国域外管辖这一重大现实问题的方案之一。于是，商务部在 2021 年 1 月公布了《阻断外国法律与措施不当域外适用办法》（以下简称《阻断办法》），对外国法律与措施的不当适用造成我国利益损害的行为进行了全面的规制，可以说是对我国当前处境的一次重要回应。②《阻断办法》主要规定了以下四个方面的内容：一是拒绝承认禁令内外国法律做出的判决和裁定；二是禁止我国公民、法人或其他组织遵守禁令内的外国法律，否则将面临处罚；三是允许我国公民、法人或其他组织就遵守禁令内外国法律或措施所造成的损失向我国法院起诉并索赔；四是允许我国公民、法人或其他组织以其本身合法权益和国家主权权益为由申请豁免遵守禁令。同年 6 月通过的《中华人民共和国反外国制裁法》将阻断外国歧视性限制措施在本国的效力作为重要的反制手段之一，意味着从更高的立法层级上建立起了我国的阻断法规则。

中国与欧盟在应对美国次级制裁上存在相同的立场，《欧盟阻断条例》与中国的《阻断办法》之间也存在许多共同之处，同属于制裁类的阻断法。要使这类制裁法真正发挥作用，关键就在于其所实施的恰当的处罚方式和执法力度，能够在保护本国企业合法权益和实现阻断法初衷之间找到平衡点。事实上，阻断法的实施具有较大的复杂性，极其容易迫使本国企业陷入两难困境之中，所以很多国家会尽量避免触发阻断法，而欧盟法院在 2021 年发生的一起欧盟企业涉嫌违反阻断法的伊朗 Melli 银行案中，采取一条阻断法实施的严格进路，③为欧盟提供了与美国进行政治谈判的筹码，引起了各国的普遍关注。

---

① 参见唐也斯、杨署东："中国应对美国次级制裁的反制研究"，载《国际贸易》2022 年第 3 期。
② 参见丁汉韬："论阻断法的实施机制及其中国实践"，载《环球法律评论》2022 年第 2 期。
③ See Case C124/20, Bank Melli Iran, Aktiengesellschaft nach iranischem Recht v. Telekom Deutschland GmbH. The Court of Justice of the European Union.

当前，美国面对广大发展中国家的快速崛起，愈发频繁地挥舞其司法长臂，所实施的域外管辖本质上就是利用其在国际贸易各领域内的领先地位来实现对国际市场的全球监管，并通过法律的形式将本国的国家意志和利益强加于人。而回归到 WTO "公共道德例外" 条款的域外适用问题上来看，该条款也可能成为其实现单边主义、保护主义的工具，以保护本国公共道德为借口，对域外产品实施贸易限制措施。我国作为多边主义的有力倡导者和践行者，有义务对一国的单边主义、保护主义做法进行阻断和反制。①因此，在对待该问题时应当更为仔细和谨慎。

---

① 参见丁汉韬："论阻断法的实施机制及其中国实践"，载《环球法律评论》2022 年第 2 期。

第四章

WTO "公共道德例外"条款对构建人类命运共同体的呼应：涵摄人权保护

习近平总书记于 2015 年 9 月在第 70 届联合国大会上首次提出并系统阐释了人类命运共同体理念。它强调在多样化社会制度总体和平并存、各国之间仍然存在利益竞争和观念冲突的现代国际体系条件下，每一个国家在追求本国利益的同时需兼顾他国合理关切，在谋求本国发展中促进各国共同发展，其核心理念就在于和平、发展、合作、共赢，其理论原则是新型义利观，而其建构方式是结伴而不结盟，其实践归宿则是增进世界人民的共同利益、整体利益以及长远利益。①人类命运共同体理念是中国领导人基于纷杂的国际形势与人类未来的发展，而提出的"中国方案"。该理念从 2017 年开始先后被写入联大决议、安理会决议、人权理事会决议，既彰显了中国和中国方案对全球治理的重要贡献，同时也通过实践证明了，中国已经把构建人类命运共同体理念成功变成全球性共识。

尊重、包容与多元观在和平与发展的时代主题之下成为了当今国际社会的主流价值，与此同时，尊重与保障人权理应成为国际社会与各国政府的责任与担当。然而，面对当前国际社会纷繁复杂的形势，加之"东西之争""南北差异"等历史遗留问题，全球人权保护现状参差不齐甚至令人担忧，全球人权保护与治理问题已经成为当今世界各国所面临的突出问题，也是人类社会共同面临的全球性挑战。②人类命运共同体理

---

① 参见李爱敏："人类命运共同体：理论本质、基本内涵与中国特色"，载《中共福建省委党校学报》2016 年第 2 期。

② 参见张永和、郑若瀚：《世界人权保障的中国方案》，五洲传播出版社 2019 年版，第 144 页。

念为应对当前全球性挑战指明了出路，对完善国际人权治理提供了重要启示，发展和促进全球人权治理，是构建人类命运共同体的应有之义。它要求确立各国人民和全人类的集体人权，要求各国政府对各项集体人权承担共同和相互的义务，遵循共建共商共享的集体人权平等原则，打破国家行动选择上的囚徒困境，为国际霸权主义行径设定集体人权的边际约束，实现人类整体利益的最大化。[①]

WTO 作为当代最重要的国际经济组织之一，为解决全球贸易争端创造了新的机制和程序，以促进各成员方间的多边贸易发展。值得注意的是，贸易自由化和人权保护之间的互动由来已久，二战之后国际贸易体制与人权保护机制就在各自领域内不断深化发展，自 1999 年 "西雅图事件" [②]暴发之后，贸易与人权的关系尤为引人注目，已是当前一个非常重要且具争议性的国际议题。对 WTO 成员方而言，各方深化与落实自由贸易体制的程度已经被落实人权被尊重与保障的程度所影响。在构建人类命运共同体语境之下，利益共享、决策共商、责任共担，成为促进全球人权健康发展的有效途径。种种实例已经表明，各民族和国家的利益具有相关性、连带性和整体性，狭隘的民族或国家利益观已经无法满足和保障人类对美好生活的愿景。WTO 现有 164 个成员，其成员之间的贸易额占世界的绝大多数，各成员间利益息息相关。而一个成熟的、具有道德准则的 WTO 多边贸易体制对人权的促进和保障作用是毋庸置疑的，同时也需要各成员方间的利益共享、决策共商、责任共担。

贸易自由与人权保护的制度性冲突在现如今社会愈演愈烈，新型冠状病毒疫情的爆发被联合国秘书长古特雷斯认为正在迅速演变成为一场人权危机。[③]而为了应对这场人权危机，各国纷纷采取限制人员和货物流

---

① 参见常建："构建人类命运共同体与全球治理新格局"，载《人民论坛·学术前沿》2017 年第 12 期。

② 1999 年 11 月 30 日，反全球化人士在美国西雅图举行大规模游行，导致原定举行的世界贸易组织会议开幕式被迫取消。当时有成千上万的反全球化人士加入进来，想要引起世贸组织在贸易环境、劳工标准的竞争政策等方面的关注，希望世贸组织进一步讨论提高劳工标准问题。从最初一个和平的游行示威活动，演变成一场全面骚乱，警察局及国家安全部门都出动了大批警力以维护秩序。

③ See António Guterres, "This is A Time for Science and Solidarity", available at https://www.un.org/en/uncoronavirus-communications-team/time-science-and-solidarity, Last Visited on Apr. 29, 2020.

动的贸易自由限制措施，对全球贸易自由化发展产生了不同程度的限制性影响。新冠肺炎疫情发生以来，构建人类命运共同体理念更加深入人心，习近平总书记在同多国领导人致电时，多次提到人类命运共同体理念，表达中国愿与各国携手应对挑战，共建美好世界的真诚愿望。在这样的语境之下，WTO 规则中的"公共道德例外"条款提供了一种解决机制，以缓解人权与贸易发展之间的冲突。根据 WTO "公共道德例外"条款，在发现成员方违反某项协定的主要规则时，能够依据人权问题提出主张，在人权和贸易自由产生冲突时，人权将具有优先和例外的地位。人权是当前疫情保护的关键，贸易自由同样也是保障人权和经济的基本条件。WTO "公共道德例外"条款通过这样的规则设置进一步彰显了人权的重要性，同时也对构建人类命运共同体作出了呼应。一方面承认了自由贸易产生的经济效益和社会福利为保护人权铺设的必要前提条件，另一方面也承认了人权目标的合法性。①其作为一种手段，可以确保在解释和适用 WTO 规则时将国际人权规范和标准适当考虑其中，以避免可能发生的规范和标准之间的冲突。②

但鉴于人权的不确定，很难确定特定的贸易限制措施与据称被侵犯的人权之间的明确关系。在表达可能受贸易限制措施影响的那些人权时还需要更加具体，以便适用 WTO "公共道德例外"条款。这有可能会促使人们更加仔细地考察贸易自由和人权之间的关系，WTO "公共道德例外"条款也可能会成为促进和管理这种关系的有效工具，特别是在明确界定受贸易影响的人权方面。正如大多数国际法学者所普遍承认的那样，人权与 WTO 之间牵涉到许多法律和经济问题，十分复杂。因此，WTO 总体上对人权事务通常采取十分谨慎甚至是消极的态度，同时也有很大一部分国际法学者反对将人权纳入"公共道德"范畴，但在 WTO 运行过程中并不能完全回避与贸易有关的人权问题，而目前比较可行的做法仍然是应当探讨如何运用现有 WTO 机制来解决国际贸易与人权的问题，鉴于人权问题的敏感性，在运用"公共道德例外"条款时应当持十分慎重的态度，这有赖于 WTO 专家组和上诉机构在解决具体问题时对该条款

---

① 参见时业伟："全球疫情背景下贸易自由与人权保护互动机制的完善"，载《法学杂志》2020 年第 7 期。

② John H. Jackson, "The World Trading System: Law and Policy of International Economic Relations", *MIT Press*, 1989, p. 206.

的创造性运用。①

第一节　人类命运共同体下 "公共道德" 与人权的交互作用

以习近平同志为核心的党中央在结合新国际形势下，顺应国际潮流，提出了人类命运共同体理念，为人权保障提供了理论基础。而所谓人权，是指人，因其为人，而应享有的权利。这就意味着，每个人都应该受到合乎基本人权或者自然权利的对待。近年来，人权保障逐渐为各国所重视，现今许多国家利用 "公共道德" 的维持作为主张人权保障的利器，GATT 第 20 条（a）款及 GTAS 第 14 条（a）的 "公共道德例外" 条款似乎为各成员方提供了一条解释人权保障适用的路径。在构建人类命运共同体的背景下，公共道德与人权保护的交织发展关系着全人类命运，非一国之力所能应对，更需要国际社会携手合作，关键之处还在于厘清二者在该背景下的关系，在谋求本国人权保障发展的过程中与世界各国一同发展。②

一、"公共道德" 的人权内涵

联合国人权事务高级专员公署曾论述过人权与服务贸易自由化的关系，其认为，保护公共道德等与人权法概念相近的主题，GATS 将这些概念列入其中，可以看作是对生命权、健康权等人权方面的连结，由人权角度切入的方法，促进了 GATS 中的核心人权观点。③但同时也承认解释这些隐含在公共道德范畴内的人权概念是困难的。④如前所述，要确定 "公共道德" 是否具有人权内涵，应依据《维也纳条约法公约》对 "公共道德" 内涵进行解释，包括 "通常意义" 上的含义、由 "上下文" 语

---

① 参见刘敬东：《人权与 WTO 法律制度》，社会科学文献出版社 2018 年版，第 261 页。
② 参见宋云博："人类命运共同体视域下法治社会新秩序的责任思维及其体系建构"，载《南京社会科学》2019 年第 3 期。
③ See UN, Commission on Human Rights, Sub-Mission on the Promotion and Protection of Human Rights, Liberalization of Trade In Services and Human Rights: Report of the High Commissioner, p. 63, E/CN. 4 Sub. 2/2002/9 (June 25, 2002).
④ See UN, Commission on Human Rights, Analytical Study of the High Commissioner for Human Rights on the Fundamental Principle of Nondiscrimination in the Context of Globalization: Report of the High Commissioner, pp. 33-34&52, E/CN. 4/2004/4 (Jan. 15, 2004).

境推定的含义、依据"目标或宗旨"推导的含义，以及依据"辅助资料"得出的含义，并按照此类顺序进行分析。

（一）"通常意义"上的含义

"美国博彩案"对"公共道德"一词"通常意义"上的含义解释是通过查询词典所得出的，据此 DSB 将其定义为"一个社会或国家维持的行为对错标准"。①该解释与具有权威性的法学字典《布莱克法律词典》（Black's Law Dictionary）一致。虽然这样的解释并不会出现什么大的差错，但是该定义却丝毫没有触及到关于"公共道德"的任何实质性的内容，也没有对其包含哪些原则和规则等问题给出明确的答案。但根据该定义，可以理解为其内涵能够随着时间、空间的变化而变化，对于具有不同社会文化、政治体制和历史的国家，也可以采用不同的原则和规则进行考虑，是较具有灵活性和不确定性的。从而可能导致 WTO "公共道德例外"条款逐渐发展成一条概括性条款，具有过于宽泛的范围。所以在具体争议中某一项政策目标是否能够真正属于"公共道德"的范畴通常都是未知的，因为"公共道德"的内涵是变化着的，难以通过探寻"通常意义"上的含义找到一个清晰明确的回答，反而要借助演进解释和单边主义的方式来推导出"公共道德"的人权内涵。

但根据 DSB 在"美国博彩案"中解释"公共道德"一词的观点来看，包括人权保障在内的任何政策目标都有可能被包含在"公共道德例外"条款所保护的公共利益之内。Charnovitz 在对 GATT 第 20 条的历史资料分析之后，其认为"公共道德例外"条款是可以涵盖奴役、武器、麻醉品、酒类、色情、宗教、强迫劳动和动物福利。"公共道德例外"条款本身包含了多样系列选择性价值而成员方可以根据自身具体情况来确定"公共道德"的内容。②实际上"欧盟海豹产品案"也为界定"公共道德"与人权的关系作出了有益的参考，欧盟海豹产品禁令旨在禁止以不人道的方式捕猎海豹，并将动物福利纳入"公共道德"的范畴，换言之，以不人道的方式对待人类无疑是更严重的损害公共道德的行为。

Leary 还曾提出过，将结社自由、集体议价、禁止强迫劳动和就业歧

---

① See 书稿案号表 1, para. 6.465.
② See Steve Charnovitz, "The Moral Exception in Trade Policy", *Virginia Journal of International Law*, Vol. 38, 1998, p.361.

视等最低的国际劳工标准，构成国际劳工组织的基本人权标准，写入国际人权公约之中，以为国际社会所普遍接受。①将道德标准局限于劳工标准之中，能够解决国际社会对有关条款存在的广泛争议。根据这样的思路来看，要将人权纳入 "公共道德" 范畴之内也可以借鉴把某些人权视为 "道德标准" 的方式。Salman Bal 也曾经作出过此类呼吁。②联合国难民署高级专员也赞同 WTO 争端解决机构将国际公认的人权规范和劳工标准纳入 "公共道德例外" 条款之中。③欧盟与加勒比国家的经济伙伴协议也曾经作出过类似的规定。因此，依 "公共道德" 的文本含义来看，人权价值是可以被包含其中的。

（二）由 "上下文" 语境推定的含义

在 GATT 第 20 条 "一般例外"，除 "公共道德例外" 之外，与人权最为相关的还有 "保护人类和动植物生命健康例外" 和 "监狱囚犯产品例外"。由于这些例外规定是被单独列举出来的，那么有可能在解释中被认为每一项例外都会有其自身存在的独立内涵，因此各例外规定之间就没有必要存在重叠。按照这种解释方式，"公共道德例外" 就将会把人权价值排除之外。但显然这样的上下文解释方式并不适用于 WTO 之中。相较于静态的国内法而言，对于现拥有 164 名成员的 WTO 此类国际组织需要更多的灵活和动态解释，同样的条件解释或许在国内法背景下能够得到相对满意的答案，但在国际社会中却可能适得其反。因此，GATT 第 20 条的各项例外虽然在形式上是独立存在的，但并不能否认其各项范围的重叠性。④

实践中会存在被诉方援引 GATT 第 20 条的多款例外规定进行抗辩的情况，例如在 "美国汽油案" 中，美国就同时援引 GATT 第 20 条的

---

① See Jagdish Bhagwati, *Robert E. Hudec*, *Fair Trade and Harmonization*：*Legal Analysis*, The MIT Press, 1996, p. 221.

② See Salman Bal, "International Free Trade Agreements and Human Rights：Reinterpreting Article XX of the GATT", *Minnesota Journal of Global Trade*, Vol. 10, 2001, p. 78.

③ See Office of the U. N. High Comm'r for Refugees, Human Rights and World Trade Agreements：Using General Exception Clauses to Protect Human Rights, at 12, U. N. Doc. HR/PUB/05/5（Nov. 2005）.

④ 参见黄安平："人权保障视角下的 WTO 公共道德例外条款研究"，上海交通大学 2014 年博士学位论文。

（b）款、（d）款和（g）款。①在"欧盟海豹产品案"中，欧盟也主张通过 GATT 第 20 条（a）款和（b）款来证明其既定政策目标的合法性。②除此之外，与人权保护有关的上下文还包括了 GATT "序言"中所规定的"提高生活水平和保证充分就业"的宗旨，以及"可持续发展"的目标，能够与社会经济发展权益要求相吻合。但是不得不承认的是，依据"上下文"语境推定的定义并不能在人权保护和公共道德之间建立起直接的联系，否则过于牵强。

（三）依据"目标或宗旨"推导的含义

GATT 第 20 条的目标或宗旨是具有双重属性的，一方面为促进贸易自由化发展，另一方面则允许各成员方基于自身公共政策目标违反自由贸易的实体性义务。鉴于各国不同的国内道德，如果在国际上统一界定"公共道德"的范围和内容，可能会导致相应的界定内容和各成员方的国内公共道德有出入，这便与 GATT 第 20 条目标或宗旨相悖。给"公共道德"强加上普遍的定义，就有可能直接导致"公共道德例外"条款失去原有的效用和价值。由此可见，各成员方应当是有一定的自由决定权来依据本国的文化价值观念等界定"公共道德"的内涵和范围，那么人权保障应当也可以被纳入"公共道德"的范围之内。

值得注意的是，或许 GATT1947 的"公共道德"内涵并不能囊括人权价值，但是 GATT 相较于 GATT1947 而言，其目的或宗旨已经发生了较大的改变，且在这两个条约中间的五十年间，人权早已发展成为一种普世性的价值，若将其纳入 GATT 或 GATS 的"公共道德"范围之内能够与其相应的目标或宗旨保持一致。③

此外，根据 GATS 的"序言"要求，WTO 成员方要在认识促进贸易自由化发展义务的基础上，"认识到各成员方为实现国家政策目标，有权对其领土内的服务提供进行管理和采用新的法规"。而对于许多国家而言，保护人权属于其本国"公共道德"范畴，属于上述根据国别定义的"公共道德"。将人权价值纳入 WTO "公共道德例外"条款范围之内，是

---

① See 书稿案号表 11, para. 6.4 (b).

② See 书稿案号表 5, para. 7.3.

③ 参见黄安平："人权保障视角下的 WTO 公共道德例外条款研究"，上海交通大学 2014 年博士学位论文。

符合 GATS "序言"要求的。

（四）依据"辅助资料"得出的含义

根据《公约》第 32 条的规定，在难以充分解释条约的情况下，还可以借助相应的立法背景和准备资料以解释含义。

从 WTO "公共道德例外"条款的缔约历史来看，"保护公共道德所必需的措施"这一表述毫无变动地出现在了 GATT 的不同版本的草案之中。可见缔约方对"公共道德"一词的具体含义解释并没有争议，其中也隐含着缔约方对"公共道德"内涵的不确定性认识，其承认"公共道德"内涵本身并不会一成不变，而会随着时代的演进不断丰富发展，因此没有必要进行进一步地限定解释。①若要根据各国不同的国情，围绕"公共道德"的不同内涵情况进行细节性地定义，这根本是毫无可能完成的工作。因此 WTO 在最终的文本之中也没有对"公共道德"内涵作出进一步的解释。②在 1986 的乌拉圭回合谈判中，GATS 协定也纳入了同 GATT 相类似的"公共道德例外"条款，仍然没有对"公共道德"的内涵进行澄清，而是补充"公共秩序例外"，因此在服务贸易中可以以"公共秩序例外"为由实施服务贸易限制措施，但不适用于货物贸易之中。并且适用"公共秩序例外"时还要符合社会基本利益受到严重威胁这一前提条件。由此也可以得出结论，WTO "公共道德例外"条款长期以来都是作为一种灵活的机制进行适用，成员方也可以因时因地制宜地将其本国公共道德纳入该条款的范畴之内。

订立 GATT 之初之所以会加入这样的一般例外规定，原因在于原来的商业性条约中就出现过类似的条款，所以 GATT 在制定以后也没有给出相应的具体解释。而这类商业性条约则可以作为解释 WTO "公共道德例外"条款的"准备资料"以供查阅和参考。根据对这些商业性条约的考察，可以得出结论，GATT 第 20 条（a）款所包括的"公共道德"范围至少应当有（禁止）奴隶制、武器、毒品、色情、宗教、强迫劳动、

---

① See Steve Charnovitz, "The Moral Exception in Trade Policy", *Virginia Journal of International Law*, Vol. 38, No. 4, 1998, pp. 689-746.

② See Steve Charnovitz, "The Moral Exception in Trade Policy", *Virginia Journal of International Law*, Vol. 38, No. 4, 1998, pp. 689-746.

酒精和动物福利。①从该结论来看，人权关切是被囊括其中的。而 WTO "公共道德例外" 条款对人权保护的道德关切建议实际上是开放的，因此对部分人权学者而言，通过考察准备资料的方式，即可发现人权关切是被包含在 "公共道德" 之内。

与 WTO 一般例外条款相类似的，还有大陆法系的公共秩序保留制度。即允许成员方以保护国内公共秩序为理由以本国法代替外国法的适用，或者拒绝执行外国法院判决和仲裁裁决。②《承认和执行外国仲裁裁决公约》（简称《纽约公约》）第 5 条就作出了相应的规定，如果承认和执行有关裁决会违背该国的公共秩序，那么就可以拒不承认和执行该仲裁裁决。而对于公共秩序的范围，该公约也没有作出统一的规定，而是留由各成员方自行决定。③马德才对该条文进行了详细的分析。首先，从适用措施来看，《纽约公约》所指的 "公共秩序" 是以 "该国" 为标准，而不是以 "国际社会" 为标准；其次，公共秩序保留制度所要维护的是被请求承认或执行裁决的国家的公共利益，而非整个国际社会的公共利益；最后，"公共秩序" 的内涵是与相应的地点相关联的，一国可以基于其国内的信仰而主张相应的 "公共秩序"，且可能不同于其他国家，在不同的国家内，"公共秩序" 将会包括不同的特殊内涵。④

除此之外，一些学者也主张在灵活解释 WTO "公共道德例外" 条款时将人权等现代社会的核心价值观囊括其中。如 Cleveland 认为 "公共道德例外" 条款容纳人权制裁措施的可行性很大。⑤Misha Boutilier 认为GATT 第 20 条（a）款为应对大规模暴行犯罪而证明人权制裁合法的能力是值得关注的。⑥当然，也有学者认为 "公共道德" 范畴的人权内涵并

---

① See James Harrison, *The Human Rights Impact of the World Trade Organization*, Hart Publishing, 2007, p. 209.

② See Audley Sheppard, "Interim ILA Report on Public Policy as a Bar to Enforcement of International Arbitral Awards", *Arbitration International*, Vol. 19, 2003, p. 217.

③ See Audley Sheppard, "Interim ILA Report on Public Policy as a Bar to Enforcement of International Arbitral Awards", *Arbitration International*, Vol. 19, 2003, p. 221.

④ 参见马德才："《纽约公约》中的公共政策性质之辨"，载《法学杂志》2010 年第 4 期。

⑤ See Sarah H. Cleveland, "Human Rights Sanctions and International Trade: A Theory of Compatibility", *Journal of International Economic Law*, Vol. 5, 2002, p. 157.

⑥ See Misha Boutilier, "From seal welfare to human rights, can unilateral sanctions in response to mass atrocity crimes be justified under the article xx (a) public morals exception clause", *University of Toronto Faculty of Law Review*, Vol. 2, 2017, p. 109.

不能与人权法的人权内涵相一致，甚至应当是更加广泛的。①而将人权内涵纳入 "公共道德" 范畴内实际上一直都是一个相对敏感和复杂的议题，因此也遭到了不少学者的反对，如 Bhagwati，但他并非否认 "公共道德" 包含人权价值，而是担心一旦将人权价值纳入其中可能会对 WTO 的稳定性造成极大冲击，可能会触及到政治领域的各种因素，从而削弱多边贸易体制的功能。②这样的担忧并不空穴来风，而是有一定道理的，但 WTO 必须面临这样的一种挑战，可以考虑作为一种有限的人权价值纳入其中。

以上的学术观点都具有一定的国际法理论和实践基础，但是否能够真正适用于解决人权与 "公共道德" 之间的关系仍具有不确定性。然而，可以看出来的是，"公共道德" 一词的内容具有非常广泛的含义，而对于这个广泛的定义是可以赋予时代内容的，尊重人权原则正是时代所赋予 "公共道德" 应有的内涵。正如罗伯特·豪斯所言，现代世界关于公共道德的每一个观点都不能完全孤立于人权、尊严以及反映基本权利能力的关切。③不过不能忘记的是，在 WTO 运行过程中总是会因为人权事项而引发激烈的争论，同时这类人权保护还经常可能会沦为 "贸易保护主义" 的借口。这些问题都是 DSB 在适用该条款解释人权保护限制措施所需要考虑的问题。有一些 WTO 法的研究学者认为，仅仅只是考虑如何在解释 WTO "公共道德例外" 条款时将人权保护考虑在内是远远不够的，更多地应当是如何识别以人权为由实施的 "伪装的贸易保护主义"，后者才是 DSB 所需要面临的真正的难题。当然，也不能因为这些难题，就否定运用 WTO "公共道德例外" 条款来解决人权问题的做法，还需要在 DSB 的司法实践中逐渐解决难题。

二、WTO "公共道德例外" 条款与人权保护的关系

从发展和增进人权的角度来看，我们倡导构建的人类命运共同体是一个人人得享人权的命运共同体。如前所述，在贸易自由与人权保障发

①　See Anthony E. Cassimatis, *Human Rights Related Trade Measures under International Law*: *The Legality of Trade Measures Imposed in Response to Violations of Human Rights Obligations Under General International Law*, Martinus Nijhoff Publishers, Vol. 94, 2007, p. 355.

②　See Jagdish Bhagwati, *The World Trading System at Risk*, Princeton University, 1991, pp. 21–22.

③　See James Harrison, *The Human Rights Impacts of the World Trade Organization*, Hart Publishing, 2007, p. 205.

生冲突时，人权保障处于优先地位。因此，在人类命运共同体视阈下，要求我们思考如何在促进贸易自由化的基础之上，加强和改善全球人权状况，以贸易和人权健康发展为路径，最终实现人人得享人权的命运共同体宏伟目标，推动全球贸易发展。贸易和人权两大国际体制虽然自始是独立发展的，但受到两种体制制约的国家却处于矛盾之中，一国采用的贸易政策有可能导致对人权的损害。两大体制在不同发展路径上却存在着相同的目标和宗旨，都以促进较高的生活水平、充分就业及经济与社会发展为目标，能够以此目标来调和二者之间的冲突，使二者相辅相成、相互促进。最终还要回归至实现人类整体利益的最大化，以践行人类命运共同体理念。

（一）WTO "公共道德例外" 条款促进人权保护的必要性

共同发展是促进和保护人权的关键，彰显了人类命运共同体理念下实现集体人权的主张。WTO 作为重要的国际性组织，关系人类全体利益，它与其他人权条约或人权机构一样，都旨在促进人类福祉，而不是单纯以经济发展为目标，通过 WTO "公共道德例外" 条款来促进人权保护具有一定的必要性，是对构建人类命运共同体作出的有力呼应。

1. 源于 WTO 保护人权的法律义务

WTO 作为世界经济体系三大支柱之一，其成员方大多数都批准了各种国际人权公约，也承担着相应的国际义务，其在 WTO 体制下的国际活动也必须保证对这些人权义务的履行。WTO 不能从事那些削弱各成员方义务的行为，也就意味着其对国际人权义务的应允。即使 WTO 不是人权条约的缔约者，同时也不是人权义务的直接承担者，但基于其与各成员方的紧密联系，很明显不能完全割裂 WTO 和国际人权义务之间的关系。

WTO 人权义务的法律基础也即国际人权法律体系的基础，包括《联合国宪章》和《世界人权宣言》。《联合国宪章》在成立之初就将保护人权作为一个国际组织的宗旨进行规定，人权开始成为国际社会所关心的一个中心事项。《人权宣言》则是对《联合国宪章》所声称的 "人权及基本自由" 的具体内容作出了系统且详细的阐述。尔后签订的《公民权利和政治权利国际公约》以及《经济、社会及文化权利国际公约》两份具有强制性的联合国人权公约以法律方式具体规定了个人权利和基本自由，对国际人权领域产生了重大影响。

对于 WTO 成员方而言，人权的内容不能仅仅局限于一种最低限度的保障，而应当是处于不断扩充之下，并在国际社会形成具有广泛共识的人权标准，以此来对 WTO 成员方产生普遍的约束力。无论是公民权利和政治权利，还是经济、社会权利，甚至是发展中的集体权利，都可以成为 WTO 人权的基本内容，也是 WTO 所必须保护的人权内容，需要各国共同努力，让人权发展成果由各国人民共同分享。

2. WTO 框架下贸易与人权的紧密关系

WTO 框架下的人权实质上是作为 WTO 法的基准条件而存在的，它能够理性、宏观地认识国际贸易与人权关系的本质和发展规律，人权理念同时也是 WTO 立法和争端解决的指导性原则，在解决多边贸易体制与人权的冲突问题之中，更是发挥了显著作用。

劳工权利作为人权的重要内容之一，与贸易的关系是最为密切的，可以追溯至 18 世纪末，早期国际社会已经开始努力制定国际劳工标准。而劳动力本身就可以被看做是贸易产品与服务生产过程中的内在要素之一。①将劳工标准视作贸易的一部分无可厚非。《公民权利和政治权利国际公约》明确了劳工成立和加入工会的权利。《经济、社会及文化权利国际公约》也清晰规定了劳动者的相关权利，包括工作权、劳动报酬权、组织和参加工会等权利。劳工权利所反映的人权属性是毋庸置疑的，而其与贸易政策的联系也是说得通的。②例如，皮革手袋的生产加工过程使得工人反复接触危险化学用品，侵犯了工人健康权等基本人权，因此各国可能采取相应的贸易限制措施抵制皮革手袋的自由贸易。在 "欧盟海豹产品案" 中，欧盟援引 "公共道德例外" 条款来限制以非人道的杀害海豹方式而售出的海豹产品。由此也可以来论证执行有关贸易限制措施对于保护上述例子中工人健康的必要性。③

发达国家更是早就将人权与劳工标准、与贸易结合起来。④比如，美

① See Steve Hughes, Rorden Wilkinson, "International Labour Standards and World Trade: No Role for the World Trade Organisation?", *New Political Economy*, Vol. 3, No. 3, 1998, p. 381.

② See Michael J. Trebilcock, Robert Howse, "Trade Policy & Labor Standards", *Minnesota Journal of Global Trade*, Vol. 14, No. 2, 2005, pp. 272–273.

③ See Michael J. Perry, "Two Constitutional Rights, Two Constitutional Controversies", *Connecticut Law Review*, Vol. 52, No. 5, 2021, pp. 1597–1651.

④ 项目组已做了相关研究。参见朱海龙、李泽诚："日本劳动关系协调机制及其对中国的启示"，载《贵州社会科学》2022 年第 2 期；朱海龙："美国劳动关系三方协调法律机制的形成与思考——以工人运动为视角"，载《国外社会科学》2016 年第 3 期。

国在早期的自由贸易协定就逐渐形成了包括劳工标准条款在内的实践惯例。自1994年《北美自由贸易协定》首次纳入劳工标准至2019年，全球范围内已有85个自由贸易协定纳入劳工标准①。《全面与进步跨太平洋伙伴关系协定》（CPTPP）是迄今为止开放程度和规则水平最高的国际经贸规则，劳工标准条款在正文中以独立条款形式受到高度重视。当前，中国政府已正式提出申请加入CPTPP，相较于我国签订的其他贸易协定，CPTPP劳工标准条款的规定更为全面和严格，并首次将劳工标准与贸易协定的争端解决机制挂钩，这使得劳工标准有可能成为贸易壁垒的有效方式。②对中国而言，如何接受CPTPP有执行力的劳工标准是一个巨大挑战，同时也意味着我国将在事实上承认劳工标准与国际贸易的关系。③而欧盟则是以批准特定人权条约数量标准作为获得欧盟额外贸易优惠待遇的前提条件，如果没有达到相关标准将会被撤销优惠待遇。当前也有许多非政府组织以及发达国家的劳工组织借助游说等方式，推动本国政府通过贸易措施手段迫使发展中国家提高国内劳工标准。

3. 人权与多边贸易体制的相互浸透

随着国际法治的发展和进步，贸易与人权在各自领域内都形成了较为成熟的法律体制。当然在很长一段时间内，还存在各自为营的状态。贸易法单纯以促进贸易自由为目标，而人权法也纯粹以保障人权为目标，二者一直处于孤立封闭的状态之中。英国学者柯蒂尔教授曾这样评价过贸易自由和人权保护的关系，"尽管事实上人权关怀一开始需要解决的是奴隶制问题，而在19世纪这是一个贸易问题，但两个领域在相互孤立地演进。因而，贸易与人权走的是传统的制度分立模式"。④冷战期间两者相互独立的关系最为明显。而在冷战结束之后，经济全球化趋势越来越强，国际贸易体制与国际人权体制逐渐产生了共同的基础，原生的国家民族体制对包括多边贸易体制和国际人权体制在内的整个国际法体系构

---

① See International Labour Office, *Labour provisions in G7 trade agreements: A comparative perspective*, International Labour Office, 2019.

② 参见田原："CPTPP劳工标准条款与中国对外投资合作发展策略"，载《中国外资》2021年第13期。

③ 参见李西霞："论CPTPP有执行力劳工标准及中国的应对措施"，载《中国劳动关系学院学报》2021年第4期。

④ See Thomas Cottier, "Trade and Human Rights: A Relationship to Discover", *Journal of International Economic Law*, Vol. 5, 2002, p. 111.

成了障碍，经济全球化对多边贸易体制以及国际人权体制产生了重大影响。①多边贸易体制与国际人权体制之间的孤立状态被打破，而需要构建新的关系来应对此类国际变化。国际经济秩序将会成为人权保障的手段，而国际贸易也就成为保护人权的议题之一，这就意味着人权法和人权语言将会成为多边贸易体制的基础。当然，人权委员会对此也会开始担忧多边贸易体制对人权产生的负面影响。在这样一种封闭孤立状态被打破的情境之下，可能更多地导致多边贸易体制与人权之间的冲突与紧张关系，两者之间还缺乏包容与相互支持。②而这两者之间现存的不一致性在此次新冠疫情影响下也有所凸显，例如，世界上几乎每个国家都对关键医疗用品的需求急剧增加，且依赖于全球价值链和国际贸易来购得此类产品。但是疫情流行下产生的贸易壁垒也促使此类医疗用品难以在全球范围内自由流动，实际上已经损害个人权利，而在这种情况下，WTO "公共道德例外"条款作为平衡器的作用也在全球贸易体制和人权保护机制中得到体现。

不可否认的是，长期以来对于人权保护与 WTO 规则有无直接联系的问题，发达国家和发展中国家还存在不同的看法。以劳工标准为例，许多发展中国家认为将劳工标准带入 WTO 中，实际上是发达国家想要降低其贸易伙伴的比较优势，尤其破坏其国际贸易能力，且现阶段倡议的劳工标准对他们而言还相对较高，很难达到。所以，他们认为将劳工标准带入多边贸易谈判议程的努力很可能就是贸易保护主义的烟雾弹。③但是很多西方学者都认为，应当用发展的眼光来看，所以在 WTO 规则中应该涵盖违反核心劳工标准的行为，以核心劳工标准为基础的贸易措施应当属于 WTO "公共道德例外"条款范围。④

在西方国家所主导的非普惠、不均等发展方式之下，目前全世界仍有 8 亿人处于极端贫困之中，每年有将近 600 万的孩子在五岁之前就夭

---

① See Samuel K Murumba, "The Universal Declaration of Human Rights at 50 and the Challenge of Global Markets: Themes and Variations", *Brooklyn Journal of International Law*, Vol. 25, 1999, p. 5.

② See Caroline Dommen, "Raising Human Rights Concerns in the World Trade Organization Actors, Processes and Possible Strategies", *Human Rights Quarterly*, Vol. 24, 2002, p. 13.

③ See WTO, Understanding the WTO, WTO, 2010, p. 75.

④ See Robert Howse, "The world Trade Organization and the Protection of Worker's Right", *J. Small & Emerging Bus.* 1, Vol. 3, 1999, p. 7.

折,还有将近 6000 万儿童未能接受教育。这样的发展方式弊端凸显,不仅难以继续,且有违公平正义。而中国所提出的"构建人类命运共同体",具有谋求开放创新和包容互惠的发展前景,有利于共同营造人人免于匮乏、获得发展、享有尊严的全新发展环境。要求维护世界贸易组织规则,支持开放、透明、包容、非歧视的多边贸易体制,推动建设开放型世界经济;要求加强全球经济治理,健全发展协调机制,各国特别是主要经济体要加强宏观经济政策协调。①在这样的理念指引下,世界各国只有一起发展才是真正的发展,可持续发展才是好发展,反过来也才能更好地进一步尊重和促进人权保护。

(二) WTO "公共道德例外"条款保护人权的可行性

WTO "公共道德例外"条款通过解释、澄清该条款的方式来处理人权与贸易之间的关系,将人权价值纳入"公共道德"的范畴之内,反映出当代的共同价值准则,而不会影响原有例外条款的微妙的平衡。DSB 通过灵活解释的方式来澄清公共道德的人权内涵,是当前具有现实可行性的路径之一,以"公共道德例外"条款来保护人权具有一定的优势。

首先,DSB 在解释条约时有权考虑将人权纳入"公共道德"所保护的利益范围之内,而这种解释对大多数成员方而言是具有约束力的。其次,相较于其他一般例外条款而言,"公共道德例外"条款更能在一定程度上实现对人权的全面保护。"公共道德"的内涵是十分丰富的,按照前述其"通常意义"上的含义而言,是无法将国际人权规范和标准排除在外的,其与人权理念中所体现出来的个体个性、尊严和身份理念也是无法完全隔离开的。另外,根据 WTO "公共道德例外"条款保护人权的一个最大优势就在于其保护的不仅仅是本国人权,而是对发生在境外的贬低人权的行为也可以予以规制。当一国所实施的人权恶行侵犯了他国的"公共道德"之时,他国可以采取相应的限制措施来保护本国的公共道德和人权利益。因此,"公共道德例外"条款不仅可以保护本国的人权利益,对于发生在境外的人权利益受损行为也可以予以维护。其在境内外范围的有效适用有利于全球规范体系的重构和落实,实现人类命运共同体的价值追求。

---

① 参见张永和、郑若瀚等:《世界人权保障的中国方案》,五洲传播出版社 2019 年版,第 138 页。

　　在"欧盟海豹产品案"中，WTO 上诉机构承认欧盟援引"公共道德例外"条款辩护的合法性，欧盟基于公民对以杀戮方式捕猎海豹行为的担忧为理由禁止进口海豹产品。这样的贸易限制也可类推适用于因违反人权生产的产品上。①然而，WTO "公共道德例外"条款在对有关人权保护问题上的适用还缺乏详细的程序、实质性和损害标准的规定，因此很容易被滥用，例如美国多次以所谓"涉嫌侵犯新疆少数民族人权"为借口，禁止从新疆地区进口所有产品。鉴于这种风险，适用该条款必须遵守严格的程序、实质性和损害要求，这些要求可以在新的贸易规则中详细规定。

　　WTO "公共道德例外"条款作为人权保护的重要机制，能否真正发挥效用有赖于对人权保护宗旨和原则的遵循，或者说是取决于对人权法与该条款在法律解释和适用上的衔接得当。但总体上而言，基于 WTO 的公平公正性，"公共道德例外"条款的设置超越了人类社会中纷繁芜杂的区别差异，着眼于为所有人谋求最大的福利。这对于在构建人类命运共同体的时代背景之下统筹公正合理的全球人权治理体系具有重要意义。欧盟委员会在 2021 年贸易政策审查通报中提出，WTO 改革应侧重于加强 WTO 对可持续发展的贡献。其认为，WTO 可以通过加强分析和经验交流，在促进人权保护和劳工标准方面发挥更大作用，包括在贸易对社会发展的影响和劳工的一般经济利益方面与国际劳工组织达成更好的合作。而学术界关于如何改革 WTO 法律关于人权保护的条款，多次提出允许将保护人权的贸易措施纳入 GATT 第 20 条的一般例外之中，即纳入"公共道德例外"条款。②可见，WTO "公共道德例外"条款对人权保护的涵摄范围一直在扩展之中。

　　值得注意的是，与人权保护相关的贸易限制措施也可能符合 GATT 第 20 条（b）款规定。在该规定项下，为保护人类、动物或植物的生命或健康所必需的措施可以构成例外。而强迫劳动或劳工等侵害人权的行动，也必然会威胁到人类的生命和健康，因而针对该类行为的贸易限制措施就应该能符合该条规定。最重要的一个问题就在于一项贸易限制措

① See Gregory Shaffer, "Governing the Interface of U. S. -China Trade Relations", *The American Journal of International Law*, Vol. 115, No. 4, 2021, pp. 622-670.

② See Michael J. Perry, "Two Constitutional Rights, Two Constitutional Controversies", *Connecticut Law Review*, Vol. 52, No. 5, 2021, pp. 1597-1651.

施是否对保护人类生命或健康是"必需的"。①为此，究竟适用哪一条款，还需结合具体案件实际进行审慎思考。

第二节 WTO "公共道德例外" 条款在人权贸易限制措施中的适用

随着经济全球化发展，人类社会事实上已经形成了命运共同体，习近平总书记在 2015 年顺时应势提出构建人类命运共同体的倡议，得到了国际社会的强烈反响，并将"构建人类命运共同体"写入了联合国倡议。这一切都表明，该理念已经在全球范围内得到了广泛共识。贸易自由化发展使得一些国家或个体在经济利益至上和利己主义的驱使下，罔顾他国及人类利益，造成了侵害劳工、妇女儿童等全球性问题，给人权保护带来的严重的危机。其根源就在于人类在许多事关人权发展的重大问题上尚未形成价值共识或共同的价值观，仍存在严重的分歧和对立。WTO "公共道德例外" 条款在此时就必须发挥多边主义功能，重视人类的共同价值，促进各国在人权问题上同舟共济、共同发展，从而实现人类世界的长久和平与安定。卡斯拿提斯教授曾经说过，在 GATT 所有条款之中，只有第 20 条是最有可能直接针对外国侵犯人权行为采取的贸易限制措施提供合法性依据的，例如针对那些侵犯与劳动相关的人权标准而生产的产品。而最相关的便是其（a）款的"公共道德例外"条款。由于 GATT 第 20 条具有代表性，且可适用于 WTO 全部涵盖协定，因此下文就该条款的应用展开分析。

主张利用 WTO "公共道德例外" 条款来贯彻人权标准的学者通常认为可以根据国际公认的人权标准来解释"公共道德例外"，由此来判断一项基于人权理由而采取的贸易措施的真正目的，其认为遵循这种解释路径能够作出有利于促进和保护人权的解释，只要涉诉争议措施能够符合人权价值内容，就不会被认定为"非法"的贸易行为。在"虾/海龟案"中，上诉机构为了解释"可用竭天然资源"一词，将环境保护的新

---

① See Robert Howse, "The world Trade Organization and the Protection of Worker's Right", *J. Small & Emerging Bus.* 1, Vol. 3, 1999, p. 7.

发展和新要求充分考虑其中，对该词赋予了新时代应有的含义。①人权专家则借鉴了该案中动态解释方法，用富有时代特色的"人权标准"一词来解释"公共道德例外"条款，而"虾/海龟案"正是提供了这样一种判例法。据此，DSB 在解释 WTO "公共道德例外"条款时也应将促进和保护人权作为"公共道德"的内涵之一。在"虾/海龟案"之后，也有越来越多的案例创制出了新的规则。"欧共体荷尔蒙案"中就提出，仅仅将条款定义为"例外"本身并不能证明应对该条款"严格"或"过窄"地解释，而是要考虑其实际含义。如果某一条款的含义过于模糊，则应当倾向于成员方所提出的限制性较少的解释。人权专家则认为，这在很大程度上对成员方因人权保护而豁免 WTO 义务提供了可能性。而 DSB 灵活解释和应用 WTO "公共道德例外"条款的方式也为人权标准进入"公共道德"范畴提供了条件。因此，DSB 在适用 WTO "公共道德例外"条款时会考虑将符合"现代潮流"的人权标准纳入其中，作出有利于促进人权保护的判决。"美国博彩案"中对"公共道德"一词的解释更是为人权标准进入"公共道德"范畴提供了可借鉴的先例。DSB 在该案中多次强调给予 WTO 成员方按照自身的制度和标准定位其所适用的"公共道德"的范围的自主空间。基于此，WTO 成员方在涉及"公共道德"的人权内容上也应当具有一定的自主决定空间，甚至是更大的。但是，也有学者考虑到人权的敏感性和负责性，认为人权常常会被作为贸易保护主义的借口，而 DSB 能否给予成员方在人权事项上的此类自主决定仍然是未知的。

假设将人权价值纳入"公共道德"的范畴之内，还应当重点考虑成员方所采用的贸易限制措施是否为"保护公共道德所必需的"，以及是否符合"序言"的"非歧视"要求。

一、人权贸易限制措施的"必要性"检验

（一）保护人权价值的重要性

种族灭绝罪、战争罪和危害人类罪等都是对人权的严重威胁。许多国际条约都对这些行为作出了禁止性规定。②国际习惯法无一例外地禁止

---

① 参见刘敬东：《人权与 WTO 法律制度》，社会科学文献出版社 2018 年版，第 270 页。

② See Convention on the Prevention and Punishment of the Crime of Genocide, 9 December 1948, 78UNTS 277, Can TS 1949 No 27 (entered into force 12 January 1951).

种族灭绝罪和危害人类罪等此类罪行。①早在 2005 年，联合国成员国就确认了保护责任原则。根据该原则的确认，每个国家都有责任保护其公民免受这些大规模暴行的侵害，国际社会有责任帮助保护公民免受这些罪行的侵害。加拿大和其他西方国家经常利用经济制裁来预防和阻止大规模暴行犯罪。截至 2016 年 12 月 9 日，加拿大根据《特别经济措施法》等维持了对 21 个国家的制裁，其中许多制裁是出于人权目的。②这些制裁在某些时候可以针对涉及侵犯人权产品的生产流程和生产方法提出。③在某些情况下，制裁被证明可以有效地改善对人权的尊重。④虽然国际人权法条约没有强制国家实施制裁，但制裁方式仍然是应对严重侵犯人权的有用和经常使用的工具，也是在保护人权价值中所采取的一种贸易限制措施。

由此看来，通过贸易限制措施所保护的人权价值具有重要性，其占据的社会利益地位是毫无疑问的。"欧盟海豹产品案"以保护动物福利的公共道德目标为理由采取海豹产品禁令，反映了对动物福利的道德关注是欧盟公共道德的重要内容，对此 DSB 也予以承认。⑤而比动物福利更重要的人权价值显然应当具有更重要的价值地位。因此，可以说人权价值是符合"必要性"检验的第一个条件的。

（二）对实现目标的"贡献度"

保护人权的单边制裁措施效果在很多情况下其实并不明显，甚至还可能对受制裁地区的经济状况产生负面影响，以至于并不能改善人权受到侵犯的现状。⑥对此也有学者认为单边制裁措施并不能促进对人权的保

---

① See American Law Institute, *Restatement of the Law*（*Third*）: *The Foreign Relations Law of the United States*, American Law Institute Publishers, 1987, pp. 167, 174-175, 702; Antonio Cassese, *International Law*, Oxford University Press, 2001, p. 143; Ian Brownlie, *Principles of Public International Law*, 7th ed, Oxford University Press, 2008, pp. 510-512.

② See Global Affairs Canada, "Current Sanctions imposed by Canada", available at http://www. international. gc. ca/sanctions/countries-pays/index. aspx? lang = eng, Last Visited on Dec. 9, 2016.

③ See Sarah H. Cleveland, "Human Rights Sanctions and International Trade: A Theory of Compatibility", *J Intl Econ L*, Vol. 5, 2022, p. 141.

④ See Sarah H. Cleveland, "Norm Internalization and U. S. Economic Sanctions", *Yale IIntl L 1*, Vol. 26, 2001, pp. 5-6.; Barry E Carter, *International Economic Sanctions: Improving the Haphazard U. S. Legal Regime*, Cambridge University Press, 1988, p. 233.

⑤ See 书稿案号表 5, para. 7. 632.

⑥ See Human Rights Watch World Report 2000: Children's Rights, available at www. hrw. org/wr2k/ Crd. htm, Last visited on Feb. 23, 2016.

护,基本上是无效的。①实际上这只是单边人权制裁措施所体现出来的散漫性实施效果的特点,包括彰显人权规范和人权标准,惩罚某些国家的流氓行为,以及为多边人权制裁措施产生相应的动力和压力,并不能因此而直接否决单边制裁措施的实施效果。②不可能因为单边制裁措施的实施,让被制裁国家立即公开本国改善人权的状况,这是极不现实的,所以在评估人权贸易限制措施的效果时不能过于狭隘。"巴西翻新轮胎案"中也展现了这一观点,上诉机构明确指出不要求其所作出的"贡献"是"立竿见影"(immediately observable)的。③人权制裁措施可能只是作为综合管理制度中的一小部分具体措施,其与其他政策目标所要实施的效果在短时间内可能是难以区分开的,若在这种情况下直接否决该措施的实施效果则过于轻率。④另外,人权保护措施还常常与人道主义援助和政府的谴责和制裁措施一起实施,而人权保护是一个循序渐进的过程,并不能一蹴而就,因此 DSB 在考察人权贸易措施对公共道德目标实现的贡献度时是比较容易被确认的。

由于"公共道德"具有一定主观属性,所以人权贸易措施的保护效果并不明显,也不会影响到公共道德目标的实现。有学者对于惩罚侵犯人权的域外导向措施倾向于能够通过"必要性"检验的标准,不论这类措施是全面制裁还是针对不同产品有所区分的专项制裁,只要其目标并不完全在于改变目标国家的行为,仅是为满足其本国消费者的道德需求等。例如欧盟在 2007 年 11 月通过《理事会共同立场》对缅甸实施的严厉的贸易制裁措施,禁止进口来自缅甸的纺织品、木材、宝石和贵金属等为军政府提供资金支持的重要产业。⑤这类被制裁的商品作为缅甸重要

① See Jagidish Bhagwati, *The Wind of the Hundred Days: How Washington Mismanaged Globalization*, The MIT Press, 2001, pp. 157–168; Tatjana Eres, "The Limits of GATT Article XX: A Back Door for Human Rights?", *Georgetown Journal of International Law*, Vol. 35, No. 3, 2004, p. 631; see also Gudrun Monika Zagel, "WTO & Human Rights: Examining Linkages and Suggesting Convergence", *Voices of Development Jurists Paper Series*, Vol. 2, No. 2, International Development Law Organization, 2005, p. 25.

② 参见黄安平:"人权保障视角下的 WTO 公共道德例外条款研究",上海交通大学 2014 年博士学位论文。

③ See 书稿案号表 33, para. 172.

④ See 书稿案号表 33, para. 151.

⑤ See Sarah H. Cleveland, "Human Rights Sanctions and International Trade: A Theory of Compatibility", *Journal of International Economic Law*, Vol. 5, 2002, p. 140.

收入的来源，无疑是对欧盟所保护的"公共道德"具有重要的作用。而在今天看来，实际上欧盟所实施的制裁措施是具有一定良好效果的，至少缅甸现在的人权状况是有所好转的。

（三）对贸易的限制性影响程度

对贸易的限制性影响相较于"贡献度"而言实际上无法量化和比较大小，因此如果要对限制性影响进行考虑的话，全面禁止缅甸产品的情况类似于"美国博彩案"，即使欧美国家所实施的制裁措施对贸易的限制性影响十分厉害，但是可以认为贸易限制措施是对"公共道德"目标保护作出了"实质性的贡献"。鉴于人权价值在人类社会中所占据的重要地位而言，不应当对该价值在权衡过程中采用过于严苛的标准，因此在遇到保护的社会价值具有极其重要性的情况下，即使是最严厉的贸易限制措施，也可能通过对"必要性"的检验。

（四）限制较少的可替代性措施

在"欧共体石棉案"中，上诉机构认为法国旨在彻底消除石棉对其本国公民健康带来威胁的政策目标具有较高的保护水平。而加拿大所提出的"有控制地适用"并不是一个合理的可替代性措施，原因在于该措施并不能完全消除石棉危险的存在，对实现法国的政策目标也毫无助益。①根据 WTO 的实践来看，成员方有权决定一个较高的保护水平，这是上诉机构多次强调过的。就欧盟对缅甸所采取的人权制裁措施而言，实际上也可以辩称其所采取的制裁措施能够实现的保护水平是其他替代性措施所无法企及的。

欧盟在对缅甸实施制裁之前，即便联合国和劳工组织等国际机构已经对缅甸的人权侵害活动进行过处理，但也没能达到预期的效果。联合国大会、联合国人权理事会还通过了多项决议来制止缅甸军政府所实施的人权暴行。②而国际劳工组织也多次发表了相关报告，旨在谴责缅甸政

---

① See 书稿案号表 27, para. 174.

② See, e. g., G. A. Res. 61/232, U. N. Doc. A/RES/61/232（Dec. 22, 2006）；U. N. Human Rights Council, Portugal（on behalf of the European Union）: Draft Resolution 6/ Situation of human rights in Myanmar, U. N. Doc. A/HRC/S-5/L. 1/Rev. 1（Oct. 2, 2007）；Comm0n on Human Rights, U. N. Econ. & Soc. Council［ECOSOC］, Question of the Violation of Human Rights and Fundamental Freedoms in Any Part of th World: Mynammar, U. N. Doc. E/CN. 4/2005/L. 29（Apr. 11, 2005）.

府虐待工人和非法雇佣童工的行为，并中止了对缅甸的援助。在作出了这些努力之后都没有得到改善结果的情况下，国际劳工组织最后呼吁成员国政府对缅甸实施集体制裁措施，才使得缅甸的人权状况有所改善。由此看来，在其他具有较小限制性的贸易限制措施达不到改善人权状态的目标下，全面制裁实际上是到最后不得已的情况下才实施的贸易限制措施。因此，人权制裁措施实际上是可以通过"必要性"检验的。

二、人权贸易限制措施的"非歧视"标准

以欧盟对缅甸实施的贸易制裁措施为例，检验此类人权制裁措施能否通过"序言"要求的"非歧视"标准。

（一）是否发生在情形相同的国家之间

根据上诉机构在"虾/海龟案"中提出的满足"序言"要求的三个条件来看，该歧视性行为必须发生于情形相同的国家之间。①只有在"情形相同的国家之间"所形成的歧视才会被认为是违反"序言"要求的，在情形不同的国家之间是可以允许歧视存在的。如果仅仅根据每个国家的与众不同性，而认为不可能存在情形完全相同的国家，这种推断显然是不具有合理性甚至是荒谬的。因此，需要对"相同情形"的范围进行界定，那些与贸易限制措施无关的情形则无需考虑在内。回归到人权制裁措施上来说，"相同情形"应当以各国的"人权状况"为考虑。

欧盟对缅甸实施的人权制裁措施确实存在歧视，但没有"相同情形"的要素存在，因此不能证明其构成了任意的或不合理的歧视。而缅甸侵犯人权的行为可以说是空前绝后的恶劣，势必会引起国际社会的谴责和制裁，可以说并没有其他国家的侵犯人权行为能够与此恶劣程度相比拟，所以说在本案中并不存在"情形相同"的国家这一前提。

国际劳工组织曾经在 2000 年对缅甸大规模的强迫劳动行为根据《强迫劳动公约》予以敦促，望其履行好公约的国际义务。而缅甸政府显然是在公然违抗国际劳工组织的决议，并没有采取任何行动改善该强迫劳动的行为，毫无执行决议的迹象。②缅甸的行径已经引起了联合国空前强

---

① See 书稿案号表 14，para. 150.

② See Press Release, Int'l Labor Org., Conference Concludes With Adoption of New Standards on Fishing Sector, Approaches to Sustainable Development and Measures to Promote Decent Work (June 15, 2007).

烈的谴责。截止到 2007 年，联大和联合国人权理事会就通过了 30 次决议来谴责缅甸强迫劳动的行为，以及在其他方面关于人权所实施的恶行。①从缅甸的人权恶行受到联合国的谴责状况来看，这也是其他国家不能与之相比较的，可以说缅甸是唯一一个做出如此程度侵犯人权暴行的国家。对缅甸实施的制裁确实构成了"歧视"，但这种"歧视"根本毫无可能发生在"情形相同的国家之间"，而唯有缅甸才有此种程度的情形存在，所以本案的贸易限制措施并没有构成序言要求的任意或不合理的歧视。

（二）目的与手段是否保持一致性

审查目的与手段的关键就在于审查实施歧视措施的原因与公共道德政策目标之间是否存在合理性的联系或者说目的与手段是否保持一致性。就人权贸易限制措施而言，在实施该措施的过程中应当要将保护人权作为相应的目标，而避免纳入与人权保护无关的其他政策性目标。例如在"欧盟海豹产品案"中的土著居民例外对保护动物福利实际上是不存在帮助的，也没有对维护欧盟的公共道德发挥作用，甚至还会减损欧盟公共政策目标实现的效用，因此该例外构成了不合理的或任意的歧视。尽管欧盟对缅甸所采取的人权制裁措施在真实目的上有可能会包含其推行价值观和政治体制的政治动机。但是从缅甸产品在欧盟市场上的所占份额与欧盟国内产品的差异对比来看，限制缅甸的产品进口所产生的市场保护作用机会是不存在的，因此并不能认为其存在贸易保护主义动机。缅甸军政府实施的大规模侵犯人权的暴行，已经遭到了联合国等国际组织的强烈谴责，欧盟只不过是以这些谴责为基础所实施的制裁，因此并没有受到过太多的质疑。而实际上欧盟禁止向缅甸出口武器的做法是会影响到本国的经济效益，也不能将其贸易制裁措施看作是推行贸易保护主义的工具。另外，欧盟对缅甸实施的贸易制裁措施具有很强的针对性，仅禁止进口来自缅甸的纺织品、木材、宝石和贵金属等能够为军政府提供重要资金支持的商品。

第三节　WTO "公共道德例外" 条款保护人权的实践探索

在和平发展、合作共赢的时代背景下，人类命运共同体理念立足客

---

① See G. A. Res. 49/197, U. N. Doc. A/RES/49/197 （Mar. 9, 1995）, available at https://documents. un. org/doc/undoc/gen/n95/771/78/img/n9577178. pdf? token = K7OrQosIYjntNSoM5n&fe=true, Last visited on May 27, 2023.

观现实，对当今世界秩序的主要特征和人类社会的演化走向进行了科学审视，揭示了世界各国紧密相连、人类命运休戚与共的普遍规律，并解答了未来人权发展的难题。过去世界各国人权发展理念和实践丰富多彩，WTO"公共道德例外"条款在一波波的人权保障声浪中成为抵制人权之商品或服务措施的例子，其中最著名的例子就是非洲冲突钻石的进口问题及雇佣童工所生产的商品限制进口问题，为如何在构建人类命运共同体下继续发挥 WTO"公共道德例外"条款的人权保护功能提供了参考借鉴。

一、"金伯利进程"与 WTO"公共道德例外"条款的相符性

钻石长期以来一直是非洲恐怖主义和叛乱活动的资金来源，特别是在刚果民主共和国、塞拉利昂、安哥拉和利比里亚。钻石体积小，可替代性极强，价值重量比高，不易贬值。此外，钻石也极难被警察所追踪。出于这些原因，叛乱团体经常使用钻石购买武器或为他们的叛乱事业筹集资金。"冲突钻石"，即在资源丰富的非洲国家开采的所谓"血钻"，已导致数百万人流离失所和死亡。非洲的非殖民化和欧洲人留下的任意边界造成了权力真空和人与人之间不自然的鸿沟，为造反运动创造了完美的温床。这些反政府势力利用恐惧和贫困驱使非洲农民非法开采毛坯钻石，反政府势力利用农民所开采的毛坯钻石来赚取巨额利润以进一步巩固他们的统治。

在 2011 年津巴布韦的钻石问题开始之后，引发了大家对"金伯利进程"的热议。为了进一步打击"冲突钻石"而推动了"金伯利进程"，目的在于从国际视角区分毛坯钻石的原产地及合法性，从而阻止"冲突钻石"的进口，该措施无疑是对生产钻石的非洲国家人权的一种保护方式。这一切根源于钻石贸易与军火交易的如影随形，非洲当地对钻石矿的争夺滋生了大量的暴力犯罪，对人权保护造成了重大影响。WTO 就该问题与各成员方所达成与"冲突钻石"相关的限制措施的豁免期限截止到 2012 年，对该人权贸易限制措施在 WTO 框架下的合法性又引发了众人的关注和探索。"金伯利进程"作为一种保护人权而实施的贸易制裁措施，由联合国安理会授权实施，相比其他单边制裁措施而言是具有一定合法性的。不难发现，各国在有关"金伯利进程"中的国内法皆有限制钻石进出口的规定，对"冲突钻石"生产国和进出口国采取了多边贸

易制裁措施,因此对该措施的豁免合法性还需要再结合 GATT 的例外规定进行考量,其中便涉及到 WTO"公共道德例外"条款。

与使用 GATT 第 20 条(b)款的其他案例不同,例如在"金枪鱼/海豚案"中,获得受管制商品显然会危害动物福利,但获得或开采钻石的过程并不一定会危害人类生命。尽管非政府组织的许多报告已经建立了"冲突钻石"与人类安全之间的重要联系,但这种联系并不能证明所有毛坯钻石,都被包含于"金伯利进程"的范围之内。对于没有参与"金伯利进程"的一部分人而言,可能就会质疑毛坯钻石贸易与保护人类生命的关系,二者并非是密不可分的,因为依据世界钻石理事会的说法,只有不到1%的毛坯钻石被视为"冲突钻石"。因此,这部分可能就会认为当政策旨在限制的商品占交易商品的比例不到1%时,GATT 第 20 条款(b)款并不适用。①这就是为什么基于(a)款"公共道德例外"而不是基于(b)款的"保护人类健康例外"是一个更具有安全性的抗辩理由。将"公共道德例外"条款适用于"金伯利进程",并不是因为钻石的生产方式违反了公共道德,而是旨在规范一种商品,这些商品与侵犯人权、恐怖活动和其他邪恶行为有显著联系。

(一)相关贸易限制措施是为保护"公共道德"所实施的

在"美国博彩案"中,DSB 就注意到了"公共道德"的内涵可能会因时间和空间的改变而改变,各国在援引 WTO"公共道德例外"条款时可以根据其本国的制度和价值体系来主张其所提出的政策目标属于"公共道德"的范畴。②专家组还通过比较了美国与其他国家在赌博事项上的态度而将禁止赌博认定为属于"公共道德"范围之内。与 SPS 协议中国际标准的重要性类似,如果一项措施在涉及"公共道德"利益时,是基于某一国际条约或者和其他成员方内部存在类似的实践,那么其合法性就越强,援用条款成功的概率自然也会越高。可见,国际社会对某种"公共道德"的共识,是援用方主张其所提出的政策目标属于 GATT 第20 条(a)款的"公共道德例外"的有力证据。当然,这并不意味着国际社会对某一政策目标并不存在广泛共识的时候,就应当否认该政策目

①　See Karen E. Woody,"Diamonds on the Souls of Her Shoes: The Kimberly Process and the Morality Exception to WTO Restrictions", *Connecticut Journal of International Law*, Vol. 2, 2007, p. 353.
②　See 书稿案号表 16, para. 176 and 书稿案号表 17, para. 168.

标属于 "公共道德" 范畴的可能性，显然还可以通过其他方式进行举证证明。

电影《血钻》正是以 "冲突钻石" 事件为背景所拍摄的，于 2006 年在美国上映之后，就引起了社会的强烈共鸣。血腥、震撼成为这部电影上映出现频率最高的词汇。影片中所叙述的叛军联盟和跨国钻石公司利用钻石获取的利润让当地人民陷入永无止境的纷争的故事给观众留下了深刻的印象，"冲突钻石" 也一度成为社会的热点话题。①根据 "美国博彩案" 专家组的解释来看，"公共道德" 是能够判断一个社会或一个国家是非对错标准的价值。联合国及一些非政府组织都在致力于阐明战争犯罪与冲突钻石之间的关系，该好莱坞大片给公众造成的冲击，也足以说明人们已经逐渐意识到了 "冲突钻石" 背后所引发的争议及其所带来的灾难，光彩夺目的奢侈珠宝形象将立即意味着血腥和镇压，消费者不会再对其进行购买，"冲突钻石" 一度成为人们所抵制的，鉴于此，可以将该形成的国际社会的共同价值观念纳入 "公共道德" 的范畴之内。钻石在 WTO "公共道德例外" 条款内，只不过是处于一个载体的地位之上，而在国际贸易中真正影响到 "公共道德" 的，是获得这些钻石的开采方式，一些开采国通过实施一系列侵犯人权的方式来进行开采，而 "公共道德" 并不能接受那些罔顾人权、资源掠夺的开采方式。

（二） "公共道德例外" 条款中域外效力的转化

"公共道德" 不同于其他例外条款，其域外效力是可以转化的。例如，某一个国家在允许域外违反 "公共道德" 的产品进入本国境内后，且不对这些产品加以限制，那么就会导致其等同于向国内的生产者和消费者传递了一个有损 "公共道德" 的信息，默认获取违反 "公共道德" 的产品具有合法性。从这个角度而言，"公共道德例外" 条款仅涉及到了国内的 "公共道德"，并不会对产生该条款的域外管辖权争议。但如果一国为了保护其公共道德目标，而实施了有关贸易限制措施，那么就有可能将域外的公共道德问题转化为对本国境内公共道德的影响。根据 "金伯利进程" 制定了有关国内法的国家，可以声称在其本国境内甚至是整个国际社会，都形成了抵制为非法武装组织提供资金的 "冲突钻石" 的共同价值观念，倘若不对此类 "冲突钻石" 采取严格的贸易限制

---

① 参见彭景："论'冲突钻石'映射下的贸易与人权"，载《东岳论丛》2012 年第 10 期。

措施,那么就很有可能损害一国甚至是国际社会的"公共道德"。因此,"冲突钻石"交易所涉及的是一国国内的"公共道德",援用"公共道德例外"条款可以对"金伯利进程"的参与方限制措施的域外管辖权问题免责。①

（三）有关贸易限制措施符合"必要性"标准

最为重要的是,还需要考查以贸易禁令方式控制涉及人权的"冲突钻石"是否是必需的? DSB认为对"必要性"的检验需要考虑是否存在限制性影响更小的可替代措施。倘若存在其他限制性较小的合理的可替代措施,那么就不能证明该贸易限制措施的合法性。对此,DSB需要考察一系列因素来检测"必要性"标准。第一,要考虑所采取的贸易限制措施对实现"公共道德"的重要性;第二,要考察措施对实现目标的"贡献度";第三,要考察措施对国际贸易的限制性影响。依据这些考察因素来看,抵制"冲突钻石"是国际社会对国际秩序、社会安全与和平,以及保护"冲突钻石"生产国基本人权所形成的共同价值观念和看法,"金伯利进程"的参与者所保护的公共道德目标是具有重要性和关键作用的,可以看出国际社会十分关注"冲突钻石"所引发的战争和暴乱。即使对毛坯钻石所采取的限制措施对国际贸易会产生较大的影响,但"金伯利进程"所要保护的目标的重要性以及其所受到的国际社会的普遍认可,都可以证明其对"必要性"的满足。

另外,"冲突钻石"的特性也决定了在国际贸易层面要对这样一类钻石进行贸易限制的必要性。首先这类钻石是极少直接应用于珠宝首饰上的,大部分都是在经过切割抛光之后,才将钻石镶嵌于珠宝之上。钻石的产源地辨认主要是源于其表面的矿物特征,如果经过切割抛光之后,将会消除这类特征,届时将会完全无法辨识其来自于哪一个产源地。并且也难以通过其他方式来辨认其产源地。那么针对这类钻石所实施的相关条例法案等同于一纸空文。因此在这些钻石进入市场之前就应当采取相应的贸易限制措施,控制其进入国境。像这样完全无法依赖市场自身约束力的商品,和后来获得专家组支持的"欧共体石棉案"（DS135）关于措施的"必要性"检验理由是如出一辙的。

---

① 参见彭景:"论'冲突钻石'映射下的贸易与人权",载《东岳论丛》2012年第10期。

（四）有关贸易限制措施符合 "序言" 要求

最后，还要对相关贸易限制措施是否符合 "序言" 要求进行考虑，意即不能在 "情形相同的国家之间" 构成 "任意的或不合理的歧视"，或构成对国际贸易的 "变相限制"。"金伯利进程" 所涉及的制度，规定了其成员国不得与非成员国进行钻石原石交易，由此可能违反了 "非歧视" 标准。但是如果仅以某国钻石原石出现公认的、证据确凿的人权瑕疵来看，"金伯利进程" 禁止其成员与非成员进行交易，那么显然是由于该国的情况与各国并不存在相同情形，是非常特殊的。

在 "虾/海龟案" 中，上诉机构认为美国采取的贸易禁令过于 "任意"，并未与其他国家进行沟通，而不支持美国的主张。以 "金伯利进程" 中各方与津巴布韦政府之间关于马兰吉钻石的拉锯战来看，在长达一年八个月的时间内，经历了反复的调查和表决，双方之间的沟通是十分充足，并不能与美国在 "虾/海龟案" 中的做法相比较而言。① 且 "金伯利进程" 并不是由单独某个国家所提出的要求，而是由各成员自主加入的一个国际组织，各成员有权在实施最低标准的基础上行使自主权。WTO 不可能直接采用单一的标准，但是这种歧视 "合理" 与否，虽然与各国之间的具体情况是相联系的，但起码会存在一个最低的底线，以维护各国的基本权益。而 "冲突钻石" 所涉及的正是一国公民生存的基本权利，不能说是 "不合理" 的歧视。

此外，WTO 对该多边贸易制裁措施进行单独豁免，以避免了争端解决机构对该问题的解释。WTO 通过豁免的方式解决各国基于人权保护所实施的贸易限制措施，对于解决人权与贸易的冲突问题是一种可行的思路。但是该豁免只是暂时的，并不能获得永久性，因此与人权有关的贸

---

① 以马兰吉地区的钻石为案例，自 2009 年至 2011 年，"金伯利进程" 介入该地区进行多次调查，也曾举行多次会议来表决，仅仅 2009 年纳米比亚会议上，人权组织曾为此事递交相关人士 15 万人签署的请愿书。Global Witness 全球证人与 PCA 加拿大非洲伙伴组织，一直担任着 "金伯利进程" 观察员的身份。自从 2009 年开始，即就津巴布韦问题不断进行抗议和呼吁，在 2010 年全球证人针对马兰吉矿区钻石，即津巴布韦钻石人权问题长达 28 页的报告《血钻的归来 Return of Blood Diamond》中，指出该地区钻石开采在 2009 年 "金伯利进程" 调查小组离开后仍然存在的种种问题。在次年，也就是 2010 年的 3 月至 6 月，多家非政府人权组织进驻到马兰吉地区后了解到至少 24 起因为采矿的暴力事件，包括两起强奸和一起致残事件。当地人相信真实发生的暴力事件远超过这个数量，并且，每次在情况引起各方关注，官方的调查进行之前。军队都会提前进驻，驱赶居民，进而引发再次暴力事件的高潮。

易限制措施仍然还需回归 WTO 框架下进行解决,而"公共道德例外"条款对于以人权保护为目标实施的贸易限制措施具有较大的包容性。

二、WTO "公共道德例外"条款对童工人权的考量

自二战发生以来,通过多边贸易谈判来促进贸易自由化发展似乎已成为国际社会中的一种风潮,其旨在消除有形的贸易壁垒,而涉及劳工权利的社会问题在近几年也被国际社会所热议。根据联合国、世界银行、国际货币基金组织以及国际劳工组织的相关研究可以看出,童工的人权问题已经出现,并且同一个国家的经济、社会、文化息息相关。关于雇佣童工所生产的商品也引起了广泛关注,该商品所产生的人权侵害问题显露无疑,也有国家开始禁止或限制此类产品的进口。"公共道德"一词是一个能够跟随时间和空间变化的进化概念,与童工有关的贸易措施也可能属于"公共道德例外"的范围。

像美国这样的经济强国,其国会在 1989 年就开始试图采取相应的限制措施阻止这类侵害人权的产品。美国国会第一次为帮助他国儿童实施了贸易禁令,于 1997 年立法禁止行政人员允许由童工所生产的商品进入本国市场。①若当时政府实施此项贸易禁令,势必会引发 WTO 诉讼。可能会涉及 GATT 第 20 条(a)款和(b)款规定。根据 GATT 第 20 条(b)款,该条文以保护人类或健康为目的,如果一项措施并没有建立起禁止商品进入与保护国内人类健康目的之间的关系,就可能无法通过关于(b)款的"必要性"检验,因此无法主张该例外。此时就可以援引(a)款的"公共道德例外"条款进行主张。雇佣童工的行为显然是不道德的,在这一点上毋庸置疑。就像在"欧盟海豹产品案"中,DSB 认定欧盟所保护的"动物福利"属于"公共道德"的范畴之内,那么对童工这类人类权益的保护自然也应当纳入"公共道德"的范畴。美国前总统克林顿在 1999 年 6 月 12 日颁布了 13126 号总统禁令,禁止所有联邦机构购买任何由强迫或卖身童工所生产的产品,而所有承包联邦政府工程的商家,也必须证明其所生产的产品并不是由童工进行生产的。以上所列举的行政禁令虽然在一定程度上促进了童工人权保护,但是其不具备

---

① See Treasury and General Governmengt Appropriations Act, 1998, Pub. L. No. 105－61, p. 634, 111Stat. 1272, 1316 (1997).

域外效力。

在"公共道德"标准之下，如印度等大量使用童工的国家就有可能会主张 WTO "公共道德例外"条款并不能作为对外实施禁令的正当性理由，认为美国禁令不符合"必要性"要求。又或者像在"金枪鱼/海豚案"中，认为美国只不过是通过贸易禁令的方式来迫使印度修改童工立法。①关于该禁令的道德性正当化事由的争论将会牵涉到地域的问题，应当要以哪一个国家或地区的道德标准作为审查的基准来看。当人权与公共道德秩序相冲突时，应当回归到人权的本质问题上来进行重新审视。

每一个社会都会因为自身不同的价值体系、制度观念而拥有具体、不同的道德观念，因此道德具有多样性，而人权社会也是多姿多彩的。其所确立的人权观念要经得起人们的理性辩驳，那就应当依靠某些最低限度的道德标准，包括尊重生命、公平对待、儿童福利等，这些都是维持人类和谐共同生活所必须的。②WTO 中适用于童工权益主张的"公共道德例外"条款因概念上的模糊性至今还未有国家以此为正当化理由来证明禁止雇佣童工生产的产品进入市场的贸易禁令的合法性，因此还应当通过具体案例应用，以及对该条款进行适当地澄清和适用，才能增加条款适用的可能性。

关于童工问题的贸易限制措施的讨论，对于一些缺乏财政资源的贫穷国家而言，能够有效减少使用童工的数量。但是在没有考虑其它因素如财政措施的情况下全面禁止相关贸易进口，能否有助于减少童工则是存疑的。虽然关于童工保护的贸易限制措施与 WTO 法律的兼容性之间还有存在许多悬而未决的问题，但可以看出将有关问题置于 WTO "公共道德例外"条款之下探讨是具有合理性的。目前，贸易与人权或者说劳工权利之间仍然是独立的制度，WTO 与国际劳工组织之间也不存在合作。为了获得更加满意的解决方案，WTO 裁决机构应当进一步加强与联合国和国际劳工组织机构之间的协商，也可考虑设计一个相应的联合议案

---

① Steve Charnovitz, "The Moral Exception in Trade Policy", *Virginia Journal of International Law*, Vol. 38, No. 4, pp. 740-742.

② 参见翁乃方：《WTO 下公共道德及公共秩序例外——共通标准之建立》，元照出版社 2013 年版，第 29 页。

制度①。

此外，性别歧视问题在国际贸易之下也日渐突出，涉及贸易与人权之间的协调关系。用瑞典对外贸易部长安娜·哈尔伯格的话来说，"今天的贸易政策对男性更有利"。尽管有大量证据表明性别平等会存在，但性别差异仍然存在。据世界银行估计，男女之间的收入差距导致各国损失了 160 万亿美元的潜在财富。尽管贸易自由化可以在很多方面使妇女受益（比如提高妇女的工资和雇佣比例），但障碍仍然存在。如，女装产品面临着比男装更高的关税，这给女性消费者带来了不成比例的负担；女性工作的服务部门往往面临更频繁的贸易中断等。可见，贸易政策的实施在很大程度上都给女性造成了相应的负面影响。

对于这个问题，还没有任何的贸易协定包括类似于 GATT 第 20 条的一般例外条款可以用来防止性别歧视。尊重妇女权益，消除性别歧视，与人权保障息息相关，应当能够纳入"公共道德"的范围之内。因此，WTO "公共道德例外" 条款在很大程度能够为促进妇女贸易权利提供合法理由。国际贸易委员会也曾提出，协议各方可以根据 GATT 第 20 条制定类似条款：除非另有规定，否则这些措施的适用方式不得在"具有相同条件的国家之间"构成"任意或无理的歧视"，本协定中允许的任何行为或对国际贸易的限制，不得解释为阻止任何缔约方采取或执行赋予妇女的经济权利或实现性别平等的必要措施。

人类命运共同体是一个以人类为基础、以人类为目标、以人类内部的治理结构提升为手段的共同体。②这一理念要求各方着眼于地球这一人类的共同家园，考虑人类如何共同面对风险，研讨如何形成一个合理的国家治理架构，如何在经济、社会发展各方面形成良好的制度，促进整个人类的共同持续、良好发展。③因此，人类命运共同体亦是人权共同体。未来 WTO "公共道德例外" 条款对人权制度的安排也将着眼于此，以人类命运共同体理念为指引，作出更多致力于人权保护的新理论思路

---

① See Franziska Humbert, "The WTO and Child Labour: Implications for the Debate on International Constitutionalism", *Labour Standards in International Economic Law*, August 2018, pp. 93-111.

② 参见赵可金："人类命运共同体与中国公共外交的方向"，载《公共外交季刊》2016 年第 4 期。

③ 参见张永和、郑若瀚等：《世界人权保障的中国方案》，五洲传播出版社 2019 年版，第 149 页。

和制度安排。尽管 WTO"公共道德例外"条款在设立之初并没有对"公共道德"的涵义多加讨论，只是基于先前的商业条约中的相似条款对"公共道德"有了基本的认识。在分析该条款时，应注意到当前的贸易实践，"公共道德例外"条款已经涵盖了奴隶、武器、麻醉性药物、酒精、色情文学、宗教、劳工议题、动物福利，可见其价值保护的多元化。

第五章

WTO "公共道德例外"条款对生态文明建设的回应：保护动物福利

2020年9月30日，习近平总书记在联合国生物多样性峰会上的讲话中提到，"从道法自然、天人合一的中国传统智慧，到创新、协调、绿色、开放、共享的新发展理念，中国把生态文明建设放在突出地位，融入中国经济社会发展各方面和全过程，努力建设人与自然和谐共生的现代化"①。面对生态环境挑战，人类是一荣俱荣、一损俱损的命运共同体，没有哪个国家能独善其身，生态文明建设已经成为全球性议题，受到各国的普遍关注。鉴于人和动物在生态链上所占据的重要地位，生态文明建设必然离不开对人与动物关系的考量，把动物当作为满足人的需求而存在的生命客体。从生态文明建设的要求来看，必须改变"人类中心主义"，将人视为自然界的组成部分之一，关爱自然界中的一切生物，也就是关爱人的身体健康，为此，在维护人类利益的同时也必须提高动物福利的标准，在生态文明建设中将动物福利保护以法律与道德的方式确立起来。

一方面，人类与动物之间的良好关系是构成社会联系、文化认同的重要源泉，另一方面，人类为生产食物、获得毛皮等目的对动物进行饲养和利用的方式，也在深刻影响着动物福利。尤其是在集约化的畜牧业生产中，特定的饲养方式以及大量的动物运输和屠宰方式所造成的动物福利问题已经在全球范围内引起了广泛关注。当然，有许多国家和地区都采用立法形式来保护动物福利，但鉴于各国之间立法体系和标准存在差异而引起了许多分歧和争议。为此，越来越多的国家呼吁将动物福利

---

① "习近平在联合国生物多样性峰会上的讲话（全文）"，载 http://china. cnr. cn/gdgg/2020 1001/t20201001_ 525284681. shtml，最后访问日期：2022年3月4日。

与世界贸易联系起来，将本国的动物福利标准作为进口他国产品的依据①。对此，便产生了新的问题，有关动物福利的贸易措施是否符合 WTO 规则？WTO 规则体系并没有明确提出动物福利问题，但不难发现其为该问题所留下的讨论空间，主要体现于 GATT 之中。在"欧盟海豹产品案"中，WTO 争端解决机构通过对海豹禁令的颁布历史、欧盟及其成员国普遍保护动物福利的现实情况以及立法情况等证据进行审查，最终认定动物福利属于公共道德范畴，GATT 第 20 条（a）款的"公共道德例外"条款在动物保护领域的适用得以明朗化，这也是国际法庭对动物福利问题基于谨慎、持续关注的第一个案例，也是其对生态文明建设做出的明确回应。

尽管 WTO"公共道德例外"条款直到现在被援引次数并不多，但随着世贸组织成员的日益多样化以及价值观和道德观的差异越来越大，各国很可能会更频繁地利用该条款来捍卫贸易限制措施。WTO"公共道德例外"条款将进一步在 WTO 规则范围内为保护人权、公民权利，甚至是为维护动物福利腾出空间，其正如"欧盟海豹产品案"所见。与此同时，过于宽泛的公共道德学说可能为保护主义提供外衣，可能会破坏贸易自由化发展，甚至威胁现有贸易协定的有效性。虽然这样的担忧并非毫无依据，但也不能过于夸大由此产生的负面影响。②当前动物福利措施同国际贸易的结合已经成为一种必然的趋势，不仅是世界各国和国际组织所关注的一个问题，同时也是消费者日益关注的问题。

第一节　生态文明语义下动物福利与"公共道德"的内在联系

生态文明是以人与自然，人与社会和谐共生、良性循环、全面发展、持续繁荣为宗旨的社会形态。党的十八大以来，习近平总书记非常重视生态文明建设，曾在多个场合反复提及。人类文明从工业文明逐步转化为生态文明的发展进程中，逐步将对生态链另一个环节的动物进行临终

---

① 参见鄂晓梅：《PPM 绿色贸易壁垒新趋向与中国的对策：环境、劳工标准和动物福利》，内蒙古大学出版社 2012 年版，第 83 页。

② See Pelin Serpin, "The Public Morals Exception after the WTO Seal Products Dispute：Has the Exception Swallowed the Rules", *Columbia Business Law Review*, Vol. 1, 2016, p. 268.

关怀纳入生态文明建设的重要内容之中。虽然人类对动物的本能关怀由来已久，但是对动物福利的研究还属于一个较新的领域，"欧盟海豹产品案"将动物福利与"公共道德"挂钩，强调人与动物和谐共生的道德思想，对推动生态文明建设具有重大意义。

一、动物福利保护的兴起

动物福利观念的产生最早可溯源至文艺复兴时期，随处可见的虐待动物现象引起了柏拉图、毕达哥拉斯等古代思想家的关注，欧洲人文主义者自此反对虐待动物，这一现象为动物福利观念的出现奠定了思想基础。动物福利概念被正式提出则是在 19 世纪的英国国会提案。①并被赋予了相应的定义，动物福利是用来保护动物康乐的外部条件，而这些外部条件正是人类所能为动物提供的。②在这种状态下，动物的基本需求至少要得到满足，而痛苦被减至最小。③在《桑德斯综合兽医辞典》中认为，动物福利是指：人类为达到避免虐待和滥用动物的目的，应该为动物保持合适的居住条件、饲养条件，并给予必要的照顾，为其预防和治疗疾病，保证动物免于骚扰，免于不必要的、不舒适的状态和痛苦。④从立法角度来看，各国通常都是为动物福利的实现规定了具体的外部条件。国际上曾提出了"五大自由"原则，并获得了广泛承认，其被认为是动物福利的理想状态，因此也成为许多国家动物福利的立法依据。具体而言，一是免于饥渴的自由，确保其获得能够保障健康和精力的食物和水；二是免于不舒适状态的自由，确保其获得适当的居住环境和栖息场所；三是免于痛苦、伤害和疾病的自由，并确保其在处于相对不利状态时能够获得及时有效的治疗；四是表达正常行为的自由，确保其有充足的空间和设施，能够和同类伙伴在一起；五是免于恐惧和悲伤的自由，能够

---

① 参见郭桂环：《WTO 体制下的动物福利与贸易自由》，中国政法大学出版社 2014 年版，第 5 页。

② See Peter L. Fitzgerald, "Morality May Not Be Enough to Justify the EU Seal Products Ban: Animal Welfare Meets International Trade Law", *Journal of International Wildlife Law and Policy*, Vol. 14, 2011, p. 12.

③ 参见 ［英］考林·斯伯丁：《动物福利》，崔卫国译，中国政法大学出版社 2005 年版，第 12 页。

④ 参见常纪文："动物有权利还是仅有福利？——'主、客二分法'与'主、客一体化法'的争论与沟通"，载《环球法律评论》2008 年第 6 期。

获得避免恐惧和痛苦的待遇。①

　　动物福利是动物保护的路径之一，与人类福祉息息相关。动物是人类食物、纤维和其它产品的重要来源，对维持人类基本生活需求具有重要作用，此外人类的很多疾病通常根源于动物，预防动物疾病不仅是保护动物健康更是保护人类健康，动物福利所关注的正是人类如何合理地、人道地利用动物。在诸如美国等西方国家内，关注动物福利一直以来有着悠久的历史，始于对虐待动物现象的遏制。

　　由此来看，要理解动物福利，应当将动物看作是有感觉的生灵，在使其不承受痛苦的前提下，给予其人道待遇。譬如，动物在被饲养、被运输以及被屠宰时都应当得到人类所给予的人道待遇。近年来，随着消费者对食物来源和质量的关注日益增加，人们对饲养动物的方法也越来越关注。对大规模农业和加工食品的批评唤起了消费者考虑动物生存条件的意识，例如拥挤的牛饲养场和狭窄的母鸡产蛋箱。并且有证据表明，消费者对这些情况非常关注，也相应地改变了他们的购买习惯。但是很少有法规能够有意义地解决为消费者提供大部分食物的动物的福利问题。大多数动物福利法规适用于历来引起公众关注的宠物或活动，例如斗鸡和斗狗。②针对动物的法规通常仅通过限制大型牲畜经营造成的污染来间接影响福利。一些地方政府和州已经开始直接监管农场的动物福利。在食品方面，利用消费者选择和市场力量支持动物福利的最有希望的机制包括对经过验证标签的使用；农场和牧场的审计、检查和认证；尤其是餐厅、采购和供应链认证。而且即便有时候缺乏证明，那种在标签上标明鸡蛋来源于自由放养的鸡，或者牛肉来自牧场饲养的奶牛的行为，也变得越来越常见，③而且许多关注动物福利的消费者会通过购买这样一些食品的方式，来抵制对动物福利的损害现象。

二、动物福利与 "公共道德" 之间的内在联系

　　当前，虽然国际法并未直接规定动物福利保护的内容，但国际社会

---

① See European Commission, Health & Consumer Protection Directorate General, "Animal Wealfare", European Communities, 2007.

② See Justin Marceau, "How the Animal Welfare Act Harms Animals", *HASTINGS L. J*, Vol. 69, 2018, pp. 925-960.

③ See Samuel R. Wiseman, "Localism, Labels, and Animal Welfare", *Northwestern Journal of Law and Social Policy*, Vol. 13, 2017, p. 67.

对此还是作出了一些尝试和努力，致力于将动物福利与国际贸易结合，并纳入 WTO 法律体系之中。贸易规则谈判议题的升级，使得动物福利等越来越多的非贸易价值被提出，而动物福利与国际贸易的关系更为复杂。虽然贸易政策对动物福利的影响近年来已成为国际社会的热点问题，但动物福利一直以来主要属于国内法的管辖领域，而各国鉴于自身不同的价值观念和风俗习惯，并未达成共识。2008 年的 WTO 公共论坛之中，有一项会议议题为"农场动物福利标准是否符合 WTO 规则"的议程引起广泛讨论，也引发了 WTO 及其成员方对该问题的关注，从而逐步争取各国动物福利标准在 WTO 内的合法化。[1]WTO 协议并没有专门针对动物福利的处理规则，但 GATT 第 20 条中关于公共道德、保护人类动植物生命与健康以及保护可用竭自然资源等的保护目标与之息息相关。在欧盟"海豹产品案"中欧盟正是依据该条款来主张动物福利是一个道德议题，同时也引起了国际社会对动物福利是否属于 WTO 规则内的"公共道德"范围的争论，但从理论上而言，动物福利与"公共道德"具有不可分割的内在联系。明确以动物福利为基础的贸易措施与 WTO 规则之间的关系问题已成为各国所面临的共同任务和挑战。

当前国际社会没有主要关注动物福利的国际条约，该问题通常会被边缘化处理。以至于有些学者认为，动物保护的区域规范并不是一种全球共识，而是一种被用于将狭隘的欧洲或西方文化价值观强加给世界其他地区的手段，所以他们反对将动物福利纳入公共道德范畴。[2]Payam Akhavan 在澳大利亚诉日本南极捕鲸案中，将反捕鲸运动描述为"文明使命和道德运动"，并极力主张国际法不能强行改变某些人的文化偏好，否则就与多元文化的世界传统背道而驰。[3]而在"欧盟海豹产品案"中，

---

① 参见鄂晓梅：《PPM 绿色贸易壁垒新趋向与中国的对策：环境、劳工标准和动物福利》，内蒙古大学出版社 2012 年版，第 94 页。

② See Katie Sykes, "Sealing Animal Welfare into the GATT Exceptions: the International Dimension of Animal Welfare in WTO Disputes", *World Trade Review*, Vol. 13, 2014, p. 479.

③ 2010 年 5 月 31 日，澳大利亚向国家法院提交了对日本的诉讼请求，理由为日本以其进行特许南极鲸类研究方案第二阶段名义继续大规模捕杀、捕获和处理鲸类，违反了《国际捕鲸管制公约》下日本应当承担的国际条约义务及其应负的对海洋哺乳动物和海洋环境进行保护的国际义务。2014 年 3 月 31 日，国际法院就本案作出判决，认定日本在南极捕鲸活动并非科学研究行为，已违反《国际管制捕鲸公约》，同时判令日本停止核发在南极捕鲸的许可证明。

因纽特人也以类似的方式攻击了执行进口禁令行为，谴责其为"欧盟的虚伪和新殖民主义"。①但是，对于动物福利保护的承诺是国际义务的一个合法议题，且在该问题上已经达成一定程度的国际共识。如今欧洲将动物福利视为其标志性价值之一，其根植于佛教、印度教和耆那教传统的保护观念。世界上几乎所有的国内法律体系都包含了某种广泛意义上禁止对动物进行不必要的虐待的法律，只不过这些禁令在各国间有所差异。尽管如此，各国对于应该禁止对动物造成不必要或无缘由的伤害的核心思想早有共识。他们认为动物是能感知到痛苦的，而这种痛苦又与道德相联系，这是人类在追求其需求和欲望的过程中应当权衡的因素，可作为将动物福利纳入国际法下的公共道德的考量基础。在"欧盟海豹产品案"后，对动物福利的关注点已经上升至国际层面，似乎已经成为国际上逐渐兴起的普遍性原则。前 GATT 协定的起草者在当时就已经将动物福利增加为协议中公共道德例外的重要考量。②可以说动物福利已经在公共道德的考量范围之内。

简而言之，对动物福利进行法律上的约束并非没有争议，但它存在于世界文明和各国文化思想中，同时一直以来都是跨文化对话和讨论的主题。一些重要的国际条约将动物福利作为次要问题处理，而将重心移至如野生动物保护、管理和环境保护。但是可以肯定的是，当前动物福利问题正在成为国际法中的一个独立领域，它在国际层面上提出了治理挑战，而通过国际合作可以更有效地解决，并且该问题至少在某种程度上是人类共同的道德关切。自 WTO 产生以来，就一直为解决贸易自由化与非贸易价值之间的关系问题发挥重要作用，特别涉及与环境有关的议题上，其在化解动物福利与国际贸易的关系问题上也将继续献策。具体表现为，在具体案件中对 WTO 法律条款进行动态解释，使其相关规则更加清晰和完善，促进其发展以适应时代变化。"欧盟海豹产品案"中的专家组在解释"公共道德"内涵时正是利用了这一解释方法。在其看来，公共道德的内容相对成员方而言，是随着时间和空间的变化而产生

---

① See Katie Sykes, "Sealing Animal Welfare into the GATT Exceptions: The International Dimension of Animal Welfare in WTO Disputes", *World Trade Review*, Vol. 13, 2014, p. 479.

② See S. Charnovitz, "The Moral Exception in Trade Policy", *Virginia Journal of International Law*, Vol. 38, 1998, p. 705.

变化的，取决于包括社会文化、伦理、宗教在内的一系列因素。①因此，专家组在本案中将"公共道德"的范围扩展至动物福利，并允许以保护与动物福利相关的公共道德为由采取贸易限制措施，前提是必须符合WTO法律制度的相关要求。可见，该案进一步明确了WTO各成员以动物福利保护为由，采取贸易限制措施的可行性。

第二节　WTO "公共道德例外" 条款下的动物福利措施合法性审查

涉及普适的人类道德价值的贸易限制措施是相对而言较容易识别的，比如禁止盗窃这一犯罪行为无疑是符合公共道德观念的。但是对于另一些行为，如买卖动物皮毛，在不同的国家和地区就会存在差异。②动物福利运动起源于人道主义运动，其所重点关注的是善待动物的道德问题，强调从道德和伦理的角度去保护动物。基于此，保护动物福利可以与GATT 第 20 条的非贸易价值目标联系。GATT 可适用于动物福利立法的三个例外分别是（a）（b）（g）三款。③第 20 条（b）款似乎是对保护动物福利的最明显的例外，因为它明确提到了动物，但并没有明确提及动物福利。根据（b）款设置动物福利立法，还应当保护人类健康和生命，而有可能因此降低了动物福利标准，较低的动物福利标准会导致与动物有关的传染病的传播，影响人类健康，所以该条款不太可能从实际层面帮助那些希望提高动物福利标准的 WTO 成员，在条款适用上有所限制。④虽然有一些学者认为该条款应该涵盖动物福利，但现在大多数学者的讨论还是集中于 GATT 第 20 条（a）款，因此，规定公共道德例外的第

---

① See 书稿案号表 1, paras. 6. 461, 6. 465.

② See Gary Miller, "Exporting Morality with Trade Restrictions: The Wrong Path to Animal Rights", *Brooklyn Journal of International Law*, Vol. 34, 2009, p. 1001.

③ GATT 第 20 条：本协定不得解释为阻止缔约国采用或实施以下措施，但情况相同的各国，实施的措施不得构成武断的或不合理的差别待遇，或构成对国际贸易的变相限制：（a）为维护公共道德所必需的措施；（b）为保护人类及动植物的生命或健康所必需者；……（g）为有效保护可能用竭的天然资源的有关措施。

④ See Victoria. E. Hooton, "Slaughtered at the Altar of Free Trade: are WTO Rules Hindering the Progression of Animal Welfare Standards in Agriculture?", *Manchester Review of Law*, *Crime & Ethics*, Vol. 8, 2019, p. 170.

20 条（a）款适用于动物福利更加名副其实。而（g）款对养殖动物福利的适用性存疑，由于国际社会对保护生物和非生物的承诺，（g）款倾向适用于天然生物资源保护。这一决定在保护动物福利方面已取得一定进展，但在养殖动物方面不太可能达到相同效果。①从道德的角度来看，WTO 成员方更容易证明动物福利保护与公共道德之间的必要性联系。但要想使动物福利保护依据 WTO "公共道德例外" 条款获得合法性，最重要的步骤就在于证明涉诉争议措施是维护公共道德目标所 "必需的"。

　　欧盟长期以来都在动物福利立法领域处于领先的地位，并曾在多哈回合贸易谈判中倡导将动物福利保护纳入 WTO 贸易体制中，但却遭到印度等发展中国家的反对，导致该意见最终未被 WTO 所采纳。②国际实践中，为保护本国动物福利，有些国家以本国标准对进口的活体动物及相关动物产品采取了贸易限制措施，已威胁到 WTO 贸易自由化目标的实现。"欧盟海豹产品案" 就对以保护动物福利为由而采取的贸易限制措施与 WTO 法律制度的相符性作出了一定程度上的解释，该解释集中于 WTO "公共道德例外" 条款。实践中涉及 WTO "公共道德例外" 条款的争端其实并不多，而在 "欧盟海豹产品案" 发生之前，更多的是探讨与人类自身相关的公共道德，并没有触及非人类领域，譬如 "欧盟海豹产品案" 这样与动物有关的道德问题。"金枪鱼/海豚案""虾/海龟案" 虽然也涉及了动物领域的相关道德问题，但诉讼双方并未在案件审理过程中提及 GATT 第 20 条（a）款的 "公共道德例外" 条款，而是援引 GATT 第 20 条（b）款和（g）款进行抗辩，从保护人类、动植物生命健康和保护可用竭自然资源的角度来解决贸易争端。③

　　2009 年 9 月 16 日，欧洲议会和理事会通过了一项法规，禁止海豹产品在欧盟市场上销售。④该法规表示，这是对公众所关注的以不人道的方

①　See Radhika Chaudhri, "Animal Welfare and the WTO: The Legality and Implications of Live Export Restrictions under International Trade Law", *Federal Law Review*, Vol. 42, 2014, p. 279.

②　参见张敏："动物福利的国际贸易保障制度与我国的立法对策"，载《国际商务研究》2013 年第 2 期。

③　参见张敏、严火其："WTO 道德共同体的潜在扩张——欧盟海豹案中动物福利道德关切的评析"，载中国法学会环境资源法学研究会编：《区域环境资源综合整治和合作治理法律问题研究——2017 年全国环境资源法学研讨会（年会）论文集》，第 1078~1083 页。

④　See Regulation (EC) No 1007/2009 of the European Parliament and of the Council of 16 September 2009 on Trade in Seal Products. [2009] OJ, L 286/36 [Regulation No 1007/2009].

式捕猎海豹的行为及动物福利保护的两个问题的回应。他们认为海豹是能够感知痛苦、具有感觉能力的生命体，猎杀海豹和海豹剥皮的传统方式将会引起其极大的疼痛和痛苦。所以长期以来欧盟公众对这种残酷、不人道的方式都是强烈谴责的。因此，该法规获得了欧洲议会的绝大多数通过，是自 2006 年开始协商、审议和研究的结果，目的在于禁止以商业为目的，用不人道的方式猎杀海豹。①其立法历史表明了公众对海豹捕猎行为的高度关注，在此之前，荷兰、比利时、奥地利和德国都曾禁止使用海豹产品。②该禁令还将三类海豹产品排除在外：土著地区进行的传统自给狩猎的海豹产品（土著地区例外）；来自海洋资源管理狩猎的海豹产品（海洋资源管理例外）；以及旅行者在某些情况下带入欧盟的海豹产品（旅行者例外）。③这两项规定共同构成了欧盟的海豹产品制度。加拿大和挪威迅速对欧盟海豹产品制度提出质疑。2009 年 11 月，加拿大和挪威要求与欧盟进行磋商，但磋商并未达成双方一致同意的解决方案。④因此，加拿大和挪威在 2011 年提出设立专家组的请求。⑤加拿大和挪威都声称欧盟海豹产品制度违反了《技术性贸易壁垒协议》（TBT 协议），同时也违反了欧盟在 GATT 下的最惠国待遇、国民待遇和数量限制义务，并且根据 GATT 第 20 条（a）款的"公共道德例外"，它不能被证明是合理的。⑥

WTO 于 2013 年 11 月 25 日发布了专家组意见，赞同将动物福利纳入人类道德所普遍关注的事项，保护和海豹福利有关的公共道德，亦属于 TBT 协议第 2.2 条下的合法目标涵盖范围，且未超过必要的限度。但欧盟所实施的措施违反了 TBT 协议第 2.1 条规定的非歧视性待遇。在分析 GATT 第 20 条（a）款的"公共道德例外"时，专家组使用了相同的理

① See Robert Howse, Joanna Langille, "Permitting Pluralism: The Seal Products Dispute and Why the WTO Should Accept Trade Restrictions Justified by Noninstrumental Moral Values", *Yale J Intl L*, Vol. 37, 2012, pp. 367, 377, 381.
② See Robert Howse, Joanna Langille, "Permitting Pluralism: The Seal Products Dispute and Why the WTO Should Accept Trade Restrictions Justified by Noninstrumental Moral Values", *Yale J Intl L*, Vol. 37, 2012, pp. 377-378, 387-388.
③ See Regulation (EC) No 1007/2009 of the European Parliament and of the Council of 16 September 2009 on Trade in Seal Products. [2009] OJ, L 286/36 [Regulation No 1007/2009].
④ See 书稿案号表 5, paras. 1-1.1-2, 1.4.
⑤ See 书稿案号表 5, para. 1.5.
⑥ See 书稿案号表 5, paras. 3.1, 3.4.

由，肯定了欧盟所实施的措施是为保护公共道德所必需的，但却没有满足序言要求的实施方式。①而后，加拿大和挪威分别针对专家组报告于2014 年 1 月 24 日提起上诉，欧盟在同年也提起上诉。对此，上诉机构于2014 年 5 月发布了裁决报告，支持了专家组对于欧盟海豹案满足 GATT第 20 条（a）款的裁定，但同时也指出了专家组在审查欧盟海豹制度下的 IC 例外和 MRM 例外是否满足第 20 条序言要求时所使用的错误法律测试方法。上诉机构在此基础上完成了该部分的分析，认为欧盟无法证明其海豹制度符合序言要求，因此得出了欧盟海豹制度不符合 GATT 第 20条（a）款 "公共道德例外" 规定的结论。

可以说直到 "欧盟海豹产品案" 的出现，WTO 中有关 "公共道德例外" 的争端才延伸到了动物伦理乃至更广泛的生态环境领域。"欧盟海豹产品案" 被认为是 WTO 争端解决机构处理的第一起以保护动物福利为由实施贸易限制的案件，受到了动物福利主义者、自由贸易主义者以及各成员方的高度关注。有关动物福利保护的专门性规则并没有在 WTO 规则体系内直接出现，但与此密切相关的条款有 GATT 第 20 条的（a）款保护公共道德、（b）款保护人类动植物生命与健康、（g）款保护可用竭自然资源等，"欧盟海豹产品案" 重点关注的是猎杀海豹的方式是否存在不人道因素，所以与本案最相关的应当是（a）款 "公共道德例外"。欧盟海豹产品贸易制度被认为是违反了 GATT 项下的最惠国待遇义务和国民待遇义务，因此欧盟援引了 GATT 第 20 条（a）款的 "公共道德例外" 进行抗辩。②针对这些情况，专家组首先要审查欧盟海豹产品贸易制度是否为 "保护公共道德所必需的"，若确定是 "保护公共道德所必需的"，再进一步审查该制度是否满足 GATT 第 20 条的序言要求。

一、欧盟海豹产品贸易制度是 "保护公共道德所必需的"

（一）欧盟海豹产品贸易制度的目标界定

如前所述，WTO 法律体系并没有具体规定公共道德的内涵及外延，但在具体案件审查中可以发现相应线索。专家组在 "美国博彩案" 中便

---

① 参见郭桂环：《WTO 体制下的动物福利与贸易自由》，中国政法大学出版社 2014 年版，第67 页。

② See 书稿案号表 6.

采用了动态解释的方法来解释 GATS 第 14 条（a）款 "公共道德例外"，在其看来，这些概念的内容会随着时间和空间的变化而产生变化，与主流社会的文化、伦理和宗教价值相关。而后专家组在 "中美出版物市场准入案" 中也做出了相同解释，因为 GATT 和 GATS 都使用了相同概念——公共道德，所以在本案中采取了和 "美国博彩案" 一样的公共道德解释方法。"公共道德" 维系或代表着一个社会或国家的利益，应当赋予国家一定的自主权。①每位成员方都有较大的自由裁量权，来决定什么样的实践会违反其道德准则，而 DSB 并不愿意去触及各成员境内的公共道德判断问题。

在审查欧盟海豹产品贸易制度是否为 "保护公共道德所必需的" 时，第一步应当就欧盟海豹产品贸易制度的目标进行界定。欧盟海豹产品贸易制度的核心内容由一条禁令和三条例外组成。禁令明确禁止在欧盟市场上销售海豹产品，也不得将产品进口至欧盟市场。但也存在例外情况，即因纽特人或土著群体（inuitor indigenous communities, IC）例外（以下简称 IC 例外），允许因纽特人或者土著群体就猎杀的海豹获取海豹产品；海洋资源管理（marine resource management, MRM）例外（以下简称 MRM 例外），允许从为海洋资源可持续管理而猎杀的海豹中获取海豹产品；旅行者例外，旅行者可在有限的情形下将海豹产品带入欧盟市场。②欧盟捍卫海豹产品贸易制度的合法性，认为其旨在解决 "欧盟公众对海豹福利的道德关注" 问题，而在具体目标设置上，不仅保护海豹福利，还兼顾对因纽特人或土著居民群体的社会和经济利益的保护，同时有意于促进可持续海洋资源管理。③而加拿大对此持反对意见，认为 GATT 第 20 条（a）款所强调的是在一国范围内能够被普遍接受的公共道德标准，但欧盟并没有提出其境内的公共道德标准，尤其体现在 "商业行为" 和 "非商业行为" 的区分上，且欧盟提出的 "公众关切"（"public concerns"）也不能直接等同于公共道德标准。④

---

① See 书稿案号表 3, para. 7. 759.

② See 书稿案号表 6.

③ See R. Rajesh Babu, "WTO and the Protection of Public Morals", *Asian Journal of WTO and International Health Law and Policy*, Vol. 13, 2018, p. 343.

④ 参见漆彤：《动物福利与自由贸易之辩——评加拿大、挪威诉欧盟禁止海豹产品进口措施案》，载《厦门大学学报（哲学社会科学版）》2014 年第 2 期。

专家组在审查了欧盟海豹产品贸易制度的文本和立法历史以及与其制度设计、结构和实施有关的其他证据后，认定该制度的目标是"解决欧盟公众的道德关切"。①该认定方法相较于"中美出版物市场准入案"和"美国博彩案"而言，标准更为严格。②其原因可能是本案涉及的动物福利公共道德问题较为敏感，DSB 作出的裁决报告具有潜在的广泛影响。专家组如果不采用较为严格的审查方式，可能导致公共道德概念泛化。③同时专家组还指出，欧盟所提出的 IC 例外、MRM 例外和旅行者例外所保护的利益并没有"根植于欧盟公众"的关注，而是为中和禁令所带来的不利影响，在立法的过程中被纳入进来，所以不能成为欧盟海豹产品贸易制度的独立的政策目标。④但是需要澄清的是，专家组并未否认其它例外在海豹产品贸易制度中的作用，只不过认为这些例外所呈现的利益不如海豹福利那么明显。⑤动物福利保护是欧盟海豹产品贸易制度的主要目标，但也并不能否认其它例外规定所要保护的利益优先于动物福利这一主要目标。

关于海豹福利，专家组认为公众对海豹福利的担忧是公共道德例外意义上的"合法"目标。⑥本案中引用了"美国博彩案"对公共道德内涵解释的灵活标准，上诉机构十分尊重成员方对"公共道德"的定义。肯定了每一 WTO 成员方在决定什么样的实践会违反社会道德准则方面上所享有的相当大的自由裁量权。可见，公共道德的概念是一个相对术语，需要根据特定的社会是非标准来定义。

专家组认为，首先，专家组承认欧盟公众对海豹福利的持续密切关注，这从欧盟减轻海豹猎杀痛苦的立法和理事会指令可以反映出来。欧盟海豹制度主要关注两个具体方面，一是不人道捕杀海豹的发生率；二是欧盟民众，包括个体或集体，其购买行为间接刺激了产品市场上继续

---

① See 书稿案号表 5，para. 7. 410.

② 例如在中美出版物市场准入案中，专家组仅仅援引了《出版管理条例》第 26 条和第 26 条关于受禁内容的规定，然后认定它们反映了中国特有的是非对错标准，构成 GATT 第 20 条（a）款的公共道德。

③ See Pieter Leenknegt, "What Will the EU do With Seals?", *BIORES*, Vol. 8, 2014, pp. 4-5.

④ See 书稿案号表 5，paras. 7. 399-7. 402.

⑤ 参见胡建国："多边贸易体制下的动物福利与土著群体生存利益之辩——WTO 上诉机构欧盟海豹裁决的启示"，载《国际法研究》2015 年第 3 期。

⑥ See 书稿案号表 5，para. 7. 419.

流动采取不人道方式捕杀的海豹产品。由此认为欧盟禁止进口海豹产品措施的目标是维护和海豹福利相关的动物福利。但欧盟仅对海豹福利进行保护，却还存在对其他动物的剥削和伤害，可以说在道德上具有任意性。不过考虑到海洋哺乳动物在国际法中的特殊地位，国际社会也认为应当对它们加强保护，所以欧盟的海豹产品进口禁令看起来更像是一种追求非任意道德目标的善意努力。

其次，欧盟实施海豹产品贸易制度的道德目标可以与有关动物福利的国际条约中反映的道德哲学立场联系起来，这恰恰是动物福利的一项原则——即在减少动物痛苦与人类需求和其他贸易政策之间取得平衡，尽可能减少动物"不必要的"或"可避免"的痛苦。而禁止进口和销售海豹产品的举措确实能够减少全球对海豹产品的消费，甚至可以从根源上减少对海豹的猎杀，以此来保护海豹的生命和健康。此外，欧盟所禁止的海豹产品主要来源于以非人道方式捕猎的海豹。①欧盟公众对动物福利的关注的确已经涉及其内部的是非标准，而动物福利属于伦理和道德的范畴，因此可以认为有助于解决公众对海豹福利的道德关注问题，是海豹产品贸易制度的目标。此外，上诉机构还驳回了加拿大的论点，即要求欧盟证明海豹福利对欧盟公共道德存在风险。上诉机构指出，在"欧共体石棉案"中，专家组意识到 GATT 第 20 条（b）款中的"保护人类、动物或植物的生命或健康"实际上存在着健康风险。②虽然关注影响人类、动物或植物生命健康的危险或风险"可能有助于科学或其他调查方法"，但这种风险评估方法似乎无助于对公共道德问题的"识别和评估"。③因此，援引"公共道德例外"的成员方无需证明特定的公共道德实际上处于危险之中，只需要证明其对道德的保护是正当的。

在本案及前述"美国博彩案"和"中美出版物市场准入案"中，DSB 虽然已经对"公共道德例外"条款进行了一定程度的澄清，但尚未解决关于公共道德的认定标准问题。由于各国之间在文化传统、宗教信仰等各方面都有所不同，若将公共道德限制在符合所有或大多数国家标准之内，只会限缩其范围，显然是行不通的，甚至可能导致"公共道德

---

① 参见张磊、王燕："单边主义的回归？WTO 体制下动物福利措施的合法性分析——以加拿大诉欧盟《海豹禁令》案为视角"，载《武大国际法评论》2013 年第 2 期。
② See 书稿案号表 6, para. 5. 197.
③ See 书稿案号表 6, para. 5. 198.

例外" 条款无效。但如果仅由某一国家单方定义，有可能增加 "公共道德例外" 条款被滥用的风险。在 "美国博彩案" 中尚未对该情况进行明确解释，专家组一方面强调了成员方在定义公共道德时所拥有的自由裁量权，另一方面也参考了其他国家的实践经验来考量限制赌博措施是否构成公共道德保护。"欧盟海豹产品案" 中，专家组在重点审查了欧盟海豹产品贸易制度的具体内容、立法历史以及体制设计、结构等证据之后，才得出结论，即欧盟的海豹产品禁令是为保护动物福利。在欧盟提交的证据中，还包括了世界动物健康组织建议和一些基于公共道德保护海豹福利的 WTO 成员的实践。从历次 DSB 实践来看，公共道德的认定标准倾向于国家标准，一定程度上也兼顾了国际因素。可以肯定的是，我们无法对何种动物福利属于公共道德的范畴给出明确的答案，但是可以根据具体特定的动物福利措施，来审查实施措施的国家境内是否存在对此种动物福利的广泛关注，然后根据该国的体系和价值尺度作出具体的判断。

（二）欧盟海豹产品贸易制度的 "必要性" 测试

在确定欧盟所采取的海豹福利措施目标符合公共道德范畴之后，还应当考虑保护动物福利的 "必要性" 以及与自由贸易原则之间的平衡。"美国博彩案" 明确了 "公共道德例外" 的 "必要性" 要求，需要考虑以下因素：一是争议措施所保护的社会利益或价值的重要性，即目标的重要性；二是争议措施对所要实现目标的贡献度；三是争议措施对贸易的影响，包括是否存在合理可得的替代措施。这一审查步骤为 "欧盟海豹产品案" 提供了一定的参考。

1. 目标的重要性

道德价值在国际上的认可程度是衡量其重要性的一个有效且合法的标准，但不等同于认为国际公认的道德标准就比国内或特定文化认定的道德标准更重要，只是将它们看作认定重要性的依据，同样也不能将其看作是唯一依据。换言之，国际认可不是认定道德重要性的必要条件，有许多特定文化的道德价值观也十分重要，也是自由贸易例外的适当理由。但如果得到国际社会的认可，便能认定该目标的重要性。如果一种道德价值已被国际社会所普遍接受，即使是反对相关措施的一方作为国际社会的一员，至少在一定程度上可以假定其已含蓄地承认目标的重要性。①根据欧盟及其成员方对动物福利的立法历史及相关证据，各方都承认保护公共道德的重要性，而保护海豹福利正是归属于公共道德的范畴之内。

2. 欧盟海豹产品贸易制度对目标的贡献度

由于相关措施具有高度的贸易限制影响，所以在必要性测试中需要考虑的第二个因素是措施对所追求的最终目标的贡献程度，要求是"重大的"。只要目标和措施之间属于真正的目标和手段的关系，就存在这种贡献。在认定这种关系时，专家组必须"定性或定量地评估该措施对所追求目标的贡献程度，而不是仅仅确定该措施是否有贡献"。②上诉机构发现，根据分析时存在的证据的性质、数量和质量，更易于认定一项措施对其所要实现目标的贡献程度。③WTO 成员可以提交对未来措施实施的贡献程度的定量或定性预测。在"哥伦比亚纺织品案"中，上诉机构发现"打击洗钱是旨在保护哥伦比亚公共道德的政策之一"。而哥伦比亚复合关税的措施对打击洗钱是否有一定程度的贡献，还需客观评估复合关税是否实际上旨在打击洗钱。然而哥伦比亚没有履行其对这项措施的贡献程度的举证责任。④

本案中专家组发现欧盟海豹产品贸易制度能够为追求的公共道德目标作出贡献，因为该制度中的禁令在一定程度上对欧盟目标的实现具有"实质性"贡献，通过减少全球市场对海豹产品需求的方式，来帮助欧盟公众远离那些以不人道方式捕杀的海豹或海豹副产品。⑤动物福利本质上是一种平衡措施和目标原则，不等于对所有导致动物痛苦的行为的绝对谴责。但 IC 例外、MRM 例外却削弱了措施对目标的贡献程度，这些例外"通过允许一些海豹产品进入欧盟市场而降低了禁令的有效性"。⑥如果某一道德价值受到了任何其他政策目标的损害或抵消，那么该措施就算不上真正基于道德价值。但是海豹产品贸易制度作为一个整体，已

---

① See Katie Sykes, "Sealing Animal Welfare into the GATT Exceptions: the International Aimension of Animal Welfare in WTO Disputes", *World Trade Review*, Vol. 13, 2014, p. 495.
② See 书稿案号表 8, para. 5.72.
③ See 书稿案号表 6, para. 5.215.
④ See 书稿案号表 8, paras. 5.21-5.22.
⑤ See 书稿案号表 5, para. 7.468.
⑥ See 书稿案号表 5, para. 7.480.

经在一定程度上实现了保护动物福利相关的公共道德目标。①上诉机构则认为，贡献程度不能决定一项措施的"必要性"，在进行"必要性"分析时也不能预先限定贡献程度的门槛。因此，上诉机构并不同意专家组提出的"实质性"贡献分析，但认可了专家组通过对欧盟海豹贸易制度的设计及预期运作的定性分析方式，得出欧盟海豹贸易制度对目标实现具有一定贡献程度的结论。②实际上，"欧盟海豹产品案"的专家组还是延续了"泰国香烟案""金枪鱼/海豚案"等案件的趋势，不管争议措施的严厉性，只要所采取的措施对追求的目标有所贡献，即使贡献再小，相关措施也会被认为是成员方在追求正当的公共政策目标，DSB 向来不愿意琢磨成员方所追求的正当公共政策目标的意图。③

　　3. 是否存在合理可得的替代措施

　　禁止进口或完全禁止某些产品的措施实际上是最具贸易限制性的措施，所以最后申诉方还可以提出可替代性措施以证明所争议措施并不是"必要的"，"必要性"的认定标准则是替代措施不能合理获得。此时专家组必须考虑三个层面的问题，一是可替代性措施是否对所追求目标做出了与争议措施相同的贡献；二是可替代性措施是否比争议措施对贸易的限制更小；三是替代性措施是否合理可得。④在满足条件的情况下，申诉方便要承担相应的举证责任，即证明存在更少贸易限制的合理可获得的替代措施，否则案涉争议措施就会被认为是具有"必要性"的。

　　加拿大和挪威在本案中提出了一项替代措施，即结合海豹待遇认证和标志制度在符合动物福利标准的基础上调整海豹产品的市场准入。⑤猎人如果能够证明他们是通过人道方式捕猎海豹，就可以出售他们的产品。虽然这种可替代性措施对贸易的限制较少，但它对目标的贡献程度与禁令并不相同，欧盟认为该制度不足以达到其认为必要的保护水平。⑥国际法对海洋哺乳动物和海豹福利也是特别关注的，并反映于各国的传统法

---

① See 书稿案号表 5，para. 7.482.
② See 书稿案号表 6，paras. 5.216−5.217.
③ 参见郭桂环：《WTO 体制下的动物福利与贸易自由》，中国政法大学出版社 2014 年版，第 73 页。
④ See 书稿案号表 8，para. 5.74.
⑤ See 书稿案号表 5，para. 7.468.
⑥ See 书稿案号表 5，para. 7.480.

律当中以及世界各地对海豹产品禁令的扩散。上诉机构认为这一制度将会重新开放一个被国际公约所禁止的市场，即使这样的处理方式是有所限制的。①此外，海豹待遇认证标准也没有被准确定义，若采用严格的认证标准，其可行性存在困难，若采用宽松的认定标准就难以实现与动物福利相关的公共道德目标。因此，该替代性措施无法获得合理性支持。对于这一点，"美国博彩案"也进行了明确的论述，至于什么是更少贸易限制措施的可获得性，不能只考虑理论上的因素，必须结合实践因素。譬如，被诉方不能采取或赋予该成员方实质上的技术困难或过高的成本等过分的负担，一旦认定替代措施无法合理获得，就可以使得争议措施满足"必要性"要求。反观"欧盟海豹产品案"，进口禁令对贸易的限制作用明显大于加拿大、挪威提出的动物福利标签制度，即结合海豹待遇认证和标志制度进行认证，该替代措施可能使贸易限制减少，但考虑到海豹捕猎的特点，无法合理获得这一替代措施。所以，关于"必要性"的判断还必须结合案件的实际情况才能得出具有正当性的结论。

二、欧盟海豹产品贸易制度不符合 GATT 第 20 条序言要求

专家组和上诉机构根据 GATT 第 20 条的序言要求进行分析，讨论欧盟海豹产品贸易制度中的 IC 例外和 MRM 例外是否在情况相同的国家之间构成任意或不合理的歧视。在"巴西翻新轮胎案"中，上诉机构认为对南方共同市场国家产品的豁免行为并不是"任意的"，但是该豁免行为却使得进口禁令具有歧视性色彩，而豁免行为并不是依据 GATT 第 20 条所列的政策目标作出的。②本案情况类似于此，虽然欧盟海豹产品进口禁令是基于动物福利保护目标而提出，但是 IC 例外、MRM 例外以及旅行者例外并不是，而是考虑到了土著居民，维持可持续海洋资源管理的目标以及旅行者利益而提出的。采取这些例外规定与保护动物福利目标并没有联系，反而还可能削弱禁令的有效性，与目标的实现效果背道而驰。③

专家组经过分析最终得出结论：首先，欧盟海豹产品禁令目标无法

---

① See 书稿案号表 5，para. 7. 482.

② See 书稿案号表 33，para. 246.

③ 参见漆彤："动物福利与自由贸易之辩——评加拿大、挪威诉欧盟禁止海豹产品进口措施案"，载《厦门大学学报（哲学社会科学版）》2014 年第 2 期。

在 IC 例外中实现，对海豹来说无论是哪种猎杀方式其所承受的疼痛都是相当的。其次，IC 猎杀和商业猎杀最大的不同在于其目的，而这种区分显然是具有合理性的。IC 猎杀的目的并不在于商业性，而是为保护因纽特人的文化和传统以及维持的他们生计。专家组在审查欧盟禁止进口海豹产品的相关措施是否符合 GATT 第 20 条序言要求时，直接利用其在分析 TBT 协议第 2.1 条时所采用的理由，但对此做出了更多的解释。上诉机构对专家组的解释方法提出质疑，认为其是错误的，应当对欧盟海豹产品制度是否符合 GATT 第 20 条序言要求进行独立的分析。上诉机构对此提出了相应的解释思路，先对欧盟海豹制度针对不同对象存在的规则待遇是否存在"任意的或不合理的歧视"以及造成的影响作出判断。可以看出"歧视"是确实存在的，但欧盟却未对此进行举证，证明这一"歧视"存在的合理性。因此，上诉机构认为欧盟海豹制度在 GATT 第 20 条序言中是存在歧视的，而要判断这种歧视是否属于"任意的或不合理的歧视"，最关键的因素还在于这种歧视是否和已经在 GATT 第 20 条一般例外中证明具有正当性的争议措施相关。由于 IC 捕杀同商业捕杀一样都会给海豹带来同样的痛苦，所以对此欧盟并不能以充足的证据证明其所主张的海豹制度是为保护海豹福利所必需的。

对于欧盟大多数公民而言，以不人道的方式猎杀海豹令人难以接受，他们认同动物的内在价值，承认动物作为有感情的生命体的伦理意义。但对于以猎杀海豹为生的土著居民而言，海豹产品禁令对他们来说是个巨大的冲击，海豹产品是他们必不可少的经济资源，也是其独立生活方式的象征，以及文化遗产的一部分。因此，欧盟试图将土著居民的狩猎行为归于一个单独的类别，其已经超出海豹制品禁令和动物福利问题的范围，以此来消除动物福利与土著居民生存权益之间的冲突，这种冲突在本质上具有不稳定性，最终也是不可持续的。WTO 看到了这一弱点，欧盟在 IC 捕杀海豹方面所采取措施的任意性和不一致性，导致 IC 例外未能通过 WTO 法律的考验。①

与此同时，IC 例外在措辞上具有较大的模糊性，未对其"生存""部分使用"等标准进行明确阐释，那么这就等于赋予了运用这些标准

---

① See Katie Sykes, *Animal Welfare and International Trade Law*, Edward Elgar Publishing Limited, 2021, pp. 121-123.

的认证机构宽泛的自主权，被归类于"商业捕杀"的海豹产品也可能会在 IC 例外下获得合理性，从而得以进入欧盟市场。欧盟也没有充分解释怎么阻止这种情况的发生，所以这种措施在实施时可能会在情形相同的国家之间构成任意的或不合理的歧视。① 此外，这种任意或不合理的歧视还可能在 IC 例外下形成于不同国家的因纽特人之间。因为欧盟并没有像帮助格陵兰岛的因纽特人那样帮助加拿大的因纽特人，所以可能只有格陵兰岛的因纽特人才会从 IC 例外中得到利益保护，加拿大的因纽特人则无法受益，而这完全是欧盟的私人选择结果。②

上述分析已经表明，各方对动物福利是一个被普遍关注的道德问题并无争议，分歧点主要在于什么样的动物福利立法可以优先于市场准入义务。专家组报告认为，欧盟所采取的措施是为保护动物福利，且没有超过必要限度，但这种方式存在不公正性，且违反了 GATT 第 20 条的序言要求，措施的实施在情况相同的国家之间构成了任意的、不合理的差别待遇。上诉机构所作出的结论一方面肯定了欧盟措施符合实体正义的要求；另一方面也批评了其措施的具体实施方式在程序正义上的欠缺，从而难以满足 WTO 协议义务。

通过这一案件，欧盟实际上也已经得到了它所想要的结果，已经成功地将动物福利与国际贸易相联系，基于动物福利所采取的贸易限制措施也满足了必要性要求，为欧盟进一步发展农场动物福利保护而实施贸易限制措施开了先路。虽然"欧盟海豹产品案"将动物福利纳入了公共道德范畴，但该判决并不能对今后每一项涉及动物福利的贸易限制措施是否属于公共道德范畴给出明确答案，还需要结合不同案件的具体情况进行判断，审查这一类措施是否在其国内真正存在公众对涉案公共道德的普遍关注，以此来限制某些国家对 WTO "公共道德例外"条款的滥用。

第三节　WTO "公共道德例外"条款保护动物福利实践启示

经济全球化的发展加重了国际法治的任务，WTO 规则不再局限于贸

---

① See 书稿案号表 6，para. 5. 328.
② 参见郭桂环："WTO 框架下的动物福利与公共道德例外"，载《河北法学》2015 年第 2 期。

易关系领域，而是扩展到了人权、环境、文化等议题，公共道德也被包含其中。但是在多元价值并行的当今时代，在促进贸易发展的同时，还要协调好不同目标之间的关系。生态文明建设大力推进的当下，人类必须更加自觉地珍爱自然，更加积极地保护生态，直面 "动物福利" 这一新议题。能否在现有的基本贸易框架下为涉及非人类领域的多元价值实现寻求生存空间，巧妙平衡当前时代的贸易发展和其他价值目标之间的关系，"欧盟海豹产品案" 为我们提供了一个在生态文明建设实践中探索的范例。其使得 WTO 又一次面临维护国际贸易秩序或是尊重国内政策目标的两难选择，而 WTO 法律对动物福利的态度也已经反映在了案情的裁决结果之中，"公共道德例外" 条款也给予了动物福利保护充分的考虑，能够将动物视为一种具有感知能力的生命体，在满足特定条件的情况下，进口国可以以保护动物福利为由，对贸易实施相应的限制。可见保护生态，珍惜生态的理念已深入人心，而不是为夺取一时的经济贸易利益，简单将动物看作一般产品来使用和买卖。

从 WTO 争端解决实践来看，动物福利措施是否符合 GATT 第 20 条（a）款 "公共道德例外"，要从两方面进行审查：第一，需考察争议措施是否满足 "保护公共道德所必需" 要求；第二，还需要满足第 20 条序言的 "不得在情况相同的国家之间构成任意的或不合理的差别待遇" 要求。虽然本案最终因没有满足 GATT 第 20 条的序言要求而无法成功援引 "公共道德例外" 条款，但从各方在争端解决中所提出的主张及专家组和上诉机构的报告中仍然可以发现一些新的发展趋势和相关线索，是对现代生态文明建设的重要回应。

一、发展多元化 "公共道德" 内涵解释

WTO "公共道德例外" 条款作为一般例外条款，允许各成员方采取措施促进或保护公共道德这一重要的社会价值。由于该条款是作为一般例外存在，因此对该条款应当进行限制解释。但 DSB 为了适用不断变化的社会发展情况，在实践中则是对该条款不断进行扩张解释。因为 GATT 在缔结初期受到历史条件和人们认识不足的限制，难以解决目前的现实问题，实为捉襟见肘。而伴随经济发展、社会环境变化，WTO 作为多边贸易体系，仍应当承担起不断回应新问题、解决新困难的责任。目前，WTO 各成员尚难以通过缔结新的条约来解决不断发生

的新情况，因此 DSB 便通过解决具体案件的形式来应对该问题。其主要是在具体案件中采用了动态解释的方式，因此"公共道德例外"条款的具体含义也在不断扩张，并试图在贸易自由与公共道德保护之间寻求平衡。

GATT 第 20 条（a）款的"公共道德例外"可以说是与动物福利最为相关的一个条款，该条款没有明确公共道德的具体内涵，需要在具体争端实践中予以进一步明确。"欧盟海豹产品案"中，专家组和上诉机构都认为动物福利属于公共道德的范畴，可以说该案裁决结果为未来动物福利保护打开了大门，成功将动物福利纳入了 WTO "公共道德例外"条款的范畴。但也有一部分学者对此感到担忧，将"公共道德"内涵进一步扩展到动物福利保护领域，可能也会为各种保护主义立法打开闸门。从本质上讲，这一部分人的主要观点在于，WTO 体制过于宽容，容易助长各成员的贸易保护主义，DSB 应当对有关措施是否能够纳入"公共道德"范畴进行更深入的审查。在很大程度上简单地让各成员决定公共道德是什么，而不要求任何特定形式的证据来支持公共道德主张，这就引入了"混合动机"的幽灵。于是这一部分人主张通过更深入的审查强化公共道德的一致性，或者采用更严格的"必要性"测试来确定是否存在合理且贸易限制较少的措施。但这一类批评意见存在缺陷。实际上，对公共道德采取"包容"态度不太可能为保护主义"打开闸门"。GATT 第 20 条的序言目标是防止一般例外条款的滥用，在保护公共道德等可能违法 WTO 具体义务的例外与其它成员方所享有的贸易权利之间寻找一种平衡。其禁止以构成任意的或不合理的歧视方式实施措施，并要求 WTO 成员善意遵守不歧视的义务，所以对第 20 条（a）款的宽容态度并不会否定序言部分及其重要保护措施的影响。而这种平衡是一种动态的平衡，可能根据措施的不同而不同。专家组延续了"美国博彩案"中对公共道德的动态解释方法，由此得出欧盟所采取的措施是为了保护海豹福利的结论，属于 GATT 第 20 条（a）款的公共道德范畴。因此，DSB 对"公共道德例外"条款进行动态解释，将为保护动物福利所采取的贸易措施看作一种维护公共道德的措施，使得各成员为保护动物福利而实施贸易限制措施具有了正当性的可能。

此外，持批评意见的这部分人针对他们认为存在的问题提出的补救措施对许多实际规范来说造成了一定的障碍。若对公共道德标准进行更具侵入性的审查，在非工具性立法的背景下，很难理解对 "公共道德" 进行更严格审查将如何运作。如对一些具有特殊宗教信仰的国家或地区而言，他们禁止进口牛产品，而在其他国家或地区看来这有可能是荒谬的。因此，允许多元化的解释方式是最合适的，能够更加尊重 WTO 成员的主权权力和政策空间。

另有学者试图提出一个客观的外部标准以确定公共道德的内涵。譬如，Christian Haberli 认为公共道德例外应与其他国际法规则一起解释，这样在 "欧盟海豹产品案" 中，欧盟的论点将更多地集中在他们在国际法项下的正当性讨论。[1]虽然我们不否认应将 WTO 涵盖的协议与其他国际条约一起解释，且人权条约和其他规范性协议肯定也有助于阐明公共道德的范围，但是用于证明的其它国际协议不应成为公共道德辩护的必要组成部分，强制要求在道德问题上保持国际一致性显然不是 WTO 的职责。Shaffer 和 Pabian 认为 "欧盟海豹产品案" 是 WTO 争端解决中的一个重要里程碑，但用于阐明专家组和上诉机构的裁决理由的 "官僚法律术语" 恰掩盖了其重要性，WTO 并没有就如何在不违反 WTO 法律的情况下对贸易限制措施进行公共道德范围内的监管提出指导。[2]他们的批评确实反映了专家组在 "公共道德" 认定上的技术困难，而上诉机构在 "欧盟海豹产品案" 中的裁决理由也进一步证明了 WTO 通常被视为最具法律效力的国际组织之一，WTO 的争端解决机制则在各成员方中受到相当高程度的遵循。WTO 的合法性取决于其对机构角色能力的诠释，即专注于贸易自由化、非歧视和反保护主义。这样的角色定位是不允许限制各成员方并对其进行监管的原因，特别是当这些原因涉及道德、伦理或宗教等。WTO 在允许成员方有自由采取适合其公共道德标准的贸易限制措施时，它的制度作用将会得到最好的发挥。"欧盟海豹产品案" 正是在很大程度上将公共道德内涵的多元化解释方式写入了 WTO 法。

---

[1] See Robert Howse, Joanna Langille, Katie Sykes, "Pluralism in Practice: Moral Legislation and the Law of the WTO after Seal Products", *George Washington International Law Review*, Vol. 48, 2015, p. 149.

[2] See Gregory Shaffer, David Pabian, "European Communities-Measures Prohibiting the Importation and Marketing of Seal Products", *American Journal of International Law*, Vol. 109, No. 1, 2015, pp. 154-161.

二、合理协调多重公共道德目标

WTO 规则除保护贸易价值之外，还要对贸易外的其他领域也留足合理的发展空间，促进自由贸易的同时也要兼顾其他文化价值。但是关于文化价值的定义及认定等问题仍需要根据不同的个案需求予以确定。在"欧盟海豹产品案"中，欧盟不仅提出了保护海豹福利的目标，还通过 IC 例外、MRM 例外等对其他价值进行保护，由此也引发了各方冲突——WTO "公共道德例外"条款能否为欧盟海豹产品贸易制度提供合法的庇护。

从该案中可以看出，WTO 成员在制定国内立法的过程中可以设置多重公共道德目标，并可自行决定这些目标之间的先后顺序。上诉机构在该案中已经隐含地承认了 IC 例外所保护的土著居民权益高于动物福利。首先，上诉机构明确认为欧盟海豹产品禁令的主要目标是维护海豹福利，同时又通过 IC 例外等兼顾了该禁令所产生的其他不利影响。换句话说，上诉机构认可欧盟满足 IC 和其它利益这一目标，欧盟可以采取相应的措施来缓解海豹产品进口禁令对 IC 及其它利益所造成的负面影响，也就等于间接承认土著居民利益的优先性；其次，上诉机构在分析 GATT 第 20条序言时，并不仅仅论证了 IC 例外与海豹福利所存在的合理联系，而是对 IC 例外本身是否满足 GATT 第 20 条序言要求进行了深入分析。①由于 IC 猎杀是一种非人道的猎杀方式，本来上诉机构并没有必要在进行合理联系的基础上继续分析，以此就可得出"欧盟必须废除 IC 例外"的结论。但事实并非如此，上诉机构却是继续分析 IC 例外与 GATT 第 20 条序言部分的相符性。这就说明，欧盟所实施的 IC 例外具有可行性，只是需要做出进一步的完善。所以说，上诉机构间接承认了土著群体生存利益相较于动物福利保护的优先性。

那么，土著群体生存利益保护措施能否根据 WTO "公共道德例外"条款获得正当性呢？维尔克认为，土著民族、历史上的弱势群体、少数民族、其他非主导性群体等少数族群的权利（minority rights）成为公共

---

① See Misha Boutilier, "From Seal Welfare to Human Rights, Can Unilateral Sanctions in Response to Mass Atrocity Crimes Be Justified Under the Article XX (a) Public Morals Exception Clause", *University of Toronto Faculty of Law Review*, Vol. 1, No. 2, 2017, pp. 101–128.

道德关注的对象是适当的。①公共道德关注并非只有根植于公民的关注才有效，IC 例外在立法过程中被纳入，同样可以发展为欧盟的公共道德关注。国际社会同样在《联合国土著人民权利宣言》中承认了土著民族在沿袭其传统生存方式上的权利，譬如猎豹为生。②所以，保护因纽特人等土著群体的生存利益，是一种合理的公共道德关注，可以落入 GATT 第 20 条（a）款的范围之内。也正是因为该公共道德关注获得了国际社会的认可，所以也不会引起关于域外适用争议。

这样的多重目标设置也可能变相助长保护主义，但是其中风险并不是如此之大，也不是不可驾驭。只要多重目标是真实存在，那么管理者就应当能够自由做出决策。③但是在采取措施实现优先目标的同时，也应当减轻对另一公共道德目标的负面影响。上诉机构对欧盟提出过相关降低 IC 例外负面影响的建议，比如通过加强执法监管等方式来避免并没有在实质上满足 IC 例外要求的海豹产品投放入欧盟市场。由此也可以认识到本案存在的一个限制性因素，即为实现另一公共道德目标所要实施的措施原则上不能对主要目标所要解决的问题造成障碍，即使该目标具有优先性，否则该措施在立法上的合理性就已经存疑。本案为包含多重目标的实施措施的合理性分析提供了一种明确路径，架构起不同目标之间的关系层级。④由于公共道德的主观性，在分析过程中还应当采用更加详尽的逻辑推理方式，参考法案文本、立法演进历史及其他能够证明措施设计、结构和实施方式的合法性证据，以此来确保判断过程审慎

---

① 加拿大在诉讼中曾主张，WTO 规则不允许区分土著居民与非土著居民的产品或经济活动。罗伯特·豪斯认为加拿大的这一主张是站不住脚的。加拿大最高法院将加拿大宪法中的土著居民权利解释为，如果涉及在土著居民文化中居于核心地位的传统做法，该项权利要求在特定情况下给予差别待遇，土著居民产品应不受一般性管理限制的约束。Worldtradelaw. net, IELBLOG, "EU Posts First Submission in Seal Producets Dispute", http://worldtradelaw. typepad. com/ielpblog/2 - 12/12/eu - posts - first - submission - in - seal - producets - dispute. html/（last vieited April 2, 2022）.

② 《联合国土著人民权利宣言》第 20 条第 1 款规定，土著人民有权保持和发展其政治、经济和社会制度或机构，有权安稳地享用自己的谋生和发展手段，有权自由从事他们所有传统的和其他经济活动。

③ See Paola Conconi, Tania Voon, "EC-Seal Products: The Tension between Public Morals and International Trade Agreements", *World Trade Review*, Vol. 70, 2015, p. 18.

④ 参见赵骏、倪竹："动物福利政策在 WTO 规则下的拓展空间——经济、环境、文化间的冲突和协调"，载《吉林大学社会科学学报》2015 年第 5 期。

严谨。

三、防止道德帝国主义危机

欧盟海豹产品贸易制度所折射出的动物福利问题体现了人类的动物人道主义关爱价值观,但这种价值观在 WTO 体制下还具有不平衡性和阶段性。动物福利措施更多的是为发达国家所实施,欧盟更是处于全球动物福利运用的前沿阵地。随着发达国家所制定的动物福利立法的增多,发展中国家往往沦为发达国家实施动物福利立法限制交易的对象。在全球经济一体化的背景下,应当着眼于全球各国的共同发展利益,而不是由某些发达国家主导国际经济活动。且 WTO 规则是多边贸易合作的产物,专家组和上诉机构也在 WTO 争端解决案中多次表示对多边主义的青睐,如专家组认同各国不同的文化、宗教、伦理等价值,赋予成员方解释公共道德内涵的自主权。但欧盟海豹产品贸易制度明显具有单边主义特征,当前的动物福利理念还并不具有普世性。

动物福利保护水平的提高应当要以人类的生存权保障为前提,在各国经济发展不平衡的态势之下,动物福利措施可能会导致发展中国家或一些落后地区人民的生存和发展权被发达国家的动物福利保护目标所制约,反而违反了 WTO 促进经济发展和就业的宗旨。不得不承认的事实是,某些动物福利保护措施存在贸易保护主义倾向,甚至沦为一国输出国家道德价值观的途径,才会使得动物福利措施引起国际社会的较大争议。每个国家都会形成自己本国的道德标准,但对于他国的道德标准不能妄加干涉。但欧盟在"欧盟海豹产品案"中已经破坏了这一原则,借此境内标准来衡量欧盟境外的海豹捕猎行为。"中美出版物市场准入案"便是主要评价了进口服务和产品是否符合国内的公共道德,而不涉及国外有争议的产品或服务。在"虾/海龟案"和"金枪鱼/海豚案"中,虽然上诉机构将市场准入要求与符合出口国标准相挂钩,由此赋予有关主体采取措施保护域外海洋生物的权利,但与此同时,上诉机构通过审查双方的国内法也发现,争议双方早已形成了保护海龟和海豚的共识,所以不存在对"公共道德"标准的争议。波斯纳曾提出,当甲国试图说服乙国改变其道德价值时,间接表现了甲国将自己一方的道德标准加于另一国的渴望，这也便是众多学者所批判的域外效力。①实际上就是一种潜在的贸易保护主义，容易导致道德帝国主义危机。

加拿大反对欧盟海豹产品贸易制度的原因之一也就在于欧盟的海豹产品进口禁令已经严重影响了本国北部沿海和魁北克省居民的生计。②欧盟海豹产品进口禁令反映了欧盟的人道主义标准和情感，并借用这样具有一国显著特色的标准来衡量加拿大和挪威等国的狩猎海豹行为的道德性，对超越该标准之外的狩猎行为予以摒弃，以此保护海豹的生命和健康。欧盟在利用贸易限制措施保护本国公共道德的同时，也会迫使其他成员方提高动物福利保护标准，否则这些成员方可能会触犯欧盟的公共道德标准。但是这样造成的结果就是会助长某些大国凭借WTO机制将自己的道德标准强加于其他具有不同文化背景的成员，促使其所采取的贸易限制措施沦为单边主义的工具，同时也会成为输出 "本国道德价值" 的域外性工具。WTO专家组和上诉机构在无意中似乎助长了欧盟的道德帝国主义，欧盟具有将本国公共道德强加于欧盟境外的趋势。③WTO体制的根本是促进贸易自由化和多边合作，若允许单边主义和道德输出的存在必然会减损WTO宗旨的实现，反而深化各国之间的矛盾。因此，必须注意的是，在推崇多元化的公共道德内涵解释方式时，也不能放任过于宽泛的解释路径，否则将会导致对 "公共道德" 的泛化解读，使得这一条款成为更多非贸易问题进入多边贸易体制的后门，这就需要DSB采用新的解释路径来杜绝道德帝国主义的泛滥可能性。④

此外，多边贸易体制与人权的国际保护机制在全球化的背景下已经开始由原先的两个互不相干领域渐渐发生了互动关系。因此有众多学者主张在利用WTO争端解决机制解释和适用WTO法时将人权因素考虑其

---

① See Juan He, "China-Canada Seal Import Deal after the WTO EU-Seal Products Case：At the Cross-road", *Asian Journal of WTO Vand v. International Health Law and Policy*, Vol.10, 2015, p.253.

② 参加张磊、王燕："单边主义的回归？WTO体制下动物福利措施的合法性分析——以加拿大诉欧盟《海豹禁令》案为视角"，载《武大国际法评论》2014年第2期。

③ See Elizabeth Whitsitt, "A Comment on the Public Morals Exceptionin International Trade and the EC-Seal Products Case：Moral Imperialism and Other Concerns", *Cambridge Journal of International and Comparative Law*, Vol.3, 2014, p.1390.

④ 参见杜明："WTO框架下公共道德例外条款的泛化解读及其体系性影响"，载《清华法学》2017年第6期。

中，而 GATT 第 20 条的一般例外条款恰是将人权因素纳入 WTO 框架的主要路径之一，至少在第 20 条（a）款的"公共道德例外"中可以涵盖广泛的人权关注。如果 WTO 各成员方都加入了人权条约，那么就可以视为国际社会已经对这些"人权价值"达成了共识，而这些共同价值便构成了一般例外条款中的"公共道德"目标。因此，即使 GATT 第 20 条（a）款并没有直接规定人权的有关内容，但各成员方也可以根据这一国际共识将国际人权义务纳入"公共道德"的范畴之内。但是，由于 WTO对公共道德例外概念缺乏一个清晰的定义，对"公共道德"的泛化解读也可能将会对多边贸易体制带来风险。经济学家 Bhagwati 对人权纳入"公共道德例外"之中就持有反对观点，原因在于其不否认"公共道德"具有人权内涵，但是担心因人权因素的加入将会对 WTO 的稳定性造成较大冲击。①如果将一切都变成了公平贸易范畴内的问题，那么极有可能会削弱以规则为导向的多边贸易体制的形成。这一观点并非空穴来风，将人权价值根据 WTO"公共道德例外"条款的灵活解释方式纳入 WTO 法中，只是运用司法途径来解决人权与贸易的问题，但是目前大多数人的共识依然还是遵循由政治领导人通过政治手段在政治场合谈判解决的方式，而不会依靠司法途径。所以若要将人权价值纳入公共道德的范畴，定要先在国际社会范围内达成政治共识，再通过立法的形式加入有关例外条款以涵盖人权价值。但是目前 DSB 对"公共道德例外"条款的解释和处理方式已经弱化了这一步骤，有可能会将公共道德例外置于滑坡之上，对多边贸易体制将产生相应的负面影响。

综上，"欧盟海豹产品案"是 WTO"公共道德例外"条款保护动物福利的一次重要实践，证明了动物福利在 WTO 法律中的地位，以及WTO 成员在不违反贸易义务的情况下逐步立法保护动物福利的能力，可通过使用贸易禁令来应对其他国家虐待动物行为的工具，这些对动物福利保护而言都是具有重要意义的胜利。虽然 WTO"公共道德例外"条款在动物福利保护领域内的发展意义重大，但也具有局限性。首先，WTO法律中的"公共道德例外"相对宽松，他们不要求 WTO 成员采取任何行动来促进动物福利；其次，WTO 争端解决程序的发展目前停滞不前，

---

① See Jagdish N. Bhagwati, *The World Trading Systemat Risk*, Princeton University Press, 1991, pp. 21-22.

难以确定 WTO 争端解决系统何时能够恢复正常运行。①而在国际贸易法之下，也有其它新的选择为动物福利的发展提供了可能性。并且，为了应对当前的贸易和经济挑战，许多国家开始转向 WTO 范围之外的双边或多边协议谈判。

---

① See Katie Sykes, *Animal Welfare and International Trade Law*, Edward Elgar Publishing Limited, 2021, pp. 155–156.

第六章
WTO "公共道德例外" 条款应对
数字经济的挑战：数字贸易规制

当前数字化革命引起了全球经济的根本性变革，数字经济时代来临，数字贸易应运而生，并将成为新一轮全球化的竞争焦点。美国国际贸易委员会将数字贸易定义为，一种借助互联网进行传输产品和服务的商业活动。[①]广义上的数字贸易囊括了可数字化的交易，即只要某一种货物和服务能够通过数字或物理方式进行交付便将其纳入数字贸易范畴。[②]数字贸易中的数据流动也进一步成为了继人员流动、现金流动和货物流动之后的重要的流动资源。WTO 作为全球经济治理的三大支柱之一，在数字贸易治理领域也应当是最具潜力的，且构筑规范数据跨境流动的数字贸易规则体系也必须从全球视角出发，WTO 理应在数字贸易规制中发挥关键作用。在 WTO 框架和经济全球化背景之下，数字贸易能否自由化发展直接影响着数字经济发展。

早在 1998 年，WTO 秘书处就注意到了 GATS 第 14 条一般例外与电子商务的明显相关性。[③]GATS 一般例外允许 WTO 成员基于合理的公共政策目标证明其贸易限制措施的合理性，确保 WTO 成员在公共道德保护等相关问题保留监管自主权。虽然也有人对此持反对观点，认为 GATS 第 14 条并未涉及与数字贸易相关的政策目标，例如线上消费者权益保护、网络安全。但是，GATS 第 14 条对公共道德等政策目标的明确提及和其

---

① 参见朱雅妮："数字贸易时代跨境数据流动的国际规则"，载《时代法学》2021 年第 3 期。

② See López González, J. and J. Ferencz, "Digital Trade and Market Openness", *OECD Trade Policy Papers*, No. 217, OECD Publishing, Paris, 2018, available at http://dx. doi. org/10. 1787/1bd89c9a-en, Last Visited on June 7, 2019.

③ See WTO Council for Trade in Services, "The Work Programme on Electronic Commerce: Note by the Secretariat", S/C/W/68, 16 November 1998, para. 26.

它具体的子项规定，都为 WTO 成员方创造了足够的适用空间，他们能够通过制定必要的规制措施来解决互联网问题。在 WTO 法律框架下，数字贸易自由化也会引发诸如公共道德、国家安全、个人隐私保护等正当性关切，对数字经济时代带来挑战。其中，公共道德目标因涉及面广而备受关注。但由于各国在公共道德上的利益诉求和制度设计上的差异，必然会就如何维护公共道德产生分歧。基于该情况，如何妥当处理数字贸易自由化与 "公共道德" 价值之间的冲突，促进数字贸易发展，同时合理设置各国的规制权，在世界范围内具有重要意义。

第一节　数字经济时代数字贸易自由化与 "公共道德" 价值的冲突

数字经济的全球发展，促使数字贸易成为新的社会热点问题。由于虚拟网络空间的无边界特点以及数字贸易规则存在的差异性，潜在的数字贸易问题由最初的数据隐私、个人财产安全，逐渐演变为影响国家利益的有关数据安全，同时也涉及到了一国的公共道德问题。出于对这些现实问题的考虑，许多国家都采取了数字贸易规制措施，但也进一步引发了数字贸易自由化与 "公共道德" 价值的冲突。

一、数字贸易的概念

20 世纪末，互联网在全球的加速普及和新技术的出现，极大地推动了数字贸易的发展。到了 21 世纪，信息科学与技术的发展逐渐渗透到经济、贸易和社会领域，并且以前所未有的速度实现了快速发展，人们的采购、商务和贸易行为也得到了彻底改变。需要说明的是，无论是早期的电子商务，还是现如今的数字贸易，实际上学界并未对这两个概念作出严格区分，并允许互换适用。早期国际社会通常采用 "电子商务" 一词来命名此种新型贸易形式，WTO 已明确定义为："以电子方式进行生产、分销、营销、销售或交付货物和服务。"①在新近的《自由贸易协定》（以下简称 FTA）和 WTO 成员方的提案中，美国和巴西都提议用

---

① WTO Work Programme on Electronic Commerce［2023-07-04］. https://www.wto.org/english/tratop_e/ecom_e/wkprog_e.htm，最后访问日期：2023 年 7 月 4 日。

"数字贸易"取代"电子商务"。传统"电子商务"仅指通过互联网所进行的货物贸易或服务贸易，涵盖范围小，而"数字贸易"的范围相对广泛，其核心在于跨境数据流动，包括但不限于电子商务在内的所有通过电子方式进行贸易的相关领域。①虽然在 WTO 诸边谈判中有成员方提出将"电子商务"更名为"数字贸易"，但只有少数成员方主张严格区分这两个概念，大多数成员方则不然。②目前学界也尚未对"数字贸易"作出统一的界定，所以实践中通常未明显区分"数字贸易""电子商务"和"数字经济"等词语，并允许互换使用。③因此，本书对此如无特别说明，将不对"电子商务"和"数字贸易"这两个概念进行严格区分。

从狭义上来说，数字贸易的概念是指一种创新的商业模式，主要利用数据交换技术提供供需双方贸易互动所必需的数字电子信息，实现将数字信息作为贸易的目的。然而，从广义上而言，数字贸易还应包括四个核心要素：信息通讯技术（ICT）产品和服务贸易、数字产品和服务贸易、人员流动和数据流动。④显然，这四个要素相互关联和相互依存，证明数据流动对于当今世界的任何类型的贸易活动都是必不可少的。当然，目前还未出现权威的国际组织对数字贸易的概念进行明确的定义，大多数国家都是采用 GATS 或 GATT 协定来规范数字贸易的市场秩序。鉴于数字贸易所触及的边界还处于不断的发展状态之中，为推动各方参与数字贸易的积极性、推动有关工作的发展，对数字贸易的界定还应当以更加包容的态度待之。从理论层面上可以对数字贸易作出如下包容性的理解：数字贸易由贸易数字化和数字化贸易两部分组成，以数字平台为重要载体，依托于信息网络和数字技术的发展，产生于跨境研发、生产、交易和消费活动之中，并渗透于国际经贸各行各业之中，通过数字订购和数字交付的方式来实现数字货物贸易、数字服务贸易以及跨境数

---

① 参见徐莉、林晓茵："国家安全视阈下跨境数据流动的数字贸易新规制探析"，载《商学研究》2021 年第 4 期。

② 参见石静霞："数字经济背景下的 WTO 电子商务诸边谈判：最新发展及焦点问题"，载《东方法学》2020 年第 2 期。

③ 参见孙益武："数字贸易与壁垒：文本解读与规则评析——以 USMCA 为对象"，载《上海对外经贸大学学报》2019 年第 6 期。

④ See Ivan Sarafanov, Bai Shuqiang, "A Study on the Cooperation Mechanism on Digital Trade within the WTO Framework: Based on an Analysis on the Status and Barriers to Digital Trade", *Journal of WTO and China 7*, Vol. 7, 2017, p. 18.

据流动。①贸易数字化倾向于电子商务形式的贸易订购方式，而数字化贸易则是依托于数字服务的线上交易。可见，数字贸易包括了传统数字贸易和新型数字贸易，在传统跨境电子商务的基础上还发展数字化交付的一般性服务贸易内容，都高度依赖于数据的跨境流动来实现贸易经济价值。

数字贸易不仅限于 IT 行业，还涵盖了高度综合的经济活动范围，与整体经济息息相关。数字贸易促进了服务业和电子商务的发展，同时也为经济复苏和发展提供了动力，一定程度上增强了传统制造业的生产力，有利于商品和服务质量的提升，从而推动人们消费水平的提高。从另一个角度来看，数字贸易的发展为广大中小企业参与全球价值链提供基础发展条件和良好商机，推动中小企业创新发展。全球数字贸易的快速发展也带来了相应的挑战，无形中增强了数字产品的贸易保护主义趋势，包括关税、投资限制、跨境数据流动限制。由此也引发了数字贸易自由化与多重规制目标之间的价值冲突。

二、数字贸易自由与 "公共道德" 保护的冲突

数字贸易的核心是跨境数据流动，而数据只有自由流动才能产生商业价值，从最近几年的全球主要区域贸易协定和多双边贸易协定来看，各国也都把数字贸易议题写入协议之中以推动数字贸易自由化。以美国为首的数字贸易强国，长期以来都坚持主张数据跨境自由流动和禁止数据本地化存储，并将这些诉求作为市场准入条件进行推广。②在 2011 年WTO 多哈回合谈判中，美国和欧盟就曾倡议各成员方不得为互联网服务提供商设置障碍或阻碍在线信息的自由流动。③总体而言，数字贸易在受到国际法规制的同时逐步迈向自由化发展方向。

在信息变得与任何自然资源一样重要的时代，数据仍然受到保护主义的严重限制。出于数据安全、隐私保护、国家安全等方面的考虑，许

---

① 参见李俊等："数字贸易概念内涵、发展态势与应对建议"，载《国际贸易》2021 年第 5 期。

② 参见肖宇、夏杰长："数字贸易的全球规则博弈及中国应对"，载《北京工业大学学报（社会科学版）》2021 年第 3 期。

③ See Alexander Dix et al.，"EU data Protection reform：Opportunities and concerns"，*Intereconomics*，Vol. 40，No. 5，2013，p. 282.

多国家都采取了强制数据本地化等措施来保护和监管一国的跨境数据流动。但无论是出于对隐私和网络安全的真实担忧,还是出于简单、毫不掩饰的保护主义本能,世界各国所推行的旨在禁止跨境数据流动以及要求数据本地化的措施都有可能阻碍数字贸易。尤其在"棱镜门"事件后,越来越多的国家要求数据本地化存储,实施跨境数据流动限制。印度在 2019 年 6 月举行的 G20 峰会上,就以加强数据本地化存储为由拒绝在《大阪数字经济宣言》上签字,同时还主张在其境内建立更多数据服务中心,印度尼西亚和南非也拒绝在宣言上签字。这些数字贸易壁垒——例如要求将一国公民的数据存储在本国而不是海外服务器上——会增加成本、削弱竞争(尤其是对互联网小型企业而言)并阻碍创新。随着各国陆续设置数字贸易壁垒,全球数据流动的价值也正在下降。虽然美国国际贸易委员会 2016 年的一份报告估计,互联网将数字密集型行业的生产力提高了 7.8% 至 10.9%,但欧盟对中国的壁垒构成了对生产力的直接挑战和潜在障碍。[1]

采用跨境数据流动限制措施最常见的理由是担心对国外共享数据会使此类数据受到外国政府的监视。这种公共动机源于保护本国公民隐私和刺激国内科技与互联网公司发展的双重动机。斯诺登事件曝光后,包括印度和欧盟各国采取了各种措施来防范美国的监视。巴西、俄罗斯、印度、中国和南非(统称为"金砖国家")也试图打造一系列全球传输电缆,旨在形成"一个不受美国影响的网络"。从公民自由的角度来看,一些人认为,将数据集中在某些国家/地区只会使国内机构和执法部门更容易通过更密切地集中公民的数据来监视自己的公民。[2]值得注意的是,有些人反对这一观点,认为这种担忧是针对大多数美国企业的数字保护主义的表象。不管动机如何,这些努力都可能反映出保护主义的效应。政府可能认为,通过限制外国竞争(鉴于美国在技术和商业上的主导地位,通常是美国的竞争),国内技术产业可能会蓬勃发展。然而,世界各国政府都担心这种逻辑对全球信息经济构成的障碍。经合组织已要求各

---

[1] See Markham C. Erickson, Sarah K. Leggin, "Exporting Internet Law Through International Trade Agreements: Recalibrating U. S. Trade Policy in the Digital Age", *Catholic University Journal of Law and Technology*, Vol. 24, No. 2, 2016, p. 334.

[2] See Anupam Chander, Uyem P. Le, "Breaking the Web: Date Localization vs. the Global Internet", No. 378, 2014, p. 10, 28, 30.

国避免"设置、访问和使用跨境数据设施和功能的障碍"，以"确保成本效益和其他效率"。①

对于以中国为首的并不完全掌握网络底层技术的其他发展中国家来说，数字贸易的自由化发展不可避免会涉及到国家对能否实现合法政策目标的担忧。对此，各国通常出于维护一国公共道德目的，采取措施限制数字贸易自由化。许多国家基于"公共道德"价值，对特定部门的数据跨境流动施加限制，新加坡、黎巴嫩和土耳其等国家都禁止成人娱乐网站，德国则禁止在电子商务网站上销售纳粹纪念品，伊朗、越南等国家对在线传播的政治信息实施限制，以维护公共道德。②而我国为确保国内传播的所有在线信息都符合与保护公共道德有关的价值，实施严格的数据跨境流动政策，包括不同程度的网络审查、内外网"防火墙"等措施，却被美国指责为"数字贸易壁垒"。

各国基于维护"公共道德"的理由采取数字贸易规制措施，尚难以分辨采取措施的真实目的是否具有贸易保护主义的初衷，且在客观上极易阻遏数字自由贸易，由此也引发了数字贸易自由化与"公共道德"价值之间的冲突。美国贸易代表办公室 2018 年发布的《对外贸易壁垒国家贸易评估报告》指出，越来越多的法律法规给数字贸易发展带来了相应的威胁，阻碍了跨境数据流动，另有一些政府行为在维护本国公共政策目标时对数字贸易也施加了不必要的负担，不乏一些明显的保护主义做法。③以"数据本地化措施"为例，在该措施下外国企业必须将数据存储于本地，并建立数据处理中心，该做法在很大程度上降低了企业的运营效率，加大了企业的运营成本，而数字贸易真正带给企业的经济效益所剩无几，反而削弱了企业的竞争力。为此，WTO 成员方若认为某些贸易措施实际上旨在限制数字贸易，而不是为了维护本国公共政策目标，那么就可以向 WTO 争端解决机构提出质疑。就这个层面而言，探讨数字贸

---

① See "OECD Council Recommendation on Principles for Internet Policy Making", 13 December, 2011, available at http://www.oecd.org/sti/ieconomy/49258588.pdf, Last Visited on Jul. 1, 2023.

② See Andrew D. Mitchellt, Jarrod Hepburn, "Don't Fence Me In: Reforming Trade And Investment Law To Better Facilitate Cross-Border Data Transfer", *Yale Journal Of Law and Technology*, Vol. 19, 2017, p. 191.

③ See USTR, "2018 Fact Sheet: Key Barriers to Digital Trade", March 2018, available at http://ustr.gov/about-us/policy-office/fact-sheets/2018/march/2018-fact-sheet-key-barriers-digital, Last Visit on Jul. 2, 2023.

易规制的免责例外具有重大意义，WTO "公共道德例外" 条款也在应对数字贸易争端中起到了未雨绸缪的作用。对数字贸易而言，WTO "公共道德例外" 条款是一项重要的主张依据，世界各国出于维护本国公共道德采取贸易限制措施时，需要在 WTO 法律中寻找正当化理由。当前我们已经进入数字经济时代，数据跨境流动模糊了国家之间的边界线，传统物理空间内的主权管辖受到挑战。人们在数字经济时代将会接触到不同形式的数字内容、图像和媒体，因此不一定具有相同水平的开放思想或形成对某些敏感内容的相同观点，而具有不同道德水平的国家或地区在网络空间中共存还有赖于 WTO "公共道德例外" 条款的调节。

数字贸易迫切要求允许数据的跨境自由流动，但也承认各国在跨境数据流动上的不同监管要求，允许为了实现 "公共道德" 价值而采取例外措施，同时规定了相关限制条件。国家警惕数字贸易自由化并不是无缘由的，数字贸易使得数据获取途径更加多元化和便利化，但这些数据一旦遭遇泄露或不正当使用，将会对公共道德造成严重损害，如 2016 年国家警察部门所持有的将近五千万关于其国内公民的个人信息遭遇泄露并被用于黑市售卖，包括一些国家领导人的相关信息，除侵犯个人隐私和国家安全之外，黑市的信息交易行为将进一步影响到公共道德的保护。"公共道德" 保护有其正当性和共识性的非贸易价值，从这一层面的价值与自由贸易价值的冲突实质上涉及到 "人本价值" 的冲突。而对人的关怀必然是当今国际法的一个重要价值归宿，在数字贸易层面调和贸易价值与人本价值的冲突，也是国际法人本化趋势的必然要求，需要予以重视。[1]将数字贸易置于经济全球化的背景下考察时，公共道德保护的问题将会更加凸显。对于跨境数字贸易而言，从事相关数字贸易的企业不仅要遵守本国的公共道德要求及数据保护法，还可能要遵守他国的相关公共道德要求和法律法规。当数据出境时，数据所属国的法律便鞭长莫及，很难利用本国法律维护出境数据安全，那么也就无法彰显出对公共道德目标的保护效果。

即使我们当前已经进入数字经济时代，也难以改变各国之间在公共道德立场的差异化。超越传统物理空间国界线的观念差异，难以评判，

---

[1] 参见李杰豪：《体系转型与规范重建：国际法律秩序发展研究》，社会科学文献出版社 2019 年版，第 42 页。

那么就极易成为矛盾来源，世界各地的公共道德观念差异使得难以清楚确定当代的公共道德概念。WTO 法律提出了一个相对有效的解决方案，但仍然存在一些局限。目前尚未对 "公共道德" 的含义和范围进行明确解释，以及为实现 "公共道德" 价值可在何种程度上对数字自由贸易进行限制等问题都没有统一答案，不同的国内法语境将会产生不同的数字贸易规制选择，从而导致数字贸易自由化与 "公共道德" 价值的冲突日益显著，难以得到有效平衡。看似不完美的解决方案迫切需要一定程度上的适用限制条件。

第二节　数字贸易规制适用 WTO "公共道德例外" 条款分析

信息技术的发展塑造了数字贸易的新发展格局，跨境数据流动成为数字贸易新常态，贸易规制问题受到广泛关注。作为灵活规则的例外条款进一步发挥了独特的制度功能，WTO "公共道德例外" 条款亦在其中为平衡良好数据保护与数据自由流动之间起到重大作用，需要进一步详细探析该条款在数字贸易领域的合理适用。区域贸易协定中为规制数字贸易所作出的 "合法公共政策目标例外"[①]特别安排也彰显了保护公共道德在数字贸易领域的重要性。

一、数字贸易中的 "公共道德例外" 条款适用分析

关于 WTO "公共道德例外" 条款能否拓展到网络空间适用，DSB 在 "美国博彩案" 中已给出答案，强调了公共道德内涵可以随着时代发展的变化而变化，关于 WTO 规则在维护国际贸易方面的效用，DSB 并没有严格区分线上和线下的国际贸易交易方式，说明 WTO 贸易规则可以一视同仁地平等适用于实体贸易与数字贸易之中。[②]由此可见，在动态解释法下 WTO "公共道德例外" 条款显然可适用于数字贸易领域。当各国出于

---

① 《区域全面经济伙伴关系协定》（RCEP），第 12 章第 14 条、第 12 章第 15 条，《全面与进步跨太平洋伙伴关系协定》（CPTPP），第 14.11 条第 14.13 条和《数字经济伙伴关系协定》（DEPA），第 4.3 条均表述为 legitimate public policy objective，而商务部出台的三个自由贸易协定的官方中文文本均译为 "合法公共政策目标"，因此本书均采用 "合法的公共政策目标" 表述。

② See 书稿案号表 6, para. 5.199.

公共道德保护目的采取数字贸易规制措施时，WTO "公共道德例外" 条款是一项重要的主张依据，其允许 WTO 成员基于正当性要求背离贸易自由化义务。为了更好地协调数字贸易自由化与公共道德目标，需要探讨 "公共道德例外" 条款在数字贸易规制中的适用。

相较于传统国际货物和服务贸易而言，数字贸易更为复杂，体现在其贸易方式既包括了互联网上的商品销售，也包括了对在线服务的提供，同时也能将全球价值链的数据流动等问题囊括在内。①因此，数字贸易的对象可能不再单纯指货物或服务，而是二者的结合。以智能手机为例，表面上是产品贸易和消费，但该产品同时也是交付网络和软件服务的载体。与此同时，数字贸易中的数据也将商业、机器和个体有机结合起来，数据流动便成为了主要的贸易对象。在 1997 年的 "加拿大期刊案" 中，上诉机构认为任何间接影响货物的措施都属于 GATT 的范围。在这种情况下，上诉机构甚至没有审查该措施也可能属于 GATS 制度以及 GATS 条款与 GATT 条款冲突的可能性。②在 "欧共体香蕉案" 中，专家组和上诉机构认为 GATT 和 GATS 在适用上具有关联性，两者适用范围不会相互排斥。上诉机构的理由是，否则很容易规避这两项协议。③然而在 "加拿大汽车案" 中，上诉机构背离了这一观点，并提出了较为严格的两级测试法。④主要是通过两个关键性法律问题的审查来确定一项措施是否 "影响服务贸易"。首先要确认是否存在第 1 条第 2 款意义上的 "服务贸易"；其次要审查涉诉争议措施是否已经 "影响" 到第 1 条第 1 款内的服务贸易。⑤根据第 1 条第 2 款，必须有实际的贸易或服务，而不仅仅是潜在的贸易或服务。要将一项活动确定为货物或服务，WTO 成员方主要参考了 GATS 服务部门分类清单（W/120）和联合国核心产品分类（CPC）进行认定。关于 W/120，数据处理活动被归类为与计算机相关的服务，尤

---

① 参见孙益武："数字贸易与壁垒：文本解读与规则评析——以 USMCA 为对象"，载《上海对外经贸大学学报》2019 年第 6 期。

② See 书稿案号表 37，pp. 17−20.

③ See 书稿案号表 38，paras. 221−222.

④ See 书稿案号表 39，para. 155.

⑤ GATS 第 1 条第 1 款、第 2 款：1. 本协定适用于各成员影响服务贸易的措施。2. 本协定而言，服务贸易定义为（a）自一成员境内向其他成员境内提供服务；（b）在一成员境内对其它成员的消费者提供服务；（c）由一成员的服务提供者以设立商业据点方式在其它成员境内提供服务；（d）由一成员的服务提供者以自然人呈现方式在其它会员境内提供服务。

其是 "数据处理服务"。①此外，所涉及的服务还必须属于第 1 条第 2 款规定的四种服务提供方式之一。在 "墨西哥电信案" 中，专家组认为跨境数据流动服务可以涉及在一个国家的电信网络上开始并在另一个国家的电信网络上终止的服务。②基于此，相关的数据处理活动应当从属于跨境服务提供方式。而数字贸易还可以归入消费供给方式。因此，可以得出结论，数字贸易可适用于 GATS。③数字贸易中的数据不具备有形载体的形式，所以其受 GATS 调整的可能性大大增加。WTO 本身并没有界分货物贸易和服务贸易在数字贸易领域的标准，数字贸易适用 GATT 还是 GATS 尚存在争议，也难以直接定义。不过 WTO 争端实践已经表明，目前 GATS 下的 "公共道德例外" 适用通常是各成员方的首选，在与数字贸易有关的 "美国博彩案" 和 "中美出版物市场准入案" 中被诉方均援引了 "公共道德例外" 条款进行抗辩。④DSB 在分析该条款的适用时需要遵循以下三个步骤。

（一）实施数字贸易规制措施以保护 "公共道德" 为目的

第一步是判定该数字贸易规制措施是否旨在维护公共道德目标，根据 "美国博彩案" 中专家组对 GATS 第 14 条（a）款 "公共道德" 的定义，即公共道德必须依赖于国家或集体对是非行为的认知，⑤专家组将对 "公共道德" 的认定权限留给了成员方，⑥各成员方有权根据自身价值观念和实际情况，包括普遍的社会、文化、伦理和宗教价值观，在其管辖范围内定义 "公共道德"。⑦GATS 第 14 条（a）款中的 "公共道德" 可以解释为涵盖旨在解决影响 WTO 成员的网络威胁的措施。此外，"美国

---

① GATS 参照《联合国中心产品分类系统》将服务贸易划分为 12 个部门，并在此基础上又进一步细分出 160 多个分部门或独立的服务活动。12 个大的服务贸易部门是：商业服务（包括专门服务和计算机服务）、通讯服务、建筑和相关工程服务、分销服务、教育服务、环境服务、金融服务（包括银行和保险服务）、与健康相关的服务和社会服务、旅游与旅游相关服务，娱乐、文化和体育服务、运输服务、其它未包括的服务，但是 GATS 不包括政府为实施职能的服务。

② See 书稿案号表 40，para. 7. 45.

③ See Johannes Thierer, "Privacy as an Obstacle：Data Privacy Laws under the GATS", *Freilaw*：*Freiburg Law Students Journal*，No. 1，2018，p. 10.

④ 参见谭观福："数字贸易规制的免责例外"，载《河北法学》2021 年第 6 期。

⑤ See 书稿案号表 1，para. 6. 465.

⑥ See 书稿案号表 6，para. 5. 199.

⑦ See 书稿案号表 1，para. 6. 461.

博彩案" 也解释了 GATS 第 14 条（a）款的"公共秩序"，是指与性、赌博、奴役、酒精、虐待动物和毒品有关的措施，而在 GATS 第 14 条的脚注 5 中对此也进行了一些限制：援引公共秩序例外的情况只出现于对社会的基本利益构成真正和足够严重的威胁时。①因此，必须符合一定程度的严重性。如果一项措施基于"公共道德"，则脚注 5 不适用。就现实情况而言，互联网也可能沦为挑战政治权力的工具，被利用于激励和组织政治行动，此时可能对公共秩序造成极大负面影响。例如在 2019 年香港暴乱期间，苹果 APP 商店中就曾经上架过一款能够追踪警方行踪的地图软件，为"暴徒"导航提供了便利，显然对香港地区的公共道德和公共秩序会造成极大冲击，最终被下架。②

当一国的数字贸易规制措施被认定违反 WTO 自由贸易义务时，被诉方试图援引"公共道德例外"条款证明其合法性，需提交证据以证明其所主张的公共道德符合"能够代表国家或集体的是非对错标准或行为标准"这一定义。专家组将会根据提交的证据来判断被诉方在追求公共道德目标时是否秉持善意原则。很多国家所屏蔽或过滤的外国网站除涉及色情、种族主义等方面信息外，还包括一些政治敏感信息，而这些信息极有可能影响政府稳定。如果仅仅是从社会集体所主张的对错标准来判断的话，那么被诉方对于其本国网民的上网自由和言论自由进行限制难以符合社会集体的判断标准。因此，被诉方在证明其采取的规制措施符合保护公共道德目标时秉持了善意原则。③

此外，基于各国的不同文化价值，保护个人隐私可能在其国内具有重要的文化和社会内涵，某些 WTO 成员可能辩称，通过数据本地化措施保护个人隐私对于根据 GATS 第 14 条（a）款保护公共道德至关重要。但是 GATS 第 14 条（c）款已经包含保护隐私的明确规定，因此在争议中不太可能提出这一论点。④通常情况下会把个人隐私和公共道德作为两

① See Rolf H. Weber, Rainer Baisch, "Revisiting the Public Moral/Order and the Security Exceptions under the GATS", *Asian Journal of WTO & International Health Law And Policy*, Vol. 13, 2018, p. 381.

② 参见谭观福："数字贸易规制的免责例外"，载《河北法学》2021 年第 6 期。

③ See I-Ching Chen, *Government Internet Censorship Measures and International Law*, Lit Verlag, 2018, p. 332.

④ See Neha Mishra, "Privacy, Cybersecurity and GATS Article XIV: A New Frontier for Trade and Internet Regulation", *World Trade Review*, Vol. 19, No. 3, 2020, pp. 341-364.

种不同价值进行区别对待，但在更多的国际投资协定中并未区分上述两者。例如，欧盟《通用数据保护条例》就将个人数据权利纳入基本人权范畴。①其后《欧盟数据保护》（GDPR）也是根据数据权是基本人权的理念，提出了数据保护的相关原则，以严格限制数字贸易。②因此，如果将隐私权作为基本人权，隐私权也将会被定义为"能够代表国家或集体的是非对错的标准或行为标准"。可见，在欧盟的立法语境下，"公共道德例外"条款可能适用于国家为保护个人隐私而采取措施限制数字贸易的情形。

（二）数字贸易规制措施应通过"必要性"测试

在确定采取措施属于"公共道德例外"条款的范围内后，第二步需要验证"公共道德"与所采取的数字贸易规制措施之间具有充分联系。③该步骤显然复杂得多，数字贸易规制措施必须通过"必要性"测试。尤其要以客观标准评估国家规制措施的必要性，证明措施是"必要的"以实现其所欲维护的公共道德。因此，国家对数字贸易的规制极不容易被证明是合理的。

在"必要性"测试中，涉及"权衡和平衡"一系列因素的过程，包括其所维护的公共道德目标的重要性，采取措施对该目标的贡献度，以及采取措施的限制性影响。④大多数的公共道德目标都被认为是重要的，已经在WTO协议中予以确认。更具困难性的问题在于围绕该数字贸易规制措施对公共道德和数字贸易的贡献度和限制性影响。客观来说，对数字贸易限制越严格的措施，比如进口禁令就是最典型的贸易限制措施，其完全禁止特定种类的跨境数字贸易，对维护公共道德目标的贡献度也越高。⑤

根据必要性的要求，成员方采取的数字贸易规制措施应当有助于实现公共道德目标。WTO上诉机构注意到存在不同程度的必要性。一方面此处的"必要性"被理解为"不可或缺"，而另一方面"必要性"被理

---

① See 书稿案号表5, para. 7. 638.

② See Paul Voigt, Axel von dem Bussche, *The EU General Data Protection Regulation（GDPR）：A Practical Guide*, Springer International Publishing, 2017, pp. 87~92.

③ See 书稿案号表2, para. 292.

④ See 书稿案号表16, para. 161.

⑤ 在"中美出版物市场准入案""韩国牛肉案""美国博彩案"等几个案例中被诉国都采取了进口禁令措施，禁止含有"有损公共道德"内容的产品进口，确实有助于最大程度地避免本国遭受公共道德损害威胁。

解为"做出贡献"。然而，上诉机构也表示，对与公共道德目标相关的措施，对其应予以灵活要求，而不是设置严格的"必要性"要求，并且可能只要求规制措施与所追求的公共道德目标之间存在实质性或合理关系。①据此对数字贸易规制措施进行审查，则会侧重于审视：相比采取数字贸易规制措施，如数据本地化措施，是否存在对数字贸易限制性更小的规制措施。②

就数字贸易领域而言，在对涉诉争议措施进行必要性分析时的困难就在于可替代性措施的分析。为了证明所采取的措施不符合"必要性"测试，索赔人可以证明对数字贸易限制较少的可替代性措施的"合理可用"，该可替代性措施不会造成实施成本过高或重大技术困难，这也是作为"必要性"测试的最后一个要素。出于个人隐私保护而禁止跨境数据自由流动的替代方案包括采用数据使用同意机制或补救措施，但是基于公共道德理由禁止数据跨境自由流动，存在较少的替代方案，因为跨境流动的数据内容本身就已经引发了"国家认为"的问题。③在数字贸易审查中，对搜索结果的积极过滤和对敏感信息的选择性移除，相较于永久屏蔽或临时拦截而言，对贸易的限制性影响更小，至少保留了外国互联网服务或服务提供商在本国数字贸易市场的竞争机会。④如果政府想通过互联网审查来过滤掉那些他们不希望公民访问的数据，也可以就此发明一项相对负责的技术以实现该目标。同时，政府也可以列出一个清单，明确那些为公民不得访问或传播内容的关键词和链接，以此来减少一些私营企业的自我审查负担。但是还有一种可能性在于，假设 WTO 专家组接受了可替代性措施，被诉方会进行反驳：可替代性措施只在于理论上可行，并且会增加相应的经济或技术负担。⑤WTO 成员能否采用该规制

① See Mira Burri, "The Governance of Data and Data Flows in Trade Agreements: The Pitfalls of Legal Adaptation", *U. C. Davis Law Review*, Vol. 51, 2017, p. 91.

② 参见张倩雯："数据跨境流动之国际投资协定例外条款的规制"，载《法学》2021 年第 5 期。

③ See Andrew D. Mitchellt, Jarrod Hepburn, "Don't Fence Me In: Reforming Trade and Investment Law to Better Facilitate Cross-Border Data Transfer", *Yale Journal of Law and Technology*, Vol. 19, 2017, p. 204.

④ See Fredrik Erixon, Brian Hindley, Hosuk Lee-Makiyama, "Protectionism Online: Internet Censorship and International Trade Law", *ECIPE Working Paper*, Vol. 12, 2009, p. 14.

⑤ See I-Ching Chen, *Government Internet Censorship Measures and International Law*, Lit Verlag, 2018, p. 336.

措施取决于技术的可行性和成员方的财政和专业技术资源，"必要性"测试的结果还取决于限制措施的特殊性质及成员方所提供的证据。当然，各国之间在政治体制和文化背景上均有所差异，对数字贸易规制偏好也会有所区别。比如美国对数字贸易持有相对开放的态度，因此在解决有关公共政策问题时更倾向于适用"自愿体系"。①但欧盟等其他国家并不认可，他们则更致力于积极保护公共利益。②各成员方在数字贸易规制上具有基于公共道德的合法理由对跨境流动的数据进行审查的权利，但其所采取的规制措施对数字贸易的限制性影响不应超过必要的范围。

数据本地化措施是数字贸易规制的一类典型措施，但由于外国公司难以以具有成本效益的方式遵守要求，因此要求在本地存储数据可能会限制贸易。除非以本地为基地，否则与本地公司相比，它们很可能处于劣势。拥有基于集中化模式的跨国公司在遵守此类特定于司法管辖区的本地化要求方面也可能面临更高的成本。同时，这种要求对公共道德目标的贡献可能会受到损害，以至于可以证明服务器本地化实际上损害了数据的安全性。因此，根据具体情况和现有证据，此类数据本地化措施在根据 GATS 第 14 条（a）款下确定必要性时可能会遇到问题。③诚然，这些"必要性"测试为 WTO 成员设置了很高的门槛，通过它们的"成功率"相当低。

（三）数字贸易规制适用 WTO"公共道德例外"条款的序言要求

如果根据 GATS 第 14 条（a）款认定争议措施是暂时必要的，最后一个问题就是要考察它是否满足 GATS 第 14 条序言部分的严格要求，应当保证涉诉争议措施的实施不会在情形相似的国家之间构成任意或不合理歧视的手段，或者也不会对贸易造成变相的限制。通过以往的 WTO 争端解决实践来看，WTO 专家组和上诉机构似乎已将序言部分解释为旨在

---

① See Dieter Ernst, *Indigenous Innovation and Globalization: The Challenge for China's Standardization Strategy*, the UC Institute on Global Conflict and Cooperation and the East-West Center, 2011, p. 34.

② See Gregory Shaffer, "Globalization and Social Protection: The Impact of EU and International Rules in the Ratcheting Up of U. S. Data Privacy Standards", *Yale Journal of International Law*, Vol. 25, 2000, pp. 1-88.

③ See Andrew D. Mitchellt, Jarrod Hepburn, "Don't Fence Me In: Reforming Trade and Investment Law to Better Facilitate Cross-Border Data Transfer", *Yale Journal of Law and Technology*, Vol. 19, 2017, p. 203.

防止滥用或误用例外条款的依据，借此来评估执行受质疑规制措施的"非歧视性"。

首先，针对任意的或不合理的歧视而言，对该问题的分析重点就在于明确涉诉争议措施是否以歧视方式进行使用。在数字贸易限制方面的任何明显的任意性或不合理的歧视，例如，如果针对特定国家或地区对数字贸易施加的公共道德标准例外，或者如果既定标准都没有一致地适用于每个国家或地区，极有可能就会违背序言要求。①在"美国博彩案"中，专家组就认定了美国的限制措施违背了 GATS 第 14 条序言要求，原因是美国对网络赌博的禁止措施应当要求在本国与外国服务商之间平等适用，但美国却仅对国内服务者的禁止网络赌博进行豁免。②在"虾/海龟Ⅱ案"中，美国行政部门的行为也构成了歧视，它仅授予某些出口成员方进口证书，而其它成员方得不到这份证书。③

其次，针对变相的贸易限制而言，有三类措施可以被包含其中，分别是未经过国际行政机构公布或发布的措施；变相的歧视措施；实质构成贸易保护主义的措施。④当然，这三类措施还不能穷尽"变相的国际贸易限制"的含义，包含但不限于以上三类措施。专家组在"欧共体石棉案"中就曾指出"变相的"表明其为掩盖某种事实的意图。满足"公共道德例外"条款序言要求的措施应必须体现"非歧视性要求"。美国在"美国博彩案"中没有对国内网络赌博的服务提供者提起诉讼，甚至还允许在线赛马赌博，《美国州际赛马法》就有所体现，因此可以认定涉诉争议措施构成了歧视。⑤而在"欧盟海豹产品案"中，DSB 同样认为涉诉争议措施违背了序言要求，理由是欧盟海豹产品进口禁令适用于商业性捕捞海豹行为获得的海豹产品。但却对基于特定情形的海豹产品允许进口，针对这些特定情况欧盟的规定较为模糊，并且没有对此进行举证证明。⑥对例外情况的有限讨论只是为了确认，虽然 WTO 成员保留保

---

① See Daniel Crosby, "Analysis of Data Localization Measures Under WTO Services Trade Rules and Commitments", *ICTSD and World Economic Forum*, 2016, p. 9.

② See 书稿案号表 2, para. 369.

③ See 书稿案号表 1, para. 7. 33.

④ 参见孙南翔：《互联网规制的国际贸易法律问题研究》，法律出版社 2017 年版，第 185 页。

⑤ See 书稿案号表 1, para. 357.

⑥ See 书稿案号表 5, paras. 5. 326-339.

护重要公共利益的权利，但他们必须确保这些旨在促进其重要利益的规制措施是"必要的"或"受限的"，且不能对贸易造成任意的或不合理的歧视，或变相的限制。值得注意的是，仅有非任意的或合理的歧视在具有明确适用条件的情况下是允许的。

概而言之，WTO 成员方根据 GATS 第 14 条（a）款寻求证明其数字贸易规制措施的正当性时，DSB 主要运用上述三个步骤进行分析。根据这种分析，专家组应首先确定争议措施是否属于第 14 条（a）款的公共道德范围。对于这一点，涉诉争议措施就应当旨在维护公共道德特定利益，并且该措施与受保护的公共道德利益之间存在充分的联系。规制措施与公共道德利益之间所需的联系或联系程度通过"必要性"测试进行认定。如果发现争议措施属于第 14 条（a）款范围，则专家组还应考虑该措施是否满足第 14 条序言的要求。①鉴于对数据内容的评估是基于每个国家的具体社会文化情况，因此将此类问题排除在贸易协定的范围之外是明智之举。但必须制定更详尽的解释指南，以避免各成员方为了执行与GATS 下的基本义务和承诺相冲突的保护主义政策而使用一般例外条款。②

二、"合法公共政策目标例外" 与 "公共道德例外"

2020 年 11 月 15 日，中国同东盟十国、日本、韩国、澳大利亚、新西兰 15 个国家正式签署了《区域全面经济伙伴关系协定》（RCEP），并在该自由贸易协定中明确表明了支持跨境数据自由流动和禁止数据本地化的立场。③2020 年 11 月 20 日，习近平总书记在亚太经合组织第二十七次领导人非正式会议上发表讲话，中国将积极考虑加入《全面与进步跨太平洋伙伴关系协定》（CPTPP）。④2021 年 11 月 1 日，中国正式提出申

---

① See Andrew D. Mitchell, Neha Mishra, "Regulating Cross-Border Data Flows In A Data-Driven World: How WTO Law Can Contribute", *Journal of International Economic Law*, Vol. 22, 2019, pp. 389-416.

② See Rolf H. Weber, Rainer Baisch, Revisiting the Public Moral/Order and the Security Exceptions under the GATS, *Asian Journal of WTO & International Health Law And Policy*, Vol. 13, 2018, p. 381.

③ 参见 "国际社会：RCEP 正式签署将成拉动全球增长重要引擎"，载中国商务部网站，http://kz. mofcom. gov. cn/article/jmxw/202011/20201103016341. shtml. 最后访问时间：2023 年6 月 29 日。

④ 参见 "2020 塑造了怎样的全球贸易格局？ | 全球贸易之变"，载中国商务部网站，http://chinawto. mofcom. gov. cn/article/e/r/202012/20201203026571. shtml. 最后访问时间：2023 年6 月 29 日。

请加入全球首个专门的数字经济治理协定《数字经济伙伴关系协定》（DEPA），同时也引起了广泛关注。①无疑，这些自由贸易协定将对中国的数字经济、数字贸易发展带来较大的影响。WTO、RCEP、CPTPP 以及 DEPA 都设置了例外条款，其在结构、语言表述以及适用条件等方面既有相似之处，又略有区别，因此对其在利用该条款平衡多元规制目标也有所影响。

RCEP 在第 17 章特别设置了 "一般条款和例外" 章节，其中第 12 条为 "一般例外"，②第 13 条为 "安全例外"。③CPTPP 则是在第 29 章设置了 "例外和总则" 章节，第 29.1 条为 "一般例外"，④第 29.2 条为

---

① 参见 "专家：加入 DEPA 可为国内数字企业争取有利发展环境"，载中国商务部网站，http://chinawto. mofcom. gov. cn/article/ap/p/202111/20211103220943. shtml. 最后访问时间：2023 年 6 月 29 日。

② RCEP 第 17 章第 12 条 "一般例外" 规定："一、就第二章（货物贸易）、第三章（原产地规则）、第四章（海关程序和贸易便利化）、第五章（卫生与植物卫生措施）、第六章（标准、技术法规和合格评定程序）、第十章（投资）和第十二章（电子商务）而言，GATT1994 第二十条经必要修改后纳入本协定并构成本协定的一部分。5（脚注 5：缔约方理解 GATT1994 第二十条第二项所提及的措施包括保护人类、动物或植物生命或健康所必需的环境措施，GATT1994 第二十条第七项适用于与保护生命和非生命可用尽自然资源相关的措施。）二、就第八章（服务贸易）、第九章（自然人临时流动）、第十章（投资）和第十二章（电子商务）而言，GATS 第十四条，包括其脚注，经必要修改后纳入本协定并构成本协定的一部分。6（脚注 6：缔约方理解 GATS 第十四条第二项所提及的措施包括保护人类、动物或植物生命或健康所必需的环境措施。）

③ RCEP 第 17 章第 13 条 "安全例外" 规定："本协定的任何规定不得解释为：（一）要求任何缔约方提供其认为如披露则违背其基本安全利益的任何信息；（二）阻止任何缔约方采取其认为对保护其基本安全利益所必需的任何行动：1. 与裂变和聚变物质或衍生此类物质的物质有关的行动；2. 与武器、弹药和作战物资的交易有关的行动，以及与直接或间接供应或给养军事机关的此类交易运输的其他货物和物资或提供的服务有关的行动；3. 为保护包括通讯、电力和水利基础设施在内的关键的公共基础设施 7 而采取的行动；4. 在国家紧急状态，或战时，或国际关系中的其他紧急情况下采取的行动；或者（三）阻止任何缔约方为履行其在《联合国宪章》项下维护国际和平与安全的义务而采取的任何行动。（脚注 7：为进一步明确，这里包括关键的公共基础设施，无论是公有还是私有。）"

④ CPTPP 第 29.1 条 "一般例外" 规定："1. 就第 2 章（货物的国民待遇和市场准入）、第 3 章（原产地规则和原产地程序）、第 4 章（纺织品和服装）、第 5 章（海关管理和贸易便利化）、第 7 章（卫生与植物卫生措施）、第 8 章（技术性贸易壁垒）和第 17 章（国有企业和指定垄断）而言，GATT1994 年第 20 条及其解释性说明在细节上作必要修改后纳入本协定并成为本协定一部分。1（脚注 1：就第 17 章（国有企业和指定垄断）而言，GATT1994 第 20 条及其解释性说明在细节上作必要修改后纳入本协定并成为本协定一部分仅针对一缔约方影响货物购买、生产或销售，或影响最终结果为货物生产活动的一措施（包括通过国有企业的活动或指定垄断而实施措施）。）2. 缔约方理解 GATT1994 第 20 条（b）款中所指的措施包括为保护人类、动物或植物的生命或健康所必需的环境措施，且 GATT1994 第 20

"安全例外"。[①]DEPA 也在第 15 章设置了"例外"章节，第 15.1 条为"一般例外"，[②]第 15.2 条为"安全例外"，[③]并在第 15.4 条中设计了"审慎例外和货币和汇率政策例外"。[④]其中，就一般例外条款来看，RCEP 第

（接上页）条（g）款适用于与保护可用尽的生物和非生物自然资源相关的措施。3. 就第 10 章（跨境服务贸易）、第 12 章（商务人员临时入境）、第 13 章（电信）、第 14 章（电子商务）2 和第 17 章（国有企业和指定垄断）而言，GATS 第 14 条（a）款、（b）款和（c）款在细节上作必要修改后纳入本协定并成为本协定一部分。3 缔约方理解 GATS 第 14 条（b）款中所指的措施包括为保护人类、动物或植物的生命或健康所必需的环境措施。（脚注 2：本款规定不影响数码产品是否应归为货物或服务。脚注 3：就第 17 章（国有企业和指定垄断）而言，GATS 第 14 条（包括其脚注）在细节上作必要修改后纳入本协定并成为本协定一部分仅针对一缔约方影响服务购买或提供，或影响最终结果为服务提供的活动的措施（包括通过国有企业活动或指定垄断而实施措施）。4. 本协定中任何条款不得解释为阻止一缔约方采取 WTO 争端解决机构授权的行动，或根据采取行动的缔约方和被采取行动的缔约方均为参加方的一自由贸易协定项下的争端解决专家组作出的决定而采取的行动，包括维持或提高关税。"

① CPTPP 第 29.2 条"安全例外"规定："本协定中任何条款不得解释为：（a）要求一缔约方提供或允许获得其确定如披露则违背其基本安全利益的任何信息；或（b）阻止一缔约方采取其认为对履行维护或恢复国际和平或安全义务或保护其自身基本安全利益所必需的措施。"

② DEPA 第 15.1 条"一般例外"规定："1. 就本协定而言，GATT1994 第 20 条及其解释性说明在细节上作必要修改后纳入本协定并成为本协定一部分。2. 缔约方理解 GATT1994 第 20 条（b）款中所指的措施包括为保护人类、动物或植物的生命或健康所必需的环境措施，且 GATT1994 第 20 条（g）款适用于与保护可用尽的生物和非生物自然资源相关的措施。3. 就本协定而言，GATS 第 14 条（包括其脚注）在细节上作必要修改后纳入本协定并成为本协定一部分。缔约方理解 GATS 第 14 条（b）款中所指措施包括为保护人类、动物或植物的生命或健康所必需的环境措施。4. 就本协定而言，在遵守此类措施不在情形相同的缔约方之间构成任意或不合理歧视或构成对贸易的变相限制要求的前提下，本协定的任何条款不得解释为阻止一缔约方采取或实施保护具有历史或考古价值的国宝或特定地点或支持具有国家价值的创意艺术 21 的必要措施。（脚注 21："创意艺术"包括：表演艺术（包括戏剧、舞蹈和音乐）、视觉艺术和手工艺、文学、电影和视频、语言艺术、创意网络内容、原住民传统艺术形式和现代文化表达形式、数码互动媒体和混合艺术作品，包括使用新科技突破传统分类的新艺术形式。本词包含与艺术表现、执行和解读有关的活动，以及对各类艺术形式和活动的研究和技术开发。）"

③ DEPA 第 15.2 条"安全例外"规定："本协定中任何条款不得解释为：（a）要求一缔约方提供或允许获得其认为如披露则违背其基本安全利益的任何信息；或（b）阻止一缔约方采取其认为对履行维护或恢复国际和平或安全的义务或保护其自身基本安全利益所必要的措施。"

③ DEPA 第 15.4 条"审慎例外和货币和汇率政策例外"规定："1. 尽管本协定有任何其他条款，但是不得阻止一缔约方出于审慎原因 23 而采取或维持措施，包括为保护投资者、存款人、保单持有人或金融机构或金融服务供应商对其负有信托义务的人，或保证金融系统的完整性和稳定性。如这些措施不符合本协定条款，则不得将其用作逃避该缔约方在这些条款下的承诺或义务的手段。（脚注 23：缔约方理解"审慎原因"包括维护金融机构或跨境金

17. 12 条、CPTPP 第 29. 1 条和 DEPA 第 15. 1 条仅仅只是重申 GATT 第
20 条和 GATS 第 14 条一般例外规定对于 RCEP、CPTPP 以及 DEPA 的适
用，并没有对其中的任何要件进行修改。CPTPP 第 29. 1. 3 条要求针对
"电子商务"章节，参考 GATS 第 14 条（a）（b）（c）款的要求进行例
外条款的修订，实际上就涉及到了 WTO "公共道德例外"条款在电子商
务领域内的适用。①在此基础上，DEPA 第 15. 1. 3 条以及 RCEP 第 17. 12
条在"一般例外"设置上纳入了 GATS 第 14 条（b）款的规定。与此相
类似的，DEPA 第 15. 1. 1 条和 RCEP 第 17. 12 条专门针对"数字经济"
或"电子商务"章节，考虑了 GATT 第 20 条的适用。事实上，以 CPT-
PP、RCEP 和 DEPA 为代表的 FTA 往往所包含的一般例外条款，均直接
将 GATT 第 20 条和 GATS 第 14 条作为 FTA 条款的一部分。②由此可以看
出，有关数字贸易规制问题，RCEP、CPTPP 和 DEPA 都要求缔约方参考
GATS 第 14 条和 GATT 第 20 条为跨境数据自由流动保留例外规则，同时
引入 GATS 和 GATT 的规定会比仅单独参考 GATS 规定的范围来得更为广
泛。就条款适用而言，RCEP 和 DEPA 相比于 CPTPP，赋予缔约方更大
的自主权，他们具有更大的空间来管制其境内的数字贸易。③

（接上页）融服务提供者的安全、健全、完整性或金融责任，以及维护支付和清算系统的安
全性、金融健全性和运营可靠性。）2. 本协定中任何条款不得适用于任何公共实体为追求
货币和相关信贷政策或汇率政策而采取的普遍适用的非歧视措施。3. 尽管有第 2. 7 条（电
子支付），但是一缔约方可通过公平、非歧视和善意实施与维护金融机构或跨境金融服务供
应商的安全、健全、完整性或金融责任相关的措施，阻止或限制一金融机构或跨境金融服
务提供者向与该机构或提供者的附属机构或人进行转移，或为此类附属机构或人的利益进
行转移。本款不损害本协定中允许一缔约方限制转移的任何其他条款。4. 为进一步明确，
本协定中任何条款不得解释为阻止一缔约方采取或执行保障与本章不相抵触的法律或法规
得到遵守所必要的措施，包括与防止欺骗和欺诈行为或处理金融服务合同违约影响相关的
措施，但需遵守如下条件：即此类措施的实施不得以在条件相似的缔约方之间或缔约方与
非缔约方之间构成任意或不合理歧视的方式实施，或构成对本协定所涵盖金融机构中的投
资或跨境金融服务贸易的变相限制的方式实施。"

① 鉴于目前学界尚未对"数字贸易"作出统一的界定，所以实践中通常未明显区分"数字贸
易""电子商务"和"数字经济"等词语，并允许互换使用。因此本书如无特别说明，也
将不对"电子商务"和"数字贸易"这两个概念进行严格区分。

② 参见马光："FTA 数据跨境流动规制的三种例外选择适用"，载《政法论坛》2021 年第
5 期。

③ 参见陈寰琦、陆锐盈："DEPA 数据安全规则解析及对中国的启示——基于 CPTPP/USMCA/
RCEP 的比对"，载《长安大学学报（社会科学版）》2022 年第 2 期。

　　与此同时，为顺应数字经济的发展，RCEP、CPTPP 都专门设置了电子商务章节，引进数字贸易规制这一重要议题，并在跨境数据流动问题上以"合法公共政策目标例外"来平衡促进数字贸易自由化与尊重国家规制权之间的关系，主要体现于 RCEP 第 12.14 条和第 12.15 条，① CPTPP 第 14.11 条和第 14.13 条。②而 DEPA 整个协定本就是针对数字经济的专属内容，其也在特定规则层面针对跨境数据自由流动设置了"合

---

① RCEP 第 12.14 条"计算设施的位置"规定："一、缔约方认识到每一缔约方对于计算设施的使用或位置可能有各自的措施，包括寻求保证通信安全和保密的要求。二、缔约方不得将要求涵盖的人使用该缔约方领土内的计算设施或者将设施置于该缔约方领土之内，作为在该缔约方领土内进行商业行为的条件。11（脚注 11：柬埔寨、老挝人民民主共和国和缅甸在本协定生效之日起五年内不得被要求适用本款，如有必要可再延长三年。越南在本协定生效之日起五年内不得被要求适用本款。）三、本条的任何规定不得阻止一缔约方采取或维持：（一）任何与第二款不符但该缔约方认为是实现其合法的公共政策目标所必要的措施 12，（脚注 12：就本项而言，缔约方确认实施此类合法公共政策的必要性应当由实施政策的缔约方决定。）只要该措施不以构成任意或不合理的歧视或变相的贸易限制的方式适用；或者（二）该缔约方认为对保护其基本安全利益所必要的任何措施。其他缔约方不得对此类措施提出异议。"RCEP 第 12.15 条"通过电子方式跨境传输信息"规定："一、缔约方认识到每一缔约方对于通过电子方式传输信息可能有各自的监管要求。二、一缔约方不得阻止涵盖的人为进行商业行为而通过电子方式跨境传输信息。13（脚注 13：柬埔寨、老挝人民民主共和国和缅甸在本协定生效之日起五年内不得被要求适用本款，如有必要可再延长三年。越南在本协定生效之日起五年内不得被要求适用本款。）三、本条的任何规定不得阻止一缔约方采取或维持：（一）任何与第二款不符但该缔约方认为是其实现合法的公共政策目标所必要的措施 14，（脚注 14：就本项而言，缔约方确认实施此类合法公共政策的必要性应当由实施的缔约方决定。）只要该措施不以构成任意或不合理的歧视或变相的贸易限制的方式适用；或者（二）该缔约方认为对保护其基本安全利益所必需的任何措施。其他缔约方不得对此类措施提出异议。"
② CPTPP 第 14.11 条"通过电子方式跨境传输信息"规定："1. 缔约方认识到每一缔约方对通过电子方式跨境传输信息可设有各自的监管要求。2. 每一缔约方应允许通过电子方式跨境传输信息，包括个人信息，如这一活动用于涵盖的人开展业务。3. 本条中任何内容不得阻止一缔约方为实现合法公共政策目标而采取或维持与第 2 款不一致的措施，只要该措施：（a）不以构成任意或不合理歧视或对贸易构成变相限制的方式适用；及（b）不对信息传输施加超出实现目标所需限度的限制。"CPTPP 第 14.13 条"计算设施的位置"规定：1. 缔约方认识到每一缔约方对于计算设施的使用可设有各自的监管要求，包括寻求保证通信安全性和机密性的要求。2. 任何缔约方不得要求一涵盖的人在该缔约方领土内将使用或设置计算设施作为在其领土内开展业务的条件。3. 本条中任何内容不得阻止一缔约方为实现合法公共政策目标而采取或维持与第 2 款不一致的措施，只要该措施：（a）不以构成任意或不合理歧视或对贸易构成变相限制的方式适用；及（b）不对计算设施的使用或位置施加超出实现目标所需限度的限制。"

法公共政策目标例外"，具体为 DEPA 第 4.3 条和第 4.4 条。①对于"公共政策"的含义，无论是 RCEP、CPTPP 还是 DEPA 都没有进行明确界定，使得该词的含义始终较为宽泛。Blavi 教授曾指出：公共政策被描述为"法律原则，它认为任何主体都不能合法地做有损害公众或损害公共利益的事情"。它也被定义为"某种道德、社会或经济原则如此神圣……以至于要求不惜一切代价、毫无例外地维护它"，或"国家最基本的道德和正义概念"。②由此可以看出，Blavi 教授所定义的公共政策实际上包含了公共道德的含义。在国际仲裁领域内，多数国内法院则将公共政策划分为两个方面的内容，一是程序类公共政策，即在仲裁程序的各个阶段，当事人和仲裁庭必须遵守的程序性规则；③二是实体类公共政策，该类型比较难以确定，有一些国家法院则发布了其归纳的实体类公共政策表现类型，如英国上诉法院的定义，对普遍遭受谴责的行为，诸如恐怖主义、贩毒、卖淫、恋童癖……腐败或国际商业欺诈等起到促进作用时，该类型可被确定。④实体类公共政策所列举的具体类型中显然有一部分内容正是上文所探讨的公共道德的具体内涵。我国立法中虽未明确"公共

---

① DEPA 第 4.3 条 "通过电子方式跨境传输信息" 规定："缔约方确认它们在通过电子方式跨境传输信息方面的承诺水平，特别包括但不限于：'1. 缔约方认识到每一缔约方对通过电子方式传输信息可设有各自的监管要求。2. 每一缔约方应允许通过电子方式跨境传输信息，包括个人信息，如这一活动用于涵盖的人开展业务。3. 本条中任何内容不得阻止一缔约方为实现合法公共政策目标而采取或维持与第 2 款不一致的措施，只要该措施：（a）不以构成任意或不合理歧视或对贸易构成变相限制的方式实施；及（b）不对信息传输施加超出实现目标所需限度的限制。'" DEPA 第 4.4 条 "计算设施的位置" 规定："缔约方确认其在计算设施位置方面的承诺水平，特别包括但不限于：'1. 缔约方认识到每一缔约方对于计算设施的使用可设有各自的监管要求，包括寻求保证通信安全性和机密性的要求。2. 任何缔约方不得要求一涵盖的人在该缔约方领土内将使用或设置计算设施作为在其领土内开展业务的条件。3. 本条中任何内容不得阻止一缔约方为实现合法公共政策目标而采取或维持与第 2 款不一致的措施，只要该措施：（a）不以构成任意或不合理歧视或对贸易构成变相限制的方式适用；及（b）不对计算设施的使用或位置施加超出实现目标所需限度的限制。'"

② See Javier Garcia de Enterria, "The Role of Public Policy in International Commercial Arbitration", *Law and Policy in International Business*, Vol. 21, No. 3, 1990, p. 389.

③ See Kristin B. Gerdy, "Teachable Moments For Students: What Is the Difference Between Substantive and Procedural Law? And How Do I Research Procedure?", *Perspectives: Teaching Legal Research and Writing*, Vol. 9, No. 1, 2000, pp. 5-8.

④ Report on the Public Policy Exception in the New York Convention, IBA Subcommittee on Reoognition and Enforcement of Arbitral Awards, October 2015, p. 16.

政策"的内涵，但是最高院多次在有关外国仲裁裁决是否违背我国公共政策作出的复函中明确表示要对公共政策进行严格解释和适用，认为只有在承认和执行外国商事仲裁裁决将导致违反我国法律基本原则、侵犯我国国家主权、危害国家及社会公共安全、违反善良风俗等危及我国根本社会公共利益情形的，才能援引公共政策事由予以拒绝承认和执行。①另有《欧盟-越南自由贸易协定》将公共政策表述为"为应对自然灾害、提高生活水平、恢复经济、支持特定经济活动发展、保护文化和遗产等公共政策目的提供的补贴"，《中欧全面投资协定》将"公共政策"限定为"为贫困地区发展或应对自然灾害从事的非商业活动""为补偿自然灾害损失提供的补贴"的类型。此外，它们还都将公共政策表述为"维护国防、公共秩序或公共安全相关非商业活动"。

由上可知，GATS 和 GATT 中虽不存在如此宽泛的公共政策例外，而是列举了公共道德、环境、健康等更加特定化的例外种类，但是不难看出，公共政策在某种程度上似乎很接近于公共道德的定义，只是在定义范围上又大于公共道德。从另一个侧面也反映出 WTO "公共道德例外"条款在数字贸易领域仍持续发挥着重要的平衡器作用。

值得注意的是，从 WTO 争端解决实践来看，我们也可从"巴西关税措施案"中寻找到关于公共政策与公共道德之间关系的蛛丝马迹。在该案中直接抛出了一个问题，一项旨在促进经济发展和社会和谐的公共政策能否被纳入 WTO "公共道德例外"条款的范畴？巴西声称的其为减小本国境内的"数字鸿沟"，促进社会和谐发展，实际上已经是被联合国文件所确认的发展目标了。然而，巴西所提交的证据并不足以证明这一合理的公共政策目标和公共道德之间的关系。不过专家组显然在该问题上并没有进行深入审查，而是粗略地将公共政策和公共道德之间画上等号。在专家组看来，只要原告无法证明巴西的税收措施起不到任何保护公共道德的效果，就可以将案涉争议措施归属于保护公共道德范畴。本案的专家组裁决再次模糊了公共政策和公共道德的界限。由此看来，似乎所有合法的公共政策目标都可以被塞进公共道德框架内，这显然是不合理的。公共政策和公共道德不完全相同，但并不能说明二者就毫无联

---

① 参见《最高人民法院关于韦斯顿瓦克公司申请承认与执行英国仲裁裁决案的请示的复函》（〔2012〕民四他字第 12 号）。

系，专家组的裁决虽具有不恰当性，但也在某种程度上肯定了公共政策与公共道德之间无法割裂的联系。

RCEP、CPTPP 和 DEPA 在"合法公共政策目标例外"条款下包含了目标正当性要求，"不得超过要求的限度"测试、"不以武断或不合理歧视或变相贸易限制的方式实施"要求三大要件，和 GATS 和 GATT 一般例外规定存在相似之处。①但细究来看，仅有 RCEP 要求缔约方对跨境数据流动施加的限制是"实现目标所必要的"，CPTPP 和 DEPA 仅是要求"不得超过要求的限度"，而关于"要求"的内涵还存在极大的模糊性和不确定性，显然不能将"不得超过要求的限度"测试等同于必要性测试。RCEP 还在"合法公共政策目标例外"条款中增加了"其认为"的表述，"缔约方认为是其实现合法的公共政策目标所必要的措施"，并通过脚注特别强调，"缔约方确认实施此合法的公共政策的必要性应当由实施的缔约方决定"。这些设计都表明某措施的施行者同时也属于该措施必要性的最终判定者。这种"自裁决"属性恰恰就是 GATT 和 GATS 一般例外条款中所不具备的。②从 RCEP、CPTPP 到 DEPA，其例外条款协调数据保护与跨境数据自由流动规制目标的可操作性逐渐增强，对成员方的"自裁决"限制也逐渐增加。而在数字贸易全球性规则构建过程中，实际上也需要经历这样从宽泛或模糊再到具体、明确的规则发展过程，最终还是要回归到 WTO 框架下进行数字贸易规则的统一性确立。在这样的数字规则发展大趋势下，WTO 一般例外条款仍然是未来数字贸易规制中例外条款规则设计的发展方向，"合法公共政策目标例外"也应当进一步明确其内涵，将明确为"公共道德"的内容继续回归为具体的"公共道德例外"条款进行规制。

第三节　WTO "公共道德例外"条款在数字贸易领域的实践探索

在实践领域，影响数字贸易的行为包括了互联网屏蔽和过滤审查制

---

① 参见徐莉："跨境数据流动规制之'合法公共政策目标例外'与中国实践"，载《求索》2023 年第 4 期。

② 参见徐莉："安全例外条款之善意原则的适用——基于数字贸易规制视角"，载《兰州大学学报（社会科学版）》2023 年第 5 期。

度、数字产品交易限制、数据本地化措施等，这些行为在一定程度上对数字贸易的自由化发展产生限制性影响，但根据 WTO 的例外规定，在数字贸易争端诉讼中被诉方还可针对公共道德利益的保护援引"公共道德例外"条款进行抗辩。

一、美国援引 WTO "公共道德例外"条款规制网络赌博业

在"美国博彩案"中，起诉方安提瓜和巴布达在发展多种经济过程中提供了网络赌博业务，且该收入部分已占据国内生产总值的 10%。[①]对此，美国封杀了线上博彩行为，其依据是《禁止非法赌博交易法》，主要采取了信息技术手段限制了美国网民线上参与境外博彩服务，特别限制了美国网民使用信用卡和银行账户向国外赌博网上支付赌金，该限制措施导致安提瓜一向繁荣的网络赌博业收入锐减，便于 2003 年就美国的限制网络博彩服务行为向 WTO 提出诉讼。网络赌博的泛滥逐渐成为了现实生活中的社会毒瘤，它往往关联洗钱、有组织犯罪等违法行为，不利于青少年的健康成长。美国援引 WTO "公共道德例外"条款来证明其采取限制措施的合法性，该案也成为"公共道德例外"条款在互联网领域适用的肇端，为数字经济时代的数字贸易规制提供了可借鉴范本。

本案在解释"公共道德"内涵时创设了"先例"，即便专家组的相关裁定仍存在推理瑕疵，但其结论是可适用的。适用 WTO "公共道德例外"条款存在一个前提，需理解公共道德的内涵，"美国博彩案"恰为我们提供了思路。专家组在对"公共道德"的概念作出初步界定的同时，也给予了 WTO 成员一定的自由定义空间以对接其本国道德标准体系。专家组基于词典定义对 GATS 项下的公共道德进行了字面解释，强调"公共道德"一词是指代表某个国家或地区所维护的正确和错误的行为标准。[②]专家组借助补充解释的手段证实了限制博彩活动的政府措施，尤其是限制通过电子商务形式所进行的博彩活动，应当属于公共道德范

---

① See James D. Thayer, "The Trade of Cross-Broder Gabbling and Betting: The WTO Dispute Between Antigua and the United State", *Duke Law&Technology Review*, No. 13, 2004, pp. 1–12.

② See Christoph T. Feddersen, "Focusing on Substantive Law in International Economic Relations: The Public Morals of GATT's Article XX (a) and Conventional Rules of Interpretation", *Minnesota Journal of International Law*, Vol. 7, 1998, pp. 75–106.

畴，美国所实施的限制措施应当符合至关重要的社会利益。①"公共道德"解释不具有单一性，能够"随着时间和空间的变化而变化，并且包括受到现有的社会、文化、道德和宗教价值的一系列因素影响"。②各成员方享有权利在各自管辖领域内定义和适用自身的"公共道德"。当然，这种权利也并非绝对自由，成员方享有善意适用的义务。③

本案存在一个核心争议点，远程提供的网络赌博服务是否应当与线下提供的赌博服务同等对待。美国对提供远程网络博彩服务进行了严格监管，却未平等地对其境内线下博彩业实施同样的严格监管。安提瓜和巴布达认为线上或线下的博彩服务本质上都是关于金钱输赢的活动，是同类服务。因而美国纯粹针对服务提供方式的不同而给予区别待遇的做法不符合国民待遇原则。而美国提出反对意见，认为两者属于不同性质的服务，并不存在违反国民待遇的问题。④专家组裁定认为，在服务分类问题上应主要依据服务本身性质进行划分，而不依赖于服务提供手段，侧面体现了技术中立原则。因此，无论是线上还是线下的博彩服务本质上是相同的，而各成员方现有的承诺适用于现存的以及将来出现的任何传送技术下所提供的服务。实际上，线下提供的服务与通过电子方式提供的网络服务永远都不可能完全相同。⑤早在 1999 年，美国就主张市场准入和国民待遇承诺要包括通过电子手段提供的特定服务，符合技术中立原则。⑥美国在解释本国所维护的公共道德目标时，侧重于审查通过电子商务方式提供的远程网络赌博在消费者观念、执法和保护未成年人健康等风险方面的特殊性。⑦专家组发现，其中暴露出的有关赌博问题与赌博服务是与通过电子商务方式还是非电子商务方式供应有关。发现这一点后，专家组还指出，美国监管部门对赌博服务的非电子供应的监管还是相对宽容的。同时也表现出对通过电子商务方式提供的网络赌博服务

① See 书稿案号表 1, para. 3. 155, fn. 281.
② See 书稿案号表 1, para. 6. 461.
③ See 书稿案号表 1, para. 6. 461.
④ See 书稿案号表 1, pp. 2–113.
⑤ See 书稿案号表 1, para. 3. 155, fn. 281.
⑥ See WTO, "Work Programme on Electronic Commerce", Submission by the United States, WT/GC/16, 1999.
⑦ See Natash D. Schull, "Digital Gambling: The Coincidence of Desire and Design", *Annals of the American Academy of Political and Social Science*, No. 597, 2005, p. 65.

可能引发洗钱、欺诈等刑事犯罪，以及侵害未成年人健康等可能侵犯一国公共道德行为的担忧。①WTO 协定能否适用于数字贸易议题目前还存在争议，美国在 "美国博彩案" 中也提出了相应的看法，因 WTO 协定缔约时间较早，所以当时还无法预见互联网技术的兴起，难以适用新的产品形式。然而，专家组和上诉机构均认为，对 WTO 协定的可适用性应当依据条约解释习惯，因此最终确定了 WTO 协定对通过互联网远程提供博彩服务措施的可适用性。②理论上，不少学者如萨沙·文森特（Sascha Vincent）也主张 WTO 协定可适用于电子商务等新兴贸易领域。③可见，专家组和上诉机构对此也并没有严格区分线上和线下的贸易方式，而是一视同仁地将贸易规则适用于实体贸易和数字贸易。"公共道德" 内涵可不断演化，并能够适用于数字领域。

从裁决结果看来，无论是专家组还是上诉机构，都明确支持本案通过电子商务方式进行网络博彩服务的模式属于 GATS 规定的 "跨境提供" 模式，同时也向 WTO 成员方释放出有关信号，未来 WTO 成员方可通过谈判或协商的方式就该问题达成共识。数字经济时代，数字信息技术的快速发展在给数字贸易带来相应经济效益的同时，也可能成为某些网络犯罪行为滋生的温床，同时也拓展了一国的公共道德内涵。通过本案，可以肯定 WTO 法律在数字贸易领域内的适用性，为 WTO "公共道德例外" 条款在数字贸易领域内的新发展奠定了基础。与此同时，"美国博彩案" 也是 WTO 争端解决机构受理的第一个关于 "公共道德例外" 的案件，为 GATS 第 14 条（a）款的适用提供了有益的探索。

在必要性检验和序言要求问题上，专家组借鉴 GATT 第 20 条（a）款 "公共道德例外" 的实践经验本无可厚非，但没有对货物贸易和服务贸易作出区分，此处值得商榷。事实上，服务贸易与货物贸易对贸易自由化的要求是不一样的，以市场准入和国民待遇义务为例，服务贸易相较于货物贸易而言并不适用于各个服务部门，而是需要经由各成员方在具体谈判中确定适用的服务部门，并可对服务部门提供服务的方式加以

---

① See 书稿案号表 1，paras. 6. 498-6. 521，6. 533.

② 参见孙南翔："从 WTO 到 eWTO：多边贸易规则的数据治理"，载《网络信息法学研究》2017 年第 1 期。

③ See Sacha Wunsch-Vincent，"The Internet，Cross-Border Trade in Services，and the GATS：Lessons from U. S. -Gambling"，*World Trade Review*，Vol. 5，No. 3，2006，pp. 323-324.

限制。①因此，在对 WTO "公共道德例外"条款进行必要性检验考量时，还要区别于货物贸易。不过，专家组和上诉机构尚未注意到这一区别，忽略了 GATT 与 GATS 序言的不同，而是直接认同了"韩国牛肉案"中的权衡方法。

专家组认为，被诉方在采取贸易限制措施之前应当"探寻和穷尽"所有"合理可行"的与 WTO 规则相一致的替代措施，②美国则拒绝安提瓜的"磋商"请求，由此证明了美国并未善意地寻求一种可替代措施。③基于此，专家组便裁定美国的贸易限制措施没有通过"必要性检验"。上诉机构认为专家组的推断存在缺陷，美国同安提瓜进行磋商并不是专家组所需要考虑的一种适当的可替代措施，因为磋商只不过是一种程序，且磋商的结果具有不确定性，无法与本案争议措施相提并论。④但是，上诉机构可能误会了专家组关于磋商义务的裁定，专家组并非将磋商视为一种合理可行的可替代措施，只是利用美国拒绝磋商的实施为证据，来证明美国没有善意地去探寻可替代措施。磋商虽不是一种合理可行的可替代措施，但它在证明被诉方是否已经善意地寻求可能的替代措施上具有重要的法律意义。⑤此外，关于"不存在合理可替代措施"的举证责任，"韩国牛肉案"中专家组认为应该由被诉方承担，而"美国博彩案"中的上诉机构认为由被诉方承担举证责任是"不切实际并且实际上通常是不可能的负担"。⑥因而，被诉方只需要根据初步的证据从正面证明贸易措施是为保护公共道德所必需的即可，并不负有从反论证明可替代措施的义务。⑦当被诉方举证证明之后，举证责任遂转移至申诉方，申诉方如能证明存在一项具体的、可被被诉方合理预见的、可实施的，且符合 WTO 规则的替代措施，那么被诉方的贸易限制措施就无法通过必要性检验。而被诉方此时可证明为什么存在该可替代措施时争议措施仍然是

---

① 参见陈安主编：《国际经济法学》，北京大学出版社 2007 年版，第 249 页。
② See 书稿案号表 1，para. 6. 546.
③ See 书稿案号表 1，para. 6. 531.
④ See 书稿案号表 2，paras. 317–318.
⑤ 参见王志明："《服务贸易总协定》第 14 条第 1 款的适用"，载《中山大学法律评论》2015 年第 3 期。
⑥ See 书稿案号表 2，para. 309.
⑦ See 书稿案号表 1，para. 310.

"必需的"。①为此，便将申诉方与被诉方的举证责任区分开来。

在判断是否符合序言要求时，GATS 第 14 条序言侧重于审查限制措施的实施方式，也就是说措施的实施不得在情形类似的国家之间构成任意的或不合理歧视的手段或构成对服务贸易的变相限制，以确保各成员在援引该例外条款时能够达到权利与义务之间的平衡。②该规定与 GATT 第 20 条的序言存在细微的差别，即 GATS 中用 "情形类似" 代替了 GATT 中 "情形相同"，用 "服务贸易" 代替了 "国际贸易"，总体而言几乎完全相同，且学术界并不将此差别视为关键性的或实质性的。GATT 第 20 条序言借由强调争议措施的实施方式来保证第 20 条一般例外不被滥用。本案专家组认为美国采取的贸易措施存在事实上的歧视，违反了序言要求。上诉机构对此表示支持。

美国作为全球赌博产业的中心，不可能全面禁止网络赌博，而修改相关法案显然更加可行，在保护国内公共道德的前提下，允许安提瓜和巴布达的服务提供商进入美国赌博市场，而其所实施的贸易限制措施也应当是为了保护公共道德所必需，对国内和国外远程网络赌博业实施合理的规制。如果美国采取与 WTO 协议不一致的规制措施不仅会削弱其在 WTO 中的声誉，也会对美国日后将有关争端诉诸 DSB 解决的成功可能性造成负面影响。对于其它成员方而言，本案对 WTO 规则的贡献并不在于裁决结果，而是 WTO 对 "公共道德例外" 条款的具体含义进行了详细的阐述。该裁决具有历史意义，是上诉机构首次对 "公共道德例外" 条款，也是首次对 GATS 一般例外条款进行解释。可以看出，本案的专家组和上诉机构在审理中始终保持保守且谨慎的态度，并没有触及案件请求之外的根本性问题，而是将这些问题交给未来进行评判。③总之，本案裁定限制远程提供的网络赌博服务相关措施属于 GATS 第 14 条 (a) 款的 "公共道德例外"，而有关措施又与数字贸易相关。基于此，可以肯定，数字贸易的有关市场准入障碍，或者更具体地说是跨境数据流动所产生的市场准入壁垒可以在 GATS "公共道德例外" 条款，以及 GATS 第

---

① See 书稿案号表 1，para. 311.

② See 书稿案号表 1，para. 6. 575.

③ See Mark Wu, "Free Trade and the Protection of Public Morals: A Analysis of the Newly Emerging Pubic Morals Clause Doctrine", *Yale Journal of International Law*, Vol. 33, 2008, p. 222.

14 条所列举的其它政策目标中找到合理理由。①出于保护本国公共道德等理由，国家可在监管数字服务访问或供给时，具有一定的监管自主权。WTO "公共道德例外" 条款的一般适用原则也在本案中得以确立，迄今为止仍在深刻影响着有关该条款的 WTO 案件。当下全球面临世纪疫情和百年变局，全球经济处于深刻转轨时期，伴随数字信息技术的快速发展，我们需要一个更健康的国际环境。能够以完善的规则来充分保障各国在数字经济时代下的合法权益。WTO "公共道德例外" 条款在平衡公共道德政策目标和数字贸易自由化目标之间起着非常重要的作用。

二、WTO "公共道德例外" 条款下的中国互联网过滤审查制度

放任自由的数字贸易将放纵侵害公共道德的行为，且可能滋生贸易保护主义。2011 年，谷歌公司在《信息技术时代下贸易的实现》这一研究报告中明确指出了信息时代下可能造成的不公正的贸易障碍，即政府互联网信息服务的扭曲做法，甚至是采取违反国际贸易规则的措施来限制互联网贸易。②在此之前，谷歌公司也多次指责多国的互联网规制措施违反了 WTO 项下的国际法义务，2010 年谷歌公司与中国政府之间冲突的爆发，将中国在数字贸易领域的互联网监管政策推向了风口浪尖。

为了防止其搜索结果被防火墙过滤或减慢，谷歌公司于 2006 年推出了中文搜索引擎 Google. cn，并对未经中国政府批准的搜索结果进行了自我审查。但 2010 年谷歌公司却对外声明其受到了中国黑客的攻击，并提出不再继续自我审查 Google. cn 的搜索结果。而后该公司与中国政府协商无果，最后终止了其在中国的实体搜索引擎业务。③在该事件前后，美国强烈要求将中国互联网监管政策诉诸 DSB 进行争端解决，但中国对谷歌搜索引擎所采取的内容过滤审查措施显然是可以经受得住 WTO 规则审

---

① 其他更多的政策目标可见于 GATS 第 14 条（c）款。

② 参见孙南翔："认真对待'互联网贸易自由'与'互联网规制'——基于 WTO 协定的体系性考察"，载《中外法学》2016 年第 2 期。

③ See Jyh-An Lee, Ching-Yi Liu, Weiping Li, "Searching For Internet Freedom In China: A Case Study On Google's China experience", *Cardozo Arts & Entertainment Law Journal*, No. 2, 2013, p. 406.

查的。

首先，在对中国的互联网过滤审查措施是否违反 WTO 承诺进行全面分析之前，必须先考虑一个门槛问题，特定的互联网限制措施是否涉及 GATT 或 GTAS 的问题。GATT 通常调整的是货物贸易，而 GATS 调整服务贸易。谷歌公司对互联网用户提供的是"在线服务"，而不是"货物"，因此将中国互联网审查制度置于 GATS 下进行分析无可厚非。[①]

其次，倘若专家组认定中国互联网过滤审查措施违反了自由贸易承诺，中国可援引 GATS 第 14 条 (a) 款"公共道德例外"条款进行抗辩。在该条款下，中国需证明其所采取的规制措施对于保护公共道德是必要的，即所过滤掉的信息内容是为了保护公共道德。中国采取互联网审查措施来控制色情内容传播，对本国公民可访问的互联网信息进行规范，以防出现不当言论，如挑战政府权威和煽动社会动荡等类型。可以说中国提出的考量同美国在"美国博彩案"所提到的相关法案立法目的相比，有过之而无不及，而且可以认定中国所采取的限制措施是属于 GATS 第 14 条 (a) 款所保护的"公共道德"价值范围。[②]此外，中国互联网过滤审查制度还旨在过滤掉一些损害国家利益和民族团结的言论，这些言论将对社会根本利益造成极大负面影响，破坏公共秩序，也符合 GATS 第 14 条 (a) 款"维护公共秩序"的要求。根据采取规制措施所要通过的"必要性"测试要求，中国互联网规律审查制度对于保护"公共道德"和维护"公共秩序"具有重要性，该制度能够过滤掉相关敏感的互联网信息，对本国所要维护的重要利益具有贡献度。并且过滤性审查制度相较于"完全屏蔽"而言对贸易的限制更小，能够满足"必要性"要求。[③]

最后，援引该"公共道德例外"条款还需满足 GATS 第 14 条的序言要求。在本案中有观点诉称，中国的互联网过滤审查制度主要针对中文网站，并且这些中文网站大部分来自于美国、加拿大等拥有大量华人移

---

① 参见王哲："GATS 下中国互联网过滤审查制度法律问题研究——以谷歌搜索引擎争端为视角"，载《上海对外经贸大学学报》2014 年第 2 期。

② See Cynthia Liu, "Internet Censorship as a Trade Barrier: A Look at The WTO Consistency of the Great Firewall in the Wake of The China-Google Dispute", *Georgetown Journal of International Law*, Vol. 42, 2011, p. 1231.

③ 参见黄志雄："互联网监管政策与多边贸易规则法律问题探析"，载《当代法学》2016 年第 1 期。

民的国家,这些国家的网站受到更严格的信息过滤审查,从而认为该制度在情况相同的国家间构成歧视。①实际上这种歧视是具有合理性的,中文网站都是中国人在浏览,中文更是中国人的母语,主要针对中文网站进行过滤审查无可厚非,并且能够最大限度地屏蔽掉一些损害公共道德的信息,具有正当性理由。

针对西方对我国的互联网规制措施的批评意见,我国应当坚定立场,合理合法地保护公共道德。WTO 协定赋予各成员定义公共道德的权利,而我国采取的互联网措施正是本国特色政治体制和文化传统的体现,WTO 尊重各成员方的文化偏好,且不能强行改变。但我国当前在数字贸易领域内的规制制度尚不完善,如何更好地有效规制互联网乃至数字贸易使其符合 WTO 承诺还有很长的一段路要走,当然我国还需要尽快尽可能地明确 "公共道德" 等概念及其适用条件。

三、"巴西关税措施案" 中的数字鸿沟议题道德化

数字贸易在自由化发展的进程中引发了一系列挑战,其中数字鸿沟作为其面临的主要挑战之一涉及到了 WTO "公共道德例外" 条款在数字贸易领域的实践探索。所谓 "数字鸿沟",是指对于不同经济发展水平的国家、地区或个体,其在获取信息和信息技术方面处于不平等的状态之下。②尤其是在 "巴西关税措施案" 中,专家组认可将 "数字鸿沟"纳入 "公共道德" 目标范畴,相当于在 "公众关切" "公共政策" 与"公共道德" 之间的界限区分上犯下了极大的错误,并且还极有可能会引发 "公共道德" 概念泛化的风险,极有可能让 "数字鸿沟" 成为某些发展中国家或不发达国家发展本国数字贸易的 "万能挡箭牌",并且还会进一步打破数字自由贸易与 "公共道德" 价值之间的冲突。③

"巴西关税措施案" 的争议焦点在于巴西政府为支持其境内的数字

---

① See Cynthia Liu, "Internet Censorship as a Trade Barrier: A Look at the WTO Consistency of the Great Firewall in the Wake of the China-Google Dispute", *Georgetown Journal of International Law*, Vol. 42, 2011, p. 1232.

② 参见李冬冬: "数字鸿沟议题在 WTO 法中的道德化:成因、危害与应对",载《南京大学法律评论》2019 年第 2 期。

③ 参见杜玉琼、裴韵: "贸易壁垒新形态下 WTO 平衡价值冲突的路径研究",载《江苏大学学报(社会科学版)》2021 年第 3 期。

电视设备产业发展，通过数字电视普及方式缩小"数字鸿沟"，而为国内企业制定实施的税费减免措施（以下简称 PATVD 项目），是否旨在保护公共道德。欧盟并不认同巴西对进口产品，包括电子技术产品等征收了高额的国内税，但却对其本国内的同类产品实施税收豁免的行为。①由于该案涉及的数字技术产品属于货物而非服务，巴西便援引了 GATT 第 20 条（a）款的"公共道德例外"条款进行抗辩。巴西认为，其境内的不同群体在获取和使用现代信息技术方面存在"数字鸿沟"，数字电视则是当前巴西公众获得现代信息的主要来源，为了进一步弥补数字鸿沟，将在全国范围内普及数字电视新系统，为巴西居民提供便宜且充足的数字电视设备，并通过减免关税的措施来保障其境内的电视设备批量供应，因此可以说 PATVD 项目有助于弥合数字鸿沟，维护公共道德。②专家组根据巴西所提供的相关证据进行审查，得出结论，巴西境内确实存在"数字鸿沟"问题，PATVD 项目能够帮助巴西人通过数字电视获取相关信息，在某种程度具有一定教育作用。同时还援引了"美国博彩案"裁决，认为 WTO 成员方在援引"公共道德例外"条款时具有自主裁量权，所以最终尊重巴西的意见，裁定为缩小本国"数字鸿沟"而采取的关税豁免措施是旨在维护"公共道德"。③当然，专家组的决定并未表明任何公众关注或公共政策措施都可以被看作是公共道德措施。在考虑 PATVD 计划具有"弥合数字鸿沟、促进社会包容和信息获取"目标的重要性时，专家组承认这是一个"相当重要的公共道德目标"。④Joseph 指出，上诉机构认为，当"最重要"的问题受到威胁时，需要"检验争议措施的必要性"，这是一个重要的条款适用步骤。⑤

　　专家组虽基于尊重巴西的意见认定为缩小本国"数字鸿沟"而采取的关税豁免措施属于维护公共道德，但并未进行详细论证，该裁决意见

---

①　参见刘奕麟："WTO 巴西关税措施案——GATT 第 20 条（a）公共道德例外的适用"，载《商业经济》2018 年第 6 期。

②　See 书稿案号表 9，paras. 7. 544~7. 547.

③　See Rajesh Babu，"WTO and the Protection of Public Morals"，*Asian Journal of WTO and International Health Law and Policy*，Vol. 13，No. 2，2018，p. 349.

④　See 书稿案号表 9，paras. 7. 591~592.

⑤　Sarah Joseph，*Blame It on the WTO? A Human Rights Critique 113*，Oxford University Press，2013.

还有待商榷。①可以说，巴西提交的相关证据只能说明弥合数字鸿沟是一项促进社会经济发展的公共政策目标，而不能证明其公共道德属性，完全混淆了公共政策与公共道德之间的界限。②巴西在本案中根据自身制度体系和价值观念自主确定其境内的公共道德含义和范围，但所提交的证据相对薄弱，这就意味着成员方所主张的任何类型的数字鸿沟的规制目标都有可能被认定为属于公共道德，使得公共道德内涵呈现泛化风险，甚至还会打破当前数字自由贸易与非贸易目标即公共道德之间的平衡，反而变成鼓励各国采取措施限制数字自由贸易，危害数字贸易的自由化发展。

　　总而言之，公共道德保护被视为各国的核心特权之一，对国家或地区的特定社会价值观施予一定程度的保护。涉及互联网的公共道德问题打破了传统物理空间的国家边界，跨国网络相较于传统国家法律秩序而言，不再是仅面对封闭空间内的挑战，而是一种更具不确定性的领域挑战。信息技术的发展为人类的社会生活开辟了新道路，政府也逐渐找到了限制互联网早期处于无限自由状态的方法，譬如政府可以通过控制或监督互联网服务提供商，与其达成相应协议，限制居住在其境内的人们在互联网上访问某些违反本国公共道德的内容。数字贸易议题适用于WTO "公共道德例外" 条款时重点聚焦于 "必要性检验" 问题上，其 "必要性" 分析难点则在于可替代性措施。多种形式的数字贸易规制措施都可能对公共道德有所贡献，但鉴于各国之间在政治体制、文化背景等层面的差异，各成员方对数字贸易规制的偏好也会有所不同。正如 Dieter Ernst 所言，在解决公共政策问题上，美国总是认为 "自愿体系" 更合适。③而欧盟等其他国家更积极主动地保护公共利益。④Michael Ming Du 也说过，不同社会的公民文化和经验自然地会导致对特定类型规制的

---

① See 书稿案号表 9，para. 7. 576.

② 参见杜明："WTO 框架下公共道德例外条款的泛化解读及其体系性影响"，载《清华法学》2017 年第 6 期。

③ See Dieter Erns, "Indigenous Innovation and Globalization: The Challenge for China's Standardization Strategy", *the UC Institude on Global Conflict and Cooperation and the East-West Centre*, 2011, pp. 33-34.

④ See Gregory Shaffer, "Globalization and Social Protection: The Impact of EU and International Rules in the Ratcheting Up of U. S. Privacy Standards", *Yale Journal of International Law*, Vol. 25, 2000, pp. 1-88.

不同见解和偏好，若强制 WTO 成员改变其偏好显然不合理。①所以，在数字贸易自由的限制上，各成员方能够基于公共道德保护等合法理由对互联网信息进行审查，但审查措施对数字贸易的负面影响不能超过 "必要性" 的范围。除此之外，还应当明确所实施措施不构成歧视或变相的贸易限制。以禁止危害公共道德的信息技术产品和网络赌博、色情等服务为例，成员方对这些服务必须保持一视同仁的态度，平等对待境内和境外的产品、服务以及服务提供者，并要将相同的禁止或限制措施同等适用于所有类型的分销渠道。序言所要求的仅局限于任意的、不合理的歧视，合理的歧视并不被完全禁止，但要注意适用方式的明确性和限定性。②

在数字经济时代保护公共道德已成为审查或过滤某些不良网络信息的主要理由，随着数字贸易的全球化发展，通过互联网远程传递信息服务和数字产品已经成为国际贸易的必然结果，而有关数字领域争端的出现也暴露出了全球互联网法律规则的匮乏，但也有望借此契机完善有关法律规则，尤其是在解释管辖权、保护人权、合法公共利益等方面。③

---

① See Michael Ming Du, "Domestic Regulatory Autonomy under the TBT Agreement: From Non-discrimination to Harmonization", *Chinese Journal of International Law*, Vol. 6, No. 2, 2007, p. 274.

② 参见孙南翔："从 WTO 到 eWTO：多边贸易规则的数据治理"，载《网络信息法学研究》2017 年第 1 期。

③ See Panagiotis Delimatsis, "The Puzzling Interaction of Trade and Public Morals in the Digital Era", in Mira Burri and Thomas Cottier, *Trade Governance in the Digital Age*, Cambridge University Press, 2012, pp. 276-296.

第七章

WTO "公共道德例外" 条款适用的
前景展望与中国因应

第一节　WTO "公共道德例外" 条款适用的前景展望

一、"公共道德" 内涵将继续扩展

GATT 第 20 条和 GATS 第 14 条支持国家为了保护某些利益如环境、文化以及监狱劳工权益 ①而限制贸易。然而在该条款中没有另外明确涉及如人权、动物福利以及数字贸易等领域内的其他非贸易利益。因此，一些学者开始呼吁能够将包括有促进这些利益的更广泛的 "公共道德" 纳入 GATT 第 20 条 （a） 款和 GATS 第 14 条 （a） 款之中。适用 WTO "公共道德例外" 条款，首先就必须明确公共道德的内涵与外延。但 WTO 协定却从未对此进行明确的规定，而 "公共道德" 概念自在 GATT 及 GATS 体制内产生之日起也从未被彻底澄清过。从前文分析可知，DSB 无论在对 WTO "公共道德例外" 条款进行解释还是适用时，都必须受制于 DSU 第 3.2 条的授权范围，其所作出的建议和裁决不能使适用协定中的权利和义务有任何增减，由此也直接影响到 DSB 在处理有关 "公共道德例外" 条款的具体争端实践中的工作方法和对成员方的态度，即 WTO 成员方在很大程度上有权自主决定公共道德的具体内容。②由于 "公共道德" 概念本身具有较大的主观性，加之这一术语的模糊性，将可能涵盖相对宽泛的行为范围，在具体争端实践中不同国家由此也提出了不同的

---

① 参见 GATT 第 20 条 （g） 款、第 20 条 （f） 款及第 20 条 （e） 款。
② 参见马冉：《贸易自由化背景下我国文化产业政策法规的发展与改革》，法律出版社 2021 年版，第 45 页。

道德关切。

实践中，以美国为代表的国家从很早开始就频频将人权和劳工权利作为公共道德的一种而对其它国家采取贸易限制措施。譬如，美国于1930 年开始禁止进口以其他形式强迫劳动所制造的产品。①1978 年，为回应乌干达谋杀平民的暴行，美国取消了所有与乌干达之间的进出口贸易，直到乌干达向美国总统保证不再重犯一贯严重侵犯人权的行为。②20世纪 80 年代，美国禁止从巴拿马进口糖和其他甜味剂，直至 "新闻自由和其他的宪法保障，其中包括适当的法律程序，已恢复给巴拿马人民"。③2001 年秋天，美国国会众议院通过立法，授权总统可以拒绝进口用来资助境外暴力冲突的钻石。④2007 年 11 月欧盟也加大了对缅甸军政府的制裁力度，颁布了针对纺织品、木材、宝石和稀有金属的贸易禁令⑤。

对于公共道德能否包含保护劳工、妇女儿童权益等人权问题，早期也有许多学者和一些机构纷纷表达了肯定的观点。例如，Michael Trebilcock和 Robert Howse 认为，随着人权发展成为许多战后社会的公共道德中的核心要素并具有国际性，公共道德例外的内容应扩展为包含普遍的人权和劳动权益。⑥Sarah Cleveland 认为，公共道德条款理所当然的支持人权。⑦Stephen Powell 也声称，第 20 条（a）款可能将支持国家对其他一些人权问题的行为，这可能会促使 WTO 的成员方采取禁止贸易的措施以抗议

---

① 包括强迫劳工、契约劳工、监狱劳工以及童工制造的产品（goods made with forced, indentured, or convict labour, including child labour）。具体参见 Tariff Act 1930, ch. 497, 46 Stat. 689（1930）.

② See An Act to Amend the Bretton Woods Agreement Act, Pub. L. No. 95-435, § 5 (c), 92 Stat. 1051, 1052 (1978); see also, Richard B. Lillich, Hurst Hannum, *International Human Rights, Problems of Law, Policy, and Practice* Little, Brown, 1995, pp. 74-75.

③ See Pub. L. No. 100-202, § 562, 101 Stat. 1329-175 (1987); see also, Pub L No 101-167, § 562 (a), 103 Stat 1241 (1989) (both codified at 7 USC § 3602 note (1994).

④ See Clean Diamond Trade Act, H. R. 2722, 107th Cong. (2001).

⑤ See Council Common Position (EC) No. 2007/750/CFSP of 19 November 2007 amending Common Position 2006/318/CFSP renewing restrictive measures against Burma/Myanmar art. 2 (b), 2007 O. J. (L308).

⑥ See Michael J. Trebilcock, Robert Howse, "Trade Policy and Labor Standards", *Minnesota Journal of International Law*, Vol. 14, 2005, p. 290.

⑦ See Sarah H. Cleveland, "Human Rights Sanctions and International Trade: A Theory of Compatibility", *Journal of International Economic Law*, Vol. 5, No. 1, 2002, p. 157.

其他国家对该国公民实施的不道德行为。①Salman Bal 和其他学者也认为 WTO 应考虑将某些人权作为 "道德标准"。②Jarvis 认为，公共道德条款应允许确保妇女权利的贸易限制。她认为该条款应广泛地涵盖保护外国女职工的贸易措施，如同那些反对家庭暴力、伤害女性生殖器官、烧死新娘、强迫堕胎或绝育逼婚、杀害女婴、卖淫以及贩卖妇女的贸易措施。③此外，还有一些学者认为，GATT 第 20 条第（a）款允许旨在限制钻石纠纷贸易的措施以及旨在提高用于肉类生产的动物福利的进口禁令。④联合国难民署（UNHCR）最近也赞同将 "公共道德例外" 条款解释为包含人权。UNHCR 指出 "公共道德与关注人类人格、尊严以及基本权利能力已经密不可分。" 因此，"排除基本权利的公共道德概念将会与一般的当代概念相违背"。所以，UNHCR 认为对于 WTO 的争端解决机构有 "强有力的论据" 来 "接受国际公认的人权准则应当被包含在公共道德例外条款范围内"。⑤

　　诚如上文所述，公共道德包含人权价值的表达一直存在，尤其在全球新冠疫情背景之下，贸易自由与人权保护的制度性冲突再次被关注，协调贸易自由与人权保护关系的例外平衡论更是具有关键性作用。联合国秘书长古特雷斯称此次疫情是继第二次世界大战以来最严峻的危机，他认为这不仅是一场经济危机和社会危机，更是人类的危机，同时还在

---

① See Stephen J. Powell, "The Place of Human Rights Law in World Trade Organization Rules", *Florida Journal of International Law*, Vol. 16, No. 1, 2004, p. 223.

② See Salman Bal, "International Free Trade Agreements and Human Rights: Reinterpreting Article XX of the GATT", *Minnesota Journal of International Law*, Vol. 10, 2001, pp. 62, 78; see also Gabrielle Marceau, "WTO Dispute Settlement and Human Rights", *European Journal International Law*, Vol. 13, No. 4, 2002, pp. 753, 789.

③ See Liane M. Jarvis, Note, "Women's Rights and the Public Morals Exception of GATT Article 20", *University of Michigan Law School*, Vol. 22, No. 1, 2000, pp. 236-237.

④ See Karen E. Woody, "Diamonds on the Souls of Her Shoes: The Kimberly Process and the Morality Exception to the WTO Restrictions", *Connecticut Journal International Law*, Vol. 22, p. 335, pp. 352-355. and Edward M. Thomas, "Playing Chicken at the WTO: Defending an Animal Welfare-Based Trade Restriction Under GATT's Moral Exception", *Boston College Environmental Affaics Law Review*, Vol. 34, No. 3, 2007, p. 605.

⑤ See Office of the United Nations High Commissioner for Human Rights, "Human Rights and World Trade Agreements: Using General Exception Clauses to Protect Human Rights", at 5, U. N. Doc. HR/PUB/05/5 (Nov. 2005).

迅速演变为人权危机。①为了应对这种人权危机，各国采取了包括限制人员流动、货物流通在内的各种贸易限制措施，致使在疫情大流行背景下，对人权保护机制和贸易自由的衔接从国际法视角进行梳理变得十分必要。保护人权是对抗疫情的关键，而贸易自由又是保障人权的社会经济基本条件。②面对人权和自由贸易之间的冲突，WTO"公共道德例外"条款便提供了一种机制为人权问题提出主张。尽管通过现有的一般例外条款解释规则可能会在平衡人权和贸易自由上取得可观的效果，但是本次在新冠疫情冲击下所筑起的贸易壁垒对各国目前或计划中的公共卫生政策影响无疑是巨大的，因此在当前时代背景下将人权纳入"公共道德"范畴进行制度性的协调仍需继续努力。

虽然学界、实务界和一些国际机构对公共道德内涵的扩张表达了不同的看法，但依据"美国博彩案"中专家组和上诉机构对公共道德的解释，公共道德内涵的扩展应是一种必然的趋势。在"美国博彩案"中，专家组坚定地宣称，（公共道德的）内容可以随着时间和空间的变化而变化，内容取决于一系列因素，包括当前的社会、文化、种族道德等。③上诉机构也支持该表述，且或多或少地表现出他们更倾向于动态解释。它宣称，条款必须以现代整个国际社会所关注的问题为视角进行解读④。由此可见，"美国博彩案"专家组和上诉机构对于公共道德内涵的扩展趋势亦持肯定意见。在随后发生的"中美出版物市场准入案"中，中国为应对美国就其一系列禁止外国经营者从事特定出版物与试听产品进口业务法规的指控，也提出了 GATT 第 20 条（a）款"公共道德例外"进行抗辩。专家组在本案中提到了"美国博彩案"中专家组对 GATS 第 14 条（a）款的阐述，并沿用了该案的动态解释方法。

在此之后，涉及 WTO "公共道德例外"条款的贸易争议愈加频繁，各成员方开始试图援引该条款来支持各种社会政策目标。2014 年"欧盟

---

① See António Guterres, "This is a Time for Science and Solidarity", https://www.un.org/en/un-coronavirus-communications-team/time-science-and-solidarity，最后访问日期：2020 年 4 月 29 日。

② 参见时业伟："全球疫情背景下贸易自由与人权保护互动机制的完善"，载《法学杂志》2020 年第 7 期。

③ See 书稿案号表 1，para. 6.461.

④ See 书稿案号表 2，pp. 89-122.

海豹产品案"中,欧盟就禁止欧盟市场上出售海豹产品的禁令也援引了GATT 第 20 条(a)款进行抗辩,认为捕猎海豹和出售海豹产品的行为与欧盟保护动物福利的公共道德相违背。由于本案当事方之间关于公共道德的认知存在较大差异,专家组便就动物福利与公共道德之间的关联性进行了详尽的分析。首先,专家组关注的是某种公众关切(public concern)在社会中是否真实存在;其次,再根据成员方境内的价值体系判断这种公众关切是否隶属于公共道德范畴。①同时还结合了申诉方加拿大在内的其他成员的做法,以及《欧洲联盟运行条约》《里斯本条约》等欧盟条约进行具体阐释,并考虑了在欧盟境内的民意调查结果,最终支持欧盟将保护动物福利作为公共道德的主张。通过上文的有关分析可以发现,我们很难质疑保护动物福利是一个重要的且具有正当性的公共道德目标。对于专家组在本案中所认为的,动物福利是一个被普遍关注的公共道德目标,各方都没有争议。欧盟多年以来都一直致力于将动物福利纳入国际贸易法之中,譬如,通过推进 WTO 的农业谈判将动物福利问题纳入其中,在 FTA 谈判中也纳入动物福利议题。②"欧盟海豹产品案"是将动物福利纳入公共道德范畴的第一案,对于 WTO 而言,突破了其原先只关注人类社会中的人类道德问题的局限,不得不说本案对公共道德内涵的扩展具有里程碑的意义。

随着数字经济时代的到来,"公共道德"的内涵进一步扩展适用于数字贸易领域也被提上了日程。数字化环境从根本上改变了国际贸易的市场模式、内容创造等,原先需要依靠有形实物、模拟信号等传统媒介传输的产品或服务逐渐演变为无形的数据流形式,数字贸易应运而生。在 2017 年底召开的第十一届 WTO 部长级会议上,71 个成员方联合发布了《关于电子商务的联合声明》,宣布启动电子商务谈判议题的谈判。由此彰显了 WTO 成员方在构建数字贸易治理体系上的重要利益和核心关切,可见 WTO 在应对全球数字贸易发展问题上仍具有重大潜能。一国仍然可以基于公共道德考虑对数字贸易采取相应的规制措施,并从 WTO "公共道德例外"条款中寻求免责理由。互联网审查措施通常便是为了

---

① See 书稿案号表 5, para. 7. 383.

② 参见郭桂环:《WTO 体制下的动物福利与贸易自由》,中国政法大学出版社 2014 年版,第80 页。

维护一国的公共道德目标而提出的，如果一国的互联网规制措施被认定为违反 WTO 规则，那么在援引 WTO "公共道德例外"条款进行辩护时，被诉方就需要证明其所主张的"公共道德"是能够得到"社会共同体或国家所维持或代表的是非行为标准"的支持。而保护个人隐私对某些国家而言具有重要的文化和社会内涵，某些成员方据此可以诉称，通过数据本地化措施来保护个人隐私对于保护一国公共道德至关重要。①公共道德在某种程度上，也可以被解释为涵盖了个人隐私，但有关适用的具体问题还有待进一步明确。而 WTO "公共道德例外"条款在数字贸易领域内的适用将是社会发展的必然趋势。

回望过去的 WTO 争端解决实践，我们也不难发现 WTO "公共道德例外"条款在数字领域内的适用踪迹。"美国博彩案"作为 WTO 涉及"公共道德例外"的第一个争端案件，涉及网络赌博规制，与数字产业息息相关。专家组指出，防止未成年人赌博和病态赌徒与公共道德有关，而打击有组织犯罪则完全是公共秩序问题②。可见，现实世界中的合法政策目标同样可以拓展到网络空间，无论是线上赌博还是线下赌博，都有可能涉及对一国公共道德的危害。而互联网甚至还可以成为挑战政治权力的工具，对一些非法组织政治行动发挥重要作用。对此，为保护一国公共道德，可以采取相应的措施来规制出于政治动机的非法行为，例如阻止访问涉及敏感政治问题的网络信息等。

"巴西关税措施案"则直接关联数字产品的公共道德问题。巴西提出主张，认为普及数字电视产品是弥补其境内不同地区和不同阶层之间在利用现代信息和通讯技术上存在的"数字鸿沟"的方式，通过免除国内企业生产数字电视传输产品相关税收，保证国内市场持续供应符合巴西国内标准的数字电视传输设备，弥补数字鸿沟，提高社会流动、民主、经济增长和社会融入。对此，巴西将弥补数字鸿沟、促进社会融入的目标归于公共道德范畴③。专家组支持了巴西的主张，认为数字鸿沟问题在巴西境内确实存在，且影响了公民的生活水平，根据 WTO 序言要求，WTO 成员方应以提高公民生活水平为目的来处理贸易和经济领域内的问

---

① 参见张文显："迈向科学化现代化的中国法学"，载《法制与社会发展》2018 年第 6 期。
② See 书稿案号表 1，paras. 6. 455—6. 474.
③ See 书稿案号表 9，paras. 7. 552—7. 568.

题, 而这也是国际公认的发展中国家存在的问题之一, 且 WTO 成员方在定义公共道德时具有一定的自由裁量权, 最终认为这一目标属于公共道德范畴①。

对数字贸易规制而言, "公共道德例外" 条款是一项重要的主张依据。当 WTO 成员方认为某种措施实际上旨在限制贸易而不是实现其所声称的公共道德目标时, 可以在 WTO 争端解决机制下对该措施提出质疑。此时, 实施数字贸易规制措施的国家就需要援引例外条款来寻求正当化理由。从这个意义上来说, 探讨数字贸易规制的公共道德免责例外, 很大程度上是为应对数字经济时代下的国际贸易争端未雨绸缪。WTO 的 "公共道德例外" 条款在经过必要修改之后, 也被纳入了不同的 FTA 之中, 为 FTA 中的数字贸易规则谈判提供了借鉴。《全面与进步跨太平洋伙伴关系协定》 (CPTPP)、《区域全面经济伙伴关系协定》 (RCEP)、《数字经济伙伴关系协定》 (DEPA) 等晚近经贸协定开始明确禁止缔约方限制跨境数据流动或采取数据本地化措施, 通过设置合法公共政策目标例外的方式, 允许缔约方为了追求合法公共政策目标而在满足相应条件的情况下采取上述措施。②其中, CPTPP 和 DEPA 的合法公共政策目标例外由三大要件构成, 即目标正当性要求、不得超过要求的限度测试, 以及不以无端或不合理歧视或变相贸易限制的方式实施要求。RCEP 也包含了类似的三大要件, 但存在略微差异。一是 RCEP 采用了 "必要的" 表述, 同 GATS/GATT 一样引入了必要性测试; 二是增加了 "其认为" 表述, 允许缔约方自行决定跨境数据流动限制性措施对于实现其合法公共政策目标的必要性, 意味着赋予了缔约方更大的自由裁量权。而三项国际经贸协定都没有在例外条款中用列明子项的方式来表明具体政策目标, 反而予以缔约方采取国内数字贸易规制措施较大的尊重和包容。在这样的文本之下, 一国采取数字贸易限制性措施所追求的公共道德目标在很大程度会被认为正当目标, 一定程度上增加了缔约方成功援引例外条款证明涉诉措施合法化的可能性。可以肯定的是, 无论是 CPTPP 还是 RCEP 抑或是 DEPA 都旨在回应数字经济时代对数字自由流动、公共道

---

① See 书稿案号表 9, paras. 7. 552–7. 568.
② 项目组正在做这方面研究。参见宋云博: "DEPA 个人信息跨境流动的规则检视与中国法调适", 载《法律科学 (西北政法大学学报)》 2024 年第 1 期。

德保护等利益诉求的重要关切，以协调良好的数据保护与数据跨境流动规制目标之间的紧张关系，合法公共政策目标例外同样对公共道德保护具有重要意义。当然，WTO 例外条款制度功能的独特性，决定了其对跨境数据流动贸易规制存在着不可忽视的重要作用。

从实践发展来看，"公共道德"本身没有一个权威的法律定义，在不同国家和历史文化背景下反映出不同的价值取向。正如专家组在"美国博彩案"中所言，公共道德的内涵将会随着时间和空间的变化而不断变化，DSB 在审理有关"公共道德例外"的案件中也确实始终遵循着这样的解释原则，"公共道德"内涵在不断扩展之中①。但这也不免引起担忧，WTO 上诉机构对"公共道德例外"条款所持有的宽松解释进路可能会导致该条款在 WTO 体系内的泛化解读，成为人权、动物福利以及数字领域内的更多非贸易价值涌入多边贸易体制的后门。一方面，WTO 上诉机构目前采用的解释方法给予了各成员方足够的尊重和包容，公共道德内涵的扩展一定程度有效保障了各方在不同社会、文化、伦理和宗教价值观背景下所产生的不同公共道德利益。另一方面，当前公共道德这一概念的外延范围还过于模糊，且更多交由各 WTO 成员方单独定义，而过于宽泛的公共道德内涵解读确实会影响多边贸易体制的稳定性，值得审慎对待。

二、"公共道德例外"条款的域外适用效力将进一步增强

根据 WTO 争端解决实践来看，"公共道德例外"条款通常是在考虑一国价值体系下形成的，可以说是各成员方的国内事项。但如果某 WTO 成员方认为发生于另一成员方境内的某种行为对本国公共道德造成负面影响，比如过度破坏环境、实行过低的劳工标准、损害动物福利等，那么该成员方是否可以援引"公共道德例外条款"作为自己的贸易限制措施的免责理由，即 WTO "公共道德例外"条款是否适用于针对 WTO 成员方的域外行为，是否具有域外效力？近年来该问题越来越引起广泛的探讨。

目前学界对"公共道德例外"的域外适用问题持有不同意见，既有支持也有反对。譬如，Franecisco Francioni 肯定了公共道德例外的域外适用效力，并认为应当是彻底的域外适用效力，即使货物生产或服务提供与公共道德之间不存在直接的关系，但如果货物出口国或服务提供国的

---

① See 书稿案号表 1, para. 6. 461.

国家行为在进口国或服务接受国看来是不符合公共道德的，此时公共道德例外的适用效力就对所有原产地是被认为不道德的国家的产品或服务产生效力。①反对者则针对直接赋予公共道德例外以域外效力存在的不利影响予以分析。如 Diego J. Linan Nogueras、Claire R. Kelly、Dexter Samida 等学者就认为允许成员方在适用 GATT 第 20 条（a）款的 "公共道德例外" 条款时具有域外适用效力是不可能在现实生活中实现的，公共道德概念的主观性使得其在不同国家价值体系下具有不同的内涵，如果使其具有域外效力那么将会使得整个 GATT 保证的具有互利商业性质的优势处于危险境地。②

从立法层面来看，WTO 并没有排除公共道德例外的域外适用效力。结合 GATS 协定来看，GATS 第 14 条第（a）款在条款设置上相较于 GATS 第 14 条第（b）款而言少了特指词 "its"。GATS 第 14 条第（b）款规定："本协定的任何规定不得解释为（a）要求任何成员提供其认为如披露则会违背其根本安全利益的任何信息（to require any Member to furnish any information, the disclosure of which it considers contrary to its essential security interests）……" GATS 第 14 条第（a）款则规定："为保护公共道德或维护公共秩序所必需的措施（necessary to protect public morals or to maintain public order）。" 很明显，GATS 第 14 条第（a）款相较于第（b）款而言，缺少了两个重要的词——"it considers" 和 "its"。WTO 的每一个用语都是协商谈判的结果，这两个词的缺少不可能只是疏忽所致，而应当是有其用意所在。至少从文本上 GATS 第 14 条第（a）款并没有排除其域外适用效力，因此也不能简单地将概念的外延缩小解释为被申诉国家。

在与 "公共道德例外" 条款有关的 WTO 司法实践中，"欧盟海豹产

---

① See Franecisco Francioni, "Environment, Human Rights, and the Limits of Free Trade", in Franecisco Francioni ed. *Environment, Human Rights, and International Trade*, 2001, pp. 1, 19-20.

② See Diego J., Linan Nogueras, Luis M. Hinojosa Martinez, "Human Rights Conditionality in the External Trade of the European Union: Legal and Legitimacy Problems", *Columbia Journal of European Law*, Vol. 7, No. 3, 2001, pp. 307, 328; See also Claire R. Kelly, "Enmeshment as a Theory of Compliance", *New York University Journal of International Law and Politics*, Vol. 37, 2005, p. 303, p. 328; See also Dexter Samida, "Protecting the Innocent or Protecting Special Interests-Child Labor, Globalization, and the WTO", *Denvor Journal of International Law and Policy*, Vol. 33, No. 3, 2005, pp. 411, 426.

品案"首次涉及了域外适用问题，即欧盟保护海豹福利的法规对欧盟境外海豹猎杀行为的限制是否具有正当性。WTO 上诉机构认识到，虽然所引发的公共道德担忧发生在欧盟境内，但有关海豹禁令的针对对象确实发生在欧盟境外，因此在审理中主动提及了公共道德例外是否涉及管辖权限制的问题，同时注意到了体系解释的重要性，如果存在有关域外管辖的限制，那么其性质和范围又是什么。①但由于申诉方并未没有对该问题提出上诉请求，所以 DSB 也未对此进行深入分析。②而此后学界对有关该问题的论述仍存在争议，但从本案 DSB 对欧盟援引"公共道德例外"条款的支持来看，可以推断该条款的域外适用问题并不是一个不可逾越的鸿沟。2019 年 12 月 09 日，印度尼西亚就欧盟对有关棕榈油和油棕作物基生物燃料的某些措施向 WTO 争端解决机构申请进行磋商。欧盟认为棕榈油的生产需要大量原材料，将会导致森林被过度砍伐，到 2030 年，应逐步停止使用有关棕榈油和油棕作物基生物燃料作运输燃料。印尼认为目前已经采取了可持续且对生态环境友好的种植方式来种植棕榈，欧盟的政策不仅会损减印尼向欧洲的棕榈油出口，而且会破坏棕榈油产品的国际形象。对此，欧盟在其提交的两份书面文件中都援引 GATT 第 20 条（a）款"公共道德例外"进行抗辩，认为其所颁布的有关棕榈油和油棕作物基生物燃料禁令是为了保护印尼境内的公共道德。但哥伦比亚和马来西亚却认为，成员方不能援引该条款来保护成员方领土以外的公共道德。美国对此持反对立场，其认为 GATT 第 20 条中并没有任何内容可以支持实施哥伦比亚和马来西亚所提出的观点。③贸易措施有域外效力就会引发 WTO 成员方是否对域外的物或行为有管辖权的问题，对于公共道德的关切则确实也是在成员方境内发生，但不可能因此将任何外向型措施都说成是旨在保护国内公共道德的内向型措施，国际法的管辖权规则是不可能如此被轻易规避的。

此外，与货物贸易相比，服务贸易更具有无形性和同步性，尤其在数字经济时代下，数字贸易成为国际经济的主流趋势，使得这种贸易特

---

① See 书稿案号表 6.

② 马冉：《贸易自由化背景下我国文化产业政策法规的发展与改革》，法律出版社 2021 年版，第 48 页。

③ See Request of the Establishment of a Panel by Iudonesia, *European Union—Certain Measures Concerning Palm Oil and Oil Palm Crop—Based Biofuels*, WT/DS59319, 24 March, 2020, p. 5.

征更加显著。尤其在提供数字服务的情境下，服务提供者所在国与服务接受者所在国应当是休戚与共的。成员方可能基于一国的公共道德保护目标，而对相关数字贸易采取限制措施，必然会影响到相关国家的国内产业。涉及线上经营的"美国博彩案"在早年间就已经显示了这一特点。安提瓜通过跨境服务贸易方式向美国提供远程博彩服务，美国基于保护境内公共道德的目标而对远程博彩服务实施贸易限制，必然会影响到安提瓜境内的博彩服务产业

过去有许多涉及域外适用问题的贸易限制措施受到挑战，而鉴于"公共道德例外"条款的域外适用容易造成对他国国家主权干涉的负面效果，对此未来还需要对"公共道德例外"条款的域外适用作出相应的适度限制，排除具有域外适用效力的贸易限制措施的不当性，以此来回应当前充满争议的 WTO "公共道德例外"条款的域外适用问题。

三、DSB 在平衡自由贸易与公共道德关系中起主导作用

WTO "公共道德例外"条款意在实现成员间自由贸易与保护公共道德之间的平衡，但含混不清的公共道德内涵和外延使该条款存在被滥用的风险。"美国博彩案"和"中美出版物市场准入案"都没有为公共道德的界定作出实质性的贡献，而后发生的多个与"公共道德例外"有关 WTO 争端解决案例也更多的是延续"美国博彩案"的解释路径和适用方法，并未作出太大的改变。在"美国博彩案"中，专家组一方面认为应该给予各成员一定的决定公共道德范围的权利，另一方面又参看了国际社会对公共道德事项的普遍实践，且专家组和上诉机构都肯定了公共道德内涵的扩展化趋势，这些都为"公共道德例外"条款的滥用埋下了伏笔。[①]如前所述，"公共道德例外"条款已逐渐成为了新一轮贸易保护主义的借口，美国在实践中也屡屡基于保护公共道德的理由实施了贸易限制措施，如何才能真正实现"公共道德例外"条款的意旨——实现自由贸易与公共道德之间的合理平衡，这是横在 DSB 面前的一道障碍，为了跨越这道障碍，DSB 可以从以下两方面发挥重要作用。

（一）谨慎引导公共道德内涵的扩展趋势

由于公共道德问题传统上属于一国国内决定的事由，且要满足"公

---

① See 书稿案号表 1，paras. 6. 455–6. 474.

共道德例外"条款的必要性要件和序言要求并非易事①，所以无论是学者还是 DSB 都不太注重对公共道德内涵的界定。"美国博彩案"中专家组表明"应该给予各国一定的决定公共道德范围的权利"②，国内绝大多数学者都据此认为公共道德的范畴应该由各国自由决定。但该问题在国外学者们中却存在不同的意见，事实上，"美国博彩案"专家组在决定赌博是否属于公共道德范畴时参看了国际社会其他国家、地区和机构的实践，并在国际普遍实践的基础上确认赌博属于公共道德范畴。③上诉机构基本同意专家组的结论，仅强调在决定美国涉诉措施与公共道德的联系时依据的是美国的各项文件④。需要注意的是，国外有不少学者认为，审查涉诉措施和公共道德的联系，与考察赌博是否属于公共道德范畴，这是两个问题。总之，"美国博彩案"的专家组和上诉机构并未裁定公共道德只能由各国决定。⑤⑥在"中美出版物市场准入案"中，由于美国对于中国所主张的公共道德事由并无异议，专家组和上诉机构对公共道德应该由谁界定的问题并无详细讨论，直接认定中国所保护的利益属于公共道德范畴。⑦⑧所以，从两个适用"公共道德例外"条款的 WTO 案件中都得不出公共道德只能由各国自由决定的结论。虽然，对公共道德内涵或范围的判断传统上属于各国国内管辖的事项，但我们也应注意，绝对的权利将必然导致滥用。正如国际私法上的公共秩序保留概念，公共秩序原则上也由各国自己决定，但仍然存在着国内公共秩序和国际公共秩序的区别，比如说一国的婚龄属于国内公共秩序范畴，该国国民都不可违反，但不能主张因为国外的婚龄与本国的婚龄规定不同就排除外国婚姻法的适用，⑨因为婚龄问题不属于国际公共秩序的范畴。换言之，

---

① 目前与一般例外条款相关的 WTO 案件中，只有"欧共体石棉案"成功地通过了 GATT 第 20 条（b）的必要性和序言测试。
② See 书稿案号表 1，para. 6.461.
③ See 书稿案号表 1，paras. 6.455—6.474.
④ See 书稿案号表 2，pp.89—122.
⑤ See 书稿案号表 1，paras. 6.455—4.474.
⑥ See 书稿案号表 2，pp.89—122.
⑦ See 书稿案号表 3，paras. 205—337.
⑧ See 书稿案号表 4，paras. 7.708—7.914.
⑨ 项目组已做相关研究。参见龚志军："我国涉外非婚同居财产关系准据法选择论要"，载《湖南师范大学社会科学学报》2014 年第 4 期；龚志军："涉外非婚同居关系准据法选择的伦理思考"，载《求索》2013 年第 2 期。

即便是原则上属于一国主权决定的事由也要受到一定的国际习惯规则的限制。美国等发达国家极力主张公共道德的内涵应包括人权、劳动权益、动物福利等，并已在实践中广泛适用。虽然这些贸易限制措施目前还没有被大量投诉到 DSB，但不能保证将来不会。DSB 迟早要面临解决这样的争议，为了防止"公共道德例外"条款的滥用，DSB 应该掌握最终的决定权。

就目前的国际环境而言，将人权、（监狱以外）劳工权利、动物福利和数据安全保护扩充到"公共道德例外"条款中会受到诸多因素的影响，譬如，政党利益、地方保护主义和地缘政治利益等。在这种情况下，虽然有利于保护一国广泛的公共道德，但在政治因素影响下还需要谨慎判断"公共道德"的内涵，这与保护一国的公共道德以及允许合法合理的公共道德的存在并不矛盾。因此，应谨慎地扩充"公共道德"的范围，尤其当这些保护"公共道德"的禁令对国内外的民众都会造成影响时。任何主张扩展"公共道德"内涵的建议都应该适度，并且包含强有力的限制条件。唯有这样，我们才能一方面享受到扩充"公共道德例外"条款适用范围所带来的利益；另一方面又继续保持一个牢固的自由贸易体系。①

（二）适度运用"公共道德例外"条款的适用条件

"公共道德例外"条款的适用条件，即满足"必要性要件"和"序言要求"，是保障"公共道德例外"条款不被滥用的安全阀。但 DSB 对该适用条件的运用应适度，在 GATT 时期，专家组就曾因过于严格的解释适用条件而导致 WTO 成员的强烈反对，然而过于宽松的解释显然不利于防范贸易保护主义的入侵。就"公共道德例外"条款而言，要阻断该条款被滥用的风险，两个适用条件中最有价值的考察要素应是合理可获得的替代措施及非歧视原则。

GATT 和 GATS 中明确要求，采取的措施是"保护公共道德所必需的"。借鉴 WTO 先前在其他一般例外条款中对"必要性"的法律解释，"美国博彩案"中专家组采用了一种分两步的必要性测试方法②。第一步

---

① See Mark Wu, "Free Trade and the Protection of Public Morals: An Analysis of the Newly Emerging Public Morals Clause Doctrine", *The Yale Journal of International Law*, 2008, pp. 247-248.

② See 书稿案号表 1，paras. 6. 475–6. 537.

涉及对一些因素的"平衡"，包括所保护利益的重要性、为实现既定目标的措施的贡献度以及这些措施对贸易产生的限制性影响。

基于公共道德原因而实施的贸易限制措施能较为容易的通过此三个要素的检测：

首先，公共道德利益显然具备高度重要性，因而凡是能归入公共道德范畴的事项很容易满足第一个考察要素；

其次，只要注意立法的技巧性，要证明涉诉措施对保护公共道德会产生实质性"贡献"也并不困难；

最后，涉诉措施必然会对贸易产生限制性影响，要判断这种限制性影响的程度如何就必须借助于第二步的考察标准，即是否存在一项对贸易限制更小的，且合理可获得的替代措施。所以一旦考察到这一点，认定了涉诉措施确实对贸易造成影响后，专家组或上诉机构就会立刻进入第二步（对替代措施）的审查。该审查建立在如下几点的基础上：某一可替代性措施能在多大程度上实现特定目标、贯彻这一可替代性措施的难度，以及当事人双方承受额外费用的一致性。[①]如果没有合理可获得的对贸易限制较少的措施，某一措施就会被判定为是"必要的"。换言之，措施实施方所选择的措施必须是对贸易限制最少的合理措施。

分析是否存在较少限制的贸易措施是协调好措施与既定目标之间关系的本质要求。因为投诉方有义务提出一种可替代性的措施来与被质疑的规定相比较，该方法利用投诉方将来在自由贸易中的自身利益作为动力来识别和剔除无效的贸易限制措施。"方法—目标"分析法使得成员方很难或不可能掩饰其真实目的，从而可以筛选掉那些并非完全用于实现所宣称目标的措施，同时，该方法还具有透明性和可预见性的优点。它包含对被审查的措施和推荐的特定替代措施之间进行的具体而详细的比较，将会避免不确定性和歧义，而这些不确定性和歧义会给专家组试图界定"公共道德"概念或是评估某一既定利益的重要性制造麻烦。此外，专家组在对某些事实问题，诸如被质疑的和可替代的措施在多大程度上会实现既定目标、每项措施的相对成本以及这些费用的分配等的判断上将处于有利地位。而且，因为措施实施国事先可以通过对比各种潜在措施的效果和花费来进行类似的分析，所以这一理论具有高度的可预

---

① 　See 书稿案号表 16，paras. 152–185.

见性。

为防止 "公共道德例外" 条款滥用的另一个补充审查原则是非歧视原则。GATS 第 14 条和 GATT 第 20 条的序言中要求以不构成 "任意或不合理的歧视" 的方式适用。不歧视要求是 "美国博彩案" 中对美国作出不利判决的依据。在该案中，上诉机构发现《美国州际赛马法》潜在的允许国内提供远程赌博服务，而《电信法》《旅游法》《禁止非法赌博交易法》却否认外国实体享有类似的机会。①

非歧视要求主要是比较国外产品和相似的国内产品的待遇。该原则适用于两种措施，即明显的存在任意或不合理的歧视以及那些表面上看似非歧视但是却以任意或不合理的方式适用的情况。上诉机构发现：凡是片面的适用措施、对其他国家强制性地施加影响力、以及僵化且缺乏灵活性地适用这一措施将构成任意或不合理歧视。②因此，非歧视原则就是用以确保任何试图通过某一特定法令强加于国外产品或服务的限制也将适用于国内相关产品或服务。正如 "美国博彩案" 中所显示的，当国内外的相似产品和服务同时存在于措施实施国的国内市场时，非歧视原则是阻止贸易保护主义最有效的方法。

在非歧视分析中一个争论的焦点问题是哪些产品或服务可以作为相似产品来比较。尽管这种判断往往是困难和主观的，但其适用于 "公共道德例外" 条款要比适用于其他条款容易。例如，为了征税或实施其他限制时，要判断两种酒类产品是否 "类似" 可以依据酒精含量的相似度或差异性、生产方法、消费者的使用或者原材料等。③通常，被选择作为比较基础的特点可以决定相似度。基于道德的限制措施往往易于识别特定货物的某一有异议的特点或种类（如酒精和色情出版物），从而排除了要法庭来做的必要。通过界定比较产品的适当基础，"公共道德例外" 条款将比 GATT 和 GATS 的其他例外条款中确定相似度的方法更少产生歧义。

如上所述，DSB 在平衡自由贸易与公共道德关系中仍将起着主导作用，然而，近些年 DSB 也遭遇了巨大的危机。特别是在 2017 年时任美国总统特朗普政府执政以来，WTO 体制遭到了美国发动的全球贸易战的严

---

① See 书稿案号表 2，paras. 369，371.
② See 书稿案号表 2，paras. 266-372.
③ See 书稿案号表 20，para. 6. 23.

重影响,①而作为 WTO 争端解决机制的上诉机制更是受到严重摧残。②
WTO 上诉机构最终于 2019 年 12 月 11 日在美国的百般刁难之下因法官人
数不足而停摆。上诉机构的瘫痪导致 WTO 争端解决机制难以有效运转,
因此欧盟、中国等部分 WTO 成员在 2020 年 3 月 27 日公布了之前达成的
《根据 DSU 第 25 条的多方临时上诉仲裁安排》(简称《多方临时上诉仲
裁安排》,英文简称 MPIA),以此来应对成员方的对专家组一审裁决不
服的再次审议。③该临时安排的效力将会持续到上诉机构恢复运作为止,
但用仲裁代替上诉的机制实属无奈之举,同时也会引发相关适用的法律
问题。目前加入《多方临时上诉仲裁安排》的仅有 19 个成员,包括中
国、欧盟、加拿大在内,但美国并没有参加,相较于 WTO164 个成员总
数而言,该临时安排的影响面、代表性都不够大。而美国则是 WTO 仲裁
制度的最主要使用者,参与的仲裁案件数量远超中国等 MPIA 缔约方,
因此 MPIA 的未来走向还具有极大不确定性。④因此,未来中国还将与其
他成员一起,共同致力于为上诉机构的恢复运转寻求永久且有效的解决
方案,恢复上诉机构职能,让多边贸易体制继续展现其生命力,同时也
为中国今后更有效地运用 WTO "公共道德"例外条款提供良好的规则基
础和体制环境。

四、"公共道德例外"条款被援用可能性增大

WTO 成员一旦作出了未附加条件的承诺,便不得采取任何限制性措

---

① 特朗普政府悍然对进口产品,特别是来自中国的产品加征关税,违反了 WTO "最惠国待
遇"等原则。关于特朗普发动的贸易战,参见 Chad P. Bown, Melina Kolb, "Trump's Trade
War Timeline: An Up-to-Date Guide", 载 https://www. piie. com/blogs/trade-investment-policy-
watch/trump-trade-war-china-date-guide, https://www. piie. com/sites/default/files/documents/
trump-trade-war-timeline. pdf, 最后访问日期: 2020 年 9 月 7 日。
② 由于特朗普政府阻挠上诉机构成员遴选,2019 年底上诉机构停止接受新案件。特朗普政府
对上诉机构的批评主要包括"越权裁判""遵循先例""事实法律""咨询意见""超期服
役"和"超期审案"等,汇编在 United States Trade Representative, "Report on the Appellate
Body of the World Trade Organization", February 2020, https://ustr. gov/sites/default/files/Report_
on_ the_ Appellate_ Body_ of_ the_ World_ Trade_ Organization. pdf, 最后访问日期: 2020 年
8 月 6 日。
③ 参见胡加祥: "从 WTO 争端解决程序看《多方临时上诉仲裁安排》的可执行性", 载《国
际经贸探索》2021 年第 2 期。
④ 参见 MPIA 第 13 段规定,参加成员将在本文件提交之日起一年后审查 MPIA。审查可以涉及
MPIA 的任何特征。

施。因此，相关成员的国内法律应依透明、公平和客观等原则予以实施，因按这些标准执法是各成员方谈判具体承诺时可预期者；实施不符合WTO 协定措施的唯一理由是例外条款。然而，随着贸易自由化程度的不断提高、范围不断扩大，援引例外条款势将成为规避世界贸易组织协定义务的主要方法。①在这些例外条款中，虽然 GATT"公共道德例外"条款自 1947 年制定以来，直至 2003 年才出现在 DSB 的视野中，但有大量的证据显示："公共道德例外"条款将会在 WTO 体系内外的国际贸易关系中充当越来越重要的角色，将会被更多地援用。原因主要有以下几点：

其一，WTO 成员类型众多，性质各异，随着成员间贸易流量的加大，贸易与公共道德之间的冲突也将加剧。WTO 是一个以条约为基础的贸易组织，根据 WTO 总干事 2019 年 12 月 12 日在贸易政策审议机构会议上讨论的贸易相关发展年度综述所言，现 WTO 内部已有 164 个成员，成员间的贸易量已占世界贸易的 98%以上，涵盖了货物贸易（GATT）、服务贸易（GATS）以及知识产权保护（TRIPS）等诸多领域。在货物贸易、服务贸易、知识产权及政府采购（GPA）协定中都包含有"公共道德例外"条款。WTO"公共道德例外"条款赋予了成员为保护公共道德需要而背离 WTO 自由贸易义务的权利。从"公共道德例外"条款的结构来看，该条款是当申诉方提供表面证据显示应诉方违背了贸易义务后，由应诉成员援引来进行辩护的理由。因而，"公共道德例外"条款通常被描述成一项显著的平衡措施以平衡成员在公共道德领域进行管理的权利和维护贸易自由化的义务之间的关系。每个国家都有其要保护的公共道德利益。随着 WTO 成员数量的扩大及成员间国际贸易交往的日益增加，基于保护公共道德原因而实施贸易管制的可能性增多，从而增加了援用"公共道德例外"条款的几率。与 1947 年 GATT 最初的 23 个成员不同的是现在的 WTO 由 164 个成员组成，其中，超过一半的国家是发展中国家并且代表了多种不同的宗教、文化、种族和社会背景。成员的增加将会使更多国家相互接触，同时，具有不同经济基础和不同的文化宗教观点的贸易伙伴之间可能会比同性质的团体更加容易产生频繁的贸易与公共道德冲突。这种冲突无疑会影响国际贸易的发展。贸易和 GDP 不

① 参见王贵国："服务贸易游戏规则是与非"，载《法学家》2005 年第 4 期。

断增长的比率表明限制国际贸易将会产生更大的消极经济影响①，从而可能导致成员方更加愿意负担向 DSB 起诉所花费的费用。这一预测可以通过考察参与 DSB 争端解决活动的成员身份和数量来证实。譬如，WTO 成立以来的头 10 年里比 GATT 下的 50 年中有更多的国家参与 WTO 争端的解决。在 GATT 时期，73% 的申诉案件由美国、欧共体、加拿大和澳大利亚提出，其中 92% 的申诉案件由美国或欧共体提出。②与此同时，美国、欧共体、加拿大和日本也承担了 83% 的应诉案件。然而，自 1995 年 WTO 成立以来的头 10 年里，发展中国家参与的案件占据了整个争端的 2/5，在 2001 年，发展中国家提出的申诉占据了申诉案件总数的 75%。③截至 2017 年，在全球范围内通过 WTO 上诉机构进行调解或者是审判终结的贸易争端纠纷案件，在全球跨国贸易总案件数量当中占比超过七成。④

其二，WTO 调整环境、人类健康及其他方面制度的逐渐完善促使 "公共道德例外" 条款更受关注。由于 20 世纪 80 年代以来，GATT 第 20 条第（b）（d）（g）三款在 GATT/WTO 争端解决机制下得到大量援用，专家组和上诉机构对该三款的解释已经日渐详备，与这些条款相关的 "实施细则" ——TBT 协议和 SPS 协议也已经产生。换言之，由于专家组和上诉机构的法律解释及 TBT 协议和 SPS 协议的缔结，WTO 争端中有关健康和环境例外条款中的歧义大都已经解决，所以在事前，成员方能更容易约束他们的行为，受害方也能更准确地评估他们起诉的实力。相较之下，"公共道德例外" 条款仍存在很大的模糊性，成员的权利、义务相应的也不甚清楚。而在一定程度上，环境或健康方面的涉诉措施也可以被纳入公共道德例外的范畴。譬如，欧共体禁止进口使用残忍方法捕获的动物皮毛，因为该措施侵害了动物的生命、健康权，所以可以划

---

① See Jeremy C. Marwell, "Trade and Morality: The WTO Public Morals Exception after Gambling", *New York University Law Review*, 2006, p. 803.

② See Michael J. Trebilcock, Robert Howse, *The Regulation of International Trade*, Routledge, 1999, p. 56.

③ See "Developing Countries in WTO Dispute Settlement", in WTO, Dispute Settlement System Training Module, available at http://www. wto. org/english/tratop e/dispu e/disp settlement cbt e/c11s1p1 e. htm#txt1, Last Visited on Aug. 6, 2020.

④ 参见吴金蓉："WTO 上诉机构的生存危机、仲裁机制弥补的局限分析与对策——基于解决贸易争端的角度"，载《对外经贸实务》2021 年第 4 期。

入 GATT 第 20 条（b）款（动植物生命、健康权）的范畴；如果被捕杀的动物属于珍稀动物，也可以纳入 GATT 第 20 条（g）款（可耗竭的自然资源）的范围；同时，因为采用的是残忍、不人道的捕猎方法，则还可以归入 GATT 第 20 条（a）款（公共道德）的范畴。"欧盟海豹产品案"就尝试将与环境有关的动物福利问题置于 WTO "公共道德例外" 条款中进行审查，但最终由于涉诉措施未能符合 GATT 第 20 条的序言要求而未能成功援引该条款。但是未来 TBT 协议和 SPS 协议下的严格审查很可能会促使各国尝试在 "公共道德例外" 条款之内来为其贸易限制措施进行辩护。

其三，科学技术的发展已经模糊了环境、健康和公共道德之间的界限。例如，从 1998 年起，欧盟开始禁止进口含有生长激素的牛肉，尽管上诉机构裁定其措施违反了 SPS 协议，但由于消费者强烈反对使用这种激素，所以欧盟一直维持这项禁令，并因此遭受了美国的贸易报复。欧盟的这种抵制至少有一部分是缘于试图维持欧洲传统农业和粮食生产方式，反对大规模传播商业化农业技术的愿望，[1]而这一利益可以令人信服的转换为公共道德问题。另外，2003 年美国与欧盟的转基因食品贸易纠纷案也同时与健康、环境风险以及宗教和伦理问题相关。

其四，由于当前的区域和双边贸易条约中皆大量采用了 "公共道德例外" 条款，该条款在 WTO 体系外也可能产生影响。在 GATT 产生之前，将 "公共道德例外" 条款加入国际贸易协定已是一种相当普遍的做法，而今，这更是成为了一种标志性的做法。目前，有近百条贸易协议包含了该条款。[2]据记载，最早实行该做法的区域性条约是 1960 年《建立欧洲自由贸易联盟公约》，即《斯德哥尔摩公约》（the Stockholm Convention），该公约是欧洲自由贸易联盟据以创建的法律基础。其中，该公约第 12 条规定了与 GATT 完全相同的 "公共道德例外" 条款。其它类似的含有 "公共道德例外" 条款的区域贸易协议还包括有 1992 年《北美自由贸易总协定》（North American Free Trade Agreement）第 2101 条（1）项，1992 年《东盟共同有效关税优惠协定》（Agreement on the Common

---

① See Mark A. Pollack, Gregory C. Shaffer, "Biotechnology: The Next Transatlantic Trade War?", *Washington Quarterly*, Vol. 23, No. 4, 2000, pp. 41, 43.

② 参见 WTO 官方网站：http://www.wto.org/english/tratop_ e/region_ e/regi on_ e. h，最后访问日期：2021 年 6 月 1 日。

Effective Preferential Tariff Scheme for the ASEAN Free Trade Area) 第 9 条、1996 年《南部非洲发展共同体贸易协定》(Protocol on Trade in the Southern African Development Community) 第 9 条、1997 年《建立加勒比共同体单一市场和经济的查瓜拉马斯修订书》(Revised Treaty of Chaguaramas Establishing the Caribbean Community Including the CARICOM Single Market and Economy) 第 226 条、2013 年《欧盟与波斯尼亚和黑塞哥维那自由贸易协定》(Free Trade Agreement Between the Efta States and Bosnia and Herzegovina) 第 24 条、2020 年《太平洋更紧密经济关系协定》(Pacific Agreement on Closer Economic Relations Plus) 第 11 章第 1 条、2022 年《建立东部和南部非洲共同市场条约》(Treaty Establishing the Common Market For Eastern and Southern Africa) 第 50 条等。

"公共道德例外" 条款也已经成为双边 FTA 的一项准则。美国、欧盟经常将该条款纳入其双边自由贸易协定中,譬如,2000 年《美国和约旦自由贸易协定》(the U. S. -Jordan FTA) 第 12. 1 条,2003 年《美国和智利自由贸易协定》(the U. S. -Chile FTA) 第 23. 1 条,2017 年《加拿大与欧盟全面经济贸易协定》(the Comprehensive Economic and Trade Agreement (CETA) between Canada and EU) 第 28 条第 3 款等。不仅限于西方国家间的双边贸易协定,在许多其他地区国家的双边协议中也能找到 "公共道德例外" 条款,包括 1999 年《智利和墨西哥的自由贸易协定》(the Chile-Mexico FTA) 第 19-02 条,2000 年《印度和斯里兰卡的自由贸易协定》(the India-Sri Lanka FTA) 第 4 条,2002 年《中国和东盟组织协议》(the China-ASEAN Framework Agreement) 第 10 条,2002 年《日本和新加坡的区域贸易协定》(the Japan-Singapore Regional Trade Agreement) 第 19 条,2009 年《日本和瑞士的自由贸易和经济伙伴关系协定》第 55 条,2015 年《加拿大和韩国的自由贸易协定》第 22 条第 1 款,2016 年《日本和蒙古国的经济合作协定》(Japan-Mongolia Economic Partnership Agreement) 第 1 条第 10 款,2020 年《印度尼西亚和澳大利亚的自由贸易协定》(Indonesia -Australia Free Trade Agreement) 第 17 条第 2 款等。这些条约的谈判国大都选择起草相同的内容或者直接将 GATT "公共道德例外" 条款纳入条约。可见,大多数双边或区域协议都明确地采用了 GATT 和其它 WTO 协议中 "公共道德例外" 条款的结构和语言,WTO 中公共道德有效适用制度的出现可能会影响地区和双边协议下的贸易与争端解决实践。

此外，随着数字经济时代的来临，以互联网为载体的数字贸易极大推动了全球经济的增长，许多新生代区域贸易协定都采用了"原则+例外"的形式来促进国际贸易自由与合法政策目标（如保护公共道德）之间的平衡。2018 年 CPTPP 第 29.1.3 条直接规定将 GATS 第 14 条（a）款在细节上作必要修改后纳入本协定并成为本协定一部分，2020 年 RCEP 第 17.12 条和 2020 年 DEPA 第 15.1 条也规定了将 GATT 第 20 条以及 GATS 第 14 条在细节上作必要修改后纳入协定。同时，这三个自由贸易协定还在"电子商务"章节中设置了类似于"公共道德例外"条款的"合法公共政策目标例外"条款作为数字贸易限制措施的例外，在促进数字贸易自由发展的同时也保护合法公共政策目标。这些例外规定在很大程度上反映了 WTO 一般例外条款的规定，但将范围扩大到所有"合法的公共政策目标"，自然也就包含了对公共道德价值的保护。相较于 GATT 与 GATS 的例外条款中的合法性政策目标封闭式列举方式，CPT-PP、RCEP 和 DEPA 所作出的开放式列举能够囊括进更多情形，同时也反映了这些区域贸易协定的缔约方对 GATS 例外规定中可能适用的公共政策措施的潜在范围有限的担忧，那么是否也有可能在"公共道德例外"条款上找到更多的可能性呢？此外，DEPA 第 15.1.1 条、RCEP 第 12 条等还规定 GATT 第 20 条和 GATS 第 14 条一般例外的适用，它们将 GATT 和 GATS 一般例外的规定直接纳入到 FTA 中进行适用，这在很大程度上也增加了 WTO 体制下的"公共道德例外"被援用的可能性。①从新一代超大型 FTA 的立法导向可以看出，贸易自由化仍然是主流，而"合法公共政策目标例外"条款将会为今后的数字贸易争端埋下伏笔，维持贸易自由化与合法的公共政策目标之间的平衡面临着数字领域内独特的挑战。鉴于当前各国之间尚存在的"数字鸿沟"问题，目前还难以急于求成地对数字贸易规制设置过于严苛的标准，通过区域贸易协定的例外条款范式渐进式地推动数字贸易规则发展，有助于最终形成以 WTO 为核心的数字贸易规则。

---

① DEPA 第 15.1.1 条规定：就本协定而言，GATT 1994 第 20 条及其解释性说明在细节上作必要修改后纳入本协定并成为本协定一部分。

第二节　基于 WTO "公共道德例外" 条款的中国实践

WTO 争端解决机制长期以来都是多边贸易体制的核心支柱，用以维护全球经济稳定。从 1995 年到 2021 年间，DSB 在 WTO 争端解决案件中针对争议双方诉求，总共对 WTO 一般例外条款进行了 48 次的解释分析，其中有 6 次就与 "公共道德例外" 条款相关。[①]而中国作为 WTO 的重要成员，分别作为应诉方和申诉方参与了其中两个案件，即 "中美出版物市场准入案" [②]和中国诉美国 "301 关税措施" 案 [③]。WTO 一般例外条款的存在为解决成员间的贸易争端提供了重要依据，"公共道德例外" 条款更是多次在 WTO 贸易纠纷解决中被提及。可见，对中国而言，如何充分合理地利用该条款来保护自己的合法权益至关重要，尤其在经济增长的新常态下，中国更需要一个健康的外部环境。为此，下文结合中国参与 DSB 争端解决机制概况，对中国在 WTO 的有关 "公共道德例外" 条款涉诉争端进行实证考察和研究，对于中国以后参与同类争端的处理以及调整 WTO 成员政策都具有借鉴意义。

一、中国参与 DSB 争端解决机制概况

在国际经贸交往中，难免会产生贸易摩擦。在 WTO 体制之外，解决贸易摩擦最常见的方式就是谈判、协商或单方报复。但是，在本来就因贸易摩擦而产生敌对情绪的两国之间，在缺乏第三方协调及相应机制监督的情况下，往往很难达成令双方满意的结果。若是采用报复或报复威胁的方法则更会增加两败俱伤的机率。然而，这些问题在 WTO 的框架下则能得到较为妥善的解决。中国可以借助 WTO 的争端解决机制，与争端对方进行友好协商，协商不成则可启动 DSB 争端解决程序。如此，既可减轻或避免贸易报复对我国经济造成的不良影响，又可在我国遭遇不公平待遇时予以还击，有利于改善我国的贸易待遇，提高我国谈判地位，以

---

① See Daniel Rangel, "WTO General Exceptions: Trade Law's Faulty Ivory Tower", *Public Citizen's Global Trade Watch*, 2022, paras. 12-13.

② See 书稿案号表 3.

③ See 书稿案号表 17.

及为我国对外经贸交往提供一个和平、稳定、安全的环境。①

事实上，中国自 2001 年 12 月 11 日加入 WTO 之后不久，就已经积极运用 DSB 来捍卫本国国际贸易利益。譬如，在加入 WTO 后不到半年的时间里，针对美国钢铁产品保障措施问题，我国就协同欧共体、日本、韩国等其他七个 WTO 成员向 DSB 提出了申诉。该案是中国加入 WTO 后申诉的第一案。经中美双方磋商未果，八个成员方先后提出请求，专家组得以成立，并于 2003 年 5 月 2 日作出最终裁决报告。美国不服，提出上诉，但上诉机构于 2003 年 11 月 10 日裁定美国采取的保障措施违反了 WTO 规则。裁定做出后不到一个月的时间，美国总统即签署总统令宣布：自 12 月 5 日起终止执行保障措施。至此，中国赢得了 WTO 申诉第一案。

尔后，美国也不甘示弱，于 2004 年 3 月 18 日就中国集成电路增值税退税政策提出磋商请求，并向 WTO 提出了申诉。作为我国在 WTO 应诉第一案，商务部会同有关部门与美方展开了积极谈判，并于当年 7 月 14 日在日内瓦正式签署中美 "谅解备忘录"。中方同意修改或撤销涉诉措施，于 2004 年 9 月 1 日前取消对于在中国境内涉及境外生产的集成电路的增值税返还政策；于 2004 年 11 月 1 日之前取消对于在中国境内生产和销售的集成电路的增值税返还政策。美方则同意撤回在 DSB 的申诉。在 2005 年 10 月 5 日，中美分别通知 DSB，双方已达成满意的解决方案，协议条款被成功执行。

自此以后，中国积极汲取此番交锋经验，更多地以第三方身份广泛参与争端解决活动。截至 2019 年 12 月，我国以第三方身份参与了 179 件投诉的争端解决活动，作为起诉方的有 21 件，作为应诉方的有 44 件。② 从维护中国贸易利益的角度，贸易申诉（尤其单独申诉）仍须谨慎，以第三方身份参与 DSB 争端解决活动利大于弊。近年来，我国国际贸易总额名列世界前列，与各国的贸易联系也不断加深，凡涉及中国贸易伙伴贸易制度的争端，我国都有实质性贸易利益，需要积极参与解决这些争端活动。

---

① 参见余敏友："中国参与 WTO 争端解决活动评述"，载《世界贸易组织动态与研究》2009年第 5 期。

② 根据 WTO 官网数据整理，载 https://www.wto.org/english/tratop_e/dispu_e/dispu_by_country_e.htm，最后访问日期：2020 年 3 月 30 日。

　　然而，DSB 解决争端是一项高度专业化的法律诉讼活动。参与方既要熟知 WTO 规则，又要具备高超的诉讼技巧。起初，我国尚未有组建这样一支超高水平的专业诉讼队伍，以第三方的身份参与 DSB 争端解决活动无疑为最佳选择。通过这些活动，既可以保护我国的实质贸易利益不受损害，又可以身临其境的观察争端当事各方解决贸易争端的战略和战术，取人之长、补己之短。当然，更为重要的是，作为争端第三方，可以参与 WTO 规则的制订与发展。WTO 的争端解决专家组和上诉机构在审理案件过程中，会对 WTO 规则进行创造性的解释和发展，从而丰富完善 WTO 法律体系。在作为第三方参与 DSB 争端解决的过程中，我国可以提交书面文件和参加开庭，阐述中国对 WTO 规则的理解，从而对 WTO 规则的制定和发展施加中国的影响。但遗憾的是，这种"平静"的状态并未维持几年，随着五年过渡期的结束和美欧对华贸易政策的调整，中国逐渐进入了应诉的高峰期。

　　欧共体和美国于 2006 年 3 月 30 日、加拿大于 4 月 13 日先后就中国影响汽车零部件进口措施提出了磋商请求，并启动了 WTO 争端解决程序。自 2007 年后，针对中国的申诉案件数量迅速增多。美国于 2007 年 2 月 2 日、墨西哥于 26 日先后就我国政府对企业退税或减免税措施提出了磋商请求，并启动了 WTO 争端解决程序。接着在 4 月 10 日，美国又分别就我国知识产权执法、某些出版物和视听娱乐产品的贸易权与分销服务措施提出磋商请求，并启动了 WTO 争端解决程序。

　　受世界金融危机的影响，我国应诉案件数量于 2008 年、2009 年达至 2007 年后的首次顶峰。2008 年 3 月 3 日，欧共体和美国同时就我国金融信息服务及其提供者的措施提出 WTO 争端解决机制下的磋商请求，并启动了 WTO 争端解决程序。2008 年 6 月 20 日，加拿大也就我国金融信息服务及其提供者的措施提出了 WTO 争端解决机制下的磋商请求。2008 年 12 月 1 日，美国和墨西哥就我国对企业出口实绩相关的补贴措施启动了 WTO 争端解决程序。2009 年 1 月 19 日，危地马拉也就我国对企业出口实绩相关的补贴措施提出了 WTO 争端解决机制下的磋商请求。2009 年 6 月 23 日，美国和欧共体要求就中国限制矾土、焦炭、氟石、碳化硅和锌等稀土原料出口及征收出口关税与中国磋商，并启动了 WTO 争端解决程序。同年 8 月 21 日，墨西哥也就同一措施提出了与中国磋商请求。

　　由于 2010 年后世界经济开始复苏，中国 WTO 应诉案件的数量增长渐趋平缓。2010 年 9 月 10 日，美国就中国电子支付服务措施提请与中国磋商。2011 年 2 月 11 日，美国贸易谈判代表办公室宣布，由于与中国磋商无果，准备正式就"中国对原产于美国的取向电工钢产品征收反倾销和反补贴关税案"及"中国歧视美国电子支付服务供应商案"，并请求成立 WTO 争端解决专家组。直至 2012 年，我国应诉案件突破年案件数最高值，达到 7 件，包括对美国汽车征收反倾销反补贴案（DS440）、对日本的高性能不锈钢无缝管征收反倾销税案（DS454）等。①2013 年至 2014 年进入平缓期，每年只 1 件。2015 年至 2018 年期间，中国被控案件数量达到了 11 件，占 WTO 总受理案件数量的 12.6%，多涉及补贴、投资等领域。②

在这一针对中国的申诉浪潮中，除了积极应诉外，中国也曾主动提出了一些申诉，实现了从谨慎观望到积极应对的转变过程。截至 2019 年 12 月，中国已向 DSB 提起 20 余起诉讼（"双边带"）。包含针对欧盟 5 宗、对希腊 1 宗（协商请求）、对意大利 1 宗（咨询请求）以及针对美国的 16 宗案件等。③2007 年 9 月 14 日，中国就美国商务部对从我国进口的铜版纸同时征收反倾销和反补贴税的初步裁决提出了磋商请求，并启动了 WTO 争端解决程序。这也是我国入世以来第一次单独提出 WTO 争端解决机制下的申诉。2008 年 9 月 19 日，中国就美国对从中国进口的标准钢管、矩形钢管、复合编织袋和非公路用轮胎采取的反补贴和反倾销措施启动了 WTO 争端解决程序。2009 年 4 月 17 日，中国要求就美国影响中国禽肉进口的措施与美国磋商，启动了 WTO 争端解决程序。2009 年 7 月 31 日，中国要求就欧共体对中国紧固件实施的反倾销措施与欧共体磋商，启动了 WTO 争端解决程序。2010 年 2 月 4 日，中国常驻 WTO 代表团致函欧盟 WTO 代表团，就欧盟对华皮鞋采取的反倾销措施提起 WTO 争端解决机制下的磋商请求，正式启动 WTO 争端解决程序。2011 年 3 月 2 日，中国就"美国—对来自中国的某些冰冻暖水虾反倾销措施

---

① See 书稿案号表 31；See 书稿案号表 32.

② 根据 WTO 官网数据整理，载 https://www.WTO.org/english/tratop_ e/dispu_ e/dispu_ by_ country_ e.htm，最后访问日期：2020 年 3 月 30 日。

③ See Sadiya S. Silvee, "China's Evolving Role in Developing the WTO Dispute Settlement Rules", *China and WTO Review*, Vol.1, 2002, p.171.

案" 提请 WTO 解决争端①。2012 年中国起诉案件达到了一个小高潮，有 3 件，在 2013 至 2017 年期间，中国鲜少针对其它国家提出申诉，然后到 2018 年突然达到了顶峰，作起诉方的有 5 件，是入世以来起诉案件量最多的一年，且被起诉方均为美国。②最具代表性的一个案件就是 "中国诉美国 '301 关税措施' 案"③。2018 月 4 月到 9 月期间，中国通过 DSB 针对美国发起的 "301 关税措施" 向美国提出了四次磋商请求，但中美双方始终无法通过磋商解决问题，DSB 最终于 2019 年 1 月 28 日正式受理了 "中国诉美国 '301 关税措施' 案"。截至 2019 年 12 月，中国已在 WTO 对美国的做法提出 16 次申诉，其中 9 起案件已被裁定，中美之间的争端主要涉及反倾销和反补贴税措施、保障措施、影响进口的措施和关税措施五个问题。④专家组就 "中国诉美国 '301 关税措施' 案" 在 2020 年作出了裁决，但美国对此仍提起了上诉，该案最终因上诉机构的停摆而被搁置。

从上述中国参与 DSB 争端解决活动的总体情况来看，中美之间的争端不仅涉及国际贸易领域纠纷，还涵涉了政治和国家安全因素，主要体现出了如下几方面的特点：其一，中国应诉和申诉的对象主要是美国，其次是欧共体、墨西哥、加拿大等重要贸易伙伴；其二，中国应诉案件涉及面广，从货物贸易延伸到知识产权和服务贸易等领域，前几年主要针对我国有关财政补贴、知识产权保护、文化产品的贸易与分销服务、金融信息服务等敏感领域的政府行为，近几年更多地指向自然资料、原材料等领域；其三，中国参与 DSB 争端解决活动由最初的冷静观望到被动应诉再到主动申诉逐步扩展。

呈现这些特点与中国对外贸易的迅速发展不无关联。自从中国于 1986 年提出要求加入 GATT（WTO）以来，中美贸易总量迅速增加。早在 1985 年，美国商品对中国的进口与出口量几乎持平。截至 2018 年，中美商品贸易的总量和不平衡都有了显著增加。2018 年中美货物贸易跃

---

① See 书稿案号表 41, pp. A-2-A-11.

② 根据 WTO 官网数据整理，载 https://www.wto.org/english/tratop_ e/dispu_ e/dispu_ by_ country_ e.htm，最后访问日期：2020 年 3 月 30 日。

③ See 书稿案号表 17, paras. 1.1-7.22.

④ See Sadiya S. Silvee, "China's Evolving Role in Developing the WTO Dispute Settlement Rules", *China and WTO Review*, Vol. 1, 2020, p. 179.

升到了 6335 亿美元（按照美方的统计，是 6653 亿美元），成为世界上国与国之间最大规模的双边货物贸易伙伴，中方顺差 3233 亿美元。①2003 年，中国取代墨西哥成为美国产品第二大进口国。四年后，又取代加拿大成为了最大进口国。2007 年，美国也取代欧盟成为了中国第一大出口目的地。中美经济关系在过去 20 年里急剧地增长，两个经济体间的货物和服务流动的持续增长也引发了两国间政治上的摩擦。尤其 2007 年世界金融危机爆发后，美国、欧共体等发达国家的经济迅速衰退，而我国经济却仍逆势上扬、持续增长。譬如，2009 年我国进出口总值为 22072.7 亿美元。尽管受金融危机的严重影响，当年进出口同比分别下降 16% 和 11.2%，但是，与 2001 年进出口总值为 5097.68 亿美元相比，增长 4 倍多。如今，中国对外贸易规模还在持续扩大，贸易大国地位得到进一步强化。2020 年中国对外贸易总额达到 321557 亿元，比 2019 年增长 1.53%，占全球贸易总额的 15.8%，连续多年稳居世界第一。②2018 年中国服务贸易进口总额占世界服务贸易进口总额的 9.4%，成为世界第二服务贸易大国，2020 年中国服务贸易进出口总额达到了 6624.5 亿美元。因而，美国等其他发达国家倾向于采用贸易保护主义措施，以缩减其贸易逆差。

综上，中国对外贸易的迅猛发展使得我国与其他 WTO 成员的贸易摩擦与日俱增，继而成为美国、欧盟、墨西哥、加拿大等 WTO 主要国家的重点申诉目标。面对投诉者，积极运用 WTO 一般例外条款以摆脱法律上被动局面，不失为中国政府当前的最优选择之一。

二、中美出版物市场准入案

"中美出版物市场准入案" 是中国作为应诉方参与的第一个与 WTO "公共道德例外" 条款相关的案例。2010 年 1 月 19 日，DSB 上诉机构裁决中国的出版物、音像制品、电影进口专营和分销的法规违背入世承诺。中国在该案中援用了 GATT 第 20 条（a）"公共道德例外" 条款进行辩护，但最终未能获得裁决报告的采纳③。2010 年 7 月 12 日，中美达成一

---

① 参见宋泓："中美经贸关系的发展和展望"，载《国际经济评论》2019 年第 6 期。
② 参见郭湖斌、邹仲海、徐建："改革开放以来中国对外贸易的发展成就与未来展望"，载《企业经济》2021 年第 6 期。
③ See 书稿案号表 4，para. 336.

致，中方同意在 2011 年 3 月 19 日以前（即上诉机构裁决生效后的 14 个月内）执行裁决。对我国而言，虽是一次败诉经历，但并非毫无意义，在本案中所暴露出的一系列问题加速了我国文化部门市场化改革的步伐，对完善我国对外国视听产品、出版物等文化产品知识产权的确认与保护，同时也为提高我国参与 WTO 争端解决的胜诉率提供了重大启示。

（一）需加速中国国内相关立法的改革步伐

在 "中美出版物市场准入案" 中，美国认为中国文化产品的相关立法违背了中国在出版物贸易权和分销权方面的承诺，而中国则援用 GATT 第 20 条（a）"公共道德例外" 条款进行抗辩。专家组认定，中国的相关立法的确违背了中国的服务贸易承诺①。然后，也审查了是否符合 "公共道德例外" 条款的要求。专家组和上诉机构在判定中国相关立法不符合 GATT 第 20 条（a）款的 "必要性" 要求后，依据 "司法经济原则" 就没有再审查其是否符合第 20 条序言之规定②。实际就当时的中国有关立法而言，不仅与中国入世承诺不符，而且也很难援用 "公共道德例外" 条款主张免责：既难以符合 GATT 第 20 条（a）款的 "必要性" 要求，又很可能被认定为 GATT 第 20 条序言所禁止的 "任意的或不合理的歧视" 或 "对国际贸易的变相限制"。

依据中国《入世议定书》第 5.2 条之规定，"除本协定书另有规定外，对于所有外国个人和企业，包括未在中国投资或注册的外国个人和企业，在贸易权方面应给予其不低于给予在中国的企业的待遇。" 美国曾明确指出，中国现行一系列法规、行政规章有关出版物、音像制品、电影等文化作品方面贸易权的规定显然与中国入世承诺不符。在 WTO 框架下，产品分销权的开放与否及其开放程度，均取决于各成员方的具体承诺。根据中国入世服务减让表有关国民待遇的承诺，出版物（图书、报纸、杂志）的批发业务应当给予外国服务提供者国民待遇；而音像制品的分销业务，除设立企业形态（限于外国服务提供者与中国合资伙伴设立合作企业形式）方面有所限制外，也应给予外国服务提供者国民待遇。在本案中，美国据以指出，外商投资企业在中国从事出版物与音像制品的分销服务中并不能享受国民待遇。从中国的具体实践来看，没有完全

---

① See 书稿案号表 3, paras. 7. 708-7. 914.

② See 书稿案号表 4, paras. 234-337.

按照 WTO 框架下有关划分类别来开放文化产业，而是根据国情列出可开放的领域并作出承诺，开放领域有限。值得注意的是，中国长期以来在入世文化服务贸易谈判中，倾向于关注市场开放与否或怎样开放的问题，却忽视了对允许进入国内市场的外国服务和服务提供商在国内待遇方面的具体限制。这一点在"中美出版物市场准入案"中表露无遗，美国对中国提出了 GATS 第 17 条下关于国民待遇的质疑，专家组和上诉机构均支持了美国的主张。理由就在于，中国在相关文化产品批发与零售领域，其承诺表对商业存在模式下的国民待遇并没有作出任何限制①。

事实上，中国对于开放文化市场一直都保持着较为务实与严谨的态度，其基本原则为"不开放上游内容生产领域，有条件地开放下游文化市场领域"。②但是，"中美出版物市场准入案"对中国经济体制改革带来的变化还是值得肯定的，它加速中国文化部门市场化改革步伐，进一步打开了外资准入。

依据我国 2001 年《出版管理条例》第 41 条 ③规定，中国对报纸、期刊进口经营单位实行指定制；该法第 42 条 ④进一步规定，出版物进口经营单位需是国有独资企业。2020 年最新修订的《出版管理条例》既取消了指定制，也取消了出版物进口经营单位的国有独资企业限制。但是，2017 年修订的《外商投资产业指导目录》仍然明确禁止外商投资图书、报纸、期刊的编辑、出版业务。可见，中国在重新对照中国《入世议定书》相关承诺和 WTO 规则后，扩大了相关文化产品的准入等，但同时也保留了其基本原则。

依据中国 2011 年《订户订购进口出版物管理办法》第 3 条之规定，将进口出版物的发行分为两类：一类是限定发行范围的进口报纸、期刊、图书、电子出版物等；另一类则是非限定发行范围的进口报纸、期刊图书、电子出版物等。对于第一类限定发行范围的进口报纸、期刊、图书、

---

① See 书稿案号表 3，paras. 7. 956-7. 997；书稿案号表 4，paras. 412–417.

② 参见马冉：《贸易自由化背景下我国文化产业政策法规的发展与改革》，法律出版社 2021 年版，第 234 页。

③ 该条规定："出版物进口业务，由依照本条例设立的出版物进口经营单位经营；其中经营报纸、期刊进口业务的，须由国务院出版行政部门指定。未经批准，任何单位和个人不得从事出版物进口业务；未经指定，任何单位和个人不得从事报纸、期刊进口业务。"

④ 该条规定："设立出版物进口经营单位，应当具备下列条件……（二）是国有独资企业并有符合国务院出版行政部门认定的主办单位及其主管机关……"。

电子出版物的业务，《订户订购进口出版物管理办法》第4条规定，须由新闻出版总署指定的出版物进口经营单位经营。根据2001年《出版管理条例》第42条规定，只有国有独资企业才能进口出版物，因而《订户订购进口出版物管理办法》第4条的规定就意味着只有国有独资企业才能发行进口报刊和限定图书。2020年修订后的《出版管理条例》的第42条已经删除了关于国有独资企业的限定，仅要求"有符合国务院出版行政主管部门认定的主办单位及其主管机关"。对于第二类非限定发行范围的进口图书、电子出版物等的发行问题，2016年正式施行的《出版物市场管理规定》也已删除了原先关于设立从事图书、报刊分销业务的外资企业，按《外商投资图书、报纸、期刊分销企业管理办法》办理的特殊规定，其中《外商投资图书、报纸、期刊分销企业管理办法》已被废止。

在本案争议产生之时，依据中国入世服务贸易减让表承诺，只有以中外合作企业形式设立的外商投资企业才能在中国从事音像制品的分销业务，但中外合资企业与中国独资企业在设立条件、业务范围方面的权限存在明显差别，显然存在中资企业与外资企业在市场准入上的较大差异。

目前《音像制品管理条例》已在2020年进行重新修订，而当时可适用的《中外合作音像制品分销企业管理办法》也已被废止。在本案之后，中国也逐步放宽了对外资企业进入本国文化市场的限制，对中国经济改革产生了深刻的影响。[①]《音像制品进口管理办法》经2011年修订后沿用至今，其对音像制品成品进口经营单位的资格认定由原先的文化和旅游部指定改为由新闻出版总署依法定条件批准，无疑提高了音像制品进口领域的外资开放程度；《出版物市场管理规定》经2016年再次修订后，删除了不允许出版物连锁经营与外资控股的限制条件，进一步扩大了对外资的开放程度。

由此可见，虽然中国长期以来鉴于其经济体制的成长基础，以及文化之于中国的重要性，对文化产品贸易权进行相应的限制，但中国对外

① See Julia ya Qin, "Pushing the Limits of Global Governance: Trading Rights Censorship, and WTO Jurisprudence-A Commentary on the China-Dublication Case", *Chinese Journal of International Law*, Vol. 10, No. 2, 2011.

开放的决心是不容置疑。中国在"中美出版物市场准入案"中败诉后，便及时修订了本案涉诉的法律、行政法规以及条例规章等，确保履行DSB的裁决。中国政府部门与学界也从本案吸取教训，注意到要成功援引"公共道德例外"条款作为贸易限制措施的正当理由，必须充分符合"性质"和"实施"两方面的限制。①全国人大常委会于2016年11月通过了被视为文化产业领域的第一部立法，即《中华人民共和国电影产业促进法》。②随着文化市场化、国际化程度的不断深入，构建有效的文化安全保障体系，对提升中国文化软实力、国际影响力具有重大意义。WTO"公共道德例外"条款为中国采取贸易限制措施提供了合法性基础，但同时中国也要注意将公共道德的内容要素规范化，并将其前置到有关文化贸易的审批环节，才能有效应对进口文化的冲击。

"中美出版物市场准入案"的提起与处理更加凸显了中国在制定相关政策时应当在WTO规则以及我国的入世承诺框架下寻求合规空间。一旦在入世时没有对相关产业作出适当的限制，那么其后所实施的针对外商的歧视性管理规定就必然会面临违反WTO规则的风险，而遭遇相应的诉讼。而中国在该案中显然经历了这样的处境，在本案之后，也加速了对我国国内相关立法的改革步伐。

（二）需加强在WTO诉讼驳辩中的举证力度

在"中美出版物市场准入案"中，中国援引GATT"公共道德例外"条款的失败经历再次表明，证据、特别是直接针对焦点问题的量化证据在DSB解决争端过程中的重要性。恰如"巴西翻新轮胎案"中上诉机构所指：被诉方应通过过去和现在的证据证明涉诉措施对实现目标的贡献、对贸易的限制性影响以及替代措施是否合理可得等一系列要素，以作为确立援用例外条款所要求的"必要性"依据③。"中美出版物市场准入案"是截至目前中国援引WTO"公共道德例外"条款进行抗辩的唯一案例，具有重大的争端解决借鉴意义。然而，令人遗憾的是，无论是在专

---

① 参见张建："WTO框架下'公共道德例外条款'适用介评"，载《法大研究生》2017年第1期。

② 参见"建立健全文化法律制度　为建成社会主义文化强国提供有力法治保障"，载全国人大网 http://www.npc.gov.cn/npc/c30834/202111/b29c3fc9c9254dbc91159d4537861e35.shtml，最后访问日期：2022年6月6日。

③ See 书稿案号表33, pp.52-82.

家组程序还是在上诉审程序，中方在该案的举证上都存在明显不足。

中国要成功援用 GATT "公共道德例外" 条款，最先就要举证说明中国的涉诉措施符合 GATT "公共道德例外" 条款的 "必要性" 要求，即措施对保护公共道德的贡献、对贸易限制的影响及替代措施是否合理可得等。譬如，我国规定出版物进口经营单位必须是国有独资企业。

首先，专家组在考察该条款对保护公共道德是否起到关键作用时，我国提出，进行内容审查的费用不菲，由国有企业承担这项费用比较合理，政府不能要求一个私营企业去承担这笔费用。但是，接下来，我国既没有提供进行实质审查的费用估算，也没有提供充分的证据证明因为实质审查的费用过于巨大以致所有的私营企业对出版物进口业务失去兴趣。因此，专家组认定，中国的这一抗辩理由不成立。

其次，在分析该条款的限制性影响时，专家组认为，中国提供的进口报刊种类增多的证据并不充分，不能说明如果没有这些限制贸易会如何发展的状况。专家组进而认为，该条款对贸易构成了限制性影响，排除了中国非国有独资企业从事出版物进口业务的权利。

最后，专家组要确定美国提出的 "由中国政府在出版物清关前作出最终内容审查" 的这种替代措施在中国实行的可能性。我国主张此种替代性措施会增加行政部门负担和费用支出，却没有提供相应的数据证明由政府负担的费用会因此而增加，因而专家组认为美国提出的这种替代性措施在中国完全可行。

在上诉阶段，针对中国 2001 年《出版管理条例》列举的出版物进口经营单位需满足的各类审批标准，即国家规划要求等，美国主张其并不能起到保护公共道德的作用。上诉机构认识到，中国并没有提供证据证明国家规划的性质、运作方式及所涉及的地域范围或产品范围。上诉机构认为，专家组报告并未讨论国家规划在多大程度上起到作用，或者说并未进行定量或定性分析，因而不同意专家组关于 "中国就国家规划对保护公共道德的作用已履行举证责任" 的裁决。鉴于中国对于 "限制进口单位的数量能使新闻出版总署有更多的时间进行年审" 也没有提供证据，上诉机构最终推翻了专家组关于 2001 年《出版管理条例》第 42 条规定的国家规划会对保护公共道德 "有所贡献" 的结论。中国经此一案之后，在举证方面也汲取了教训，将在后文分析 "中国诉美国'301 关税措施'案" 时一并详细阐述。

三、中国诉美国 "301 关税措施" 案

WTO 发展至今，始终难以推进多边一体化立法，甚至还出现了逆全球化的现象，以美国为首的发达国家开始走向贸易保护主义和单边主义，在 "中国诉美国 '301 关税措施' 案" 中，尤其体现了这一倾向。习近平总书记在 2012 年党的十八大中明确提出 "共同构建人类命运共同体" 理念，并指出 "要维护世界贸易组织规则，支持开放、透明、包容、非歧视性的多边贸易体制"。但是当前盛行的贸易保护主义已经从传统的反倾销、反补贴和保持措施领域渗透到 WTO 法中的非贸易价值问题，WTO "公共道德例外" 条款也成为各成员方为保护非贸易价值而豁免自由贸易义务的借口，从而遭致滥用，这与我国提出的 "构建人类命运共同体" 理念相悖。美国在中国诉美国 " '301 关税措施' 案" 中援用了 GATT 第 20 条（a）款的 "公共道德例外" 为美国针对中国增收关税以维护自身经济利益的行为进行抗辩，该实践即是 WTO 成员方滥用 "公共道德例外" 条款的典例。中国作为申诉方，将美方的此种错误做法诉诸 WTO 争端解决机制，使该案成为中美贸易战中的关键争端，关乎贸易战中中美双方道德制高点的占领和双方的国际形象，因此对双方在该案中的 "公共道德例外" 主张及专家组的事实认定和法律适用进行审视，具有重要实践价值。

（一）美国援引 "公共道德例外" 主张与专家组裁定分析

此前，专家组初步认定 "301 关税措施" 违反了 GATT 第 1 条和第 2 条，由此举证责任转移到了美国一方，对此美国便以 GATT 第 20 条（a）款 "公共道德例外" 进行抗辩。①美国认为，由于中国政府的某些行为和做法对美国的技术、知识产权及商业秘密造成损害，因此其通过加征关税的手段来保护本国的 "公共道德"。

作为回应，中国认为，美国实施的加征关税措施与公共道德之间毫无干系，该主张进一步扩大了 "公共道德" 的适用范围，以达到实现美国强制性经济目标。②针对双方的争议焦点，专家组遵循以往判例，对 GATT 第 20 条（a）款的认定实施了两层分析法。首先考察涉诉措施是

---

① See 书稿案号表 17，para. 7. 76.

② See 书稿案号表 17，para. 7. 133.

否落入 GATT 第 20 条的各子项范围内, 其次考虑涉诉措施是否符合 GATT 第 20 条的序言要求。

在做第一层分析时, 专家组要先认定涉诉措施是否具有第 20 条 (a) 款意义上的目标, 然后评估该措施是否被设计用于保护公共道德目标, 最后考察该措施是否为保护公共道德所必需。

如上文所述, 中国认为美国所实施的加征关税行为目的在于实现其本国强制性经济, 而 GATT 第 20 条 (a) 款只限于非经济目标。对此, 专家组认为该措施虽然属于经济层面, 但仍然可以纳入 "公共道德" 范畴。原因在于 GATT 第 20 条下有多个子项所保护的目标都直接或间接地涉及了经济方面, 公共道德亦是如此, 也会与经济方面有所关联, 即使要追求非经济目标, 也有可能采取具有经济色彩的措施。

在 "哥伦比亚纺织品案" 中, 上诉机构为确定某一措施在第 20 条 (a) 款下的合理性, 提出了两步分析法。首先要确定该措施是被 "设计" 用于保护公共道德的 (以下简称 "设计标准", 然后再确定该措施是保护公共道德的 "必要" 措施)。对此, 专家组必须审查与该措施设计有关的证据, 包括内容、结构以及预期的操作, 而被诉措施是否明确提及公共道德, 与该标准的认定并不产生根本性影响。[①]回归到本案中, 专家组将设计标准看作一个先决步骤, 其对于一些争端的判定不一定有用, 而在本案中正是这种情况, 对判断涉诉措施是否满足设计标准十分困难, 且用处不大, 所以专家组直接跳过该步骤, 进入了 "必要性" 分析, 专家组也未对原因作出过多的说明。

在考虑 "必要性" 标准分析时, 专家组总结了三个因素: 一是所追求政策目标的相对重要性; 二是涉诉措施对实现政策目标的贡献; 三是涉诉措施对贸易产生的限制性影响。最后还需要考虑是否存在可替代措施。美国认为, 其所实施的加征关税措施具有必要性, 理由在于: (1) 该措施有利于中国取消不公平的贸易行为, 加征关税会增加中国实施不公平贸易行为的成本, 因而促使中国不再从事该行为; (2) 从中国在采用加征关税措施后, 便同意与美国谈判解决 301 调查报告中的问题的行为来看, 加征关税措施具有必要性;[②](3) 近十年来, 美国采取了包括对

---

① See 书稿案号表 8, paras. 5.67-5.69.

② See 书稿案号表 17, pp. 20-40

话、警告、双边机制等多种方式来解决中国的不公平贸易政策都无济于事，由此也证明了关税措施的必要性。①

专家组对美国提出的公共道德目标反映美国的重要社会利益是予以肯定的，在此前提下继续针对"措施一"和"措施二"，来论证必要性。②

关于"措施一"，也就是美国对"清单一"产品所实施的加征关税措施，专家组从三个层面的分析否定了美国的主张。首先，专家组认为美国并没有解释和证明"措施一"和美国所追求的公共道德目标之间的关系。既没有对 USTR2018 年 4 月 6 日通告提出的加税的进口产品均受益于中国的产业政策的说法，进行解释和证明；也没有解释实施"措施一"的法律文件如何支持其维护的"公共道德"目标主张。这些法律文件中对于"措施一"与公共道德目标之间的关系解释也呈现空白，同时毫无证据可以表明"清单一"的产品违反了公共道德，或者加征关税措施能够对公共道德作出什么样的贡献。③其次，USTR 中关于缩减"清单一"的措施并未彰显公共道德目标。USTR 在 2018 年 4 月 6 日发布了通告，提议的 500 亿美元的产品清单（以下简称"拟议清单一"），供利害关系人就提议的行动做出评论。评论期结束后，美国便将"拟议清单一"中的 500 亿美元的产品缩减为 340 亿美元。专家组认为，美国在实施缩减的法律文件中并没有表明缩减措施与公共道德目标之间的关系，更多的只是显现出美国缩减产品措施是为保护美国经济的企图。同分析一相比，专家组在该条分析中更多的是从局部视角考虑。最后，美国从"清单一"中排除某些产品的过程也并未体现保护公共道德目标。USTR2018 年 6 月 20 日的通告明确了三种允许利害关系人请求将某些产品从加税产品清单中排除出去情况，一是某些产品只能从中国获得，二是对某些产品加征关税会对美国的某种经济利益造成严重损害，三是某些产品不具战略重要性，或与《中国制造 2025》计划没有关系。④针对前

---

① See 书稿案号表 17，pp. 20-40.

② See 书稿案号表 17，para. 7. 169.

③ See 书稿案号表 17，paras. 7. 191，7. 194.

④ See Offices of the United States Trade Representative，"Notice of Determination and Request for Public Comment Concernng Proposed Determination of Action Pursuant to Section 301：China's Acts，Policies，and Practices Related to technology Transfer Intellectual Property and Innovation"，*Fedoral Register*，Vol. 83，No. 119，2018，p. 28711.

两项事由，美国并没有在产品排除时对有关因素进行实质性评估，也没有具体阐明所排除产品是否受益于美国认为的不符合公共道德的中国对策。①美国在第三项事由中也没有解释清楚在拒绝排除的情况下，其拒绝与排除事由之间的关系。同时，美国所认为的受益于中国政策的产品需要排除出去的原因何在，排除为什么不会破坏美国的公共道德，这些问题美国都尚未表明。②综上，专家组认定美国未能证明"措施一"与公共道德目标之间存在手段与目的的关系。

美国认为，相较于"清单一"而言，"清单二"的产品范围更加广泛。③中国并不打算改变其不公平政策，而是向美国出口到中国的产品加税，如果不对中国作出的经济报复有所反应，那就等同于美国默许了中国的盗窃和强制技术转让行为，采取"措施二"正是保护美国公共道德所必需的。在美国的观念里，只有对中国施加更大的压力才能保护本国的公共道德。专家组在考察 USTR2018 年 9 月 21 日的通告后发现，美国并没有对"清单二"产品的选择方式作出任何解释，由此认定美国没有充分解释"措施二"与公共道德目标之间的手段与目的关系。那么，专家组据此也得出结论，美国未能充分说明"措施一""措施二"与其本国公共道德目标之间存在真正的手段与目的关系。④因此，也没有必要继续论证是否存在合理可用的可替代措施，也不需要分析涉诉措施是否符合 GATT 第 20 条的序言要求。

（二）专家组"公共道德例外"条款分析对中国的启示

在"中美出版物市场准入案"中，中国援引了 WTO "公共道德例外"条款进行抗辩，而在"中国诉美国'301 关税措施'案"中，中国则作为申诉方来应对美国滥用"公共道德例外"条款为其违法贸易限制措施进行辩护。专家组对"中国诉美国'301 关税措施'案"的裁决过程对中国未来适用该条款维护自身的合法公共道德权益颇有启发。

---

① See 书稿案号表 17, para. 7. 205.

② See 书稿案号表 7, paras. 7. 211, 7. 212.

③ See Responses of the Unite States to the Panel's Second Set of questions to the Parits, para. 11, a-vailable at https://ustr.gov/sites/default/files/enforcement/DS/US. As. Pul. Qs2. fin. pdf, Last Visited on Jul. 5, 2023.

④ See 书稿案号表 7, para. 7. 222.

一方面，DSB 在依据 "公共道德例外" 条款审查美国措施时，呈现出对美国等发达国家的某种制度偏向性，未来，除了借助于 DSB，中美双方的谈判和各自政策的调整也是影响中美争端进程的重点。由于美国未能适当地证明加征关税措施满足公共道德例外的要求，而被专家组最终认定涉诉措施违反了 GATT 下的义务，标志着中国在中美贸易争端中取得了一定的胜利。与此同时也要看到，专家组仅是认定了美国关税措施违反 WTO 义务，以及在法律适用上的不当之处，大体上维护了多边贸易体制。虽然本案美国的败诉对中美贸易争端的总体进程和格局实际上也不会产生太大的影响，但中国对此还必须保持警惕。

国际社会针对美国的 "301 条款" 的合规性质疑由来已久，美国还将其作为推行单边贸易政策的工具，并妄想将 "公共道德例外" 条款作为其保护伞。对于美国所提出的中国政府行为对其造成的损害，事实上中国的做法并没有违反任何国际义务。例如，《中华人民共和国技术进出口管理条例》作为中国国内法的一部分，在其第 29 条中对技术进口合同作出规定，为防止商业限制行为而做出了限制性规定。美国认为该规定违反了 TRIPS 协议的国民待遇原则等。但该条例属于中国立法机关在其主权权限范围内制定实施的，只要不违反中国的国际义务，中国完全可以自主行使。至于该条款是否与 TRIPS 协议的义务相背离可能还有待DSB 的审查。但美国却在 DSB 作出裁决之前，就根据 "301 条款" 单方面行使报复性加征关税措施，这些做法明显直接违反了 WTO 规则。①美国政府主张因中国侵犯美方知识产权和实施不公平竞争行为才实施了 "301 关税措施"，但其更重要的一个隐含假设在于，中国对美的大出口量会强化其对美国的依赖，因此加征关税行为在对中国造成伤害的同时，美国还可以从中获益。②

专家组在本案裁决中认可了美国提出的 "公共道德" 释义，反观 "中美出版物市场准入案"，身为发展中国家的中国作为应诉方，主张其本国政策利益高于国际自由贸易利益，却未能得到 DSB 支持。从这个角度来说，虽然最终美国没能因援用 "公共道德例外" 条款而抗辩成功，

---

① 参见冯雪薇："美国对中国技术转让有关措施的'301 条款调查'与 WTO 规则的合法性"，载《国际经济法学刊》2018 年第 4 期。
② 参见屠新泉："美国应尽快全面取消对华 301 关税"，载《环球时报》2021 年 6 月 18 日，第 15 版。

但专家组的裁决还是在某种程度上支持了美国提出的某些依据，DSB 对美国等发达国家的制度偏向性值得深思。这既很容易变相纵容保护主义，也不符合 WTO 建立一体化多边贸易体制的初衷。这对于各成员方间平等权利与义务的保护显然是不利的，对中国维护国家基本权益将会造成较大的障碍。①而美国恰恰也似乎在利用这一点，它深知现有的 WTO 争端解决机制和其他国内法机制都还不足以有效解决中美贸易争端，才会如此不顾国际法约束实施 "301 关税措施"。尤其是特朗普政府的上台大大加剧了 WTO 体制的困难性，最后造成了上诉机构的瘫痪，即使多方成员已于 2020 年 3 月成立 MPIA 作为解决贸易争端的临时机制，但是美国并没有加入其中，且用仲裁方式取代上诉还仍存在许多不足，因此本案由于美国的再次上诉导致专家组作出的裁决将会被继续搁置，局势并不明朗。但毫无疑问，影响中美争端进程的重点还在于双方的谈判和各自政策的调整。②对中国而言，未来还需要继续努力促进中美谈判的启动和推进，最终促进中美贸易争端的解决。

　　另一方面，专家组在本案中对 "公共道德例外" 条款的分析也传递出一个重要讯息：在援引 WTO "公共道德例外" 条款时，充分的举证是保障援引成功率的重要因素，特别是直接针对焦点问题的量化证据对 DSB 程序尤为重要。在分析初始，专家组没有对 "设计标准" 进行分析而是直接进入必要性分析，这样的做法并无不可。就如其所言，即便没有分析 "设计标准" 要求，但对必要性的分析也必然会包含了这一部分。而从专家组的整体分析过程来看，其没有用过多的篇幅去探究涉诉措施对美国所援引的公共道德目标的有用性，而是更多地专注于审查美国是否充分举证证明了涉诉措施对保护公共道德所发挥的有用性。这样的做法符合专家组作为居中裁决者的角色，具有合理性，其主要考察的就应当是争议双方的举证程度。专家组通过对美国采取关税措施的法律文件进行考察，发现美国并没有在文件中清晰阐明涉诉措施与公共道德目标之间的关系，同时对 "清单一" 中的缩减产品行为也没有提及公共道德保护考虑。对此，专家组认定美国未能充分说明涉诉措施和公共道

---

① 参见翟语嘉："多边贸易体制中单边措施适法性问题研究"，载《中国政法大学学报》2020 年第 4 期。

② 参见张军旗："301 条款、301 调查及关税措施在 WTO 下的合法性问题探析——以中美贸易战中的 '美国——关税措施案' 为视角"，载《国际法研究》2021 年第 4 期。

德之间真正存在手段与目标之间的关系，进而认定涉诉措施不符合保护公共道德所必需的要求，因此也无必要去考虑可替代性措施以及与 GATT 第 20 条序言要求的相符性。这一论证过程在大体上是合理的。专家组没有否定美国提出的公共道德内容，同时也默认了美国可以以他国的不公平贸易政策损害本国公共道德为由采取关税措施，只是因为其未能充分举证证明，所以认定美国的关税措施不符合公共道德例外要求。美国的抗辩正是因为没有通过过去和现在的证据证明涉诉措施，即加征关税以及具体加征关税的税率，对实现公共道德目标的贡献以确立例外条款的必要性，而最终败诉。与此相对应的，中国作为申诉方，虽是举证责任较轻一方，但在提供本国来源的证据之外，还提出了一系列美国涉诉措施的证据，并且通过大量的数据和图表，来表明公共道德例外与涉诉措施之间不存在直接的联系。①不难看出，WTO 争端解决在某种程度上更像是一场证据之战。这也是中国在今后的争端解决实践中所必须注意的，如果中国在采取某种贸易政策或措施时要援引一般例外或安全例外，在制定有关政策或措施的过程中还应继续就未来可能面临的举证问题做好相应准备。对美国而言，想必其将来也会更加注重这一关键因素，在采取类似关税措施时充分考虑举证要求，做好相应的准备，以便其更好地利用公共道德例外来对其他成员所采取的且认为不符合本国公共道德目标的不公平贸易政策采取加征关税等措施。对此，中国也需要高度重视。

面对美国滥用 WTO "公共道德例外" 条款试图为自己的行为寻找合法借口，专家组的裁决在一定程度上还是彰显了 WTO 的公平与正义。本案对中国象征意义大于实质意义。即便在美国蓄意使 WTO 上诉机构瘫痪的背景之下，专家组仍然顶住压力作出了中国胜诉的裁决，标志着 WTO 作为多边贸易组织对国际贸易争端裁定的客观性以及多边贸易规则的一致性。未来中国可以继续合理运用 WTO 争端解决机制来维护我国的合法权益。

---

① 参见张梅："美国对中国产品实施关税措施 WTO 争端裁定解读及对中国的启示"，载《社会科学理论与实践》2021 年第 3 期。

第三节　WTO"公共道德例外"条款的中国因应

一、改进 WTO"公共道德例外"条款的具体方案

2005 年的"美国博彩案"开辟了 WTO 专家组解读"公共道德例外"条款的先例，此后通过一系列的判例，上诉机构澄清了关于该条款的范围和适用中的一些重要问题。在 WTO 自 1995 年成立的 26 年以来，绝大多数案件都在 WTO 争端解决机制下得到解决，毋庸置疑该机制是行之有效的。令人遗憾的是，由于上诉机构此前所采取的相对模糊与宽泛的解释路径，增大了该条款在适用中的失控风险，甚至容易沦为贸易保护工具，影响多边贸易体制稳定。目前 WTO 上诉机构遭遇停摆，虽有 MPIA 暂时应急，但重建常态化的 WTO 上诉机构才是长远之计。WTO 改革势在必行，但改革不仅仅针对上诉机构，更广泛地涉及对 WTO 现行规则的修改或谈判，从而完善贸易规则。因此，必须对既有 WTO"公共道德例外"条款作出更具适应性的解释，为援用"公共道德例外"条款提供更清晰的适用标准和指导规范，采用更具创意的观点看待争端解决实践可能的发展。

（一）重申"公共道德"的国际社会共识

"公共道德"被公认为与具体国家的包括文化、宗教等在内的许多因素有关，随着"公共道德例外"判例的不断发展，其所涉及的公共道德主题愈加广泛。关联人权保障、动物福利等多类权益，尤其在数字经济蓬勃发展的时代背景之下，WTO"公共道德例外"对积极回应个人隐私保护、国家安全保护、数据自由流动等利益诉求的重要关切，协调良好的数据保护与数据流动规制目标之间的紧张关系起着不可忽视的重要作用。

一般而言，涉及普适的公共道德价值措施相对容易被识别，比如禁止盗窃等犯罪行为毫无疑问是符合人类公共道德价值的，但对于其他一些行为例如与宗教有关的行为，其在公共道德评价上就会存在基于不同国家的不同认识。①那么，在多边贸易体制内，公共道德的概念应该是由

---

① See Gary Miller, "Exporting Morality with Trade Restrictions: The Wrong Path to Animal Rights, Brook", *Brooklyn Journal of International Law*, Vol. 34, 2009, p. 1001.

各 WTO 成员方单独定义，还是应该要求一定程度的国际社会共识？在现有的六个关于 WTO "公共道德例外" 条款的案例中，我们可以看到，上诉机构无一例外地支持了被诉方所声称的实施涉诉措施的目的是保护公共道德的说法，且采用了 "单方确定，证据支持" 的解释模式。①在 "巴西关税措施案" 中，巴西为弥补国内不同地区与阶层在利用现代信息和通信技术上存在的 "数字鸿沟"，而免除了国内企业生产数字电视传输产品以及其他有关产品的相关税收，以实现社会的持续发展。专家组认为巴西政府所实施的减免税收以及其他激励措施来促进国内数字设备的生产和相关产业的发展，并不是保护公共道德。但是，涉诉措施是巴西基于弥补国内不同地区和不同阶层间的 "数字代沟" 所提出的，进而实现促进社会融合的公共道德目标。鉴于此，专家组认为，无法排除一种可能性，即巴西所实施的产业保护措施提高了其国内产业的竞争力，导致数字产品的价格降低，那么将会有更多的人有能力来购买数字设备，从而促进了更好的信息获得和社会融入。②事实上，巴西并没有提供任何证据表明其境内的数字设备生产商需要保护，也没有考虑境外的数字设备生产商具有向巴西提供符合标准的数字产品的能力，而专家组仅鉴于无法排除某一可能性而认定巴西的公共道德内容。③很显然，WTO 专家组在判断涉诉措施与公共道德目标之间的关联性上具有任意扩大的嫌疑，将会导致 "公共道德例外" 条款的解释过于宽泛，出现适用的失控风险。因此，专家组在解释 "公共道德" 这一术语时适当地考虑涉诉措施是否属于公共道德范畴的国际社会共识因素，是具有一定意义的。当然，这并不意味着不存在国际社会共识的公共道德事项就不符合 WTO "公共道德道德" 例外条款的要求，也不意味着国际社会共识就需要所有的 WTO 成员方都予以承认。因为 WTO 各成员方之间在政治、经济、文化、宗教等多层面上就存在不可忽视的差异，苛求各国对公共道德认识的完

---

① See Robert Howse and Joanna Langille, "Permitting Pluralism: The Seal Products Dispute and Why the WTO Should Accept Trade Restrictions Justified by Noninstrumental Moral Values", *Yale Journal of International Law*, Vol. 37, 2012, p. 367; See also Tamara S. Nachmani, "To Each His Own: The Case for Unilateral Determination of Public Morality under Article XX (A) of the GATT", *University of Toronto Faculty of Law Review*, Vol. 71, 2013, p. 34.

② See 书稿案号表 9, para. 7. 582.

③ 参见马冉：《贸易自由化背景下我国文化产业政策法规的发展与改革》，法律出版社 2021 年版，第 149 页。

全相同是一件不可能之事。但考虑到 "公共道德" 能够获得更加清晰的解释，重申 "公共道德" 的国际社会共识具有相应的实践价值。

毋庸置疑，当国际社会对某一事项的公共道德范畴共识愈加广泛时，更能反映该事项在 WTO 成员方内的公共道德主流价值观，那么就越容易被专家组认定为公共道德问题，也更容易达到有关证据要求。所以，援引 "公共道德例外" 条款的一方有义务说明其所提出的利益关切属于公共道德的范畴之内，并辅佐充分的证据证明。如果仅是提出其立法过程中零散模糊的伦理关切，而缺少其他证据来证明公众对共同的公共道德价值观的确认，专家组就不宜认定其所实施的涉诉措施是为了保护公共道德。①在 "欧盟海豹产品案" 中，尽管有一些欧盟成员方对海豹福利措施的种种质疑，但大多数的欧盟成员方还是在整体上支持海豹福利措施的，为此专家组对涉诉措施属于保护公共道德范畴还是予以了认定。其中值得注意的是，本案涉及了动物福利保护问题，与 GATT 第 20 条（b）款保护动植物生命和健康以及（g）款的环境保护例外在适用时可能有所重合，而这两个条款也可能适用于本案。事实上，专家组在本案审理中便忽视了这么一个问题，对于欧盟成员方对所实施的与海豹有关的措施究竟是基于公共道德保护，还是基于保护动物的生命和健康等，尚未明确说明。但是，如果要适用 "公共道德例外" 条款，就必须对涉诉措施与公共道德之间的密切联系用充分的证据予以证明，能够说明实施有关措施是根植于成员方境内的主流公共道德观念，这也是该条款区别于 GATT 第 20 条（b）款保护动植物生命和健康以及（g）款的环境保护例外的关键所在。值得注意的是，如果将过多的合理政策目标置于公共道德这一较为广泛和模糊的概念之下，也会对 GATT 第 20 条和 GATS 第 14 条一般例外条款的其他子项的适用范围有所压缩。所以，重申 "公共道德" 的国际社会共识，加上充分的证据证明，一定程度上可以抵御 "公共道德" 泛化解读风险。尤其要注意相关证据的说明，上文所提及的 "巴西关税措施案"，弥补数字鸿沟和促进社会融合虽是国际社会所认可的公共道德范畴，但巴西并没有充分的证据能够说明这些措施在本国境内被认为是与公共道德相关的问题，专家组仅是依据公共政策目标的

---

① 参见杜明："WTO 框架下公共道德例外条款的泛化解读及其体系性影响"，载《清华法学》2017 年第 6 期。

合理便认为措施本身属于 GATT 第 20 条（a）款的 "公共道德例外" 范畴 ①，如此贸然得出结论的方式是值得商榷。

此外，倘若有关公共道德内容不为其他 WTO 成员所承认，那么专家组在认定时就应当秉持更加严格的态度，对相关证据的认定和证明等过程也要更加严谨。相对于自然科学的客观性和确定性而言，公共道德内涵更多呈现出社会科学属性中的主观性和情感性，所以 DSB 在衡量涉诉措施与公共道德关联性时并不存在类似评定环保水平的客观标准，因此对证据的审查目前而言便是最具有客观性的考量标准。

针对援引方提交的关于政策措施目标与公共道德关联性的证据，DSB 应建构更为明确的分析范式和证据资料要求。援引 WTO "公共道德例外" 条款的一方，要表明其所宣称的公共道德存在于本国社会之内，除了审查其法律文本和立法背景之外，也可以进行公共调查。国际文件便是在既有的 WTO 争端解决案例中为应诉方所单列的一类证据，能够体现国际社会对某一价值理念的共同判断，其所形成的国际共识无疑更有助于印证国内相关政策措施与公共道德的关联性，从而降低保护主义实施风险，加强 DSB 对公共道德的确认结论。

在实际操作中，DSB 不妨采用一个包含两步的审查步骤：

其一，DSB 首先应该考虑这项措施是否与 GATT1947 起草者最初所理解的公共道德类别相关。如果属于传统 "公共道德" 的范畴，则只需措施实施国提供相应的国内证据证明即可。在 "中美出版物市场准入案" 中，中国对出版物进行内容审查所针对的 "色情、暴力" 可以通过这一步的资格检验，因为 "色情、暴力" 在传统公共道德保护范围之内 ②；"美国博彩案" 的情形相似，赌博也显然属于传统公共道德的范畴。

其二，如果某一事项不属于传统的公共道德范畴，就要进行第二步的审查，依据 "美国博彩案" 所提出的公共道德 "动态解释" 方法 ③，裁判者此时应该考虑，它是否符合现有的国际条约或者是否已被广泛承认为新的公共道德类别。但对于后者而言，并不要求各国对这种新公共道德类别的规定或适用要完全一致，只要在整体上得到大多数国家

---

① See 书稿案号表 9，paras. 7. 508-7. 626.

② See 书稿案号表 3，paras. 7. 708-7. 909.

③ See 书稿案号表 1，paras. 6. 455-6. 474.

认可即可。譬如，各国基于宗教原因而实施的贸易禁令内容可能不尽相同，但只要得到大多数国家的认可，宗教因素就可以纳入公共道德范围。

而对于与人权、（监狱以外）劳工权利、动物福利和数据安全保护相关的贸易限制措施，在上面所提到的第二步审查步骤实施之前，有三个额外的前提条件需要满足①：

第一，以公共道德理由来颁布贸易禁令措施的成员方必须提供直接的证据，以证明它的国民非常关注此项道德问题。除了通过立法程序颁布禁令外，该国政府还必须证实：通过民意调查或公民投票等方式，大部分民众皆赞同此种道德观念。这一要求可以确保公共道德是被广泛认可的，政府和立法者不能颁布仅仅体现其党内利益或特殊利益的禁令，从而很好的减少"公共道德例外"条款被地缘政治化或地方保护主义利用的机会。

第二，该项道德规范必须通过某一国际组织以条约、指南或其它法律文件的形式规定，并被大多数 WTO 成员方明确认可。譬如，《关于禁止和立即行动消除最有害的童工形式公约》②《国际劳工组织关于工作中基本原则和权利宣言》③《联合国防止与惩治灭绝种族罪公约》④等。这一措施可以保证与人权和劳工权利相关的贸易限制措施只是基于国际组织所认可的规则而实施的。贸易限制措施不能适用于仍在发展的或尚存在很多抵制意见的规范。

第三，一国必须证明它对其它国家所实施的贸易限制措施是直接针对违反某条约的缔约国。换言之，不能依据条约对非缔约国实施贸易禁令。这项看似苛刻的条件是十分必要的。它能够确保对"公共道德例外"条款的扩大解释不会导致 WTO 体制演变成一种被各国借以相互施加

---

① See Mark Wu, "Free Trade and the Protection of Public Morals: An Analysis of the Newly Emerging Public Morals Clause Doctrine", *Yale Journal of International Law*, Vol. 33, No. 1, 2008, pp. 245-246.

② See Convention Concerning the Prohibition and Immediate Action for the Elimination of the Worst Forms of Child Labour, June 17, 1999, 2133 U. N. T. S. 161.

③ See ILO Declaration on Fundamental Principles and Rights at Work, art. 2, June 18, 1998, 37 I. L. M. 1233, 1237-1238.

④ See Convention on the Prevention and Punishment of the Crime of Genocide, Dec. 9, 1948, 102 Stat. 3045, 78 U. N. T. S. 277.

道德规范的工具。当然，这一要求也暗示着，如若一国违反了其本应承担的条约义务，不管是处于能力还是主观意志的原因，其它国家都有权对其施压以保障条约的实行。①"约定必须遵守"是国际法上一项古老的原则，也是各缔约国进行关于市场准入，以及获取其它经济权利的谈判基础，若某一成员方单方违背条约，其贸易伙伴应该享有相应的救济权。

关于某国没有履行条约义务的举证，应归于颁布禁令的一方。如果规定道德义务的条约有一个执行机构，那么禁令颁布方需要从这个执行机构取得一项关于对方的不作为认定，以此来证明其基于公共道德原则而采取的贸易禁令是正当的。如果该条约缺乏相应的执行机构，那么WTO也不需要承担此项解释任务，因为这无疑将赋予WTO相当大的负担，WTO目前的人员和机制安排可能无法胜任。

据此，"公共道德例外"条款不能被用来对适用死刑制度的中国或日本实施贸易禁令，因为中国和日本没有加入任何禁止死刑的公约，从未明确承诺放弃适用死刑制度。有疑义者或许会问：是否添加一项关于某国已经签署条约的要求会导致公共道德禁令无疾而终？因为它仅仅只能对那些缔约国构成威胁而已。事实上，这样的限制虽然会大大降低基于人权或者劳工权利的原因而颁布禁令的可能性，但并不会使此种禁令成为不可能。譬如，塞尔维亚作为《联合国防止及惩治灭绝种族罪公约》的缔约国，曾被国际法院判决其违背了该项公约的规定，各国即可对其违反公约的行为实施贸易禁令。②此外，此项建议直接影响了那些虽签署了一项国际公约，却没打算完全遵守的国家。这类国家现在可以选择完全地遵守公约，或者采取一种尴尬的措施即退出公约，并将他们的空头承诺暴露于自己国民面前。许多国家都会受到影响。例如，对于到底应该遵守还是退出《消除对妇女一切形式歧视公约》，沙特阿拉伯和其他国家将面临艰难的选择。③越南和许多非洲独裁政权将被迫抉择，他

---

① See Kyle Bagwell, Petros C. Mavroidis, Robert W. Staiger, "It's a Question of Market Access", American Journal International Law, Vol. 96, No. 1, 2002, pp. 73-74.

② See Application of the Convention on the Prevention and Punishment of the Crime of Genocide (Bosn. & Herz. v. Yugo. (Serb. & Mont.)), 2007 I. C. J. (Feb. 26).

③ See Convention on the Elimination of All Forms of Discrimination Against Women, adopted Dec. 18, 1979, 1249 U. N. T. S. 13.

们是遵守还是撤销根据《联合国公民权利及政治权利国际公约》所做出的给予公民言论和集会自由的承诺。[1] 因为不同意而导致的成本增加将会刺激各国做出承诺，但许多国家却从未兑现自己的承诺。这一措施至少可以剔除那些已经实际遵守了公约的签署国，同时将那些从未打算遵守公约的国家公之于众。而且，从现实的角度而言，如果对 "公共道德例外" 条款有了更宽泛的解释，一方面，将极大地增加该条款被滥用的风险，另一方面将加剧 WTO 体系内两大阵营的对立，从而可能从根本上破坏 WTO 体系的稳定性。因而，为了平衡利益和风险，这一限制不但是有效的而且是必要的。

（二）限制 DSB 对 "必要性" 测试的自由裁量权

从既有判例来看，即使公共道德内涵被泛化解读，但是关于 "必要性" 测试的高标准要求也通常难以满足。在被诉方试图援引 WTO "公共道德例外" 条款进行抗辩的 WTO 案件中，无一例外都败诉了，而绝大多数案件都因为未能通过 "必要性" 测试而导致援引条款失败。尽管 "公共道德例外" 条款的范围相对广泛、措辞宽松，但是专家组在解释和适用该条款时，尤其是在 "必要性" 测试上采取了较为严格的标准，使得 WTO 成员所提出的以保护公共道德为目标的政策措施难以通过 "必要性" 检验。即使将范围扩展到援引 WTO 一般例外条款的案件中，能够成功突破 "必要性" 测试的例子也不多见。

2000 年，上诉机构发布了一份关于 "韩国牛肉案" 的报告，美国对韩国颁布的牛肉双重销售制度提出了挑战。该制度要求小型零售商只能在 "进口牛肉" 或 "本地牛肉" 专卖店中二选一；大型零售商虽允许其同时售卖这两种牛肉，但仍需要将这两种产品放置在不同销售区域分开销售，且 "进口牛肉" 区域还需要做出相应的标记。韩国声称，实施这一制度是基于《竞争法》的要求所作出的，其旨在防止欺骗行为 [2]。这是上诉机构详细讨论必要性检验要求的第一个案例，并为必要性测试确立了一个很高的门槛。它要求涉诉措施对于实现被诉方所援引的政策目标必须是必不可少的。上诉机构符合 "必要性" 测试的措施分为两种情

---

[1]　See International Covenant on Civil and Political Rights, G. A. Res. 2200A, art. 2 （1）, U. N. GAOR, 21st Sess., U. N. Doc. A/RES/2200（Dec. 16, 1966）, 999 U. N. T. S. 171.

[2]　See 书稿案号表 15, para. 645.

况，一是该措施是唯一可行的措施；二是仍有其他可行的措施，但是该措施仍符合 GATT 第 20 条意义下的 "必要性" 要求。对于后一种情况，上诉机构认为此时需要通过对各种不同的因素进行权衡来决定其 "必要性"。主要提及了三种考虑因素，即该措施所保护价值的重要性、对目标的贡献度以及该措施的贸易限制程度，这三种因素的权衡也决定了是否存在其他合理可替代性措施。①由此确立了 WTO 争端解决专家组及上诉机构在分析与一般例外条款有关措施的 "必要性" 时所采取的利益比较与平衡法。

尔后通过多次判例实践，在 "韩国牛肉案" 的基础上基本形成了关于 "必要性" 检验的多个层级测试，利益比较与平衡法也在实践中逐渐成为主流。为了使一项政策被认为是 "必要的"，专家组或上诉机构可能要求满足以下所有条件：（a）政策目标必须是合法的（由专家组或上诉机构确定）；（b）政策措施必须有助于实现合法目标（在专家组或上诉机构看来）；（c）政策措施的贸易限制性不得超过实现合法目标的需要（满足这一检验标准的确切要求是一个动态的目标，上诉机构将随着时间的推移 "演进性" 地持续定义）②。在 "美国博彩案" 中，美国援引了 GATS 第 14 条（a）款公共道德例外进行抗辩，其认为 "远程供应提供的赌博特别容易受到各种形式的犯罪活动，特别是有组织犯罪的影响。维持个人及其财产不受有组织犯罪破坏性影响的社会，既是一个'公共道德'问题，也是一个'公共秩序'问题。" 美国进一步指出，有关赌博的法律 "对于确保遵守有组织犯罪活动所违反的所有与世贸组织一致的美国刑事法律是必要的。" 而专家组认为，美国没有充分探索和用尽其赌博法的与 WTO 一致的替代办法，因此没有达到所声称的 "必要性" 门槛。③

实践中对 WTO "公共道德例外" 条款的援引通常是 "无功而返"，在这个角度上看来 "公共道德例外" 条款似乎很难为国内政策提供有效保障。WTO 一揽子协定既没有完全明确 "必要" 的内涵，也没有明确具体判断方式，关于 "必要性" 的测试很大程度上依赖于 WTO 争端解决

---

① See 书稿案号表 16, paras. 152–185.

② See 书稿案号表 16, paras. 152–185.

③ See 书稿案号表 1, paras. 6. 455–6. 535.

机构的法律解释和自由裁量，暗含于专家组和上诉机构在具体案件裁决报告中的司法理念。①为此，许多学者对上诉机构关于判定"必要性"测试的做法提出了批评，他们认为成员方倾向于利用自己的价值体系来判断所提出的政策目标是否符合公共道德价值，上诉机构在考察"必要性"测试要素时表现出了不透明的案件推理情况，有必要对专家组和上诉机构在判定"必要性"测试方面限制其自由裁量权。而晚近达成的自由贸易协定关于一般例外条款设置的"必要性"测试则为 WTO"公共道德例外"条款提供了可借鉴范本。

RCEP 在第 15 条的"合法公共政策目标例外"文本中通过脚注特别强调了，"缔约方确认实施此合法的公共政策的必要性应当由实施的缔约方决定"，由此表明了关于某项措施的施行者也成为了该措施必要性的最终判定者。而 WTO"公共道德例外"条款中就未出现"缔约方认为……"的字样，这也是 RCEP 区别于 WTO"公共道德例外"条款的最鲜明的特征。不论是 GATT 还是 GATS 的一般例外，都不允许缔约方自行认定涉诉措施是否服务于某一目标所必需，而是必需经过 WTO 司法程序的裁定。RCEP 中的"基本安全例外"条款设置则更为简单，凡缔约方认为是保护其基本安全利益所必需的措施，均可豁免 RCEP 对数据跨境自由流动的要求，同样允许缔约方对行为的必要性自行裁决。由此可以看出，相较于 GATT 和 GATS 一般例外条款而言，RCEP 更加倾向于尊重、保护成员方的权力。②WTO 争端解决机构在分析"必要性"测试时可以适当考虑赋予成员方一定的自我判断性质，而不是进行完全侵入性的"必要性"测试分析，一定程度上也能够更加尊重和保护与公共道德有关的政策措施。当然，有关适用的边界专家组和上诉机构还是能够予以一定的把关，加之一般例外条款的序言要求仍然适用，因此也可避免"公共道德例外"被滥用的情形。③

在推动数字贸易自由化发展的应然趋势下，为促进数据保护，各国

---

① 参见张明："国际贸易法视阈下数据本地化措施的边界及其协调——以《个人信息保护法》为切入点"，载《南大法学》2021 年第 6 期。

② 参见赵海乐："RCEP 争端解决机制对数据跨境流动问题的适用与中国因应"，载《武大国际法评论》2021 年第 6 期。

③ See Daniel Rangel, "WTO General Exceptions: Trade Law's Faulty Ivory Tower", *Public Citizen's Global Trade Watch*, 2022, pp. 1–30.

给予不同的政策考量而采取了不同程度的数字本地化措施作为国内监管的有效保障。CPTPP、USMCA 等在内的自由贸易协定先后都将致力于实现"良好监管实践"等内容纳入其中，类似于 WTO "必要性"测试，但"良好监管实践"更体现出了对 WTO "必要性"测试的发展与更新。以 CPTPP 为例，监管影响评估包括对监管建议的必要性、可行的替代方案和措施及其可以实现政策目标的理由、信息公开等进行审查。①监管影响评估机制在包含"必要性"测试的同时也实现了进阶性的发展，可通过程序的指引来制定平衡成员方利益与国际条约义务的国内监管措施。WTO 可以考虑在借鉴监管影响评估机制的基础上对"必要性"测试标准进行完善。

当前，面对 WTO 上诉机构停摆困境的解决之道就是要设计更加优良的制度，将有关法律解释的权利适当回归成员方，以保证不增加或减少成员方的权利义务，从而设立一个更具有效率的 WTO 立法和权威解释机制。新近的自由贸易协定相比 WTO 争端解决机制而言，其适用范围都在缩小，解决争端的方式则向自由协商方向靠拢，弱化了法庭仲裁功能，放权至缔约方。②可以看出国际争端解决机制的力量正在回缩，反而更加倚重国家之间的谈判，未来更需要的是一个具有灵活程序和约束力更小的国际争端解决机制，而这样的机制才能走得更加长久。③对 DSB 在"必要性"测试问题上的自由裁量权限制在一定程度上也体现了这种趋势。

二、中国视角下援引"公共道德例外"条款的因应之策

自加入 WTO 至今，中国经济涉及的各个层面越来越广泛、也越来越深刻地融入国际贸易竞争之中，WTO 规则作为当今多边贸易体制的集大成者，是我国建构自身多种产业政策法规体系的主要国际法依据。对中国来说，在面对复杂多变的国家贸易体制以及贸易自由化呼声时，尤其

---

① See CPTPP, Chapter 25, Article 25. 5. 2: "…regulatory impact assessments conducted by a Party should, among other things: …".
② 参见李杨、尹紫伊："美国对 WTO 争端解决机制的不满与改革诉求"，载《国际贸易》2020 年第 7 期。
③ 参见孙嘉珣："世界贸易组织争端解决机制的'造法'困境"，载《国际法研究》2022 年第 2 期。

要注重保护与开放的平衡拿捏。在 WTO "公共道德例外" 条款框架内寻找合规空间，重视对国际与区域环境的研究，努力与之保持协调，进一步在双边、区域与多边规则谈判中寻找规则制定的主导权和话语权；同时也要在既有贸易争端中汲取经验，更加从容地应对部分国家滥用 "公共道德例外" 条款实施不合理贸易限制措施的行为。

（一）尽快完善相关的国内法规范

中国在 WTO 涉及越来越多的贸易争端，其中关涉的一个焦点问题就是关于 WTO "公共道德例外" 条款的适用。鉴于 WTO 一般例外条款的严格适用条件，"公共道德例外" 条款似乎成为了规制实施方最后的救命稻草。信息技术发展塑造 21 世纪经济新格局，全面推动数字贸易的蓬勃发展，为了更好地平衡良好的数据保护与跨境数据自由流动之间的紧张关系，作为灵活性规则的例外条款在数字经济时代继续发挥着特殊的制度功能。一般例外条款关于保护 "公共道德" 的规定正是与我国制定符合本国利益的数字贸易规制措施的观念不谋而合。但是，随着西方政府对华单边贸易保护主义行动的不断升级，中美贸易摩擦日益激烈，而我国在 WTO 争端中被诉和败诉情况也有所增加，"中美出版物市场准入案" 的提起与处理也让我们更加清楚地意识到中国有关涉外贸易措施在合规性建设方面的不足，还应当进一步完善相应的国内法律规范，增强有关法律政策措施的合规性。[1]

从 "中美出版物市场准入案" 来看，我国有关政策法规的制定和实施，不仅要在 WTO 规则内寻求合规空间，同时也要与我国的相关入世承诺相吻合。一旦入世时没有对相关产业作出适当的限制，那么后期国内对外商所实施的有关贸易限制措施就可能会面临违反 WTO 规则的风险。本案对中国的影响不仅表现为执行裁决的措施，在某种程度上也加速了我国国内法规政策与 WTO 规则之间的合规性机制建设。中国在应对规制措施违规风险及争端中，更多地是援引例外规则进行抗辩，因此各级政府和部门在出台有关贸易政策和措施时，应当将其是否与 WTO 规则保持一致性作为重要的审查事项。

由前文可知，要成功援用 "公共道德例外" 条款，须依次完成三个

---

[1] 参见彭德雷：《皇冠上的明珠——WTO 争端解决机制的理论、实践与未来》，上海人民出版社 2020 年版，第 233 页。

步骤:第一,需要证明所主张保护的利益属于公共道德的范畴;第二,需证明涉诉措施是为保护公共道德所"必需的",具体包括涉诉措施所保护公共道德利益的重要性、涉诉措施对保护公共道德的贡献度及涉诉措施对国际贸易的限制性影响;第三,需证明涉诉措施符合序言要求,即在相同情形国家之间不构成"任意的、不合理的"歧视和"变相的限制"。为了能够更顺利地适用 WTO "公共道德例外"条款来维护我国的合法贸易权益,就必须满足这三个方面的检验要求,为此,中国政府应注重立法技巧,完善相应法律法规,为顺利通过上述三个层次的检验打好立法基础。

首先,依据"美国博彩案",专家组和上诉机构都强调应给予 WTO 成员一定的决定公共道德保护范围及保护水平的自由权利①,尔后在其他涉及 WTO "公共道德"例外条款的案例中也延续了该定义。就"美国博彩案"和"中美出版物市场准入案"而言,由于涉诉措施所主张保护的利益属于传统"公共道德"的范畴,争端双方对此争议不大。譬如,在"中美出版物市场准入案"中,中国主张对进口出版物实施内容审查是为了保护公共道德(防止涉及暴力、色情等因素的文化产品流入中国市场)。对此,美国亦没有异议。因此,DSB 最大化地尊重了成员的政策选择,并没有对公共道德的含义和范围作过多的阐述,并体现出在公共道德内涵方面给予成员一定自主决定权的倾向②。如前所述,中国历来重视对传统公共道德的保护,DSB 的上述做法显然有利于中国援用 GATT 第 20 条(a)款和 GATS 第 14 条(a)款来保护我国的公共道德。但是"欧盟海豹产品案"的出现打破了这一切的平静,该案作为上诉机构认定动物福利属于"公共道德"问题的第一案③,不仅引起了争端双方对"公共道德"认定的分歧,也引起了国际法学界众多争议。而后"公共道德"的模糊性在"巴西关税措施案"再次得以体现,DSB 将巴西所主张的"数字鸿沟"也认定为"公共道德",混淆了公共关切、公共政策及公共道德之间的界限④。DSB 的这一立场使得 WTO 成员声称的任何关于"公共道德"的内涵都可能会被认可,"公共道德"内涵随着时代的

---

① See 书稿案号表 1, para. 6. 461; See 书稿案号表 2, paras. 293-299.
② See 书稿案号表 3, paras. 7. 708-7. 909.
③ See 书稿案号表 6, paras. 5. 3-6. 2.
④ See 书稿案号表 9, para. 7. 568.

变化在不断扩大，甚至是为 "公共道德例外" 条款的滥用埋下伏笔。①为了防止WTO "公共道德例外" 条款被过于宽泛地解释，专家组还应当对该条款予以更清晰的解释。这对我国在应对他国过度扩大解释 "公共道德" 内涵具有重要作用。对于解释适度限制的路径，上文已作了分析，在此不多赘述。

在 "美国博彩案" 中，上诉机构亦强调，是依据美国国内的立法文件确立了涉诉措施 "意在" 保护公共道德②。据此可知，被诉方国内有关立法程序和文件是确立涉诉措施与公共道德联系的有力证据。此外，在 "中美出版物市场准入案" 中，上诉机构已经将GATT第20条的范围扩展到了GATT协定之外③，因而中国在一系列的入世文件下也能援用GATT第20条 "公共道德例外" 条款主张免责，但要证明涉诉措施与贸易管理权具有本质联系。上诉机构在考察是否存在这种本质联系时，除了考虑涉案措施本身，还需要结合涉案措施所处的法律文件整体。因此，中国可以尝试通过立法设计，将国内的有关规则与WTO "公共道德例外" 条款建立有机联系。目前，全国人民代表大会立法和国务院行政立法在阐述立法依据时，通常使用的表述是 "依据宪法"，而在阐述立法目的时，则往往只注重使用一些抽象但在法律上无实际意义的习惯用语，如 "为促进对外文化交流" "为丰富人们群众文化生活" 等。④其实，作为WTO成员，中国不妨在立法中加入 "为切实履行WTO义务" "为保护公共道德" "为维护公共秩序" 以及 "为了行使对贸易的管理权" 等表述。在中国援引该条款时，这样的表述至少可以构成形式上的证据，便于确立措施与 "公共道德例外" 项目之间的联系⑤。

---

① See Alexia Herwig, "Too much Zeal on Seals? Animal Welfare, Public Morals, and Consumer Ethics at the Bar of the WTO", *World Trade Review*, Vol. 15, No. 5, 2016, p. 122.

② See 书稿案号表2, paras. 266-369.

③ See 书稿案号表4, paras. 205-337.

④ 如《出版管理条例》（2001年）第1条规定："为了加强对出版活动的管理，发展和繁荣有中国特色社会主义出版事业，保障公民依法行使出版自由的权利，促进社会主义精神文明和物质文明建设，根据宪法，制定本条例。"《音像制品管理条例》（2001年）第1条规定："为了加强音像制品的管理，促进音像事业的健康发展和繁荣，丰富人民群众的文化生活，促进社会主义物质文明和精神文明建设，制定本条例。"《电影管理条例》（2001年）第1条规定："为了加强对电影行业的管理，发展和繁荣电影事业，满足人民群众文化生活需要，促进社会主义物质文明和精神文明建设，制定本条例。" 等。

⑤ 由于其他例外条款也具有类似特点，因而，本方法对其他例外条款也有参考价值。

其次，公共道德利益显然具备重要性，对于这一点 DSB 从来都不否认，因而也无需在立法中再单独强调。但为了符合"必要性"要求的其他两项检测标准，则需要避免在立法中出现明显带有"歧视性"或"任意性"的词语及倾向，否则将很容易被 DSB 认定为不是保护公共道德所"必需的"。譬如，在"中美出版物市场准入案"中，上诉机构就认为，无论采用哪一种方式来理解中国的观点，也无法得出"'国有企业'要求会对保护公共道德起到更重要作用"的结论，因而上诉机构认为，专家组关于国有独资企业要求的裁决没有错误，并驳回了中国的上诉①。

最后，为了满足序言部分的要求，就不应在相同情形的国家之间构成"任意的、不合理的"歧视或"变相的限制"。依据上诉机构在"美国博彩案"中的观点，对有关涉诉措施的"非歧视性"判断应着重从涉诉措施（相关的三部法律）的用词进行分析②。因而，一旦某项措施从形式上看就是带有"歧视性"的，则很难通过"序言"的检测。而中国的很多立法恰好就带有这种表明的"歧视性"。譬如，在"中美出版物市场准入案"中，中国当时的涉诉措施（相关立法）就在措辞上体现了内外有别的管理模式：规定出版物进口经营单位必须是独资企业，禁止外资企业从事报纸、期刊、音像制品、电子出版物的进口等。类似这种规定将很难成功通过"公共道德例外"条款的对应考察。从该案来看，"非歧视"要求构成了我国文化产品内容审查制度国际合法性的衡量标准，未来完善我国有关内容审查制度也将趋向于加强管理规范的透明度和管理程序的正当性。③中国在实施有关贸易限制措施时有必要考虑该条款的法律适用和已有争端案例的指引，需要证明其在保护"公共道德"时不存在"任意或不合理歧视"以及对"贸易的变相限制"。

与此同时，在"中美出版物市场准入案"中，中国涉诉措施中只有关于"合适的机构和合格的人员"以及"国家计划"等标准规定近乎顺利地通过了"必要性"检测④，主要因为中国在举证环节的疏忽才导致最终的失利。借鉴此次经验，我们可以采用一种较为灵活的立法方式，

---

① See 书稿案号表 4，paras. 234-269.

② See 书稿案号表 2，paras. 338-369.

③ 参见马冉:《贸易自由化背景下我国文化产业政策法规的发展与改革》，法律出版社 2021 年版，第 149 页。

④ See 书稿案号表 3，paras. 7. 782-7. 911.

一样可以做到"殊途同归"，即删除我国立法中"内外有别"的带有明显歧视性的表述方式，转而设定一些只有国有企业才能达到或较为容易具备的条件与标准，如资产要求、资质要求、人员要求、从事相关行业年限要求、分支机构分布要求等。①这样的规定才更易通过 DSB 关于"必要性"和"序言"的检测，当然申诉方也可能主张其构成"变相的限制"，然而，这样的主张需要申诉方举证说明，同时中国也可以据理辩驳、反击，如此一来，中国就可以化被动为主动，大大增加胜诉的几率。

（二）保持对 WTO 争端解决中举证环节的高度重视

在 WTO 争端解决过程中，专家组和上诉机构的审查首先依赖的是当事方就法律和事实问题提交的陈述和证据材料，因而简明扼要、有说服力的法律陈述和依法律规则适当展示的事实材料是成功申诉和应诉的基本前提。"中国诉美国'301 关税措施'案"深刻表明了在援引 WTO "公共道德例外"条款时充分举证的重要性，专家组认为美国并没有提出足够的证据证明加征关税措施与公共道德之间的关系，特别是没有证据说明加征关税后产品的进口能否有利于公共道德，也未能说明加征关税措施是如何有助于保护公共道德的 ②。而中国在"中美出版物市场准入案"中的失利，直接暴露出中国在举证等环节上存在诸多不足。在该案专家组的报告中，中方存在提供证据不充分、举证未直接针对"焦点问题"、有时甚至干脆表示"无法提供"等问题 ③。具体而言，包括针对国家计划的内容、内容审查给进口商造成的实际成本负担、替代措施给中国带来的改造成本和技术困难等问题。另外，在中国参与的其他WTO 案件中也存在类似问题。这充分说明，中国在参与 DSB 争端解决活动的过程中，对举证责任的事先认识不够、准备不充分，从而扩大了败诉的风险。为了充分地利用 WTO 规则维护中国权益，运用 DSB 发展和保护本国利益，诉讼证据的作用必须被重视。

为了充分运用"公共道德例外"条款捍卫正当权益，中方首先要熟悉 DSB 争端解决过程中的各个环节。在专家组程序中，申诉方和被诉方通常在第一次书面陈述和第一次实质性会议中阐明观点、提供论据、进

---

① 参见刘瑛："GATT 第 20 条（a）项公共道德例外条款之研究——以'中美出版物和视听产品案'为视角"，载《法商研究》2010 年第 4 期。

② See 书稿案号表 17，pp. 34–64.

③ See 书稿案号表 3，pp. 18–31，38–43，57–69，77–84，271–310.

行论证，并针对在第一次实质性会议上的专家组问题，相互提问、交叉质证中暴露的问题作第二次书面陈述和参加第二次实质性会议。而一旦案件进入上诉机构程序，原则上就不再接受新的证据材料。中方要想赢得诉讼，就必须成功援引"公共道德例外"条款，就必须承担主要的举证责任。首先，需要证明涉诉措施满足"必需"要求的三个要素，并对对方提出的替代措施进行反驳。其次，要证明涉诉措施满足序言的要求。在这两个步骤中，举证的多样性和充分性是决定成功的关键。譬如，中国在违背中国入世承诺时也可援用"公共道德例外"条款进行抗辩，但需证明中方涉诉措施与我国"管理贸易的权利"有着本质联系。上诉机构会结合涉案措施本身，以及其所关涉的法律文件整体来进行考察。中方在搜集证据时，除涉案条款、条款所在法律文件外，还可将立法背景、筹备过程中的官方文件和陈述、执行过程中的官方言论等都列入其中，以争取确立足够联系。这在 DSB 已决判例中也是当事方的通常做法。

此外，还应重视回答专家组的书面问题。书面回答是补充证据的良机，并将直接成为 DSB 进行分析和作出报告的依据。在"中美出版物市场准入案"中，中国却没有充分认识到其重要性。譬如，专家组要求中国解释仅有国有独资企业满足 2001 年《出版管理条例》第 42 条第 4 款要求的原因时，中国只是简短地回答——"原因同上"，即内容审查是一项公共政策职能，且成本高昂。正是由于中国屡次提到成本问题，直接导致专家组将分析的重心放在了成本分析上而忽略了公共政策部分。同时，又因中国提供的成本信息证据不够充分，专家组最终裁定中国败诉。"细节决定成败"，对举证环节的忽视，往往是败诉的前奏曲，在 DSB 程序中尤其如此。

在举证技巧方面，中国应充分向竞争对手美国学习。在"中美出版物市场准入案"中，美国作为申诉方，原本属于举证责任较轻的一方，但美国不仅提供了本国来源的证据，还提出了一系列有关中国涉诉措施的证据，不但有法律法规、具体实践证明，还有大量数据和图表。中国在证据不足的情况下，在上诉程序中甚至援引美国提交的证据试图证明自己的观点。例如，中国曾援引美国提供的 2008 年实际的进口经营单位数量来证明中国涉诉措施对贸易的限制并不大，但这些证据本来是美国按照其思路和需要整理的，很难为我所用，证明力自然明显不足①。
DSB 的争端解决本质上是证据之战，因此，中国要高度重视举证问题。②
当然，尔后在"中国诉美国'301 关税措施'案"中，中国能够吸取前
列教训，作为申诉方，应对美国援引"公共道德例外"条款的抗辩，在
提出本国来源证据外，也对美国的涉诉措施进行举证，以证明加征关税
措施与公共道德之间并不存在联系，逻辑清晰，并且符合专家组进行量
化证据分析的要求，具有较强的证明③。

　　为了确保中国在 WTO 争端解决活动中成功举证，仅靠政府或某个部
门的力量是不够的，难以全面收集有关诉讼的信息，导致举证时有所缺
漏，影响诉讼效率。政府可逐步建立起与企业的公私合作关系，引导企
业参与到多边贸易体系的司法活动过程中，与政府参与形成互补。WTO
争端解决案件的成败关系着成千上万企业的发展前途，国家层面的 WTO
争端解决案件的解决，也必须得到企业强有力的支持与配合。在 WTO 框
架下，只有国家可以在 WTO 争端解决机制下提起诉讼，对企业而言也只
能由国家代表它们来争取利益。而在多边贸易救济中，企业常常会通过
雇用法律专家、律师的方式来帮助他们争取利益。企业在商界中所掌握
的重要的信息也构成了法律事实的基础，尤其是对于一场成功的 WTO 诉
讼而言，需要汇编更多的事实资料，而政府部门的资源有限，企业能够
为他们提供更大范围内的资源。企业最为了解目标国的市场准入和贸易
限制的主体，能够为一国的胜诉提供关键性的协助。④公共权力则会使得
企业手中的可利用资源更加广泛，政府和企业可以相互依赖完成各自的
目标。

　　除此之外，在"中国诉美国'301 关税措施'案"中，我们也应当
看到，面对当前美国的贸易保护主义，中国除了妥善利用 WTO 争端解决
机制以外，还可以充分利用美国国内行政和司法程序以减少贸易摩擦带
来的损失。鼓励受影响的中国企业参与美国国内的听证会，减少征税的

---

① See 书稿案号表 4，pp. 12–17，42–44，91–141.

② 参见刘瑛："GATT 第 20 条（a）项公共道德例外条款之研究——以'中美出版物和视听产
　品案'为视角"，载《法商研究》2010 年第 4 期。

③ See 书稿案号表 17，paras. 7. 37–7. 72.

④ See Gregory Shaffer，"The Public and the Private in International Trade Litigation"，*SSRN Elec-
　tronic Journal*，2002，p. 33.

范围，企业还可以针对美国政府部门滥用行政权利行为诉诸美国司法机构。①中方企业在参与国际贸易竞争的过程中实际上已经积累了较多的涉外诉讼经验，采取上述方式维权是具有可行性的。无疑，在 WTO 框架内，只有国家才能在 WTO 争端解决机制下提起诉讼，企业等私营部门只能依靠国家来代表他们的利益，因此在多边贸易救济中公私合作的互动是不容忽视的。

（三）妥善应对上诉机构危机解决中美贸易争端

上诉机构作为 WTO 争端解决机构的重要组成部分，在 2019 年 12 月 11 日首次遭遇 "停摆"，对整个争端解决机制产生了较大影响。正如 WTO 前上诉机构主席 Peter Vanden Bossche 所言，一旦上诉机构瘫痪，败诉方在多数情况下将对一审阶段的专家组裁决报告提出上诉，从而阻止裁决的生效。②"301 关税措施" 案是当前中国作为申诉方处于专家组裁决阶段的案件，美国试图援引 WTO "公共道德例外" 条款来证明其实施的加征关税措施具有合法性，但最终因证据不足而败诉。在上诉机构陷入瘫痪的情况下，美国仍于 2020 年 10 月 26 日就专家组报告向 DSB 提起上诉，本质上等同于 "对空气上诉"。中美双方的贸易战仍在继续，"中国诉美国 '301 关税措施' 案" 所作出的专家组裁决因美国的上诉以及上诉机构的停摆而被搁置了，致使该争端即便在纯粹法律层面也无法产生实质性的结果。本案作为中国诉美国关税系列案的第一案，本案对理解与适用 GATT 第 20 条（a）款的 "公共道德例外" 具有较大的借鉴意义，其背后所反映的根本核心问题更在于中国应如何在单边主义大行其道、WTO 上诉机构瘫痪的背景下，运用国际法规则，尽善尽美地维护自身合法权益，从容应对美国滥用 "301 条款" 以及试图援引例外条款免责所发起的种种挑战。面对美国的 "301 调查" 以及单边主义和保护主义思想，同时也面临着上诉机构的停摆困境，中国除了继续坚定维护多边主义体制和贸易全球化的理念外，还应熟练寻求国际法手段来解决中美贸易争端。

---

① 参见彭德雷：《皇冠上的明珠——WTO 争端解决机制的理论、实践与未来》，上海人民出版社 2020 年版，第 244 页。

② 参见 Peter Van den Bossche：“告别演讲：'历史不会原谅那些造成 WTO 争端解决机制崩溃的人'”，彭德雷译，载《国际经济法学刊》2019 年第 4 期。

1. 推进上诉机构尽快恢复运转

WTO 上诉机构在 2019 年停摆之后，又因全球新冠疫情蔓延导致 WTO 延后至 2022 年 6 月 12 日才召开第十二届部长级会议（MC12）。6 月 30 日，WTO 召开了第一次争端解决例会，然而在会议上美方操作依旧，第 55 次否决了重启上诉机构甄选程序的相关提案。但这一切并不意味着争端解决机制就此终结。作为多边贸易体制的受益者，中国亟须探讨在上诉机构瘫痪之后的应对之策，以应对成员间难以避免的贸易争端。由于美国正是造成本次上诉机构 "停摆" 的直接原因，所以短期内美国也不会选择采取新的上诉机构替代方案，也不会倾注诚意去推动恢复上诉机构的正常运行，反而企图利用这一停摆危机来为满足自身利益发展创造条件。WTO 成员方有上诉权利，但没有上诉机构，正如美国在 "中国诉美国 '301 关税措施' 案" 中那样，作为败诉方通过继续提起上诉的行为来妨碍专家组报告的通过，长此以往只会进一步恶化多边贸易体制发展。①中国联合欧盟、巴西、墨西哥等 WTO 成员积极推动构建了 MPIA，以代替上诉机构暂时解决相关问题，是多名成员通过积极磋商达成维护 WTO 争端解决机制目的的重大突破，②同时也彰显了包括中国在内的多个国家维护多边贸易体制的信心和意愿。但是，一个没有美国参与的临时性安排存在的不足也是显而易见的，坚持和维护多边贸易主义正是中国一贯的立场，也是世界上绝大多数国家共同的心声。值得注意的是，在此次 MC12 上，各方达成了《MC12 成果文件》，与会各方皆重申了要加强以 WTO 为核心的多边贸易体制，以及推进 WTO 的必要改革，其中就涉及如何解决目前争端解决机制下上诉机构的停摆问题，即 "各方承诺将在 2024 年前拥有一个全体成员均可使用的、充分的和运转良好的争端解决机制"。在 MC12 之后的第一次争端解决例会上，墨西哥代表绝大多数成员再次介绍了关于启动填补上诉机构法官职位空缺的遴选程序提案，也出现了更多的代表团支持上述 123 个成员的提案，重申 WTO 的 "两级争端解决机制" 之于维护多边贸易体系稳定以及实现可预测性

---

① 参见宋歌："重建常态化 WTO 上诉机构：以《多方临时上诉仲裁安排》实施为契机"，载《商事仲裁与调解》2021 年第 6 期。

② See Multi-Party Interim Appeal Arbitration Arrangement Pursuant to Article 25 of the DSU, available at https://images, mofcom. gov. cn/www/202004/20200430201543477. pdf, Last Visited on Jun. 20，2023.

的重要意义,同时也认识到了目前持续的僵局有损害到各成员方的商业利益和多边贸易体系的风险。因此未来对中国而言推动上诉机构的改革仍是需要持续关注的优先议题。

面对美国在内的非 MPIA 成员,则要采用其他模式来解决上诉案件。不过,MPIA 的设置并未刻意避开美国,反而将其考虑在内,同时也对其他国家保持开放态度。因此,大体上而言 MPIA 还是值得尊重并借鉴学习的。为避免我国陷入法律和政治上的不利局面,中国应当重视专家组在解决争端中的地位,即便专家组裁决未能最终生效,但依旧可以作为双边谈判中的筹码。而争端双方对专家组成员的选择是拥有一定决定权的,对专家做出公正合理判决也是有益的。另外,中国还应当推动专家组职权范围的创新。根据 DSU 第 7 条规定,专家组可以在其职权范围内行使职权,同时还存在"当事方另有议定"的空间。中国可以在此基础上加入相关要求,譬如,专家组在审理案件过程中应遵循先例,包括遵循上诉机关意见。①该举措可以保障专家组在解释规则方面的一致性,避免出现 WTO 规则解释碎片化现象,或对相同情况作出不同裁决,影响国际贸易裁决的公正性。如何同其他国家一起应对美国提出的这道 WTO 改革难题,并在该难题解决上发挥中国的领导力和话语权,正在考验着中国智慧。上诉机制相对于仲裁机制而言更具有稳定,MPIA 在运行过程也会反映出裁决随意、风险大等缺陷,因此中国还应当在防止 WTO 争端解决机制受到系统性破坏的前提下,推动 WTO 改革,直到恢复上诉机制。

从长远看来,要打破 WTO 目前的僵局,不能仅仅局限于 WTO 成员内部就某些事项达成一致意见或取得共识,更重要的是要在把握全球治理体系快速变革的时代发展趋向下推动多边贸易体制改革。②那么包括上诉机构在内的 WTO 改革必须考虑其与各方需求的相互适应问题。③譬如各成员方当前所讨论的关于数字贸易、跨境数据流动、金融服务等议题都能够反映经济全球发展背景对国际经贸规则所提出的要求,而 WTO 改革也要在更广泛层面涵盖这些要求。就这些议题而言,中国也是重要的利益攸关方,因此也要致力于推进这些规则的制定和更新,使有关规则

---

① 参见都亳:"上诉机构停摆后的 WTO 争端解决",载《南大法学》2021 年第 1 期。

② 参见于鹏:"WTO 争端解决机制危机:原因、进展及前景",载《国际贸易》2019 年第 5 期。

③ See Weihuan Zhou, Henry Gao, "Overreaching" or "Overreacting"? Reflections on the Judicial Function and Approaches of WTO Appellater Body, *Journal of World Trade*, Vol. 53, No. 6, 2019.

更加吻合中国未来发展方向。对于一些符合中国基本立场和核心关切的问题，可以持开放态度参与磋商谈判，主动提出有关主张。而对于一些具有明显歧视性要求的条款，中国必须予以严厉抵制。[①]同时也要防止类似像美国这样以 WTO 改革之名行贸易保护主义之实的行径。所以，即使当前的 WTO 改革面临严峻挑战，但只要各成员方能够保持开展紧密国际合作、维护国际贸易秩序的初心，那就有信心在各成员方的共同努力下使得 WTO 争端解决机制重焕生机。

与此同时，我们也要看到，美国其实也并不是从根本上就排斥上诉机制，上诉机构如果长期处于 "停摆" 状态也不符合美国发展的长远利益。譬如，美国早在 2002 年出台的《贸易促进授权法案》中就曾考虑过建立一个上诉机构或类似机制来促进协定之解释与适用的一致性。[②]2012 年《美国双边投资协定》范本也保留了关于上诉机制的条款。[③]截至 2019 年底，美国也还有作为原告的 7 个案件处于专家组审理阶段。就如美国在 "中国诉美国 '301 关税措施' 案" 中所提出的上诉请求一般，也难以保证其他国家不会在败诉之后同美国一样就其败诉案件提起上诉，那么美国的胜诉裁决也就难以生效，对美国而言也将面临上诉机构停摆所带来的不利后果，也会面临不能通过争端解决机制行使自身权利的困境，由此也可能引起美国推动恢复上诉机构的态度转变。

2. 应对中美贸易摩擦实施反制措施

"中国诉美国 '301 关税措施' 案" 实际上是前期中美贸易战的集中反映，是中国为维护自身权益所采取的反制措施。美国政府一意孤行的制裁措施，试图寻找借口以掩盖自己的不法行径，并援引 WTO "公共道德例外" 条款来为自己寻找免责理由，当然这样的援引条款成功的可能性是微乎其微。对此，中国应当结合关税、技术保护限制等实施相应的反制裁措施以维护自身利益，这也是中国对策的最后一道防线。

首先，中国应当毫不示弱地实施对等反制。美国依据 "301 条款" 指责中国在知识产权领域的商业秘密保护不足行为对美国造成损害，但实际上随着中国改革的逐步推进，对知识产权的保护也越来越全面，《中

---

① 参见都亮："上诉机构停摆后的 WTO 争端解决"，载《南大法学》2021 年第 1 期。
② 参见刘笋："建立国际投资仲裁的上诉机制问题析评"，载《现代法学》2009 年第 5 期。
③ 参见朱明新："美式新旧双边投资协定范本比较研究"，载《北方法学》2015 年第 6 期。

华人民共和国反不正当竞争法》的出台更在很大程度上强化了对商业秘密的保护力度。该法经过更新之后，在原有仅保护具有"积极价值"的商业秘密的基础上，增加了对没有"积极价值"而具有"消极价值"的商业秘密的保护。例如一些失败的研究数据、经营方式等同样耗费了研发人员大量的精力、财力，具有潜在的需要予以保护的价值，也值得进行法律保护。如前所述美国对《中华人民共和国技术进出口管理条例》第 23 条和第 26 条的无端指责，实质上体现了其理解偏差的错误。该条例是基于我国在当时整体处于技术进口市场上的劣势地位和缺乏谈判能力的前提下出台的，具有相应的可取性。基于此，我国可以根据《对外贸易法》第 7 条的规定，视情况实施反制措施，据理力争。

其次，可以依靠 WTO 争端解决机制甚至是美国国内法进行反制。"中国诉美国'301 关税措施'案"因美国的上诉而导致专家组裁决被搁置，该案还未能终结，未来中国还应当继续依靠 WTO 争端解决机制来维护自身权益。美国所奉行的单边主义措施实际上已经遭致多个国家的不满，中国可以抓住这样的国际局势，联合这些国家，通过 WTO 争端解决机制来推动中美贸易摩擦的解决。以此彰显中国在 WTO 多边贸易体系中的大国风范，同时也将美国破坏 WTO 多边贸易体制的行为暴露于世人之前。另外，美国通过制裁措施威慑中国，只是一种手段，而非目的，而美国贸然的加征关税行为无疑会对中美贸易产生重大影响，因此中美双方还是应当进行冷静分析和理性应对，而磋商谈判也不失为一剂良方。专家组在"中国诉美国'301 关税措施'案"中也鼓励中美双方继续努力以解决争端所涉及的相关问题。①中国也正在积极寻找其他解决方式与美国进行沟通和磋商，必要时也可以借助美国的国内法机制进行有效解决。

最后，与其他国家建立利益共同体以摆脱对美国市场的依赖。中国与美国之间爆发的贸易战更多的是由双方的贸易逆差所引起的，对此中国也应当深刻认识到美国在国际贸易领域的霸权主义思想。②而要想在国

---

① 参见杨博："WTO 关于我国诉美 301 关税措施案裁决的启示及影响"，载《中国物价》2021 年第 3 期。

② 项目组已做相关研究，参见刘建江：《美国贸易逆差研究》，北京大学出版社 2017 年版；刘建江："特朗普政府发动对华贸易战的三维成因"，载《武汉大学学报（哲学社会科学版）》2018 年第 5 期；刘建江等："美元霸权基础的动摇与美国应对战略探析"，载《国际展望》2016 年第 3 期。

际贸易领域不受制于人,还应当从根源上加强自己的经贸实力,开拓国际市场。以本次贸易摩擦为契机,中国应当进一步全面审视本国在全球市场中的格局和地位,积极挖掘潜在的国际贸易市场。

新冠肺炎疫情对国际经贸关系造成重大冲击,更加突显了国际合作和全球经贸规则完善的重要意义与重大价值。对此,中国要如何在这场危机中展现中国智慧,积极主动破解美方难题,并在 WTO 改革中发挥领导力,对中国而言是个巨大考验。

(四)积极寻求多边合作引导国际规则的重构

中国自入世以来,应对了越来越多的起诉,争议对象也从传统的货物贸易领域演变至知识产权、服务贸易及数字贸易领域,文化产业也日渐成为国家的战略性产业。随着全球化的加深,各国之间在不同领域的贸易日益频繁,有交往就难免产生矛盾,在矛盾产生时,除了通过提起诉讼的方式来解决这些贸易争端,还可以采用协商、调解等多元的非法律手段来解决矛盾。我国经过多年的快速发展,已然成为了国际贸易大国。但作为发展中国家相较于某些发达国家而言仍然存在差距,尤其是在国际服务贸易方面的能力还需要进一步提高。中国未来势必需要更多地援引"公共道德例外"条款或其它一般例外条款来维护本国的特定政策目标,以保障国家安全。除了要善于利用国际法手段之外,在经济全球化的背景之下,更要关注各国之间的合作重要性。中国面对国内所追求的有关公共道德价值,可以通过推动国际合作的方式维护公共道德利益,这既有利于避免相关贸易争端,也有利于扩大中国在某些领域的话语权。

包括在最新的"中国诉美国'301 关税措施'案"中,WTO 专家组虽然在作出的最终裁决中肯定地保护了我国的合法权益,也认定了美国违背国际规则的事实。但不可否认的是,专家组即使做出了符合中方利益的裁决结果,但在裁决报告中的某些措施中也明显反映了 WTO 方的中立立场,甚至也肯定了美国措施的一些法律依据。由此可见,现有的国际规则对像美国那样的发达国家来说更具有倾向性,可能导致国际规则被利用的不合理性。因此,面对本次的"301 调查",中国还应当积极将问题置于谈判桌之上,通过谈判的形式尽可能地降低负面影响。"301 调查"带有浓厚的单边主义、贸易保护主义倾向,明显违反国际公约所确立的纠纷解决机制。基于此,中国更应当充分利用以 WTO 为代表的国际规则，来改变逆全球化现象，建立公正有效的新国际规则。即使现阶段美国单边主义大行其道，但始终还是无法摆脱 WTO 的广泛影响力。面对美国的制裁，WTO 规则对中国而言仍是一个可行且有效的回应措施。

无论是面对美国的制裁措施，还是滥用 WTO "公共道德例外" 条款推行贸易保护主义的行径，我国要多措并举地维护自身合法权益，广泛团结国际社会力量，尤其是要加强与广大发展中经济体的国际合作，推动现有国际规则和全球贸易治理体系朝着更加公正合理的方向前进，推动全球化，树立中国优秀的国际形象。此外，中美双方所产生的贸易摩擦也使得我国应该警觉美国在国际贸易领域的霸权主义倾向。对此我国应当进一步审查当前在国际市场中的布局，通过寻求国际合作的方式力求挖掘潜在的国际贸易市场，并向更多发达国家市场挺进，以此来减少对美国的依赖，也才能进一步彻底瓦解美国的贸易霸权主义。我国今后势必要在增强内需的基础上，依靠 "一带一路" 等国际合作方式积极拓展海外市场，以此来打造更加强大的经贸共同体，增强自身在国际经贸领域的话语权，才能真正摆脱美国的单边主义、霸权主义侵扰。即使拜登上台后，一再宣称要制定和实施以工人为中心的贸易政策。而美国对华实施的 "301 关税政策" 绝对不是工人友好型的贸易政策，同时也会给美国的产业、消费者和宏观经济带来的巨大损害。[①]实践证明，损人利己的贸易保护政策在全球价值链时代已不具备可行性，即便是美国此等强国也力不从心。中美竞争或许无法避免，但不应当企图通过竞争伤害对方，而应以自身强大为依托。各成员方应当以 WTO 规则为基础，在多边贸易体系下开展理性竞争，中国也应立足于国内外 "双循环" 新格局，推动内外均衡的国际贸易规则。[②]此外，后疫情时代的贸易保护还将可能进一步加剧，中国亟需做好多边贸易体制的坚定维护者，积极推动 WTO 改革，也要继续推进和参与国际规则重构以应对贸易保护主义，提升中国在国际规则中的话语权。

---

① 参见屠新泉："美国应尽快全面取消对华 301 关税"，载《环球时报》2021 年 6 月 18 日，第 15 版。
② 参见唐宜红、张鹏杨："后疫情时代全球贸易保护主义发展趋势及中国应对策略"，载《国际贸易》2020 年第 11 期。

结　语

在对 WTO "公共道德例外"条款的发展现状进行梳理的基础上，挖掘出一些关键问题并积极思考，由此还需要回归到对该条款法理基础、解释方法、适用条件和范围等基本理论的全面分析，以此来提出相应的发展对策。本书的最后得出以下几点认识：

第一，通过分析"公共道德例外"条款的含义、特征、法理基础、制定过程，并梳理了 DSB 关于该条款的经典裁决，比较分析了该条款与国际投资领域的非排除措施条款的差异，发现 WTO "公共道德例外"条款的存在虽有其法理基础，但其内涵自制定以来就模糊不清。

第二，针对"公共道德"内涵模糊、界定主体不明确等问题，应以 DSB 解释"模糊条款"的法律依据和法律方法为指导。通过比较分析《公约》规定、DSB 对该条款的解释和适用情况可知：一方面，DSB 在"美国博彩案"中认为，各国具有一定的决定公共道德范围的权利；另一方面，学者们对此意见不一：国内绝大多数学者认为，公共道德的范畴应由各国自由决定，而国外许多学者却认为，DSB 并未裁定公共道德只能由各国决定。[①]事实上，从一些成员方有代表性的立法和司法实践看，在传统"公共道德"内涵及概念的理解上较为一致，但对其新扩展的内涵意见却不一致，尽管基于地域、历史、文化或政治等原因而可能存在一些区域性的共识。结合 DSB 所受理的涉及"公共道德例外"条款的多个案件的共同背景，发现"公共道德"范畴随着时间、空间的变化而被不断扩大，对此本书主张，对于传统"公共道德"范畴内的事项可

[①]　Mark Wu、Marwell 等都认为"美国博彩案"中专家组和上诉机构并没有确定公共道德应该由谁界定。See Jeremy C. Marwell, Trade and Morality: The WTO Public Morals Exception after Gambling, *New York University Law Review*, Vol. 81, No. 2, 2006, also see Mark Wu, "Free Trade and the Protection of Public Morals: An Analysis of the Newly Emerging Public Morals Clause Doctrine", *The Yale Journal of International Law*, Vol. 33, No. 1, 2008.

由各国自主决定。但鉴于目前美国等发达国家存在极力主张将人权、（监狱以外）劳工标准、动物福利、数字鸿沟等纳入"公共道德"内涵的动向，本书意识到：公共道德扩展的内涵应由国际社会共同确定，或至少不能由贸易争端方单独确定，因为"任何人不能做自己案件的法官"，否则违反程序正义，无"公允"可言。

因此，对公共道德内涵及界定主体的确定应分两步走：其一，在证明一项公共道德已被国内民众广泛承认的基础上，"公共道德"传统范畴内的事项可由各国自主决定；其二，公共道德的内涵可随时间和空间的变化而发展，包括动物福利、涵摄进有限人权（如禁止种族、宗教和性别歧视，禁止奴隶贸易，结社权以及禁止强迫劳动和剥削童工，但不包括对人的生命或对监狱劳动者的限制等），但这种扩展应该极其谨慎，尤其需要获得国际社会的认同，由国际社会保护，而不由单方决定。此外，由于人权法与贸易法在"公共道德"上的交叉之处，且人权法相较于贸易法而言在该层面上存在更多判例法，因此本书主张可将人权法和贸易法结合起来，有助于对"公共道德"内涵的清晰界定。

第三，随着社会发展的不断演进，"公共道德"的范围被进一步拓展至人权保护、动物福利、数字贸易等多领域之中。首先，鉴于人权价值的敏感性和复杂性，"公共道德例外"条款在该领域的发展适用虽无法避免，但也必须以十分谨慎的态度对待。其次，将"公共道德"范畴拓展至动物福利这一非人类公共道德领域，具有极大的突破性，但也引发各方争议。面对"公共道德"内涵的不断扩容，过于宽泛的定义显然不可取，因此还应当设立一种更严谨的解释路径以防止对"公共道德"内涵的泛化解读风险。最后，这些最新适用发展反映出了当前全球经济从货物贸易逐渐向服务贸易转变的数字经济时代已经到来，包括"公共道德"例外条款在内的例外规则也顺势成为数字贸易规制的保护伞，而WTO体制内尚未形成系统性的数字贸易规制体系，改革迫在眉睫。

由此，在公共道德的范围可能扩展至人权、动物福利等价值后，基于人权价值保护等实施的贸易限制措施的合法性更为复杂，须从三个方面的要素进行考量：其一，措施实施国所主张的人权等非贸易价值是否属于国际条约规定的范畴；其二，措施实施国是否能基于保护域外相关非贸易价值的理由主张贸易限制措施，从而实质上享有了域外管辖权；其三，依据"公共道德例外"条款所实施的贸易限制措施是否符合"必要性"和"非歧视性"等原则。

第四，由于 WTO 规则体系中缺乏能适用于所有 WTO 协议及文件的普遍性例外条款，"公共道德例外"条款能否适用于协定外的问题也变得更加重要。从"中美出版物市场准入案"中上诉机构的报告来看，GATT 第 20 条的适用范围就已经扩展至 GATT 之外，即适用于入世文件①。从遵循先例的角度看，"公共道德例外"条款的适用范围还可能继续扩展至其他 WTO 协议文件上。当然，根据 DSB 目前的观点，要实现这种范围扩展，必须证明其他协议或文件与"公共道德例外"条款所在的条约之间存在密切联系。

第五，"公共道德例外"条款适用范围的扩展揭示出该条款被大量援用的事实，而且援用主体由发达国家一枝独秀，演变成为两大阵营平分秋色的局面。为了实现既维护好各国保护公共道德的诉求又有效地防止该条款被滥用的衡平目标，DSB 一方面应谨慎引导公共道德内涵扩展的趋向，另一方面又要合理限定适用的条件。

第六，面对当前 WTO"公共道德例外"条款在发展进程中暴露的条款被滥用、概念泛化等风险，亟需寻找相应的对策来解决现实困境。中国也应当在此基础上贡献自己的一份力量，在国际合作中彰显优秀大国形象。与此同时，中国也要积极吸取其在涉及 WTO"公共道德例外"条款争端解决案件中的经验，对未来如何更好地应对 WTO 争端解决，维护本国合法权益作出合理的中国因应。

当然，囿于本人研究能力及资料的掌握程度等因素，本书显然也存在一些不足之处。譬如，由于缺乏有关 TRIPS 及 GPA 的"公共道德例外"条款的判例，因而在关于条款适用的论述中几乎没有研究这两个条款；对一些具体问题的研讨还不够深入和细化，有待日后进一步研学和精进。

---

① See 书稿案号表 4，paras. 205-337.

一、中文文献

（一）专著

①杨国华：《丛林再现？——WTO 上诉机制的兴衰》，人民出版社 2020 年版。

②秦明瑞：《系统的逻辑——卢曼思想研究》，商务印书馆 2019 年版。

③龚柏华主编：《中美 WTO 争端解决案述评》，上海人民出版社 2019 年版。

④李拥军：《司法的普遍原理与中国经验》，北京大学出版社 2019 年版。

⑤彭飞荣：《风险与法律的互动——卢曼系统论的视角》，法律出版社 2018 年版。

⑥刘敬东：《人权与 WTO 法律制度》，社会科学文献出版社 2018 年版。

⑦龚柏华主编：《新近中美经贸法律纠纷案例评析》，上海人民出版社 2017 年版。

⑧刘建江：《美国贸易逆差研究》，北京大学出版社 2017 年版。

⑨孙南翔：《互联网规制的国际贸易法律问题研究》，法律出版社 2017 年版。

⑩朱振：《法律的权威性——基于实践哲学的研究》，上海三联书店出版社 2016
年版。

⑪张文显：《司法的实践理性》，法律出版社 2016 年版。

⑫杨国华、史晓丽主编：《我与 WTO——法律人的视角》，知识产权出版社 2016
年版。

⑬吴卡：《国际条约演化解释理论与实践》，法律出版社 2016 年版。

⑭龚柏华：《WTO 二十周年——争端解决与中国》，上海人民出版社 2016 年版。

⑮杨国华：《世界贸易组织与中国》，清华大学出版社 2016 年版。

⑯梁开银：《中国双边投资条约研究》，北京大学出版社 2016 年版。

⑰杨国华：《WTO 中国案例评析》，知识产权出版社 2015 年版。

⑱蔡从燕、李尊然：《国际投资法上的间接征收问题》，法律出版社 2015 年版。

⑲郭桂环：《WTO 体制下的动物福利与贸易自由》，中国政法大学出版社 2014 年版。

⑳翁乃方：《WTO 下公共道德及公共秩序例外——共通标准之建立》，元照出版社
2013 年版。

㉑王彦志：《国际经济法总论：公法原理与裁判方法》，华中科技大学出版社 2013

年版。

㉒何志鹏：《国际法哲学导论》，社会科学文献出版社 2013 年版。

㉓黄东黎、杨国华：《世界贸易组织法——理论·条约·中国案例》，社会科学文献出版社 2013 年版。

㉔李锦：《法律理论的第三条道路——德沃金的解释转向及其意义》，湖南大学出版社 2013 年版。

㉕鄂晓梅：《PPM 绿色贸易壁垒新趋向与中国的对策：环境、劳工标准和动物福利》，内蒙古大学出版社 2012 年版。

㉖张文显：《张文显法学文选》，法律出版社 2011 年版。

㉗朱榄叶编著：《世界贸易组织国际贸易纠纷案例评析（2007-2009）》，法律出版社 2010 年版。

㉘李双元主编：《国际法与比较法论丛》（第十九辑），中国检察出版社 2010 年版。

㉙何志鹏：《国际经济法的基本理论》，社会科学文献出版社 2010 年版。

㉚李仁武：《制度伦理研究——探寻公共道德理性的生成路径》，人民出版社 2009 年版。

㉛朱榄叶编著：《世界贸易组织国际贸易纠纷案例评析（2003-2006）》，法律出版社 2008 年版。

㉜汪习根主编：《发展权全球法治机制研究》，中国社会科学出版社 2008 年版。

㉝徐显明主编：《人权法原理》，中国政法大学出版社 2008 年版。

㉞陈安主编：《国际经济法》，法律出版社 2007 年版。

㉟赵维田、刘敬东编著：《WTO：解释条约的习惯规则》，湖南科学技术出版社 2006 年版。

㊱刘建江：《机遇与挑战——中国直面世界金融一体化》，中国经济出版社 2006 年版。

㊲李先波：《WTO 案例选评及对我国的启示》，湖南人民出版社 2006 年版。

㊳朱晓勤主编：《发展中国家与 WTO 法律制度研究》，北京大学出版社 2006 年版。

㊴张文显：《二十世纪西方法哲学思潮研究》，法律出版社 2006 年版。

㊵邵津主编：《国际法》，北京大学出版社、高等教育出版社 2005 年版。

㊶孙笑侠：《程序的法理》，商务印书馆 2005 年版。

㊷石静霞、陈卫东：《WTO 国际服务贸易成案研究（1996-2005）》，北京大学出版社 2005 年版。

㊸李先波等：《主权、人权、国际组织》，法律出版社 2005 年版。

㊹李步云主编：《人权法学》，高等教育出版社 2005 年版。

㊺徐冬根：《国际私法趋势论》，北京大学出版社 2005 年版。

㊻王虎华主编：《国际公法学》，北京大学出版社、上海人民出版社 2005 年版。

㊼徐显明主编:《人权研究》(第四卷),山东人民出版社 2004 年版。
㊽刘光溪主编:《坎昆会议与 WTO 首轮谈判》,上海人民出版社 2004 年版。
㊾梁开银:《WTO 协议背景下中国海外投资法律问题研究》,湖北人民出版社 2004 年版。
㊿梁慧星:《梁慧星文选》,法律出版社 2003 年版。
(51)王贵国:《世界贸易组织法》,法律出版社 2003 年版。
(52)李浩培:《条约法概论》,法律出版社 2003 年版。
(53)汪习根:《法治社会的基本人权——发展权法律制度研究》,中国人民公安大学出版社 2002 年版。
(54)陈卫东:《WTO 例外条款解读》,对外经济贸易大学出版社 2002 年版。
(55)徐国栋:《诚实信用原则研究》,中国人民大学出版社 2002 年版。
(56)韩立余编著:《WTO 案例及评析(2000)》,中国人民大学出版社 2001 年版。
(57)李双元、蒋新苗主编:《世贸组织(WTO)的法律制度——兼论中国“入世”后的应对措施》,中国方正出版社 2001 年版。
(58)周林彬、郑远远:《WTO 规则例外和例外规则》,广东人民出版社 2001 年版。
(59)赵春明主编:《非关税壁垒的应对及运用——“入世”后中国企业的策略选择》,人民出版社 2001 年版。
(60)夏勇:《人权概念起源——权利的历史哲学》,中国政法大学出版社 2001 年版。
(61)朱榄叶编著:《世界贸易组织国际贸易纠纷案例评析》,法律出版社 2000 年版。
(62)王海明:《公正　平等　人道——社会治理的道德原则体系》,北京大学出版社 2000 年版。
(63)何茂春:《对外贸易法比较研究——兼论中国“入世”后外贸体制的全面改革》,中国社会科学出版社 2000 年版。
(64)赵维田:《世贸组织(WTO)的法律制度》,吉林人民出版社 2000 年版。
(65)周永坤:《法理学——全球视野》,法律出版社 2000 年版。
(66)张志铭:《法律解释操作分析》,中国政法大学出版社 1999 年版。
(67)曹建明主编:《国际经济法学》,中国政法大学出版社 1999 年版。
(68)车丕照主编:《仲裁法学》,吉林大学出版社 1999 年版。
(69)王铁崖:《国际法引论》,北京大学出版社 1998 年版。
(70)杨国华:《美国贸易法“301 条款”研究》,法律出版社 1998 年版。
(71)董云虎、刘武萍编著:《世界人权约法总览》,四川人民出版社 1990 年版。
(72)李浩培:《条约法概论》,法律出版社 1987 年版。
(73)夏勇编:《公法(第一卷)》,法律出版社 1999 年版。

(二)论文

①宋云博:“DEPA 个人信息跨境流动的规则检视与中国法调适”,载《法律科学

（西北政法大学学报）》2024 年第 1 期。

②徐莉："安全例外条款之善意原则的适用——基于数字贸易规制视角"，载《兰州大学学报（社会科学版）》2023 年第 5 期。

③徐莉："跨境数据流动规制之'合法公共政策目标例外'与中国实践"，载《求索》2023 年第 4 期。

④朱海龙、李泽诚："日本劳动关系协调机制及其对中国的启示"，载《贵州社会科学》2022 年第 2 期。

⑤赵海乐："论我国数据本地化措施与 FTA 缔约的协调"，载《国际经济法学刊》2022 年第 2 期。

⑥鄢雨虹："数据跨境流动规制中的正当公共政策目标例外及中国因应"，载《兰州学刊》2022 第 3 期。

⑦姚天冲、周智琦："WTO 安全例外条款下跨境数据流动安全的中国方案"，载《重庆邮电大学学报（社会科学版）》2022 年第 2 期。

⑧杨署东、谢卓君："跨境数据流动贸易规制之例外条款：定位、范式与反思"，载《重庆大学学报（社会科学版）》2021 年 8 月 26 日网络首发。

⑨姚琦、阿力扎提·阿不来提："数据本地化措施的路径思考——以 APEC、RCEP 和 USMCA 等规则为视角"，载《区域与全球发展》2022 年第 2 期。

⑩何波："中国参与数据跨境流动国际规则的挑战与因应"，载《行政法学研究》2022 年第 4 期。

⑪沈伟、方荔："比较视阈下 RCEP 对东道国规制权的表达"，载《武大国际法评论》2021 年第 3 期。

⑫杨博："WTO 关于我国诉美 301 关税措施案裁决的启示及影响"，载《中国物价》2021 年第 3 期。

⑬张梅："美国对中国产品实施关税措施 WTO 争端裁定解读及对中国的启示"，载《社会科学理论与实践》2021 年第 3 期。

⑭李俊等："数字贸易概念内涵、发展态势与应对建议"，载《国际贸易》2021 年第 5 期。

⑮张倩雯："数据跨境流动之国际投资协定例外条款的规制"，载《法学》2021 年第 5 期。

⑯朱雅妮："数字贸易时代跨境数据流动的国际规则"，载《时代法学》2021 年第 3 期。

⑰徐莉、林晓茵："国家安全视阈下跨境数据流动的数字贸易新规制探析"，载《商学研究》2021 年第 4 期。

⑱王贵国："贸易数字化对国际经贸秩序的挑战与前瞻"，载《求索》2021 年第 4 期。

⑲谭观福："论数字贸易的自由化义务"，载《国际经济法学刊》2021 年第 2 期。

⑳韩逸畴："国际规则的'结构性挑战'：以贸易协定中的例外规定为例"，载《当代法学》2021年第4期。

㉑赵海乐："RCEP争端解决机制对数据跨境流动问题的适用与中国因应"，载《武大国际法评论》2021年第6期。

㉒马光："FTA数据跨境流动规制的三种例外选择适用"，载《政法论坛》2021年第5期。

㉓龚柏华等："中国诉美国对来自中国某些货物的关税措施（301条款）案评析"，载《国际商务研究》2021年第1期。

㉔胡加祥："从WTO争端解决程序看《多方临时上诉仲裁安排》的可执行性"，载《国际经贸探索》2021年第2期。

㉕都亳："上诉机构停摆后的WTO争端解决"，载《南大法学》2021年第1期。

㉖梁开银："论投资条约非排除措施条款的性质归属"，载《法学》2021年第8期。

㉗陈敏："中国诉美国'301关税措施'案的争议点及分析"，载《对外经贸实务》2021年第5期。

㉘张军旗："301条款、301调查及关税措施在WTO下的合法性问题探析——以中美贸易战中的'美国——关税措施案'为视角"，载《国际法研究》2021年第4期。

㉙谭观福："数字贸易规制的免责例外"，载《河北法学》2021年第6期。

㉚彭岳："中美贸易战的美国法根源与中国的应对"，载《武汉大学学报（哲学社会科学版）》2021年第2期。

㉛杨国华："新冠疫情下的多边贸易体制"，载《国际法学刊》2021年第1期。

㉜屠新泉："美国应尽快全面取消对华301关税"，载《环球时报》2021年6月18日，第15版。

㉝汪习根、王文静："疫情防控中的人权冲突及其整合之道"，载《人权》2020年第3期。

㉞何志鹏："国际法的现代性：理论呈示"，载《清华法学》2020年第5期。

㉟边永民："国际投资仲裁机构对涉及人权问题的投资纠纷的审理"，载《政法论丛》2020年第2期。

㊱时业伟："全球疫情背景下贸易自由与人权保护互动机制的完善"，载《法学杂志》2020年7月。

㊲陈儒丹："GATS公共秩序例外之域外适用效力的边界"，载《法学》2020年第4期。

㊳郑玲丽："区域贸易协定数据本地化与例外问题研究"，载《国际商务研究》2020年第4期。

㊴张丽娟、郭若楠："国际贸易规则中的'国家安全例外'条款探析"，载《国际论坛》2020年第3期。

㊵翟语嘉："多边贸易体制中单边措施适法性问题研究"，载《中国政法大学学报》
2020 年第 4 期。

㊶杨国华："WTO 上诉仲裁机制的建立"，载《上海对外经贸大学学报》2020 年第
6 期。

㊷徐亚文、李林芳："简析企业社会责任的人权维度与路径建构"，载《上海对外经
贸大学学报》2020 年第 1 期。

㊸刘崇文、马国华："逆全球化背景下'301 调查'目的与动机探寻"，载《北方经
贸》2019 年第 6 期。

㊹宋云博："人类命运共同体视域下法治社会新秩序的责任思维及其体系建构"，载
《南京社会科学》2019 年第 3 期。

㊺张金矜："国际投资仲裁实践中保护东道国人权的系统解释路径剖析"，载《国际
经济法学刊》2019 年第 3 期。

㊻孙南翔："互联网规制适用 WTO 公共道德与秩序例外问题研究"，载《全球治理》
2019 年第 6 期。

㊼张文显："新时代的人权法理"，载《人权》2019 年第 3 期。

㊽李树训、冷罗生："生态环境损害赔偿磋商中的第三者：功能与保障——聚焦七省
改革办法"，载《华侨大学学报（哲学社会科学版）》2019 年第 4 期。

㊾王敏："'一带一路'倡议下国际商事争端解决机制'意思自治'问题研究"，载
《企业经济》2019 年第 4 期。

㊿彭岳："WTO 争端解决报告先例价值之争"，载《法学评论》2019 年第 6 期。

51龚柏华："论 WTO 规则现代化改革中的诸边模式"，载《上海对外经贸大学学报》
2019 年第 2 期。

52杨国华："WTO 上诉机构危机中的法律问题"，载《国际法学刊》2019 年第 1 期。

53刘梦非："国际投资争端解决平行程序的触发条款实证研究"，载《法商研究》
2018 年第 4 期。

54朱榄叶："美国的单边主义行动违反国际法"，载《国际经济法学刊》2018 年第
4 期

55漆彤、窦云蔚："条约解释的困境与出路——以尤科斯案为视角"，载《中国高校
社会科学》2018 年第 1 期。

56沈红雨："外国民商事判决承认和执行若干疑难问题研究"，载《法律适用》2018
年第 5 期。

57冯雪薇："美国对中国技术转让有关措施的'301 条款调查'与 WTO 规则的合法
性"，载《国际经济法学刊》2018 年第 4 期。

58石静霞、张舵："跨境数据流动规制的国家安全问题"，载《广西社会科学》2018
年第 8 期。

㊙彭岳："贸易规制视域下数据隐私保护的冲突与解决"，载《比较法研究》2018 年第 4 期。

㊚刘建江："特朗普政府发动对华贸易战的三维成因"，载《武汉大学学报（哲学社会科学版）》2018 年 5 期。

㊛王彦志："内嵌自由主义的衰落、复兴与再生——理解晚近国际经济法律秩序的变迁"，载《国际关系与国际法学刊》2018 年第 8 卷。

㊜石静霞、黄圆圆："论内地与香港的跨界破产合作——基于案例的实证分析及建议"，载《现代法学》2018 年第 5 期。

㊝黄圆圆："公共政策例外条款在跨界破产中的适用与启示"，载《时代法学》2018 年第 4 期。

㊞黄圆圆："'一带一路'倡议下的跨界破产合作及中国的因应"，载《武大国际法评论》2018 年第 2 期。

㊟陈洁、肖冰："'一带一路'背景下承认与执行外国判决中互惠原则适用的变革及建议——以以色列最高法院首次承认和执行我国民商事判决为视角"，载《江苏社会科学》2018 年第 2 期。

㊠刘奕麟："WTO 巴西关税措施案——GATT 第 20 条（a）公共道德例外的适用"，载《商业经济》2018 年第 6 期。

㊡陈亮、姜欣："承认和执行外国法院判决中互惠原则的现状、影响与改进——从以色列承认和执行南通中院判决案出发"，载《法律适用》2018 年第 5 期。

㊢黄圆圆："'巴西电信案'对跨界破产主要利益中心规则的突破与发展"，载《法律适用（司法案例）》2018 年第 4 期。

㊣龚柏华："'三共'原则是构建人类命运共同体的国际法基石"，载《东方法学》2018 年第 1 期。

㊤张玉卿、毛欣铭："'中美贸易战'的法律透视"，载《国际经济法学刊》2018 年第 3 期。

㊥王煜翔："川普政府对中国大陆发动 301 调查之 WTO 争议问题"，载 http://awda-ta. com. tw/tw/detail. aspx? no＝463082，最后访问日期：2022 年 12 月 25 日。

㊦林晉宇："美国对华'301 调查'与我国的反制研究"，载《上海市经济管理干部学院学报》2018 年第 4 期。

㊧刘敬东："'一带一路'法治化体系构建研究"，载《政法论坛》2017 年第 5 期。

㊨冯茜："日本法院对我国财产关系判决的承认执行问题研究"，载《武大国际法评论》2017 年第 3 期。

㊩何其生："大国司法理念与中国国际民事诉讼制度的发展"，载《中国社会科学》2017 年第 5 期。

㊪徐骏："智慧法院的法理审思"，载《法学》2017 年第 3 期。

⑦ 石静霞、黄圆圆："跨界破产中的承认与救济制度——基于'韩进破产案'的观察与分析"，载《中国人民大学学报》2017 年第 2 期。

⑱ 肖永平："提升中国司法的国际公信力：共建'一带一路'的抓手"，载《武大国际法评论》2017 年第 1 期。

⑲ 张久琴："OECD《跨国企业准则》执行机制分析"，载《WTO 经济导刊》2017 年 Z1 期

⑳ 乔雄兵："'一带一路'倡议下中国的国际民商事司法协助：实践、问题及前景"，载《西北大学学报（哲学社会科学版）》2017 年第 6 期。

㉑ 郭燕明："我国涉外法人法律适用的司法分歧与解决思路——《法律适用法》第 14 条实施的实证研究"，载《国际法研究》2017 年第 2 期。

㉒ 朱伟东："试论我国承认与执行外国判决的反向互惠制度的构建"，载《河北法学》2017 年第 4 期。

㉓ 杜明："WTO 框架下公共道德例外条款的泛化解读及其体系性影响"，载《清华法学》2017 年第 6 期。

㉔ 孙南翔："从 WTO 到 eWTO：多边贸易规则的数据治理"，载《网络信息法学研究》2017 年第 1 期。

㉕ 张文显："法理：法理学的中心主题和法学的共同关注"，载《清华法学》2017 年第 4 期。

㉖ 陈咏梅、张姣："跨境数据流动国际规制新发展：困境与前路"，载《上海对外经贸大学学报》2017 年第 6 期。

㉗ 张勇健："'一带一路'背景下互惠原则实践发展的新动向"，载《人民法院报》2017 年 6 月 20 日，第 2 版。

㉘ 刘建江等："美元霸权基础的动摇与美国应对战略探析"，载《国际展望》2016 年第 3 期。

㉙ 何志鹏、魏晓旭："'南海仲裁案'与国际裁判的公正性——兼论中国相应立场和对策"，载《边界与海洋研究》2016 年第 4 期。

㉚ 朱海龙等："美国劳动关系三方协调法律机制的形成与思考——以工人运动为视角"，载《国外社会科学》2016 年第 3 期。

㉛ 熊秋红："公正审判权的国际标准与中国实践"，载《法律适用》2016 年第 6 期。

㉜ 王志华："俄罗斯与欧洲人权法院二十年　主权与人权的博弈"，载《中外法学》2016 年第 6 期。

㉝ 连俊雅："'一带一路'战略下互惠原则在承认和执行外国法院判决中的适用现状、困境与变革"，载《河南财经政法大学学报》2016 年第 6 期。

㉞ 蒋圣力："论权利义务相一致视角下国家主权与人权的辩证关系"，载《国际关系与国际法学刊》2016 年第 6 卷。

○95隽薪："将人权纳入投资规则：国际投资体制改革中的机遇与挑战"，载《环球法律评论》2016 年第 5 期。

○96乔雄兵："外国法院判决承认与执行中的正当程序考量"，载《武汉大学学报（哲学社会科学版）》2016 年第 5 期。

○97银红武："论国际投资仲裁中非排除措施'必要性'的审查"，载《现代法学》2016 年第 4 期。

○98范继增："欧洲人权法院适用边际裁量原则的方法与逻辑"，载《东南法学》2016 年第 2 期。

○99龚柏华："论跨境电子商务/数字贸易的'eWTO'规制构建"，载《上海对外经贸大学学报》2016 年第 6 期。

○100朱振："法律的权威性：基于实践哲学的研究"，载《南京大学法律评论》2015 年第 1 期。

○101梁开银："公平公正待遇条款的法方法困境及出路"，载《中国法学》2015 年第 6 期。

○102王自雄："条约冲突的类型、解释、与制度性限制——国际投资仲裁之例"，载《台北大学法学论坛》2015 年（总第 94 期）。

○103王承志："承认与执行外国法院判决中的国际礼让"，载《武大国际法评论》2015 年第 2 期。

○104郭桂环："WTO 框架下的动物福利与公共道德例外"，载《河北法学》2015 年第 2 期。

○105胡建国："多边贸易体制下的动物福利与土著群体生存利益之辩——WTO 上诉机构欧盟海豹案裁决的启示"，载《国际法研究》2015 年第 3 期。

○106赵骏、倪竹："动物福利政策在 WTO 规则下的拓展空间——经济、环境、文化间的冲突和协调"，载《吉林大学社会科学学报》2015 年第 5 期。

○107罗龙祥："无知之幕与博弈：从'黄灯规则'看博弈论的一种实践方案"，载《燕山大学学报（哲学社会科学版）》2015 年第 3 期。

○108王瀚："国际民事诉讼管辖权的确定及其冲突解决析论"，载《法学杂志》2014 年第 8 期。

○109邓瑾："论跨国企业集团破产中'主要利益中心地'的确定——'命令和控制'方法的探讨"，载《河北法学》2014 年第 3 期。

○110罗本德、张皎："企业集团成长模式的国际比较"，载《重庆大学学报（社会科学版）》2014 年第 1 期。

○111黄世席："国际投资仲裁中的挑选条约问题"，载《法学》2014 年第 1 期。

○112梁丹妮："国际投资协定一般例外条款研究——与 WTO 共同但有区别的司法经验"，载《法学评论》2014 年第 1 期。

⑬王哲："GATS 下中国互联网过滤审查制度法律问题研究——以谷歌搜索引擎争端为视角"，载《上海对外经贸大学学报》2014 年第 2 期。

⑭李春林："贸易与人权关系研究：进路批判与重构"，载《政法论坛》2014 年第 4 期。

⑮胡加祥："GATT 第二十条适用范围再审视——以 GATT1994 与其他多边货物贸易协议关系为视角"，载《上海交通大学学报（哲学社会科学版）》2014 年第 6 期。

⑯龚志军："我国涉外非婚同居财产关系准据法选择论要"，载《湖南师范大学社会科学学报》2014 年第 4 期。

⑰龚志军："涉外非婚同居关系准据法选择的伦理思考"，载《求索》2013 年第 2 期。

⑱张敏："动物福利的国际贸易保障制度与我国的立法对策"，载《国际商务研究》2013 年第 2 期。

⑲陈正健："国际投资条约中不排除措施条款的解释"，载《法学论坛》2013 年第 6 期。

⑳谢宝朝、张淑梅："国际投资法中的人权保护问题研究——以国际投资仲裁实践为视角"，载《国际商务研究》2013 年第 1 期。

㉑漆彤："论国际投资协定中的利益拒绝条款"，载《政治与法律》2012 年第 9 期。

㉒徐莉："论 WTO '公共道德例外' 条款下之 '域外管辖' "，载《法学杂志》2012 年第 1 期。

㉓徐莉："刍议 WTO 规则之 '公共道德例外' 条款"，载《岳麓法学评论》2012 年第 7 卷。

㉔梁开银："对现代条约本质的再认识"，载《法学》2012 年第 5 期。

㉕彭景："论 '冲突钻石' 映射下的贸易与人权"，载《东岳论丛》2012 年第 10 期。

㉖杜涛："走出囚徒困境：中日韩民事判决相互承认制度的建构——以构建东亚共同体为背景的考察"，载《太平洋学报》2011 年第 6 期。

㉗朱明新："国际投资仲裁中的精神损害赔偿研究"，载《现代法学》2011 年第 5 期。

㉘李先波、徐莉："GATT '公共道德例外条款' 探析"，载《湖南师范大学社会科学学报》2010 年第 1 期。

㉙李先波、徐莉："贸易制裁与国际人权保护——兼析 GATT 的有关规定"，载李双元主编：《国际法与比较法论丛》（第十九辑），中国检察出版社 2010 年版。

㉚徐莉："国际药品贸易中人权保护的困境及其解决"，载《求索》2010 年第 11 期。

㉛徐莉、高霞："我国涉外产品责任法律适用立法之完善"，载《法学杂志》2010 年第 12 期。

㉜曾令良："从 '中美出版物市场准入案' 上诉机构裁决看条约解释的新趋势"，载《法学》2010 年第 8 期。

⑬刘勇："论 WTO 体制内公共道德例外规则——兼评中美文化产品市场准入案相关争议"，载《国际贸易问题》2010 年第 5 期。

⑭龚柏华：" '中美出版物市场准入 WTO 案'——援引 GATT 第 20 条 '公共道德例外' 的法律分析"，载《世界贸易组织动态与研究》2009 年第 10 期。

⑮胡加祥："WTO 公力救济权之重构"，载《法学》2009 年第 7 期。

⑯彭岳："贸易与道德：中美文化产品争端的法律分析"，载《中国社会科学》2009 年第 2 期。

⑰余敏友："中国参与 WTO 争端解决活动评述"，载《世界贸易组织动态与研究》2009 年第 5 期。

⑱贺小勇："WTO 框架下中美文化作品市场准入争端的法律问题"，载《国际商务研究》2008 年第 6 期。

⑲汪习根、桂晓伟："司法 '异化' 的文化反思"，载《政法学刊》2008 年第 1 期。

⑭王群："论 WTO 体制下的贸易与人权保护"，载《学习与探索》2008 年第 2 期。

⑭马琳："析德国法院承认中国法院民商事判决第一案"，载《法商研究》2007 年第 4 期。

⑭彭岳："WTO 协定中公共道德例外简评"，载《南京大学法律评论》2007 年第 Z1 期。

⑭何其生："新实用主义与晚近破产冲突法的发展"，载《法学研究》2007 年第 6 期。

⑭孟庆鑫："论贸易和人权——WTO 陷入的困境"，载《法制与社会》2007 年第 5 期。

⑭胡建国："论 WTO 法中的狭义解释原则"，载《理论月刊》2007 年第 9 期。

⑭李先波、钟月辉："WTO 争端解决机制权力的扩张——几类 WTO 争端解决机构管辖的特殊事项"，载《当代法学》2005 年第 6 期。

⑭张乃根："论 WTO 争端解决的条约解释"，载《复旦学报（社会科学版）》2006 年第 1 期。

⑭黄志雄："WTO 自由贸易与公共道德第一案——安提瓜诉美国网络赌博服务争端评析"，载《法学评论》2006 年第 2 期。

⑭汪习根、涂少彬："人权法治全球化法理分析"，载《法学论坛》2006 年第 4 期。

⑮贺小勇："分歧与和谐：析 WTO 争端解决机制的法律适用"，载《现代法学》2005 年第 5 期。

⑮石静霞、胡荣国："试从 GATS 第 6 条与第 16 条的关系角度评 '美国博彩案' "，载《法学》2005 年第 8 期。

⑮王贵国："服务贸易游戏规则是与非"，载《法学家》2005 年第 4 期。

⑮白桂梅："国际强行法保护的人权"，载《政法论坛》2004 年第 2 期。

⑮曾华群："论内地与香港 CEPA 之性质"，载《厦门大学学报（哲学社会科学版）》

2004 年第 6 期。

⑮彭岳："条约的解释——以 DSB 上诉机构的裁决为例"，载《南京大学法律评论》2004 年第 2 期。

⑯赵维田："举证责任——WTO 司法机制的证据规则"，载《国际贸易》2003 年第 7 期。

⑰王虎华等："WTO 的法律框架与其他制度性安排的冲突与融合"，载《法学》2003 年第 7 期。

⑱潘嘉玮："WTO 例外条款探究"，载《学术研究》2003 年第 6 期。

⑲曾令良、陈卫东："论 WTO 一般例外条款（GATT 第 20 条）与我国应有的对策"，载《法学论坛》2001 年第 4 期。

⑳李双元等："法律理念的内涵与功能初探"，载《湖南师范大学社会科学学报》1997 年第 4 期。

㉑苏力："解释的难题：对几种法律文本解释方法的追问"，载《中国社会科学》1997 年第 4 期。

㉒徐显明："人权理论研究中的几个普遍性问题"，载《文史哲》1996 年第 2 期。

㉓黄进："国际私法上的公共秩序问题"，载《武汉大学学报（社会科学版）》1991 年第 6 期。

㉔余敏友："WTO 争端解决机制 12 年的成就与问题及其对我国的启示"，载孙婉钟、余敏友主编：《WTO 法与中国论丛（2008 年卷）》，知识产权出版社 2008 年版。

二、中译文献

①［澳］本·索尔等：《〈经济社会文化权利国际公约〉评注、案例与资料》，孙世彦译，法律出版社 2019 年版。

②［德］罗伯特·阿列克西：《法律论证理论——作为法律证立理论的理性论辩理论》，舒国滢译，商务印书馆 2019 年版。

③［美］约翰·鲁格：《正义商业——跨国企业的全球化经营与人权》，刘力纬、孙捷译，社会科学文献出版社 2015 年版。

④［尼泊尔］苏里亚·P. 苏贝迪：《国际投资法：政策与原则的协调》，张磊译，法律出版社 2015 年版。

⑤［英］詹姆斯·格里芬：《论人权》，徐向东、刘明译，译林出版社 2015 年版。

⑥［德］鲁道夫·多尔查、［奥］克里斯托弗·朔伊尔编：《国际投资法原则》，祁欢、施进译，中国政法大学出版社 2014 年版。

⑦［澳］戴维·金利：《全球化走向文明：人权和全球经济》，孙世彦译，中国政法大学出版社 2013 年版。

⑧ [奥] 凯尔森:《法与国家的一般理论》,沈宗灵译,商务印书馆 2013 年版。

⑨ [美] 罗斯科·庞德:《通过法律的社会控制》,沈宗灵译,商务印书馆 2011 年版。

⑩ [德] 卢曼:《社会的法律》,郑伊倩译,人民出版社 2009 年版。

⑪ [美] 罗纳德·德沃金:《认真对待权利》,信春鹰、吴玉章译,上海三联书店 2008 年版。

⑫ [美] 罗斯科·庞德:《法理学》(第三卷),廖德宇译,法律出版社 2007 年版。

⑬ [英] 阿尔弗雷罗·萨德-费洛、[英] 黛博拉·约翰斯顿编:《新自由主义——批判读本》,陈刚等译,江苏人民出版社 2006 年版。

⑭ [美] 富勒:《法律的道德性》,郑戈译,商务印书馆 2005 年版。

⑮ [美] 科依勒·贝格威尔、[美] 罗伯特·W·思泰格尔:《世界贸易体系经济学》,雷达等译,中国人民大学出版社 2005 年版。

⑯ [美] 弗朗西斯科·洛佩斯·塞格雷拉主编:《全球化与世界体系(上)》,白凤森等译,社会科学文献出版社 2003 年版。

⑰ [爱尔兰] 彼得·萨瑟兰等:《WTO 的未来——阐释新千年中的体制性挑战》,刘敬东等译,中国财政经济出版社 2005 年版。

⑱ [德] 卡尔·拉伦茨:《法学方法论》,陈爱娥译,商务印书馆 2003 年版。

⑲ [英] 彼得·斯坦、[英] 约翰·香德:《西方社会的法律价值》,王献平译,中国法制出版社 2004 年版。

⑳ [美] 贾格迪什·巴格沃蒂:《今日自由贸易》,海闻译,中国人民大学出版社 2004 年版。

㉑ [德] E.-U. 彼得斯曼:《国际经济法的宪法功能与宪法问题》,何志鹏、孙璐、王彦志译,高等教育出版社 2004 年版。

㉒ [挪] 艾德等:《经济、社会和文化的权利》,黄列译,中国社会科学出版社 2003 年版。

㉓ [德] 彼得-托比亚斯·施托尔、[德] 弗兰克·朔尔科普夫:《世界贸易制度和世界贸易法》,南京大学中德法学研究所译,法律出版社 2003 年版。

㉔ [美] 乔治·恩德勒主编:《国际经济伦理——挑战与应对方法》,锐博慧网译,北京大学出版社 2003 年版。

㉕ [德] 哈贝马斯:《在事实与规范之间——关于法律和民主法治国的商谈理论》,童世骏译,生活·读书·新知三联书店 2003 年版。

㉖ [美] 罗伯特·基欧汉、[美] 约瑟夫·奈:《权力与相互依赖》,门洪华译,北京大学出版社 2002 年版。

㉗ [美] 约翰·H. 杰克逊:《GATT/WTO 法理与实践》,张玉卿等译,新华出版社 2002 年版。

㉘ [英] 安东尼·D. 史密斯:《全球化时代的民族与民族主义》,龚维斌、良警宇译,

中央编译出版社 2002 年版。

㉙联合国人权高级专员办事处:《人权:国际文件汇编》(第一卷第一部分),联合国出版物 2002 年版。

㉚[美] 里查德·狄乔治:《国际商务中的诚信竞争》,翁绍军、马迅译,上海社会科学出版社 2001 年版。

㉛[美] 约翰·H·杰克逊:《世界贸易体制——国际经济关系的法律与政策》,张乃根译,复旦大学出版社 2001 年版。

㉜[美] 杰克·唐纳利:《普遍人权的理论与实践》,王浦劬等译,中国社会科学出版社 2001 年版。

㉝《世界贸易组织乌拉圭回合多边贸易谈判结果法律文本(中英文对照)》,对外贸易经济合作部国际经贸关系司译,法律出版社 2000 年版。

㉞[美] 丹尼·罗德瑞克:《全球化走得太远了吗?》,熊贤良、何蓉译,北京出版社 2000 年版。

㉟[英] 伯纳德·霍克曼、[英] 迈克尔·考斯泰基:《世界贸易体制的政治经济学——从关贸总协定到世界贸易组织》,刘平等译,法律出版社 1999 年版。

㊱[英] 弗里德利希·冯·哈耶克:《自由秩序原理》,邓正来译,读书·生活·新知三联书店 1997 年版。

㊲[美] 阿拉斯戴尔·麦金太尔:《谁之正义?何种合理性?》,万俊人、吴海针、王今一译,当代中国出版社 1996 年版。

㊳[英] A. J. M. 米尔恩:《人的权利与人的多样性——人权哲学》,夏勇、张志铭译,中国大百科全书出版社 1995 年版。

㊴[英] 麦考密克、[奥] 魏因贝格尔:《制度法论》,周叶谦译,中国政法大学出版社 1994 年版。

㊵[美] L·科塞:《社会冲突的功能》,孙立平等译,华夏出版社 1989 年版。

㊶[美] E·博登海默:《法理学——法哲学及其方法》,邓正来、姬敬武译,华夏出版社 1987 年版。

㊷[德] 卡尔·马克斯、[德] 弗里德里希·恩格斯:《马克思恩格斯全集》(第十六卷),中共中央马克思恩格斯列宁斯大林著作编译局译,人民出版社 1964 年版。

㊸[德] 孔汉思、[德] 库舍尔编:《全球伦理——世界宗教议会宣言》,何光沪译,四川人民出版社 1997 年版。

三、外文文献

(一) 专著

①Levent Sabanogullari, *General Exception Clauses in International Investment Law: The*

Recalibration of Investment Agreementvia WTO—Based Flexibilities, Nomos Verlagsgesell-schraft, 2018.

② Daniel Rangel, *WTO General Exceptions: Trade Law's Faulty Ivory Tower*, Public Citizen's Global Trade Watch, 2022.

③Marios C. Iacovides, *The Law and Economics of WTO Law: A Comparison with EU Competition Law's "more Economic Approach"*, Edward Elgar Publishing, 2021.

④Katie Sykes, *Animal Welfare and International Trade Law: The Impact of the WTO Seal Case*, Edward Elgar Publishing, 2021.

⑤Ines Willemyns, *Digital Services in International Trade Law*, Cambridge University Press, 2021.

⑥Thomas Cottier, *The Prospects of Common Concern of Humankind in International Law*, Cambridge University Press, 2021.

⑦Angelica Rutherford, *The Applicability of the Law of the WTO to Green Energy Security*, Energy Security and Green Energy, 2020.

⑧Hayes C. 4. Robert M. Cover, *The Supreme Court, 1982 Term—Foreword: Nomos and Narrative*, The New Jewish Canon. Academic Studies Press, 2020.

⑨Odile Ammann, *Domestic Courts and the Interpretation of International Law: Methods and Reasoning Based on the Swiss Example*, Brill, 2020.

⑩Ernst—Ulrich Petersmann, *Constitutional Functions and Constitutional Problems of International Economic Law*, Routledge, 2019.

⑪Steven Wheatley, *The Idea of International Human Rights Law*, Oxford University Press, 2019.

⑫Jessie Hohmann, Marc Weller, *Declaration on the Rights of Indigenous Peoples: A Commentary*, Oxford University Press, 2018.

⑬Liliana E. Popa, *Patterns of Treaty Interpretation as Anti—fragmentation Tools*, Springer International Publishing AG, 2018.

⑭Rumana Islam, *The Fair and Equitable Treatment (FET) Standard in International Investment Arbitration: Developing Countries in Context*, Springer, 2018.

⑮Franziska Humbert, *The WTO and Child Labour: Implications for the Debate on International Constitutionalism*, Labour Standards in International Economic Law. Springer, Cham, 2018.

⑯Gillvan Moon, Lisa Toohey, *The Future of International Economic Integration: The Embedded Liberalism Compromise Revisited*, Cambridge University Press, 2018.

⑰Rohinton P. Medhora, *Data Governance in the Digital Age*, Centre for International Governance Innovation, 2018.

⑱Filip Balcerzak, *Investor-State Arbitration and Human Rights*, Brill, 2017.

⑲Theodore H. Cohn, *Governing Globaltrade: International Institutions in Conflict and Convergence*, Routledge, 2017.

⑳Megan Pearson, *Proportionality, Equality Laws, and Religion: Conflicts in England, Canada, and the USA*, Routledge, 2017.

㉑Brian G. Slocum, *The Nature of Legal Interpretation: What Jurists Can Learn about Legal Interpretation from Linguistics and Philosophy*, University of Chicago Press, 2017.

㉒Jonathan Bonnitcha, *Substantive Protection Under Investment Treaties*, Cambridge University Press, 2014.

㉓Zachary Douglas et al. , *The Foundations of International Investment Law: Bringing Theory Into Practice*, Oxford University Press, 2014.

㉔Abu Bhuiyan, *Internet Governance and the Global South: Demand for a New Framework*, Springer, 2014.

㉕Martins Paparinskis, *The International Minimum Standard and Fair and Equitable Treatment*, Oxford University Press, 2013.

㉖Todd Weiler, *The Interpretation of International Investment Law: Equality, Discrimination and Minimum Standards of Treatment in Historical Context*, Martinus Nijhoff Publishers, 2013.

㉗Michael Fakhri, *The Origins of International Investment Law: Empire, Environment and the Safeguarding of Capital*, Cambridge University Press, 2013.

㉘H. L. A. Hart, Joseph Raz Penelope Bulloch, *The Concept of Law*, Oxford University Press, 2012.

㉙Luciano Floridi, *The Cambridge Handbook of Information and Computer Ethics*, Cambridge University Press, 2010.

㉚Stephan W. Schill, *International Investment Law and Comparative Public Law*, Oxford University Press, 2010.

㉛Pierre-Marie Dupuy et al. , *Human Rights in International Investment Law and Arbitration*, Oxford University Press, 2009.

㉜Ernst-Ulrich Petersmann, *Constitutional Theories of International Economic Adjudication and Investor-State Arbitration*, 2009.

㉝Santiago Montt, *State Liability in Investment Treaty Arbitration: Global Constitutional and Administrative Law in the BIT Generation*, Bloomsbury Publishing, 2009.

㉞Robert Howse, Ruti G. Teitel, *Beyond the Divide: the Covenant on Economic, Social and Cultural Rights and the World Trade Organization*, Friedrich-Ebert-Stiftung, 2007.

㉟James Harrison, *The Human Rightsimpact of the World Trade Organisation*, Bloomsbury

Publishing, 2007.

㊱Anthony Cassimatis, *Human Rights Related Trade Measures Under International Law: the Legality of Trade Measures Imposed In Response to Violations of Human Rights Obligations Under General International Law*, Brill, 2007.

㊲Annie Taylor, Caroline Thomas, *Global Trade and Global Social Issues*, Routledge, 2005.

㊳United Nations, Office of the High Commissioner for Human Rights, High Commissioner for Human Rights, *Human Rights and World Trade Agreements: Using General Exception Clauses to Protect Human Rights*, United Nations, 2005.

㊴Errol Mendes, Ozay Mehmet, *Global Governance, Economy and Law: Waiting for Justice*, Routledge, 2003.

㊵Simon Chesterman, *Just War or Just Peace? Humanitarian Intervention and International Law*, Oxford University Press on Demand, 2002.

㊶Darid P. Forsythe, *Human Rights in International Relations*, Refugee Survey Quarterly, 2001.

㊷Benjamin M. Compaine, *The Digital Divide: Facing a Crisis or Creating a Myth?*, MIT Press, 2001.

㊸Carmen Tiburcio, *The Human Rights of Aliens Under International and Comparative Law*, Martinus Nijhoff Publishers, 2001.

㊹Pippa Norris, *Digital Divide: Civic Engagement, Information Poverty, and the Internet Worldwide*, Cambridge University Press, 2001.

㊺WTO Secretariat, *From GATT to the WTO: The Multilateral Trading System*, Kluwer Law International BV, 2000.

㊻Robert Weatherley, *The Discourse of Human Rights in China: Historical and Ideological Perspectives*, Springer, 1999.

㊼Anne O. Krueger, *The WTO as an International Organization*, University of Chicago Press, 1998.

㊽Jagdish Bhagwati, Mathias Hirich, *The Uruguay Round and Beyond: Essays in Honor of Arthur Dunkel*, University of Michigan Press, 1998.

㊾Alexander Orakhelasbvili, *Akehurst's Modern Introduction to International Law*, Routledge, 1997.

㊿John H. Jackson, *The World Trading System: Law and Policy of International Economic Relations*, MIT Press, 1997.

(51)Ernst-Ulrich Petersmann, *The GATT/WTO Dispute Settlement System: International Law, International Organizations and Dispute Settlement*, Brill, 1997.

(52)Lance A. Compa, Stephen F. Diamond, *Human Rights, Labor Rights, and International*

Trade, University of Pennsylvania Press, 1996.

(53)Henry G. Schermers, Niels M. Blokker, *International Institutional Law: Unity Within Diversity*, Brill, 1995.

(54)Merrills J G. The *Development of International Law by the European Court of Human Rights*, Manchester University Press, 1993.

(55)Theodor Meron, *Human Rights and Humanitarian Norms as Customary Law*, Oxford: Clarendon Press, 1989.

(56)Pictet Jean, *Development and Principles of International Humanitarian Law: Course Given in July* 1982 *at the University of Strasbourg as Part of the Courses Organized by the International Institute of Human Rights*, Martinus Nijhoff Publishers, 1985.

(57)Myres S. Macdougal et al., *Human Rights and World Public Order: the Basic Policies of an International Law of Human Dignity*, Yale University Press, 1980.

(58)John H. Jackson, *World Trade and the Law of GATT*, Indianapolis: Bobbs-Merrill, 1969.

(59)Panos Koutrakos et al., *Exceptions from EU free Movement Law: Derogation, Justification and Proportionality*, Hart Publishing, 2016.

(60)*Aunual Review of Insolvency Law*, edited by J. P. Sarra and B. Romaine, 2015.

(61)Echandi, Roberto, Pierre-Sauvé, *Prospects in International Investment Law and Policy*, Cambridge University Press, 2013.

(62)Mira Burri, *Big Data and Global Trade Law*, Cambridge University Press, 2021.

(63)Kai-Uwe Schrogl, *Handbook of Space Security: Politics, Applications and Programs*, Springer, 2020.

（二）论文

①Eva Johan, Hanna Schebesta, "Religious Regulation Meets International Trade Law: Halal Measures, a Trade Obstacle? Evidence from the SPS and TBT Committees", *Journal of International Economic Law*, Vol. 25, No. 1, 2022.

②Christian Delev, "A Moral Stretch? US-Tariff Measures and the Public Morals Exception in WTO Law", *World Trade Review*, Vol. 21, No. 2, 2022.

③Ben Czapnik, " 'Moral' Determinations in WTO Law: Lessons from the Seals Dispute", *Journal of International Economic Law*, Vol. 25, No. 3, 2022.

④Hu Jia, "Ready for Integrating with Human Rights Law? Revisiting Public Interest Consideration in International Investment Law", 北大法政ジャーナル, Vol. 28, 2021.

⑤Elisabeth V. Henn, "Protecting Forests or Saving Trees? The EU's Regulatory Approach to Global Deforestation", *Review of European, Comparative & International Environmental Law*, Vol. 30, No. 3, 2021.

⑥Timothy Meyer, "The Political Economy of WTO Exceptions", *Washington University Law Review*, Vol. 99, 2022.

⑦Amanda Fadhilla Chairunisa, I. Haryanto, "Analysis of Renewable Energy Directive Ii on Trading of Indonesian Palm Oil Associated with GATT", *Yuridika*, Vol. 36, No. 3, 2021.

⑧Xiaodong Hong, "WTO Electronic Commerce Plurilateral Negotiations – Balancing and Gaming Between Opening-up and Regulation", *Journal WTO and China*, Vol. 11, No. 2, 2021.

⑨Swargodeep Sarkar, "Free Trade vis-à-vis Morality: Revisiting the Public–Morals Exception Clause in the World Trade Organization", *Foreign Trade Review*, Vol. 56, No. 4, 2021.

⑩Kristine Plouffe-Malette, "Public Morality Exception at the WTO: Much Ado about Nothing?", *Journal of World Trade*, Vol. 55, No. 3, 2021.

⑪Gregory Shaffer, "Governing the Interface of US-China Trade Relations", *American Journal of International Law*, Vol. 115, No. 4, 2021.

⑫Neha Mishra, "International Trade Law Meets Data Ethics: a Brave New World", *New York University Journal of International Law and Politics*, Vol. 53, No. 2, 2020.

⑬Neha Mishra, "The Trade: (Cyber) Security Dilemma and Its Impact on Global Cybersecurity Governance", *Journal of World Trade*, Vol. 54, No. 4, 2020.

⑭Mona Pinchis-Paulsen, "Trade Multilateralism and US National Security: the Making of the GATT Security Exceptions", *Michigan Journal of International Law*, Vol. 41, No. 1, 2020.

⑮Neville Cox, "Justifying Blasphemy Laws: Freedom of Expression, Public Morals, and International Human Rights Law", *Journal of Law and Religion*, Vol. 35, No. 1, 2020.

⑯Michael J. Perry, "Two Constitutional Rights, Two Constitutional Controversies", *Connecticut Law Review*, Vol. 52, 2020.

⑰Julian Rotenberg, "Privacy Before Trade: Assessing the WTO-Consistency of Privacy-Based Cross-Border Data Flow Restrictions", *University of Miami International and Comparative Law Review*, Vol. 28, No. 1, 2020.

⑱Neha Mishra, "Privacy, Cybersecurity, and GATS Article XIV: A New Frontier for Trade and Internet Regulation?", *World Trade Review*, Vol. 19, No. 3, 2020.

⑲Fernández López, Juan Pablo, "WTO's Public Morals Exception", *UNA Revista de Derecho*, Vol. 20, No. 5, 2020.

⑳Yoshinori Abe, "Data Localization Measures and International Economic Law: How Do WTO and TPP/CPTPP Disciplines Apply to These Measures?", *Public Policy Review*,

Vol. 16, No. 5, 2020.

㉑Julia Ya Qin, "WTO Reform: Multilateral Control over Unilateral Retaliation – Lessons from the US – China Trade War", *Wayne State University Law School Research Paper*, Vol. 12, No. 2, 2020.

㉒Prabhash Ranjan, " 'Necessary' in Non–Precluded Measures Provisions in Bilateral Investment Treaties: The Indian Contribution", *Netherlands International Law Review*, Vol. 67, No. 3, 2020.

㉓Olha Yatsenko et al. , "Protectionism Sources of Trade Disputes Within International Economic Relations", *Management Theory and Studies for Rural Business and Infrastructure Development: Scientific Journal*, Vol. 42, No. 4, 2020.

㉔Ximei Wu, Sadiya S. Silvee, "China's Evolving Role in Developing the WTO Dispute Settlement Rules", *China and WTO Review*, Vol. 6, No. 1, 2020.

㉕Bernard E Rollin, Mattew S Hickey, "Commentary: on the Moral Foundations of Animal Welfare", *Cambridge Quarterly of Healthcare Ethics*, Vol. 29, No. 1, 2020.

㉖Lingli, Zheng, "Construction of Cross – Border E – Commerce Rules along the Belt and Road: With Reference to the CPTPP & USMCA", *Journal of WTO and China*, Vol. 10, No. 1, 2020.

㉗Xiankun, Lu, "WTO Adjudication Crisis: A View from China", *Journal of WTO and China*, Vol. 10, No. 4, 2020.

㉘Quan Xiaolian, "The Governance of Cross–Border Data Flows in Trade Agreements: Is the CPTPP Framework an Ideal Way out?", *Frontiers of Law in China*, Vol. 15, No. 3, 2020.

㉙Andrew D. Mitchell, Neha Mishra, "Regulating Cross–Border Data Flows in a Data–driven World: How WTO Law Can Contribute", *Journal of International Economic Law*, Vol. 22, No. 3, 2019.

㉚Qiaozi Guanglin, "The Balancebetween 'Public Morals' and Trade Liberalization: Analysis of the Application of Article XX (A) of the GATT and Its Application", *Frontiers of Law in China*, Vol. 10, No. 2, 2019.

㉛Reqis Y. Simo, "Once upon a Time: The Origins of the Public Morals Defence in World Trade Law", *Manchester Journal of International Economic Law*, Vol. 16, No. 2, 2019.

㉜Safar Safarli, Sabina Mammadzadeh, "Public Moral Exception under GATT: Traditional and New Approaches", *Baku State University Law Review*, Vol. 5, No. 1, 2019.

㉝Bhala R, Witmer E. , "Interpreting Interpretation: Textual, Contextual, and Pragmatic Interpretative Methods for International Trade Law", *Conn. J. Int'l L*, Vol. 35, No. 2, 2019.

㉞Roberto Echandi, "The Debate on Treaty-based Investor-State Dispute Settlement: Empirical Evidence (1987-2017) and Policy Implications", *ICSID Review-Foreign Investment Law Journal*, Vol. 34, No. 1, 2019.

㉟Patrick Abel, "Counterclaims Based on International Human Rights Obligations of Investors in International Investment Arbitration: Fallacies and Potentials of the 2016 ICSID Urbaser v. Argentina Award", *Brill Open Law*, Vol. 1, 2018.

㊱Silvia Steininger, "What's Human Rights Got To Do With It? An Empirical Analysis of Human Rights References in Investment Arbitration", *Leiden Journal of International Law*, Vol. 31, No. 1, 2018.

㊲Johannes Thiere, "Privacy as an Obstacle: Data Privacy Laws under the GATS", *Freiburg Law Students Journal*, Vol. 2018, No. 1, 2018.

㊳Peter F. Cowhey, Jonathan D. Aronson, "Digital Trade and Regulation in an Age of Disruption", *Journal of International Law & Foreign Affairs*, Vol. 22, No. 1, 2018.

㊴Ronald A. Brand, "Recognition of Foreign Judgments in China: the Liu Case and the Belt and Road Initiative", *Journal of Law and Commerce*, Vol. 37, 2018.

㊵Nicolas Bremer, "Seeking Recognition and Enforcement of Foreign Court Judgments and Arbitral Awards in Egypt and the Mashriq Countries", *Journal of Dispute Resolutibn*, Vol. 2018, No. 1, 2018.

㊶Elisa Baroncini et al., "Global Public Goods, Global Commons, Fundamental Values and International Investment Law: the Responses of the New Generation of International Economic Law Agreements and Investment Arbitration Proceedings", *Brill Open Law*, Vol. 1, No. 1, 2018.

㊷Rajesh Rabu Babu, "WTO and the Protection of Public Morals", *Asian Journal of WTO & International Health Law and Policy*, Vol. 13, No. 2, 2018.

㊸Gillian Moon, " 'Fundamental Moral Imperative': Social Inclusion, the Sustainable Development Goals and International Trade Law After Brazil-Taxation", *Journal of World Trade*, Vol. 6, 2018.

㊹Irit Mevorach, "Modified Universalism as Customary International Law", *Texas Law Review*, Vol. 96, No. 7, 2017.

㊺Bin Sun, "The Future of Cross-Border Litigation in China: Enforcement of Foreign Commercial Judgments Based on Reciprocity", *New York University of International Law and Politics*, Vol. 50, No. 3, 2018.

㊻Nino Rukhadze, "Can Human Rights Violations Constitute Public Morals under the Article XX (a) of the GATT and Article XIV (a) of the GATS?", *Journal of Law*, Vol. 2017, No. 1, 2017.

㊼Thomas Schultz, Niccolò Ridi, "Comity and International Courts and Tribunals", *Cornell International Law Journal*, Vol. 50, No. 3, 2017.

㊽Misha Boutilier, "From Seal Welfare to Human Rights, Can Unilateral Sanctions in Response to Mass Atrocity Crimes Be Justified under the Article XX (A) Public Morals Exception Clause", *University of Toronto Facculty of Law Review*, Vol. 75, No. 2, 2017.

㊾Desmond McNeill et al. , "Trade and investment agreements: implications for health protection", *Journal of World Trade*, Vol. 51, No. 1, 2017.

㊿Richard L. Cupp, "Edgy Animal Welfare", *Pepperdine University Legal Stuaies Research Paper*, Vol. 95, No. 4, 2018.

(51)Bobby Lindsay, "Modified Universalism Comes to Scotland: Hooley Ltd, Petitioners", *Edinburgh Law Review*, Vol. 21, No. 3, 2017.

(52)Sumuel R. Wiseman, "Localism, Labels, and Animal Welfare", *Journal of Law and Social Policy*, Vol. 13, No. 2, 2018.

(53)Béligh Elbalti, "Reciprocity and the Recognition and Enforcement of Foreign Judgments: A Lot of Bark but not Much Bite", *Journal of Private International Law*, Vol. 13, No. 1, 2017.

(54)AlModarra Bader Bakhit M. , "Defining the Contours of the Public Morals Exception under Article XX of the GATT 1994", *Estey Journal of International Law and Trade Policy*, Vol. 18, No. 2, 2017.

(55)Andrew D. Mitchell, Neha Mishra, "Data at the docks: Modernizing International Trade Law for the Digital Economy", *Vanderbilt Journal of Entertainment and Technology Law*, Vol. 20, 2018.

(56)Ivan Sarafanov, Bai Shuqiang, "A Study on the Cooperation Mechanism on Digital Trade within the WTO Framework: Based on an Analysis on the Status and Barriers to Digital Trade", *Journal of WTO and China*, Vol. 7, No. 4, 2017.

(57)Oisin Suttle, "What Sorts of Things are Public Morals? A Liberal Cosmopolitan Approach to Article XX GATT", *The Modern Law Review*, Vol. 80, No. 4, 2017.

(58)Silvia Nuzzo, "Tackling Diversity inside WTO: GATT Moral Clause after Colombia−Textiles", *European Law Journal*, Vol. 10, No. 1, 2017.

(59)Patrick Dumberry, "Has the Fair and Equitable Treatment Standard Become a Rule of Customary International Law?", *Journal of International Dispute Settlement*, Vol. 8, No. 1, 2017.

(60)Nikolas P. Sellheim, "The Legal Question of Morality: Seal Hunting and the European Moral Standard", *Social & Legal Studies*, Vol. 25, No. 2, 2016.

(61)B. Wessels, "The European Union Regulation on Insolvency Proceedings (Recast): The

First Commentaries", *European Company Law*, Vol. 13, No. 4, 2016.

62Tracy Albin, "Protecting Australian Creditors: An Analysis of Kapila; Re Edelstein", *International Business Review*, Vol. 19, 2016.

63Edward Guntrip, "Self-determination and Foreign Direct Investment: Reimagining Sovereignty in International Investment Law", *International & Comparative Law Quarterly*, Vol. 65, No. 4, 2016.

64Niklaus Meier, "Undue Due Process: Why the Application of Jurisdictional Due Process Requirements to the Recognition of Foreign-Country Judgments Is Inappropriate", *Oregon Review of International law*, Vol. 18, No. 1, 2016.

65Phin Serpin, "The Public Morals Exception After the WTO Seal Products Dispute: Has the Exception Swallowed the Rules", *Columbia Business Law Review*, Vol. 2016, No. 1, 2016.

66Alexi a Herwig, "Too Much Zeal on Seals? Animal Welfare, Public Morals, and Consumer Ethics at the Bar of the WTO", *World Trade Review*, Vol. 15, No. 1, 2016.

67Ji Yeong Yoo, Dukgeun Ahn, "Security exceptions in the WTO system: bridge or bottleneck for trade and security?", *Journal of International Economic Law*, Vol. 19, No. 2, 2016.

68Wellard Mark, Mason Rosalind, "Global Rules on Conflict-of-laws Matters in International Insolvency Cases: An Australian Perspective", *Insolvency Law Journal*, Vol. 23, No. 1, 2015.

69John Byrnes, "The Dispute Over Evaluating Center of Main Interests-How Simple Legislation Could Save the US Court System Time and Money", *Journal of International Business and Law*, Vol. 14, No. 2, 2015.

70Nidhi Shetye, "International Insolvency: An Indian Perspective on Cross-Border Treatment of Cases", *Fordham University School of Law*, Vol. 39, No. 4, 2016.

71Mark C. Erickson, Sarah K. Leggin, "Exporting Internet Law through International Trade Agreements: Recalibrating US Trade Policy in the Digital Age", *Catholic Uriversity Journal of Law and Technology*, Vol. 24, No. 2, 2016.

72Uif Linderfalk, "Is Treaty Interpretation an Art or a Science? International Law and Rational Decision Making", *European Journal of International Law*, Vol. 26, No. 1, 2015.

73Henry Hailong Jia, "The Legitimacy of Exceptions Containing Exceptions in WTO Law: Some Thoughts on EC-Seal Products", *Chinese Journal of International Law*, Vol. 14, No. 2, 2015.

74P. C. Mavroidis, "Sealed with a Doubt: EU, Seals, and the WTO", *European journal of risk regulation*, Vol. 6, No. 3, 2015.

⑦⑤Emily Lee, "Problems of Judicial Recognition and Enforcement in Cross-border Insolvency Matters Between Hong Kong and Mainland China", *The American Journal of Comparative Law*, Vol. 63, No. 2, 2015.

⑦⑥Juan He, "China-Canada Seal Import Deal After the WTO EU-Seal Products Case: At the Crossroads", *Asian Journal of WTO and International Health Law and Policy*, Vol. 10, 2015.

⑦⑦Robert L. Howse et al., "Pluralism in Practice: Moral Legislation and the Law of the WTO after Seal Products", *The George Washington International Law Review*, Vol. 48, No. 1, 2015.

⑦⑧Gillian Moon, "GATT Article XX and Human Rights: What Do We Know from the First 20 Years?", *Melbourne Journal of International Law*, Vol. 16, 2015.

⑦⑨Alexia Herwig, "Regulation of Seal Animal Welfare Risk, Public Morals and Inuit Culture under WTO Law: Between Techne, Oikos and Praxis: Editor's Introduction", *European Journal of Risk Regulation*, Vol. 6, No. 3, 2015.

⑧⓪Gregory Shaffer, David Pabian, "European Communities—Measures Prohibiting the Importation and Marketing of Seal Products", *American Journal of International Law*, Vol. 109, No. 1, 2015.

⑧①Mosunova Natalya, "Are Non-trade Values Adequately Protected Under GATT Art. Xx?", *Russian Law Journal*, Vol. 2, No. 2, 2014.

⑧②Katie Sykes, "Sealing Animal Welfare into the GATT Exceptions: The International Dimension of Animal Welfare in WTO Disputes", *World Trade Review*, Vol. 13, No. 3, 2014.

⑧③Henry S. Gao, "Can WTO Law Keep Up with the Internet?", Proceedings of the ASIL 108th Annual Meeting, *Cambridge University Press*, Vol. 108, 2014.

⑧④Emll Sirgado Diaz, "Human Rights and the 'Public Morals' Exception in the WTO", *Staats-und Universitätsbibliothek Hamburg Carl von Ossietzky*, 2014.

⑧⑤Bob Wessels, "Contracting Out of Secondary Insolvency Proceedings: The Main Liquidator's Undertaking in the Meaning of Article 18 in the Proposal to Amend the EU Insolvency Regulation", *Journal of Corporate, Financial & Commercial Law*, Vol. 9, No. 1, 2014.

⑧⑥Emily Lee, "Comparing Hong Kong and Chinese Insolvency Laws and Their Cross-Border Complexities", *The Journal of Comparative Law*, Vol. 9, No. 2, 2014.

⑧⑦Macro Bronckers, Keith E. Maskus, "China-Raw Materials: a Controversial Step Towards Evenhanded Exploitation of Natural Resources", *World Trade Review*, Vol. 13, No. 2, 2014.

⑧⑧Susan Ariel Aaronson, M. Rodwan Abouharb, "Does the WTO Help Memberstates Improve Governance?", *World Trade Review*, Vol. 13, No. 3, 2014.

⑧⑨Audrey Feldman, "Rethinking Review of Foreign Court Jurisdiction in Light of the Hague Judgments Negotiations", *New York University Law Review*, Vol. 89, No. 6, 2014.

⑨⓪Michael Fakhri, "The WTO, Self-Determination, and Multi-Jurisdictional Sovereignty", *American Journal of International Law*, Vol. 108, 2014.

⑨①Satoshi Watanabe, "A Study of a Series of Cases Called Non-Recognition of a Judicial Judgment between Japan and mainland China——A Cross-border Garnishment Order of the Japanese Court issued to a Chinese Company as a Third-party Debtor", *Japanese Yearbook of International Law*, Vol. 57, 2014.

⑨②Briggs Adrian, "Recognition of Foreign Judgments: A Matter of Obligation", *Law Quarterly Rveiew*, Vol. 129, No. 1, 2013.

⑨③Denjamin C. Ackerly et al., "Second Circuit Issues Ruling regarding Determination of a Debtor's Center of Main Interest under Chapter 15", *Banking LJ*, Vol. 130, No. 8, 2013.

⑨④Julia Brown, "International Investment Agreements: Regulatory Chill in the Face of Litigious Heat", *Western Journal of Legal Studies*, Vol. 3, No. 1, 2013.

⑨⑤Phoebe Hathorn, "Cross-Border Insolvency in the Maritime Context: The United States' Universalism vs. Singapore's Territorialism", *Tulane Maritime Law Journal*, Vol. 38, No. 1, 2013.

⑨⑥Akshaya Kamalnath, "Cross-border Insolvency Protocols: a Success Story", *International Journal of Legal Studies and Research (IJLSR)*, Vol. 2, No. 25, 2013.

⑨⑦Andrew D. Mitchell, Caroline Henckels, "Variations on a Theme: Comparing the Concept of Necessity in International Investment Law and WTO Law", *Chicago Journal of International Law*, Vol. 14, No. 1, 2013.

⑨⑧Giulia D'Agnone, "Recourse to the 'Futility Exception' within the ICSID System: Reflections on Recent Developments of the Local Remedies Rule", *The Law & Practice of International Courts and Tribunals*, Vol. 12, No. 3, 2013.

⑨⑨Catharine Titi, "The arbitrator as a Lawmaker: Jurisgenerative Processes in Investment Arbitration", *The Journal of World Investment & Trade*, Vol. 14, No. 5, 2013.

⑩⓪James Yap, "Beyond 'Don't Be Evil': The European Union GSP+ Trade Preference Scheme and the Incentivisation of the Sri Lankan Garment Industry to Foster Human Rights", *European Law Journal*, Vol. 19, No. 2, 2013.

⑩①Srilal M. Perera, "Equity-Based Decision-Making and the Fair and Equitable Treatment Standard: Lessons From the Argentine Investment Disputes-Part I", *The Journal of World Investment & Trade*, Vol. 13, No. 2, 2012.

⑩②Robert L. Howse, Joanna Langille, "Permitting Pluralism: the Seal Products Dispute and Why the WTO Should Accept Trade Restrictions Justified by Noninstrumental Moral Values", *Yale Journal International Law*, Vol. 37, 2012.

⑩Mitali Tyagi, "Flesh on a Legal Fiction: Early Practice in the WTO on Accession Protocols", *Journal of International Economic Law*, Vol. 15, No. 2, 2012.

⑩L. Rubini, "Ain't Wastin'time No More: Subsidies for Renewable Energy, the SCM Agreement, Policy Space, and Law Reform", *Journal of International Economic Law*, Vol. 15, No. 2, 2012.

⑩Moonhawk Kim, "Disguised Protectionism and Linkages to the GATT/WTO", *World Politics*, Vol. 64, No. 3, 2012.

⑩Helen Anderson, "Challenging the Limited Liability of Parent Companies: A Reform Agenda for Piercing the Corporate Veil", *Australian Accounting Review*, Vol. 22, No. 2, 2012.

⑩E. Buckel, "Curbing Comity: the Increasingly Expansive Public Policy Exception of Chapter 15", *Georgetown Journal International Law*, Vol. 44, No. 3, 2013.

⑩S. Schill, "Enhancing International Investment Law's Legitimacy: Conceptual and Methodological Foundations of a New Public Law Approach", *Virginia Journal of International Law*, Vol. 52, No. 1, 2011.

⑩Jennifer Tobin, Susan Rose-Ackerman, "When BITs Have Some Bite: The Political-economic Environment for Bilateral Investment Treaties", *The Review of International Organizations*, Vol. 6, 2011.

⑩Pedro Jose Bernardo, "Cross-border Insolvency and the Challenges of the Global Corporation: Evaluating Globalization and Stakeholder Predictability Through the UNCITRAL Model Law on Cross-border Insolvency and the European Union Insolvency Regulation", *Ateneo Law Journal*, Vol. 56, No. 4, 2011.

⑪Nicolas F. Diebold, "Standards of Non-discrimination in International Economic Law", *International & Comparative Law Quarterly*, Vol. 60, 2011.

⑪Melanie Samson, "A Word of Scepticism about the Anti-Fragmentation Function of Article 31 (3) (c) of the Vienna Convention on the Law of Treaties", *Leiden Journal of International Law*, Vol. 24, No. 3, 2011.

⑪Julia Ya Qin, "Pushing the Limits of Global Governance: Trading Rights, Censorship and WTO Jurisprudence—A Commentary on the China-publications Case", *Chinese Journal of International Law*, Vol. 10, 2011.

⑪Mahnoush H. Arsanjani, W. Reisman, "Interpreting Treaties for the Benefit of Third Parties: The 'Salvors Doctrine' and the Use of Legislative History in Investment Treaties", *American Journal of International Law*, Vol. 104, No. 4, 2010.

⑪Henry S. Gao, "Google's China Problem: A Case Study on Trade, Technology and Human

Rights Under the GATS", *Asian Journal of WTO & International Health Law and Policy*, Vol. 6, 2011.

⑪⑥Peter L. Fitzgerald, " 'Morality' May not Be Enough to Justify the Eu Seal Products Ban: Animal Welfare Meets International Trade Law", *Journal of International Wildlife Law & Policy*, Vol. 14, No. 2, 2011.

⑪⑦Elanor A. Mangin, "Market Access in China—Publications and Audiovisual Materials: A Moral Victory with a Silver Lining", *Berkeley Technology Law Journal*, Vol. 25, No. 1, 2010.

⑪⑧Jay Lawrence Westbrook, "Breaking Away: Local Priorities and Global Assets", *Texas International Law Journal*, Vol. 46, 2010.

⑪⑨Ritika Patni, Nihal Joseph, "WTO Ramifications of Internet Censorship: The Google—China Controversy", *NUJS Law Review*, Vol. 3, No. 3, 2010.

⑫⓪Benjamin J. Christenson, "Best Let Sleeping Presumptions Lie: Interpretation of Center of Main Interest under Chapter 15 of the Bankruptcy Code and an Appeal for Additional Judicial Complacency", *University of Illinois Law Review*, Vol. 2010, No. 5, 2010.

⑫① Hannah L. Buxbaum, "National Jurisdiction and Global Business Networks, Earl A. Snyder Lecture in International Law", *Indiana Journal of Global Legal Studies*, Vol. 17, No. 1, 2010.

⑫②Leif M. Clark, K. Goldstein, "Sacred cows: how to care for secured creditors' rights in cross—border bankruptcies", *Texas International Law Journal*, Vol. 46, No. 3, 2010.

⑫③Isabelle Van Damme, "Treaty interpretation by the WTO appellate body", *European Journal of International Law*, Vol. 21, No. 3, 2010.

⑫④Cynthia Liu, "Internet Censorship as a Trade Barrier: A Look at the WTO Consistency of the Great Firewall in the Wake of the China—Google Dispute", *Georgetown Journal International Law*, Vol. 42, No. 4, 2010.

⑫⑤Wright Claire, "Censoring the Censors in the WTO: Reconciling the Communitarian and Human Rights Theories of International Law", *Journal International Media & Enternational Law*, Vol. 3, No. 1, 2010.

⑫⑥Israel Brian R., "Make Money without Doing Evil—Caught between Authoritarian Regulations in Emerging Markets and a Global Law of Human Rights, US ICTs Face a Twofold Quandary", *Berkeley Technology Law Journal*, Vol. 24, No. 1, 2009.

⑫⑦John J Rapisardi, "Recent Developments in Chapter 15 Recognition Determinations", *Insolvency & Restructuring International (IRI)*, Vol. 3, No. 1, 2009.

⑫⑧Itay Fischhendier, "When Ambiguity in Treaty Design Becomes Destructive: a Study of Transboundary Water", *Global Environmental Politics*, Vol. 8, No. 1, 2008.

⑫⑨Travis Wofford, "The Other Establishment Clause: The Misunderstood Minimum Threshold for Recognition", *Texas International Law Journal*, Vol. 44, No. 4, 2009.

⑬⓪Leonard B et al. , "The Development of Court-to-Court Communications in Cross-Border Cases", *Norton Journal of Bankruptcy Law and Practice*, Vol. 17, No. 6, 2008.

⑬①Wu Mark, "Free Trade and the Protection of Public Morals: An Analysis of the Newly Emerging Public Morals Clause Doctrine", *Yale Journal of International Law*, Vol. 33, No. 1, 2008.

⑬②Nicolas F. Diebold, "The Morals and Order Exceptions in WTO Law: Balancingthe Toothless Tiger and the Undermining Mole", *Journal of International Economic Law*, Vol. 11, No. 1, 2008.

⑬③D. M. Skene, "Chasing the Dream: The Quest for Solutions to International Insolvencies", *Journal of Private International Law*, Vol. 3, No. 2, 2007.

⑬④Gareth T. Davies, "Morality Clauses and Decision Making in Situations of Scientific Uncertainty: the Case of GMOs", *World Trade Review*, Vol. 6, No. 2, 2007.

⑬⑤Thomas Edward M. , "Playing Chicken to the WTO: Defending an Animal Welfare-Based Trade Restriction under GATT's Moral Exception", *Boston College Environmental Affairs Law Review*, Vol. 34, No. 3, 2007.

⑬⑥Jeffrey Kluger, "What makes us moral", *Time magazine*, Vol. 170, No. 23, 2007.

⑬⑦ Gus Van Harten, Martin Loughlin, "Investment Treaty Arbitration as a Species of Global Administrative Law", *European Journal of International Law*, Vol. 17, No. 1, 2006.

⑬⑧A. Mourre, "Are Amici Curiae the Proper Response to the Public's Concerns on Transparency in Investment Arbitration?", *The Law & Practice of International Courts and Tribunals*, Vol. 5, No. 2, 2006.

⑬⑨Jeremy C. Marwell, "Trade and Morality: The WTO Public Morals Exception After Gambling", *New York University Law Review*, Vol. 81, 2006.

⑭⓪Karen E. Woody, "Diamonds on the Souls of Her Shoes: The Kimberly Process and the Morality Exception to WTO Restrictions", *Connecticut Journal International Law*, Vol. 22, 2006.

⑭①Miguel A. Gonzalez, "Trade and Morality: Preserving 'Public Morals' without Sacrificing the Global Economy", *Vanderbilt Journal of Transnational Law*, Vol. 39, No. 3, 2006.

⑭②E. Canuel, "United States-Canadian Insolvencies: Reviewing Conflicting Legal Mechanisms, Challenges and Opportunities for Cross-Border Cooperation", *Journal of International Business and Law*, Vol. 4, No. 1, 2005.

⑭③Daniel J. Gervais, "Patents: Ordre Public and Morality. United Nations Conference on Trade and Development-international Centre for Trade and Sustainable Development, Resource book on TRIPS and Development", Part 2, 19—Patents: Ordre Public and Morality, 2005.

⑭Patrizia Nanz, Jens Steffek, "Global Governance, Participation and The Public Sphere", Government and opposition, Vol. 39, No. 2, 2004.

⑭Stephen J. Powell, "The Place of Human Rights Law in World Trade Organization Rules", Florida Journal of International Law, Vol. 16, No. 1, 2004.

⑭Christopher R. Farley, "An Overview, Survey, and Critique of Administrating Cross—border Insolvencies", Houston Journal of International Law, Vol. 27, No. 1, 2004.

⑭Michael J. Trebilcock, "Trade policy & (and) labor standards: Objectives, Instruments, and Institutions", Toronto Law and Economics Research Paper, Vol. 14, No. 2, 2004.

⑭Steve Charnovitz, "Symposium: The Boundaries of the WTO: Triangulating the World Trade Organization", The American Journal of International Law, Vol. 96, No. 1, 2002.

⑭T. Cottier, "Trade and Human Rights: a Relationship to Discover", Journal of International Economic Law, Vol. 5, No. 1, 2002.

⑮Sarah H. Cleveland, "Human Rights Sanctions and International Trade: A Theory of Compatibility", Journal of International Economic Law, Vol. 5, No. 1, 2002.

⑮Caroline Dommen, "Raising Human Rights Concerns in the World Trade Organization: Actors, Processes and Possible Strategies", Human Rights Quarterly, Vol. 24, No. 1, 2002.

⑮G. Marceau, "WTO Dispute Settlement and Human Rights", European Journal of International Law, Vol. 13, No. 4, 2002.

⑮David W. Leebron, "Linkages", American Journal of International Law, Vol. 96, No. 1, 2002.

⑮Kyle Bagwell et al., "It's a Question of Market Access", American Journal of International Law, Vol. 96, No. 1, 2002.

⑮Debra P. Steger, "Afterword: The 'Trade and…' Conundrum—A Commentary", American Journal of International Law, Vol. 96, 2002.

⑮Kazuhiko Yamamoto, "New Japanese Legislation on Crossborder Insolvency as Compared with the UNCITRAL Model Law", International Insolvency Review, Vol. 11, No. 2, 2002.

⑮John H. Jackson, "Afterword: The Linkage Problem——Comments on Five Texts", American Journal of International Law, Vol. 96, No. 1, 2002.

⑮Jagdish Bhagwati, "Afterword: the Question of Linkage", American Journal of International Law, Vol. 96, No. 1, 2002.

⑮Jochem Wiers, "WTO Rules and Environmental Production and Processing Methods (PPMs)", ERA Forum. Springer—Verlag, Vol. 2, No. 4, 2001.

⑯⓪DZ Cass，"The 'Constitutionalization' of International Trade Law：Judicial Norm-generation as the Engine of Constitutional Development in International Trade"，*European Journal of International Law*，Vol. 12，No. 1，2001.

⑯①Salman Bal，"International Free Trade Agreements and Human Rights：Reinterpreting Article XX of the GATT"，*Minnesota Journal of International Law*，Vol. 10，2001.

⑯②J H Jackson，"Comments on Shrimp/Turtle and the Product/Process Distinction"，*European Journal of International Law*，Vol. 11，No. 2，2000.

⑯③Philippe Sands，"'Unilateralism'，Values，and International Law"，*European journal of international law*，Vol. 11，No. 2，2000.

⑯④Ernst-Ulrich Petersmann，"The WTO Constitution and Human Rights"，*Journal of International Economic Law*，Vol. 3，No. 1，2000.

⑯⑤Llane M. Jarvis，"Women's Rights and the Public Morals Exception of GATT Article 20"，*Michigan Journal International Law*，Vol. 22，No. 1，2000.

⑯⑥PC Mavroidis，"Remedies in the WTO Legal System：Between a Rock and a Hard Place"，*European Journal of International Law*，Vol. 11，No. 4，2000.

⑯⑦Robert Howse，"Democracy，Science，and Free Trade：Risk Regulation on Trial at the World Trade Organization"，*Michigan Law Review*，Vol. 98，No. 7，2000.

⑯⑧Samuel K. Murumba，"The Universal Declaration of Human Rights at 50 and the Challenge of Global Markets：Themes and Variations"，*Brooklyn Journal International Law*，Vol. 25，No. 1，1999.

⑯⑨Ernst-Ulrich Petersmann，"Dispute Settlement in International Economic Law——Lessons for Strengthening International Dispute Settlement in Non-Economic Areas"，*Journal of International Economic Law*，Vol. 2，No. 2，1999.

⑰⓪Mark S. Umbreit，"Restorative Justice Through Victim-Offender Mediation：A Multi-Site Assessment"，*Western Criminology Review*，Vol. 1，No. 1，1998.

⑰①Isabella D. Bunn，"Linkages Between Ethics and International Economic Law"，*University of Pennsylvania Journal of International Law*，Vol. 19，1998.

⑰②Frank J. Garcia，"The Trade Linkage Phenomenon：Pointing the Way to the Trade Law and Global Social Policy of the 21st"，*University of Pennsylvania Journal of International Law*，Vol. 19，1998.

⑰③Philip M. Nichols，"Forgotten Linkages——Historical Institutionalism and Sociological Institutionalism and Analysis of the World Trade Organization"，*University of Pennsylvania Journal of International Law*，Vol. 19，1998.

⑰④S. Hughes，Rorden Wilkinson，"International Labour Standards and World Trade：No Role for the World Trade Organization?"，*New Political Economy*，Vol. 3，No. 3，1998.

⑰C. Feddersen, "Focusing on Substantive Law in International Economic Relations: The Public Morals of GATT's Article XX (a) and Conventional Rules of Interpretation", *Minnesota Journal of Global Trade*, Vol. 7, No. 1, 1998.

⑯Arthur E. Appleton, "GATT Article XX's Chapeau: A Disguised Necessary Test: The WTO Appellate Body's Ruling in United States——Standards for Reformulated and Conventional Gasoline", *Review of European Community & International Environmental Law*, Vol. 6, No. 2, 1997.

⑰S. Charnovitz, "The Moral Exception In Trade Policy", *Virginia Journal of International Law*, Vol. 38, No. 4, 1998.

⑱Karen Engle, "Human Rights, Culture and Context: Anthropological Perspectives", *American Journal of International Law*, Vol. 93, No. 1, 1996.

⑲J M Farley, "A Judicial Perspective on Cross-Border Insolvencies and Restructurings", *Journal of International Law and Business*, Vol. 24, No. 5, 1996.

⑱José E. Alvarez, "Critical Theory and the North American Free Trade Agreement's Chapter Eleven", *The University of Miami Inter-American Law Review*, Vol. 28, No. 2, 1996.

⑱Robert M. Stern, "Conflict and Cooperation in International Economic Policy and Law", *University of Pennsylvania Journal of International Law*, Vol. 17, No. 2, 1996.

⑱M. Klausner, "Corporations, Corporate Law, and Networks of Contracts", *Virginia Law Review*, Vol. 81, No. 3, 1995.

⑱Steve Charnovitz, "Green Roots, Bad Pruning: GATT Rules and Their Application to Environmental Trade Measures", *Tulane Environmental Law Journal*, Vol. 17, No. 2, 1994.

⑱Ernst-Ulrich Petersmann, "The Dispute Settlement System of the World Trade Organization and the Evolution of the GATT Dispute Settlement System Since 1948", *Common Market Law Review*, Vol. 31, No. 6, 1994.

⑱Thomas M. Franck, "International Law in a Divided World", *American Journal of International Law*, Vol. 83, No. 1, 1989.

⑱Bevans, Charles I. Treaties and other Internation Agreement of the United States of America: Volume 2 (Multilateraltreaties, 1918-1930), 1931.

⑱Walter A. Chudson, "The United States and the Restoration of World Trade", *The American Economic Review*, Vol. 41, No. 4, 1951.

⑱Xu Li, *The Meaning of Public Morals and Its Interpretation in WTO Rules*, China Legal Science, No. 2, 2011.

⑱H. Skipton Leonard, et al., "The Development of Court-to-Court Communications in Cross-Border Cases", *Norton Journal of Bankruptcy Law and Practice*, Vol. 17, No. 6, 2008.

(三) 报告

①Nina M. Hart, Brandon J. Murrill, "Section 301 Tariffs on Goods from China: International and Domestic Legal Challenges", *Congressional Research Service*, 2021.

②Ruth Delzeit et al., "Who benefits really from phasing out palmoil-based biodiesel in the EU?", *No 2203*, *Kiel Working Papers from Kiel Institute for the World Economy*, 2021.

③William Alan Reinsch Ally Brodsky, Jasmine Lim, "Women and Trade: How Trade Agreements Can Level the Gender Playing Field", *A Report of the CSIS Scholl Chair in International Business*, 2021.

④Bernard Hoekman et al., "Informing WTO Reform: Dispute Settlement Performance, 1995–2020", *European University Institute*, 2020.

⑤Cosimo Beverelli, Jürgen Kurtz, Damian Raess, "International Trade, Investment, and the Sustainable Development Goals", *Cambridge University Press*, 2020.

⑥ "2018 Special 301 Report", *Office of the United States Trade Representative*, 2018.

⑦"2006 Report to Congress on China's WTO Compliance", *United States Trade Representative*, 2006.

⑧TITIEVSKAIA Jana, ZAMFIR Ionel, "WTO rules: Compatibility with Human and Labour Rights", *European Parliamentary Research Service*, 2021. 03. 4.

WTO 部分成员方关于公共道德的理解及规定情况 [①]

成员方	基于公共道德的原因而禁止或 限制进出口的产品 *	Document Symbol
巴林	活猪；毒品	WT/TPR/S/185/Rev. 1 （Oct. 23, 2007）at 28-29
孟加拉国	猪产品；药物；淫秽或颠覆性材料或那些含有可能冒犯孟加拉国公民宗教感情和信仰的物品	WT/TPR/S/168/Rev. 1 （Nov. 15, 2006）at 55, 142
贝宁	麻醉品	WT/TPR/S/131 （May 24, 2004）at 42 n. 68
文莱	酒；与赌博有关的产品；鸦片；某些肉类产品	WT/TPR/S/84 （Apr. 27, 2001）at 43-45
加拿大	发现有淫秽，叛国，煽动，仇恨宣传，或儿童色情物品的物品；描绘犯罪和暴力行为的海报；伪造的货币	WT/TPR/S/53 （Nov. 19, 1998）at 46
哥伦比亚	涉及未成年人的色情物品；好战的玩具	WT/TPR/S/172/Rev. 1 （Apr. 3, 2007）at 41
斐济	机遇游戏；《撒旦诗篇》	WT/TPR/S/24 （Mar. 13, 1997）at 24
冈比亚	色情出版物；麻醉药品；被视为煽动性、令人愤慨的或令人沮丧的物品	WT/TPR/S/127 （Jan. 5, 2004）at 31, 37
圭亚那	不雅印刷品，某些电影胶片	WT/TPR/S/122 （Oct. 1, 2003）at 44
海地	色情物品；麻醉药物；假冒设备	WT/TPR/S/99/Rev. 1 （Oct. 7, 2003）at 41

[①] See Mark Wu, "Free Trade and the Protection of Public Morals: An Analysis of the Newly Emerging Public Morals Clause Doctrine", *Yale Journal of International Law*, 2008.

成员方	基于公共道德的原因而禁止或限制进出口的产品 *	Document Symbol
洪都拉斯	毒品，麻醉药品，精神药物，与色情出版物	WT/TPR/S/120（Aug. 29，2003）at 46
印度尼西亚	酒	WT/TPR/S/184/Rev. 1 （Nov. 6，2007）at 46
以色列	放荡的或不雅的电影；伪造的货币；赌博或博彩彩票与游戏；空白发票；附有虚假产品描述的货物	WT/TPR/S/157/Rev. 1 （Mar. 24，2006）at 30
牙买加	假冒商品；淫秽或不雅印刷品、电影和物品	WT/TPR/S/139/Rev. 1 （Mar. 9，2005）at 48
韩国	色情和其他不可接受的物品	WT/TPR/S/137（Aug. 18，2004）at 54
马来西亚	流通货币的复制品；下流或淫秽的作品；印有古兰经的衣物	WT/TPR/S/92（Nov. 5，2001）at 37–38 & n. 27
摩洛哥	麻醉和精神药物；淫秽物品和色情美术品；牛	WT/TPR/S/116（May 19，2003）at 41
莫桑比克	色情出版物；麻醉药品	WT/TPR/S/79 （Dec. 21，2000）at 33
尼日利亚	某些烈酒；淫秽物品	WT/TPR/S/147（Apr. 13，2005）at 36
巴拿马	不雅或道德上令人不快印刷出版物，外国彩票或奖券；吸食鸦片及树脂	WT/TPR/S/186（Aug. 13，2007）at 39
卡塔尔	猪；猪肉及猪肉制品；含酒精饮料	WT/TPR/S/144 （Jan. 24，2005）at 26–27
罗马尼亚	毒品及麻醉品	WT/TPR/S/155/Rev. 1 （Jan. 31，2006）at 38
斯里兰卡	含有贬低和侮辱宗教言论的书籍或小册子；下流或淫秽物品；彩票；麻醉药品；其他政府发行的硬币/纸币或伪造的硬币/纸币	WT/TPR/S/128（Feb. 4，2004）at 38，121–22
苏里南	在原产国非法获得的商品	WT/TPR/S/135（June 14，2004）at 38–39

续表

成员方	基于公共道德的原因而禁止或限制进出口的产品 *	Document Symbol
坦桑尼亚	麻醉药品	WT/TPR/S/66 （Jan. 28, 2000）at 37
泰国	高锰酸钾；投币式或圆盘式游戏机	WT/TPR/S/123 （Oct. 15, 2003）at 45-46
特立尼达和多巴哥	不雅或淫亵物品或物质	WT/TPR/S/151/Rev. 1 （Oct. 12, 2005）at 42
突尼斯	猪肉类；含油植物（大麻，罂粟）；口香糖，树脂和汁（鸦片，大麻）	WT/TPR/S/152/Rev. 1 （Oct. 31, 2005）at 39-40
土耳其	赌博器具；非法使用商标的产品	WT/TPR/S/125 （Nov. 19, 2003）at 43-44
阿联酋	麻醉药物，猪及其产品；假币，违背伊斯兰教教义、礼仪或故意暗示不道德或动乱的印刷品或艺术作品	WT/TPR/S/162/Rev. 1 （June 28, 2006）at 26-28
赞比亚	不雅，猥亵，或不良商品；盗版或冒牌货商品	WT/TPR/S/106 （Sept. 25, 2002）at 39

*关于所列国家及产品须说明的三点内容：

首先，在几个例子中，WTO成员在其贸易政策评审报告中仅将公共道德作为实施贸易限制的理由之一。这几个成员列出了具体的贸易限制措施，但是没有将被限制的产品和具体的例外条款一一对应。在这样的例子中，本索引只能大体推论出应该属于公共道德范畴的产品（例如，色情作品，毒品等）。然而，应该注意的是有些产品还是可以同时适用于多个例外条款的，譬如，毒品可以基于公共道德和保护人类身体健康的理由而予以禁止。

其次，有一些WTO成员在其贸易政策评审报告中表明已基于公共道德理由实施了贸易限制，但却没有提具体的限制对象，这些成员包括，安提瓜、澳大利亚、巴巴多斯、智利、印度、肯尼亚、列支敦士登、马达加斯加、墨西哥、尼日尔、巴拉圭、瑞士、乌干达、美国、委内瑞拉，这些成员没有在上述表格中列明，因为无法知道它们究竟对什么产品实施了禁令，但是可以肯定的是，这些国家已经援用了"公共道德例外"条款。

最后，有些国家宣布的进口禁令似乎是依据"公共道德例外"条款而实施的，但却没有明确提到该条款。例如，纳米比亚限制进口下流的和淫秽的货物，新几内亚的巴布亚

成员方	基于公共道德的原因而禁止或限制进出口的产品 *	Document Symbol
岛限制进口色情作品等，这些成员没有被列入上述表格内，因为无法仅靠推测就认为这些国家援用了"公共道德例外"条款，但是它们很可能的确是援用了"公共道德例外"条款，只是在贸易评审报告中遗漏了。		
来源于：WTO Secretariat, Trade Policy Reviews of various countries, available at http://www. wto. org/english/tratop＿e/tpr＿e/tpr＿e. htm.		

DSB	Dispute Settlement Body	争端解决机构
DSU	Dispute Settlement Understanding	争端解决谅解备忘录
GATT	General Agreement on Tariffs and Trade	关税及贸易总协定
GATS	General Agreement on Trade in Services	服务贸易总协定
GPA	Government Procurement Agreement	政府采购协议
SPS	Sanitary and Phytosanitary	实施动植物卫生检疫措施
TBT	Technical Barriers to Trade	技术性贸易壁垒
TRIPS	Agreement on Trade-Related Aspects of Intellectual Property Rights	与贸易有关的知识产权协定
UNHCR	United Nations High Commissioner for Refugees	联合国难民署
WTO	World Trade Organization	世界贸易组织
WHO	World Health Organization	世界卫生组织
G7	Group of Seven	七国集团
G20	Group of Twenty	二十国集团
CPTPP	Comprehensive and Progressive Agreement for Trans-Pacific Partnership	全面与进步跨太平洋伙伴关系协定
USMCA	The United States-Mexico-Canada Agreement	美加墨贸易协定
MPIA	Multi-Party Interim Appeal Arbitration Arrangement	多方临时上诉仲裁安排
ILC	International Law Commission	国际法委员会
ICSID	The International Center for Settlement of Investment Disputes	国际投资争端解决中心
ECJ	European Court of Justice	欧洲法院
FTA	Free Trade Agreement	自由贸易协定

DS285 美国博彩案

1、Report of the Panel, United States—Measures Affecting the Cross—Border Supply of Gambling and Betting Services, WT/DS285/R, 10 November 2004,

2、Report of the Appellate Body, Measures Affecting the Cross—Border Supply of Gambling and Betting Services, WT/DS285/AB/R, 7 April 2005,

DS363 中美出版物市场准入案

3、Report of the Panel, China—Measures Affecting Trading Rights and Distribution Services for Certain Publications and Audiovisual Entertainment Products, WT/DS363/R, 12 August 2009,

4、Report of the Appellate Body, China—Measures Affecting Trading Rights and Distribution Services for Certain Publications and Audiovisual Entertainment Products, WT/DS363/AB/R, 21 December 2009,

DS400 DS401 欧盟海豹产品案

5、Reports of the Panel, European Communities—Measures Prohibiting the Importation and Marketing of Seal Products, WT/DS400/R, WT/DS401/R, 25 November 2013,

6、Reports of the Appellate Body, European Communities—Measures Prohibiting the Importation and Marketing of Seal Products, WT/DS400/AB/R, WT/DS401/AB/R, 22 May 2014,

DS461 哥伦比亚纺织品案

7、Report of the Panel, Colombia—Measures Relating to the Importation of Textiles, Apparel and Footwear, WT/DS461/R, 27 November 2015,

8、Report of the Appellate Body, Colombia-Measures Relating to the Importation of Textiles, Apparel and Footwear, WT/DS461/AB/R, 7 June 2016,

DS472 DS497 巴西关税措施案

9、Report of the Panel, Brazil-Certain Measures Concerning Taxation and Charges, WT/DS472/R, WT/DS497/R, 30 August 2017,

10、Reports of the Appellate Body, Brazil-Certain Measures Concerning Taxation and Charges, WT/DS472/AB/R, WT/DS497/AB/R, 13 December 2018,

DS2 美国汽油案

11、Report of the Panel, United States-Standards for Reformulated and Conventional Gasoline, WT/DS2/R, 29 January 1996,

12、Report of the Appellate Body, United States-Standards for Reformulated and Conventional Gasoline, WT/DS2/AB/R, 29 April 1996,

DS58 虾/海龟 I 案

13、Report of the Panel, United States-Import Prohibition of Certain Shrimp and Shrimp Products, WT/DS58/R, 15 May 1998,

14、Report of the Appellate Body, United States-Import Prohibition of Certain Shrimp and Shrimp Products, WT/DS58/AB/R, 12 October 1998,

DS161 DS169 韩国牛肉案

15、Report of the Panel, Korea-Measures Affecting Imports of Fresh, Chilled and Frozen Beef, WT/DS161/R, WT/DS169/R, 31 July 2000,

16、Report of the Appellate Body, Korea-Measures Affecting Imports of Fresh, Chilled and Frozen Beef, WT/DS161/AB/R, WT/DS169/AB/R, 11 December 2000,

DS543 中国诉美国 "301 关税措施" 案

17、Report of the Panel, United States-Tariff Measures on Certain Goods from China，WT/DS543/R，15 September 2020，

DS50 印度专利保护案

18、Report of the Panel，India-Patent Protection for Pharmaceutical and Agricultural Chemical Products，WT/DS50/R，5 September 1997，

19、Report of the Appellate Body，India-Patent Protection for Pharmaceutical and Agricultural Chemical Products，WT/DS50/AB/R，19 December 1997，

DS8 DS10 DS11 日本酒精饮料税案

20、Report of the Panel，Japan-Taxes on Alcoholic Beverages，WT/DS8/R，WT/DS10/R，WT/DS11/R，11 July 1996，

21、Report of the Appellate Body，Japan-Taxes on Alcoholic Beverages，WT/DS8/AB/R，WT/DS10/AB/R，WT/DS11/AB/R，4 October 1996，

DS121 阿根廷—鞋类进口保障措施

22、Report of the Appellate Body，Argentina-Safeguard Measures on Imports of Footwear，WT/DS121/AB/R，14 December 1999，

DS33 美国羊毛衫案

23、Report of the Appellate Body，United States-Measures Affecting Imports of Woven Wool Shirts and Blouses from India，WT/DS33/AB/R，25 April 1997，

DS108 美国——关于"外国销售公司"税收待遇案

24、Report of the Appellate Body，United States-Tax Treatment for "Foreign Sales Corporations" -Recourse to Article 21.5 of the DSU by the European Communities，WT/DS108/AB/RW，14 January 2002，

DS381 金枪鱼/海豚 II 案

25、Report of the Panel，United States-Measures Concerning the Importation，Marketing and Sale of Tuna and Tuna Products，WT/DS381/R，15

September 2011,

26、Report of the Appellate Body, United States–Measures Concerning the Importation, Marketing and Sale of Tuna and Tuna Products, WT/DS381/AB/R, 16 May 2012,

DS135 欧共体石棉案

27、Report of the Appellate Body, European Communities–Measures Affecting Asbestos and Asbestos–Containing Products, WT/DS135/AB/R, 12 March 2001,

DS21/R–39S/155 金枪鱼/海豚 I 案

28、Report of the Panel, United States–Restrictions on Imports of Tune, DS21/R–39S/155, 3 September 1991,

DS58 虾/海龟 II 案

29、Report of the Panel, United States – Import Prohibition of Certain Shrimp and Shrimp Products – Recourse to Article 21.5 by Malaysia, WT/DS58/RW, 15 June 2001,

30、Report of the Appellate Body, United States–Import Prohibition of Certain Shrimp and Shrimp Products–Recourse to Article 21.5 of the DSU by Malaysia, WT/DS58/AB/RW, 22 October 2001,

DS440 对美国汽车征收反倾销反补贴案

31、Report of the Panel, China–Anti–Dumping and Countervailing Duties on Certain Automobiles from the United States, WT/DS440/R, 23 May 2014,

DS454 DS460 对日本的高性能不锈钢无缝管征收反倾销税案

32、Reports of the Panels, China–Measures Imposing Anti–Dumping Duties on High–Performance Stainless Steel Seamless Tubes (HP–SSST) from Japan–China – Measures Imposing Anti–Dumping Duties on High–Performance Stainless Steel Seamless Tubes (HP–SSST) from the European Union, WT/

DS454/R ，WT/DS460/R，13 February 2015，

DS332 巴西翻新轮胎案

33、Report of the Appellate Body，Brazil-Measures Affecting Imports of Retreaded Tyres，WT/DS332/AB/R，03 December 2007，

DS10/R-37S/200 泰国香烟案

34、Report of the Panel，Thailand-Restrictions on Importation of and Internal Taxes on Cigarettes，DS10/R-37S/200，5 October 1990，

DS26 DS48 欧共体荷尔蒙案

35、Report of the Appellate Body，European Communities - Measures Concerning Meat and Meat Products（Hormones），WT/DS26/AB/R，WT/DS48/AB/R，16 January 1998，

DS394 DS395 DS398 中国原材料出口限制措施案

36、Reports of the Appellate Body，China-Measures Related to the Exportation of Various Raw Materials，WT/DS394/AB/R，WT/DS395/AB/R，WT/DS398/AB/R，30 January 2012，

DS31 加拿大期刊案

37、Report of the Appellate Body，Canada-Certain Measures Concerning Periodicals，WT/DS31/AB/R，30 June 1997，

DS27 欧共体香蕉案

38、Report of the Appellate Body，European Communities - Regime for the Importation，Sale and Distribution of Bananas，WT/DS27/AB/R，9 September 1997，

DS139 DS142 加拿大汽车案

39、Report of the Appellate Body，Canada-Certain Measures Affecting the Automotive Industry， WT/DS139/AB/R， WT/DS142/AB/R， 31

May 2000,

DS204 墨西哥电信案

40、Report of the Panel, Mexico-Measures Affecting Telecommunications Services, WT/DS204/R, 2 April 2004,

DS422 美国—对来自中国的某些冰冻暖水虾反倾销措施案

41、Report of the Panel, United States – Anti – Dumping Measures on Shrimp and Diamond Sawblades from China, WT/DS422/R, 8 June 2012.

后　记

寒暑易节，转眼又是一载。犹记得九六年踏入湖南师大法学院那一刻，当初的懵懂少年如今已近不惑之年，在岳麓之畔、湘江之滨，我完成了人生中最重要的三个求学阶段。回首历年，走得最为艰辛的莫过于做博士论文的这段期间，其中的酸甜苦辣个中滋味只有自己清楚。在为博士论文添上最后一个句号后，兴奋、激动、忐忑等百种心情盘绕心间，突然悟得了"苦尽甘来"的真谛，在历尽千帆之后，修来了一份难得的历练与成熟。毕业后数年间，博士同学们陆续将毕业论文付梓发行，而我却因种种原因始终对论文的完善不尽满意，不敢放手出版。时间的车轮缓缓前行，越往后就越发觉得需要修改的内容不断增多，期间也不免偶尔焦虑，忧心见证自己最高学历的成果终将被束之高阁。然而，即便有各种情绪复杂交织，或许基于读博期间养成的习惯使然，对与WTO"公共道德例外"条款相关的案例和文献，我仍然保持着一种下意识的热爱与兴趣，在留心收集与阅读文献之余缓慢而间断地修改着书稿。2021年在书稿即将出版之际，我尝试着申报了国家社科基金的后期资助项目，令我意想不到的是居然有幸立项。得知消息的那一刻，百感交集，所谓"天道酬勤"，古人诚不欺我。非常感谢国社基金的评委老师们对我多年努力的肯定，这种肯定是我继续前行路上最强大的动力，亦想借此机会感谢所有曾给予我帮助和机遇的人。

导师李先波教授不嫌我愚钝，将我收入门下，并在入学之初就带领我做课题、查资料、发文章。正是老师的引领使我较早地确立了"公共道德例外"条款作为研究方向，从而为后来的写作指明了航向。无论是本书的布局谋篇还是观点论证，都离不开老师的悉心指导。感谢恩师对我的谆谆教诲，老师严谨的治学精神、豁达的人生态度令我受益终身。

硕士导师李双元教授作为国际法学界的一代宗师，深厚的学术根基、活跃的学术思维、深邃的学术眼光和宽广的学术视野令我受益匪浅，先生一直以来对我的关心和帮助亦铭记于心。我是师大法学院培养出来的第一届法学本科生，许多老师都曾对我爱护有加，如今回想起来深觉这种师生情谊弥足珍贵。湖南师大的蒋新苗教授、肖北庚教授、郑远民教授、周辉斌教授等老师们在博士论文写作期间提出的宝贵意见，为我的后续研究指明了方向，使我对书稿的重新思考少走了许多弯路。中国社科院赵建文教授，武汉大学张万洪教授，中南大学彭中礼教授，宁波大学梁开银教授，长沙理工大学刘建江教授、易显飞教授、杭州师范大学朱海龙教授、西南政法大学宋云博教授、湖南工商大学龚志军副教授等诸位老师对我的书稿也提出了不少真知灼见，帮助我逐步完善书稿。我的研究生林晓茵、彭琛、李晓萱、肖佳、沈雪珂、尹巧分担了许多书稿格式和文字校对的任务，使我能专注于书稿的内容。也要特别感谢长沙理工大学学术著作出版资助基金对本书的资助。

求学二十几载，家人一直是我坚强的后盾。父母将他们一生的爱全部给予了我，每当我遇到困难时，他们都会挺身而出，竭力为我遮风挡雨，先生淡泊的个性也每每能使我焦虑和浮躁的心渐趋平静，女儿亦乖巧懂事。感谢家人的关爱和陪伴，他们是我在人生路上前进的坚强保障。诚挚地祝福所有的亲人朋友。

徐　莉
2023 年 6 月 28 日于长沙理工大学金盆岭校区